“十四五”职业教育国家规划教材

“十三五”职业教育国家规划教材
河南省职业教育优质教材

液压与气动应用技术 第2版

主　编　赵永刚　柴艳荣
副主编　曾海燕　潘爱民
参　编　耿小芳　莫延亮　冯洋洋　冯永业
主　审　张三川

机械工业出版社
CHINA MACHINE PRESS

本书是“十三五”和“十四五”职业教育国家规划教材的修订版，是根据教育部对高等职业技术人才培养目标和规格的要求，结合当前高等职业教育办学实际情况和教师多年教学经验及本课程最新的改革成果，以突出应用能力和综合素质培养为原则进行编写的。本书包括液压传动和气动技术两大部分，通过13个项目，共27个任务来强化学生的操作技能。本书主要论述了液压与气动基础知识、液压元件、液压基本回路与应用、液压系统的组建与维护、气源装置、气动执行元件和控制元件、气动基本回路及其系统的应用与维护等；重点强调了液压与气动元件的选用与拆装，液压与气动控制回路的设计与组装，液压与气动系统的组建、调试及故障排除等实践操作；着重于知识的应用、综合技能和创新能力的培养。

本书重视学生在校学习与工作的一致性，有针对性地采取项目导向、任务驱动、课堂与实习地点一体化等行动导向的教学模式，以项目任务为载体，每个项目都包括理论知识、实践知识、职业态度和情感等内容，具有较强的可行性和操作性，有利于教学的安排。

本书可作为高等职业院校机电类、自动化类和机械类等专业的教材，也可作为企业工程技术人员的参考书。

为方便教学，本书配备电子课件、教学视频、仿真动画、习题参考答案及图片素材等教学资源。凡选用本书作为授课教材的教师均可登录机械工业出版社教育服务网 www. cmpedu. com，注册后免费下载。如有问题请致信 cmpgaozhi@ sina. com，或致电 010-88379375 联系营销人员。

图书在版编目（CIP）数据

液压与气动应用技术/赵永刚，柴艳荣主编. —2版. —北京：机械工业出版社，2024. 7（2026. 1 重印）

“十四五”职业教育国家规划教材

ISBN 978-7-111-75948-5

Ⅰ. ①液…　Ⅱ. ①赵…　②柴…　Ⅲ. ①液压传动-高等职业教育-教材　②气压传动-高等职业教育-教材　Ⅳ. ①TH137②TH138

中国国家版本馆 CIP 数据核字（2024）第 111508 号

机械工业出版社（北京市百万庄大街 22 号　邮政编码 100037）

策划编辑：王海峰　　责任编辑：王海峰

责任校对：孙明慧　杨　霞　景　飞　　封面设计：王　旭

责任印制：常天培

唐山楠萍印务有限公司印刷

2026 年 1 月第 2 版第 4 次印刷

184mm×260mm · 17. 75 印张 · 440 千字

标准书号：ISBN 978-7-111-75948-5

定价：55. 00 元

电话服务

客服电话：010-88361066

010-88379833

010-68326294

封底无防伪标均为盗版

网络服务

机　工　官　网：www. cmpbook. com

机　工　官　博：weibo. com/cmp1952

金　　书　　网：www. golden-book. com

机工教育服务网：www. cmpedu. com

关于“十四五”职业教育
国家规划教材的出版说明

为贯彻落实《中共中央关于认真学习宣传贯彻党的二十大精神的决定》《习近平新时代中国特色社会主义思想进课程教材指南》《职业院校教材管理办法》等文件精神，机械工业出版社与教材编写团队一道，认真执行思政内容进教材、进课堂、进头脑要求，尊重教育规律，遵循学科特点，对教材内容进行了更新，着力落实以下要求：

1. 提升教材铸魂育人功能，培育、践行社会主义核心价值观，教育引导学生树立共产主义远大理想和中国特色社会主义共同理想，坚定“四个自信”，厚植爱国主义情怀，把爱国情、强国志、报国行自觉融入建设社会主义现代化强国、实现中华民族伟大复兴的奋斗之中。同时，弘扬中华优秀传统文化，深入开展宪法法治教育。

2. 注重科学思维方法训练和科学伦理教育，培养学生探索未知、追求真理、勇攀科学高峰的责任感和使命感；强化学生工程伦理教育，培养学生精益求精的大国工匠精神，激发学生科技报国的家国情怀和使命担当。加快构建中国特色哲学社会科学学科体系、学术体系、话语体系。帮助学生了解相关专业和行业领域的国家战略、法律法规和相关政策，引导学生深入社会实践、关注现实问题，培育学生经世济民、诚信服务、德法兼修的职业素养。

3. 教育引导学生深刻理解并自觉实践各行业的职业精神、职业规范，增强职业责任感，培养遵纪守法、爱岗敬业、无私奉献、诚实守信、公道办事、开拓创新的职业品格和行为习惯。

在此基础上，及时更新教材知识内容，体现产业发展的新技术、新工艺、新规范、新标准。加强教材数字化建设，丰富配套资源，形成可听、可视、可练、可互动的融媒体教材。

教材建设需要各方的共同努力，也欢迎相关教材使用院校的师生及时反馈意见和建议，我们将认真组织力量进行研究，在后续重印及再版时吸纳改进，不断推动高质量教材出版。

机械工业出版社

前　言

当前，新一轮科技革命和产业变革在全球范围内蓬勃兴起，创新资源快速流动，产业格局深度调整，我国制造业迎来“由大变强”的难得机会。实现制造强国的战略目标，关键在人才。在全球新一轮科技革命和产业变革中，世界各国纷纷将发展制造业作为抢占未来竞争制高点的重要战略，把人才作为实施制造业发展战略的重要支撑，加大人力资本投资，改革创新教育与培训体系。

党的二十大报告指出，高质量发展是全面建设社会主义现代化国家的首要任务。推进新型工业化，加快建设制造强国、质量强国、航天强国、交通强国、网络强国、数字中国。按照《国家职业教育改革实施方案》和《教育部办公厅关于加快推进现代职业教育体系建设改革重点任务》的通知精神，以促进就业和适应产业发展需求为导向，秉承“动手动脑，全面发展”的教学理念，我们组织具有多年教学经验的一线教师和从事企业生产实践工作的工程技术人员，结合当前高等职业教育办学和产教融合实际情况，以“理念先进，注重实践，操作性强，学以致用”为原则编写了本书。

本书强调以真实项目为引导，突出完成工作任务与所需知识的密切联系，强化学生知识应用综合技能和创新能力的培养，以更好地满足企业用人的需要。

本书编写主要突出以下特点：

1）以具体化的工作项目为载体开展教学，每个项目都包括理论知识、实践知识、职业态度和情感等内容。

2）以工作过程为主线，结合学校和企业工业现场的设备，以知识的应用为目的，融合新技术和知识，强化设备系统的安装、调试、维护、维修和工程应用能力，强调知识、能力和素质结构的整体优化。

3）在内容选择上，突出课程内容的实践性和实用性。任务的选取从简单到复杂，基本知识由浅入深贯穿全书。每个任务基于完整的工作过程，使学生有效地将理论和实践相结合，有利于学习和就业。

4）在任务的可操纵性上，强调元器件的认识和选取方法，注重其工程实际应用，同时增加新型阀的应用。强化学生在液压和气动系统回路设计、组建和调试，设备的安装与调试，系统故障的分析与故障排除等方面的技能。

5）本书贯彻国家标准，全面对接现行的技术标准。

6）突出信息技术应用，丰富数字化教学资源，提供在线开放课程资源和素质教育示范课资源，方便实施线上线下混合式教学。

7）注重专业教育与素质培养并行，德技并修，通过在“拓展阅读”中增加港珠澳大桥、中国天眼等相关案例和钱学森、南仁东、路甬祥等榜样人物的事迹，实现全过程浸润国情教育和工匠精神熏陶。

本书图文并茂，通俗易懂，通过13个学习项目、27个任务来强化学生的操作技能。本书以项目任务为导向，每个项目任务都设有学习目标、任务引入、任务分析、相关知识和任务实施、知识拓展、自我评价等内容，是相对完整的一个系统。

本书由郑州电力职业技术学院赵永刚、柴艳荣任主编，郑州电力职业技术学院曾海燕、潘爱民任副主编，郑州电力职业技术学院耿小芳、河南航天液压气动技术有限公司莫延亮、郑州维普斯机械设备有限公司冯洋洋、郑州红宇专用汽车有限责任公司冯永业参加编写。全书由赵永刚负责统稿。各项目编写分工：项目8、9、10由赵永刚编写，项目3、4由柴艳荣编写，项目1、2由曾海燕编写，项目6、7由潘爱民编写，项目11及附录由耿小芳编写，项目5由莫延亮编写，项目12由冯洋洋编写，项目13由冯永业编写。

本书在编写过程中，得到了郑州红宇专用汽车有限责任公司研究员级高级工程师侯永华、郑州维普斯机械设备有限公司张红涛、河南航天液压气动有限公司副总工艺师侯云的帮助和指导，在此一并表示感谢。

本书由郑州大学张三川教授担任主审，张三川教授认真细致地审阅了本书，提出了许多宝贵意见，对保证本书质量起了把关作用，在此表示衷心的感谢。

由于编者水平有限，书中错误和不足之处在所难免，恳请读者多提宝贵意见和建议，以便修订时改进。

编　者

二维码索引

（续）

（续）

序号	二维码名称	二维码	页码	序号	二维码名称	二维码	页码
31	用蓄能器的保压回路		112	39	课外阅读：榜样人物——南仁东		175
32	二级减压回路		114	40	组合机床动力滑台液压系统工作原理		189
33	单向节流阀的组装		125	41	课外阅读：榜样人物——钱学森		205
34	调速阀原理		127	42	活塞式压缩机工作原理		210
35	调速阀的组装		129	43	或门型梭阀的结构及工作原理		224
36	双泵供油的快速运动回路		138	44	与门型梭阀的结构及工作原理		224
37	用行程阀控制的顺序动作回路		164	45	过载保护回路		236
38	用顺序阀控制的顺序动作回路		165				

目　录

项目1　液压系统基础知识

学习目标

通过本项目的学习，学生应掌握液压传动系统的工作原理、组成部分和液体静力学的有关知识，具备识别液压系统的各个组成部分和进行液体静压力计算的能力。具体目标是：

1）掌握液压系统的工作原理及组成。
2）掌握液体静压力的概念及静压传递原理。
3）了解液压元件图形符号的意义。
4）能说出液压传动的优缺点。
5）能识别液压传动系统的各个组成部分。
6）能计算液体静压力。

课外阅读：
“中国天眼”
中的液压技术

任务1.1　认识液压系统

任务引入

图1-1所示为工地上常见的挖掘机，它由液压传动系统带动铲斗运动而完成挖掘工作。这种设备中使用了液压系统，那么什么是液压传动系统？液压传动系统是如何带动机器工作的呢？

图1-1　挖掘机

任务分析

一个液压传动系统有哪些组成部分才能工作？液压传动系统又有哪些特点呢？下面我们先来认识一下液压传动系统。

相关知识

1.1.1　液压传动的概念

所谓传动，是指传递运动和动力的方式。常见的传动方式有机械传动、电气传动和流体传动。

流体传动包括液体传动和气体传动。液体传动以液体为工作介质来传递动力（能量），包括液压传动和液力传动。其中液压传动主要以液体压力来传递动力，液力传动主要以液体动能来传递动力。

液压传动是利用密闭系统中的受压液体来传递运动和动力的一种传动方式。利用多种元件组成不同功能的基本回路，再由若干个基本回路有机地组合成能完成一定控制功能的传动系统来进行能量的传递、转换和控制，以满足机电设备对各种运动和动力的要求。

1.1.2　液压传动的工作原理

液压千斤顶工作原理

1. 液压千斤顶

讨论液压传动的工作原理可以从最简单的液压千斤顶入手，图 1-2 所示为液压千斤顶的工作原理。液压千斤顶由手动液压泵和举升液压缸两部分组成。大缸体 6、大活塞 7 和泄油阀 8 组成举升液压缸。杠杆 1、小活塞 2、小缸体 3、单向阀 4 和 5 组成手动液压泵。另外还有油箱 9 和重物。

工作时，先提起杠杆 1 使小活塞 2 向上移动，小活塞下端油腔密封容积由小变大，其内压力降低，这时单向阀 5 关闭，而油箱 9 中的油液则在大气压作用下，推开单向阀 4 的钢球，进入并充满小缸体 3 的下腔，完成一次吸油动作。接着用力压下杠杆 1，小活塞 2 下移，小缸体 3 下腔的密封容积由大变小，其腔内压力升高，单向阀 4 关闭，阻断了油液流回油箱的通路，并使单向阀 5 的钢球受到一个向上的作用力，当这个作用力大于大缸体 6 下腔油液对它的作用力时，钢球被推开，油液进入大缸体 6 的下腔（泄油阀此时处于关闭状态），推动大活塞 7 向上移动，顶起重物，完成一次压油动作。反复提压杠杆 1，就能不断地把油液压入举升缸下腔，使重物不断升起。将泄油阀 8 旋转 90°，大缸体 6 下腔与油箱相连，大活塞 7 在重物的推动下下移，下腔的油液通过泄油阀 8 流回油箱。

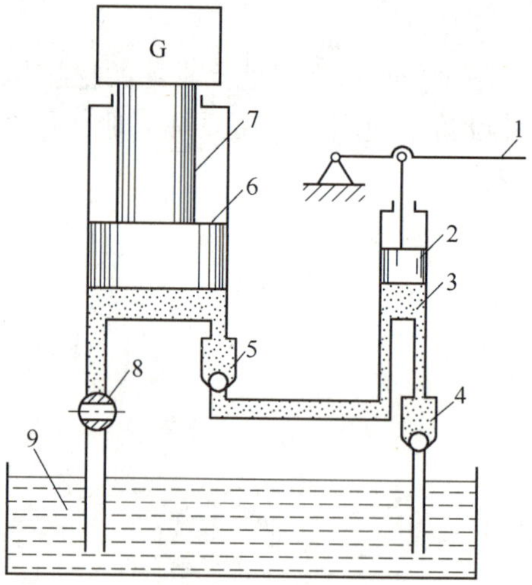

图 1-2　液压千斤顶工作原理图

1—杠杆　2—小活塞　3—小缸体　4、5—单向阀　6—大缸体　7—大活塞　8—泄油阀　9—油箱从千斤顶液压传动的工作过程可以总结出液压传动具有以下几个特点。

1）用具有一定压力的液体来传动。

2）传动中必须经过两次能量转换。

3）传动必须在密闭的容器（或密闭系统）内进行，并且必须有密闭容积的变化。

2. 机床工作台的液压传动系统

图 1-3a 所示为磨床工作台液压传动系统结构原理，它由油箱、过滤器、液压泵、溢流阀、节流阀、换向阀、液压缸以及连接这些元件的油管、管接头组成。

该系统的工作原理：液压泵由电动机驱动后，从油箱中吸油，油液经过滤器进入液压泵，在图 1-3a 所示状态下，液压缸两腔都没有油液进入，此时油经溢流阀流回油箱。

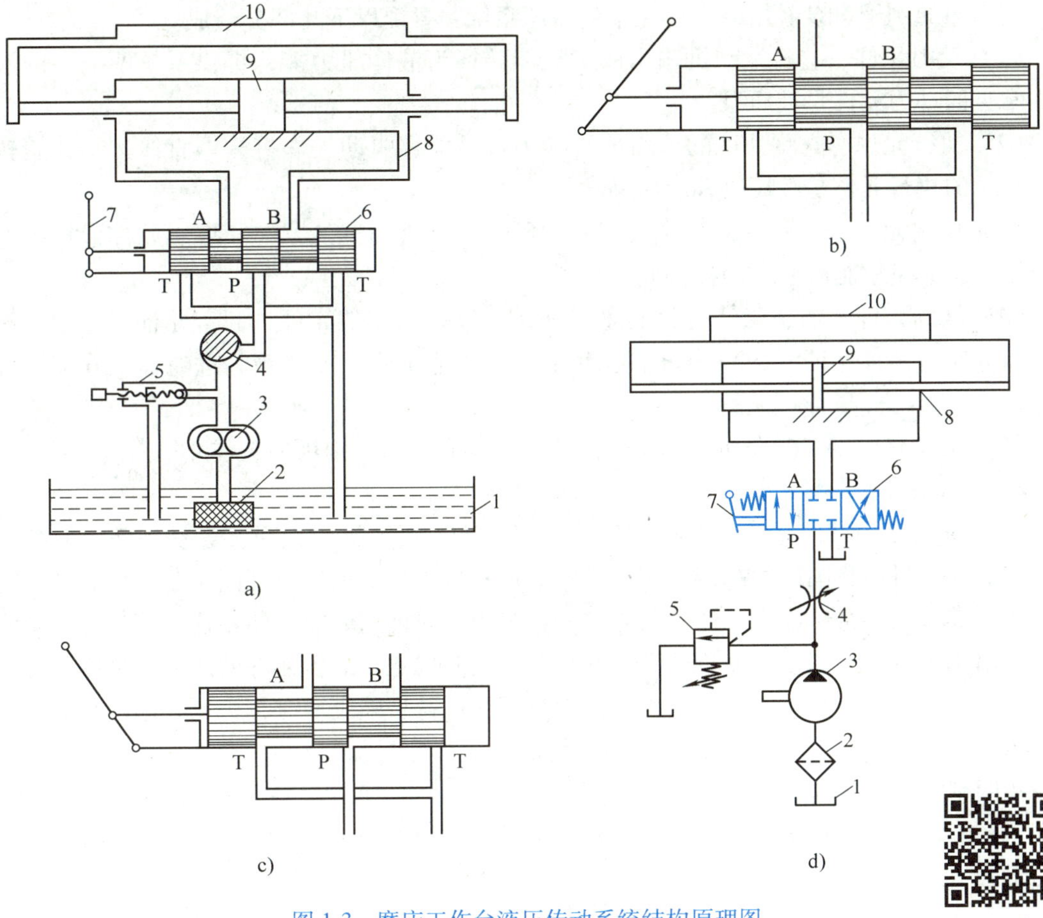

图 1-3　磨床工作台液压传动系统结构原理图

1—油箱　2—过滤器　3—液压泵　4—节流阀　5—溢流阀　6—换向阀　7—换向阀手柄　8—液压缸　9—活塞　10—工作台

磨床工作台液压系统结构原理

当换向阀处于图 1-3b 所示状态时，油液通过节流阀、换向阀进入液压缸左腔，推动活塞连同工作台向右移动。这时液压缸右腔的油经换向阀和回油管排回油箱。

如果将换向阀手柄换成如图 1-3c 所示的状态，则压力管中的油将经过节流阀和换向阀进入液压缸右腔，液压油推动活塞连同工作台向左移动，液压缸左腔的油经过换向阀和排油管排回油箱。

工作台的移动速度是通过节流阀来调节的：当节流阀开大时，进入液压缸的油量增多，工作台的移动速度增大；当节流阀关小时，进入液压缸的油量减小，工作台的移动速度减小。

为了克服移动工作台时所受到的各种阻力，液压缸必须产生一个足够大的推力，这个推力是由液压缸中的油液压力产生的。要克服的阻力越大，缸中的油液压力越高；反之，压力就越低。这种现象说明了液压传动的一个基本原理，即压力取决于负载。

1.1.3 液压传动系统的组成及图形符号

1. 液压传动系统的组成

由上面的例子可以看出，一个完整的液压系统主要由以下几部分组成。

（1）动力元件　它将原动机输出的机械能转换为液体压力能，提供系统所需要的液压油。常见的动力元件是液压泵。

（2）执行元件　它将油液的压力能转换为机械能，驱动工作机构做直线运动或旋转运动。常见的执行元件是液压缸和液压马达。

（3）控制元件　它控制和调节系统中的压力、流量和流动方向。控制元件包括各种压力控制阀、流量控制阀和方向控制阀。

（4）辅助元件　辅助元件是除上述三种元件以外的其他元件，起着储油、过滤、测量和密封等作用，以保证液压系统可靠、稳定、持久地工作，如油箱、过滤器、管道、管接头等。

（5）工作介质　工作介质是用来传递能量的媒介物质。常用的工作介质是液压油。

2. 液压系统的图形符号

图 1-3a 所示为液压系统一种半结构式的工作原理图，虽然直观，容易理解，但绘制起来比较麻烦。目前我国已经制定了用规定的图形符号来表示液压原理图中各元件和连接管路的国家标准。图形符号脱离元件的具体结构，只表示元件的职能。使用这些符号可以使液压系统简单明了，便于阅读、分析、设计和绘制。按照规定，液压元件的图形符号应以元件的静止位置或中间位置来表示。当液压元件无法用图形符号来表示时，仍允许用半结构原理图来表示。图 1-3d 所示为机床工作台液压系统的图形符号图。

我国制定的液压与气动元件图形符号最新标准为 GB/T 786. 1—2021《流体传动系统及元件　图形符号和回路图　第一部分：图形符号》，其中常用液压控制元件图形符号摘录于本书附录中。

1.1.4 液压传动的特点

1. 液压传动的优点

1）液压传动装置能在运行过程中进行无级调速，调速方便且调速范围较大，达 100∶1～2000∶1。

2）在同等功率情况下，液压传动装置的体积小，自重轻，惯性小，结构紧凑（如液压马达的自重只有同等功率电动机自重的 10%～20%），而且能传递较大的力或转矩。

3）液压传动能输出大的推力或转矩，实现低速大吨位的传动。

4）液压传动装置工作比较平稳，反应快，冲击小，能高速起动、制动和换向。

5）液压传动装置的控制、调节比较简单，操作比较方便、省力，易于实现自动化。当与机、电设备和系统配合使用时，易于实现较复杂的自动工作循环和远程控制。

6）液压传动装置易于实现过载保护，而且以油液为工作介质，能自行润滑，故使用寿命较长。

7）液压传动元件已实现了系列化、标准化、通用化，易于设计、制造、使用及维修。

8）液压传动装置能很方便地实现直线运动和回转运动，其液压元件的排列和布置具有很大的机动灵活性。

2. 液压传动的缺点

1）液压传动装置以液体为工作介质，无法避免泄漏，液体的泄漏和液体的可压缩性使液压传动无法保证严格的传动比。

2）液压传动装置由于在能量转换及传递过程中存在着机械摩擦损失、压力损失和泄漏损失等，使其总效率降低，故不宜作远距离传动。

3）为减少泄漏，液压元件的制造和装配精度要求较高，液压元件及液压装置的成本较高。

4）液压传动装置中工作介质对温度的变化比较敏感，故不宜在很高或很低的温度下工作。传动装置对油液的污染也比较敏感，要求有良好的过滤设施。

5）液压传动装置的故障诊断比较困难，对维修人员的要求较高，需要系统地掌握液压传动知识并有一定的实践经验。

6）随着高压、高速、高效率和大流量液压传动技术的现场应用，液压元件和系统的噪声增大，泄漏增多，易造成环境污染。

任务实施 1.1 认识挖掘机液压系统的组成

工作任务单

<table>
<tr><td>姓名</td><td></td><td>班级</td><td></td><td>组别</td><td></td><td>日期</td><td></td></tr>
<tr><td>工作任务</td><td colspan="7">认识挖掘机液压系统的组成</td></tr>
<tr><td>任务描述</td><td colspan="7">在教师指导下，在液压实验室或生产车间对挖掘机液压系统进行观察，找出该系统的各个组成部分</td></tr>
<tr><td>任务要求</td><td colspan="7">1）了解试验室或生产车间安全知识
2）掌握液压传动的工作原理
3）掌握液压传动系统的组成部分
4）了解常用的液压元件实物</td></tr>
<tr><td>提交成果</td><td colspan="7">液压动力元件、执行元件、控制元件、辅助元件型号清单</td></tr>
<tr><td rowspan="5">考核评价</td><td>序号</td><td colspan="2">考核内容</td><td>配分</td><td colspan="2">评分标准</td><td>得分</td></tr>
<tr><td>1</td><td colspan="2">安全意识</td><td>20</td><td colspan="2">遵守安全规章、制度</td><td></td></tr>
<tr><td>2</td><td colspan="2">挖掘机里液压控制部分工作原理</td><td>30</td><td colspan="2">工作原理叙述正确完整</td><td></td></tr>
<tr><td>3</td><td colspan="2">液压系统组成部分、作用</td><td>30</td><td colspan="2">组成部分及作用叙述正确、完整</td><td></td></tr>
<tr><td>4</td><td colspan="2">团队协作</td><td>20</td><td colspan="2">与他人合作有效</td><td></td></tr>
<tr><td>指导教师</td><td colspan="3"></td><td colspan="3">总分</td><td></td></tr>
</table>

任务 1.2　确定液压千斤顶的输出力

任务引入

如图 1-4 所示，要求左方站立的人能够借助于液压千斤顶，通过手的力气将右方的汽车举起，那么人手的力 F_1 和汽车重力 F_2 之间有什么样的关系？

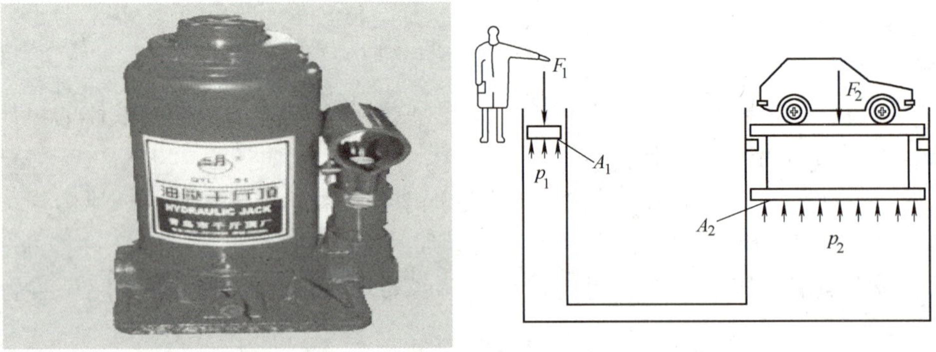

a)　　　　b)

图 1-4　液压千斤顶的受力关系

a）千斤顶实物　b）受力示意图

任务分析

日常生活中，仅依靠人的力气是不可能举起重达几吨的汽车的。要完成人举起汽车的任务，就必须借助于工具将人的力气放大，那么这个工具是什么？该工具的工作原理是什么？即该工具是怎么样把人的力气放大的？下面就让我们来一起学习相关的知识。

相关知识

1.2.1　液体静力学

1. 液体静压力及其特性

液体静压力是指静止液体单位面积上所受到的法向力，若在液体的面积 A 上，所受的法向作用力 F 均匀分布时，则静压力可表示为

$$p = \frac{F}{A} \tag{1-1}$$

液体静压力在物理学上称为压强，在工程实际应用中习惯称为压力。其单位是帕斯卡，简称帕，符号为 Pa，$1\text{Pa}=1\text{N/m}^2$。常用的单位还有 MPa，$1\text{MPa}=10^6\text{Pa}$。工程上还采用的单位有巴，$1\text{bar}=10^5\text{N/m}^2$。

液体静压力的特性为

1）液体静压力垂直于作用面，其方向与该面的内法线方向一致。

2）静止液体内任何一点所受到的静压力在各个方向上都相等。

液压系统中实际流动的液体具有黏性，而且因管道截面积不同或在截面中的位置不同，

各点的流动速度不同，即液体不是处于平衡状态的静止液体。但实测表明，在密闭系统中流动的液体，其压力与受相同外载下静压力的数值相差很小。

2. 液体静力学方程

在外力作用下是静止液体的受力情况可以用图 1-5 来说明。若要求得液体距液面深度为 h 的点 A 处的压力，可以在液体内取出一个底面积为 $\mathrm{d}A$ 且通过该点的垂直小液柱，如图 1-5b 所示。小液柱的上顶与液面重合，则作用于这个液柱上的力在各个方向上都处于平衡状态，其在竖直方向上的平衡方程为

$$p\mathrm{d}A = p_0\mathrm{d}A + \rho gh\mathrm{d}A$$

即

$$p = p_0 + \rho gh \tag{1-2}$$

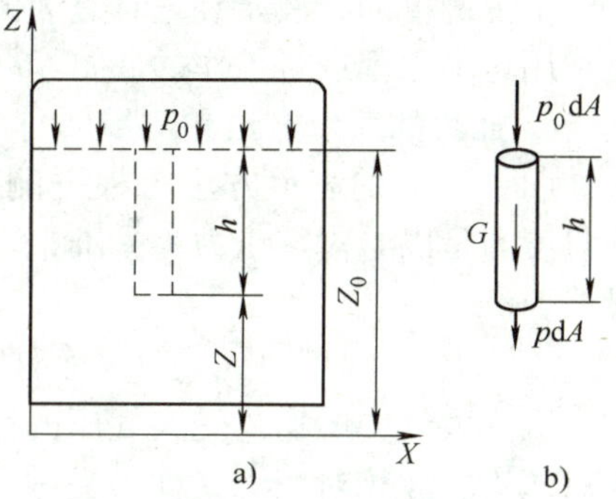

图 1-5　静止液体内压力分布规律

式（1-2）即为液体的静力学基本方程。由此可得出如下结论：

1）静止液体内任一点的压力由两部分组成，即液面上的压力 p_0 和因液体自重引起的对该点的压力 ρgh。

2）同一容器（或系统）中，同一种液体的静压力随液体深度的增加而线性地增加。

3）连通器中同一种液体，深度相同处的压力相等。由压力相等的点组成的面称为等压面。

3. 压力的传递

由静力学的基本方程可知，静止液体中任意一点的压力都包含了液面上的压力 p_0。这就是说，在密闭容器中，由外力所产生的压力可以等值地传递到液体内部各点。这就是帕斯卡原理，或称静压传递原理，如图 1-6 所示，即

$$p = \frac{F}{A_1} = \frac{W}{A_2} \tag{1-3}$$

在液压传动中，因负载所产生的外加压力 p_0 远大于因液体自重所产生的压力 ρgh，因此可忽略 ρgh，即认为液压传动中液体内部的压力处处相等，即 $p = p_0$。负载越大，则 p_0 越大，液压系统中的液体压力 p 也就越大。由此说明，液体系统中的工作压力取决于负载，并随着负载的变化而变化。

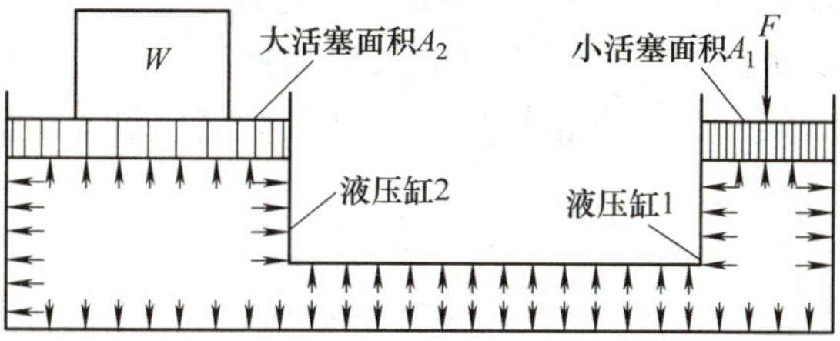

图 1-6　帕斯卡原理

例 1-1　如图 1-7 所示相互连通的两个液压缸，若大缸的直径 D 为 30cm，小缸的直径 d 为 3cm，在小活塞上加一重物 W 为 20kN，问大活塞能顶起的重物 G 为多少？

解： 由静压传递原理可知：由重物产生的压力 p 在两缸中的数值是相等的，即

$$p = \frac{4W}{\pi d^2} = \frac{4G}{\pi D^2}$$

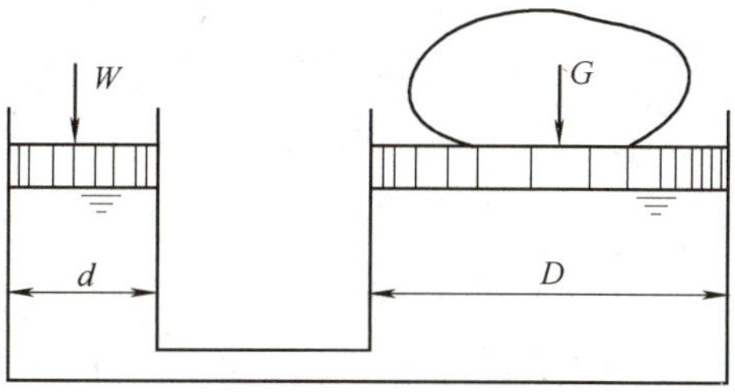

图 1-7　例 1-1 图

$$G=\frac{D^2}{d^2}W=\frac{30^2}{3^2}\times 20\text{kN}=2000\text{kN}$$

由上例可知，液压装置具有力的放大作用。液压压力机、液压千斤顶及万吨水压机等都是利用这个原理进行工作的。

4. 压力的表示方法和测量

（1）压力的表示方法　根据测量基准不同，液体压力分为绝对压力和相对压力两种。绝对压力是以绝对零压力为基准来进行度量的，相对压力是以大气压为基准来进行度量的。显然，有

绝对压力 = 大气压力 + 相对压力

因为大气中的物体受大气压的作用是自相平衡的，所以大多数压力表测得的压力值都是相对压力，故相对压力又称为表压力。

在液压系统中所提到的压力，如不特别指明，均为相对压力。当绝对压力小于大气压力时，比大气压力小的那部分值称为真空度，即

真空度 = 大气压力 − 绝对压力

绝对压力、相对压力和真空度的关系如图 1-8 所示。

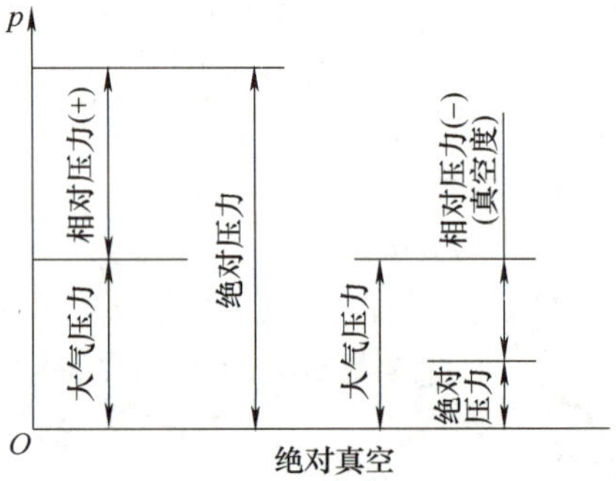

图 1-8　绝对压力、相对压力及真空度关系

（2）液体压力的测量　液压系统和各局部回路的压力值可以通过安装在系统中的压力表观测。压力测量的方法有很多种，管形弹簧压力表是最常用的位置式压力测量仪表，其工作原理和实物如图 1-9 和图 1-10 所示，这种压力表是按布尔顿的管形弹簧原理工作的，其工作原理为：弯成 C 形的管形弹簧一端固定，其椭圆形截面的内部空心。当液压油流入管形弹簧时，整个空心管内就形成了与被测部位相等的压力。油液对管形弹簧外环 A 有一个向外张开的力，对内环 B 有一个向内收缩的力。外环和内环存在的面积差，使向外张开的力大于向内收缩的力，导致管形弹簧伸张变形。这个变形通过放大机构杠杆 2、扇轮 3 和齿轮 4 使指针 5 发生偏转，如图 1-9 所示。压力越大，指针偏转越大，这样在刻度盘上就能读到相应的压力值。

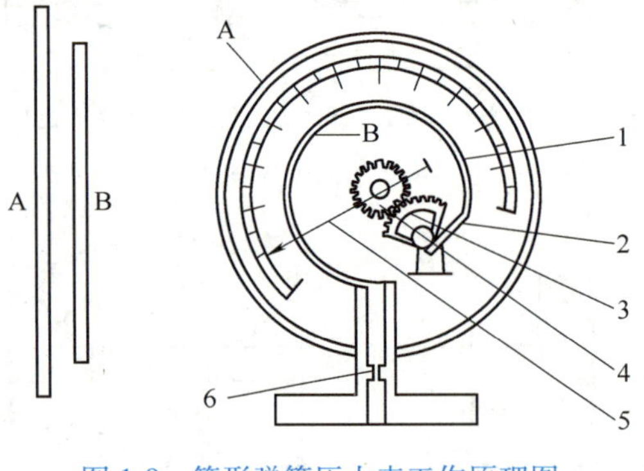

图 1-9　管形弹簧压力表工作原理图

1—管形弹簧　2—杠杆　3—扇轮　4—齿轮
5—指针　6—阻尼扼流圈　A—弹簧外环　B—弹簧内环

图 1-10　压力表实物图及图形符号

为了使压力冲击不损坏弹簧，一般在连接这种压力表时必须装阻尼扼流圈。这种压力表的表腔内还会充入甘油以便在出现压力冲击时起到阻尼作用。在压力大于 10MPa 的场合，要用螺丝管状或蜗杆状弹簧代替管形弹簧，这样的压力表测量压力可高达 100MPa。在压力稳定的系统中，压力表量程一般可为最高压力的 1.5 倍。在压力波动大的系统中，最大量程应为最高压力的 2 倍，或者选用带有阻尼耐振的压力表。

这种压力表是位置式的，只能安装在实际需要进行压力检测的位置。如果要利用测量仪表的读数进行远程检测或控制，就需要使用压力传感器来进行压力测量。利用电信号可以远距离传送的特点，将压力信号转换为电信号，就可以实现远距离的压力指示和监控。

1.2.2　液体动力学

1. 液体流动的基本概念

（1）理想液体和恒定流动　液体的黏性，只有在流动时才表现出来，因此在研究液体流动时就要考虑其黏性的影响。而液体的黏性是一个很复杂的问题，为了便于分析和计算，我们引入理想液体的概念。理想液体就是指假定的既没有黏性又不可压缩的液体，那么既具有黏性又可以压缩的液体就称为实际液体。根据试验结果，对所得到的理想液体运动的基本规律、能量转换关系进行修正和补充，就可以更加符合实际液体流动时的情况。

液体流动时，如果液体中任意一点处的压力 p、流速 v 及密度 ρ 都不随时间的变化而变化，则称为恒定流动。这三个参数中任一参数随时间的变化而变化，就称为非恒定流动。同样，为讨论问题简便也常先假定液体作恒定流动。

（2）流量和平均流速　流量和平均流速是描述液体流动的两个基本参数。液体在管道内流动时，通常将垂直于液体流动方向的截面称为通流截面或过流断面。

1）流量。单位时间内通过某一通流截面的液体的体积称为流量，用 q 来表示，即

$$q = V/t \tag{1-4}$$

流量的常用单位是 L/min（升/分），法定计量单位是 m^3/s（米³/秒），换算关系为

$$1m^3/s = 6\times10^4 L/min$$

2）流速。液流质点在单位时间内流过的距离，即 $u = s/t$。在国际单位制中，其单位为 m/s。

3）平均流速。由于液体具有黏性，液体在管道中流动时同一截面内各点的流速是不相同的，其分布规律为抛物线体，如图 1-11 所示，这会给计算、使用带来很大的不便。在工程实际中，平均流速才具有应用价值。

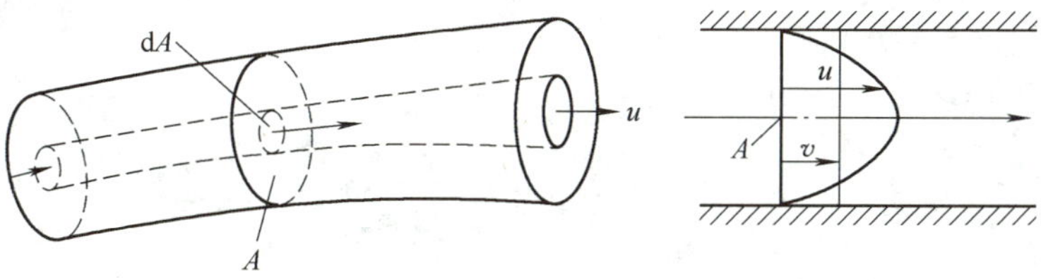

图 1-11　实际流速和平均流速

对于微小流束，由于通流截面面积非常小，可以认为微小截面上的流速是相等的，所以通过该截面面积 dA 的流量为 $q = \int_A u\mathrm{d}A = vA$，$v$ 即为平均流速。

平均流速是指过通流截面的流量与该通流截面面积的比值，即

$$v = q/A \tag{1-5}$$

引入平均流速后，因为液体在同一个液压缸中的平均流速与活塞的运动速度相同，所以，液压缸有效作用面积 A 、流量 q 和活塞运动速度 v 之间的关系同样符合式（1-5）。

式（1-5）说明，当液压缸有效面积一定时，活塞运动速度的大小取决于进入液压缸中液体流量的多少。

（3）流量的测量　如果需要对液压油的流量进行一次性测量，最简单的方法是借助于量筒和秒表来进行。

为了调节和控制匀速运动的油缸或马达以及控制定位的精准测量，可以采用涡轮式流量仪、椭圆计数器、齿轮式测量仪、测量带或定片仪等流量仪。

涡轮式流量仪的工作原理如图 1-12 所示。涡轮式流量仪是通过对涡轮转速的测量来间接测出流量的。从涡轮式流量仪流过的油液使涡轮旋转，涡轮是用磁性材料制成的，通过安装在涡轮上方的探头可以记录一定时间内涡轮叶片转过的次数，根据探头测得的脉冲数可以计算出涡轮的转速，由于油液的流量与涡轮的转速成正比，所以测出转速也就测出了油液的流量。由于探头输出的是电信号，所以利用这种流量计可以实现远程的流量监控。涡轮式流量仪剖面结构及实物图如图 1-13 所示。

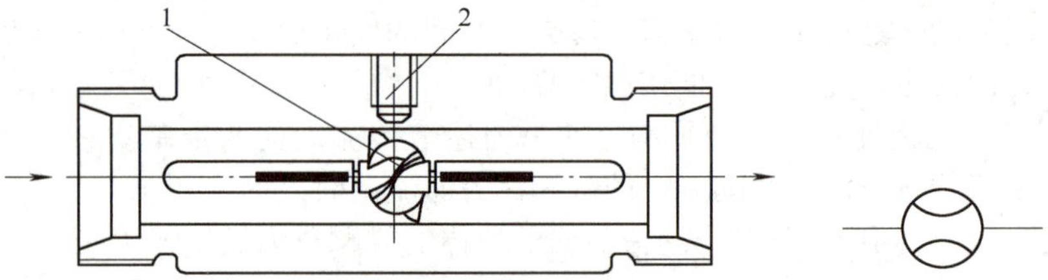

a)　　b)

图 1-12　涡轮式流量仪工作原理及图形符号

a）工作原理　b）图形符号

1—涡轮　2—探头

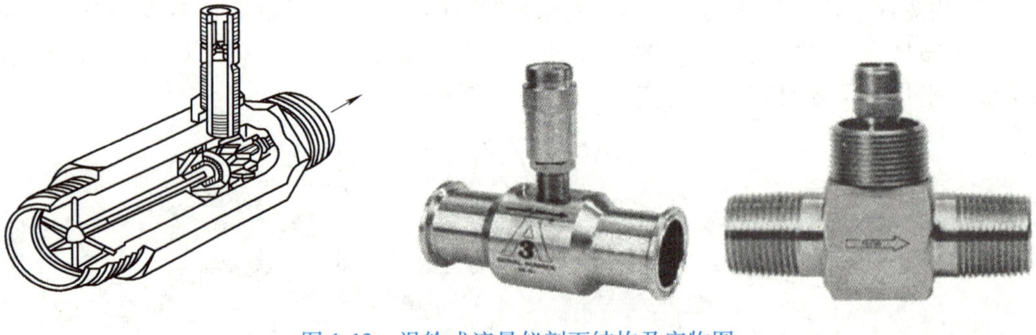

图 1-13　涡轮式流量仪剖面结构及实物图

2. 液流连续性方程

质量守恒是自然界的客观规律，液流连续性方程是质量守恒定律在流体力学中的一种表达方式。

理想液体在管道中恒定流动时，由于它不可压缩，在压力作用下，液体中间也不可能有空隙，所以液体流经管道每一个截面的流量是相等的，这就是液流的连续性原理。

由液流连续性原理可知，图 1-14 中所示管道中的截面 1 和截面 2 处的流量相等，即

$$q = A_1v_1 = A_2v_2 = 常数 \tag{1-6}$$

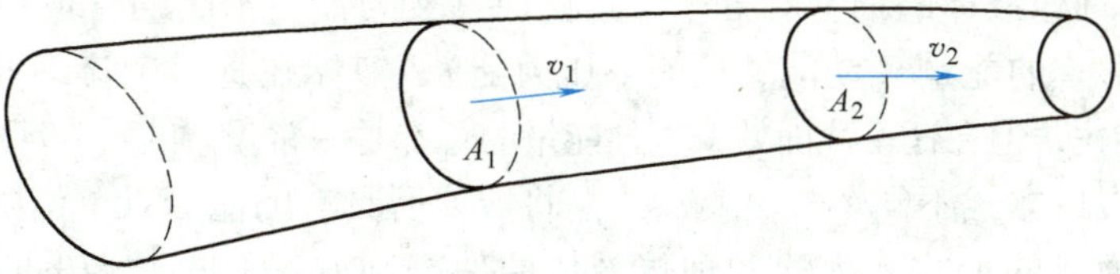

图 1-14 液流连续性方程示意图

式（1-6）即为液流的连续性方程。它表明，同一管道中各个截面的平均流速与通流截面面积成反比，管子细的地方流速大，管子粗的地方流速小。显然，在液压传动系统中，液压缸内的流速最低，而与其连通的进、出油管，由于直径比缸径小很多，故管内液体的流速也就比缸内液体的流速大很多。

3. 伯努利方程

能量守恒是自然界的客观规律，流动的液体同样也要遵守能量守恒定律，而伯努利方程就是能量守恒定律在流体力学中的一种表达方式。

（1）理想液体的伯努利方程　图 1-15 所示为一液流管道，假定理想液体在管道内作恒定流动。质量为 m，体积为 V 的液体流经任意两个截面面积分别为 A_1、A_2 的截面 Ⅰ-Ⅰ、Ⅱ-Ⅱ。设两截面的流速分别为 v_1、v_2，压力为 p_1、p_2，中心高度为 h_1、h_2。

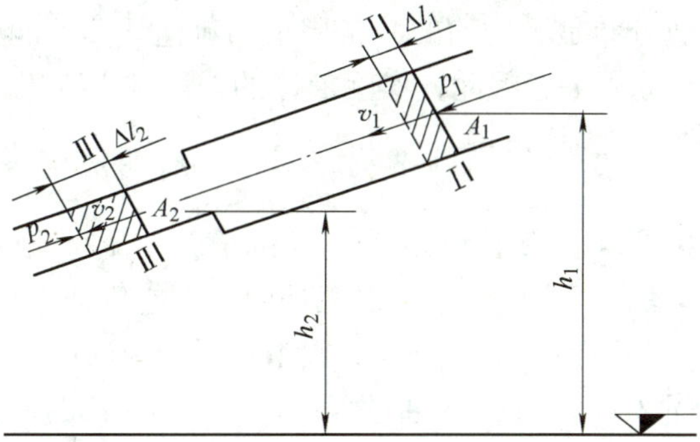

图 1-15 液流管道

若在很短时间内液流流过两截面的距离为 Δl_1、Δl_2，则在两截面处时所具有的能量见表 1-1。

表 1-1 两截面处所具有的能量

项　目	Ⅰ-Ⅰ截面	Ⅱ-Ⅱ截面
动能	$\frac{1}{2}mv_1^2$	$\frac{1}{2}mv_2^2$
位能	mgh_1	mgh_2
压力能	$p_1A_1\Delta l_1 = p_1V = p_1m/\rho$	$p_2A_2\Delta l_2 = p_2V = p_2m/\rho$

流动液体具有的能量遵守能量守恒定律，因此

$$\frac{1}{2}mv_1^2 + mgh_1 + p_1m/\rho = \frac{1}{2}mv_2^2 + mgh_2 + p_2m/\rho$$

简化后得

$$\frac{1}{2}\rho v_1^2 + \rho g h_1 + p_1 = \frac{1}{2}\rho v_2^2 + \rho g h_2 + p_2 \tag{1-7a}$$

或

$$\frac{1}{2}v_1^2 + g h_1 + \frac{p_1}{\rho} = \frac{1}{2}v_2^2 + g h_2 + \frac{p_2}{\rho} \tag{1-7b}$$

式（1-7）为理想液体的伯努利方程，其物理意义为：在密闭的管道中作恒定流动的理想液体具有三种形式的能量（动能、位能、压力能），液体在管道中流动的过程中，三种能量之间可以互相转化，但在任一截面处，三种能量的总和是一常量。式（1-7a）和式（1-7b）的含义相同，只是表达方式不同。式（1-7a）是将液体所具有的能量以单位质量液体所具有的动能、位能和压力能的形式来表达的理想液体的伯努利方程；式（1-7b）是将单位质量液体所具有的动能、位能和压力能用液体压力值的方式来表达的理想液体的伯努利方程。由于在实际应用中，液压系统内各处液体的压力可以用压力表很方便地测出来，所以式（1-7b）也更常用。

（2）实际液体的伯努利方程　实际液体在管道中流动时，由于液体存在着黏性，会产生摩擦力，并消耗能量；同时，由于管道局部形状和尺寸的变化，也会消耗能量。因此，当液体流动时，液体的总能量在不断地减少。实际液体流动时的能量损失通常用单位质量液体在管道中流动时的压力损失 Δp 来表示。另外，由于实际液体在管道中流动时通流截面上的流速分布是不均匀的，若用平均流速计算动能会产生误差。为了修正这个误差，引入了动能修正系数 α。因此，实际液体的伯努利方程为

$$\frac{1}{2}\rho\alpha_1 v_1^2 + \rho g h_1 + p_1 = \frac{1}{2}\rho\alpha_2 v_2^2 + \rho g h_2 + p_2 + \Delta p \tag{1-8}$$

式中，动能修正系数 α_1、α_2 的值，湍流时取 $\alpha=1$，层流时取 $\alpha=2$。

例 1-2　计算液压泵吸油腔的真空度或液压泵允许的最大吸油高度。

解： 如图 1-16 所示，设液压泵的吸油口比油箱液面高 h，取油箱液面 1-1 和液压泵进口处截面 2-2，液压泵吸油过程中符合实际液体的伯努利方程，如果以 1-1 截面为基准面，则有

$$\frac{1}{2}\rho\alpha_1 v_1^2 + \rho g h_1 + p_1 = \frac{1}{2}\rho\alpha_2 v_2^2 + \rho g h_2 + p_2 + \Delta p$$

式中，p_1 为油箱液面压力，由于油箱与大气相连，所以 $p_1=p_a$；v_1、v_2 分别为油箱液面和泵吸油口的流动速度，因为 v_1 远小于 v_2，故 v_1 可忽略不计；p_2 为泵吸油口的绝对压力；由于以 1-1 为基准，所以 $h_1=0$，$h_2=h$。于是，有

$$p_a - p_2 = \frac{1}{2}\rho\alpha_2 v_2^2 + \rho g h + \Delta p$$

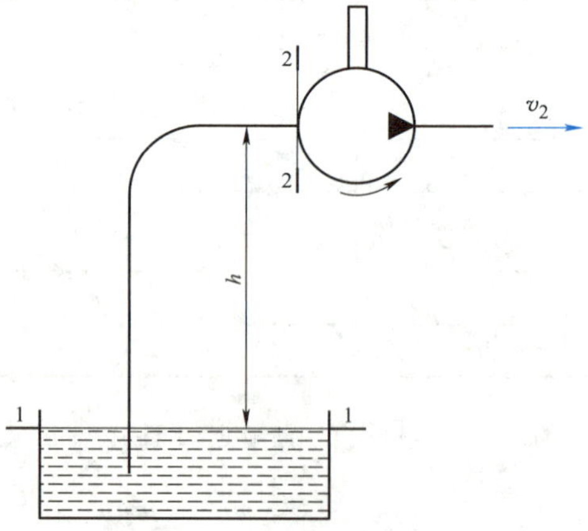

图 1-16　例 1-2 图

1.2.3　管路中液体的压力损失和能量损失

由于液体具有黏性，在管路中流动时又不可避免地存在着摩擦力，因此液体在流动过程中必然要损耗一部分能量。这部分能量损耗主要表现为压力损失，其损失不仅与流程的长度、流道的局部特性有关，还与液体的流动状态有关。

1. 液体的流态

19 世纪末，法国科学家雷诺通过观察水在圆管中的流动情况，发现液体有两种流动状态：层流和湍流。这可以通过一个实验来观察，实验装置如图 1-17 所示，图中水箱内有一隔板，当向水箱中连续注入清水时，隔板可以保持水位不变。先微微打开开关 K，使箱内清水缓缓流出，然后再打开开关 C，这时可以在观察段看到水杯内的带颜色水呈一条直线流束（见图 1-17a）。

这表明水管中的水流是分层的，而且层与层之间互不干扰，这种流动状态为层流。逐渐开大开关 K，管内液体的流速随之增大，颜色水的流束逐渐产生振荡（见图 1-17b），而当流速超过一定值后，颜色水流到玻璃管中便立即与清水混杂，水流的质点运动呈极其紊乱的状态，这种流动状态为湍流（见图 1-17c）。

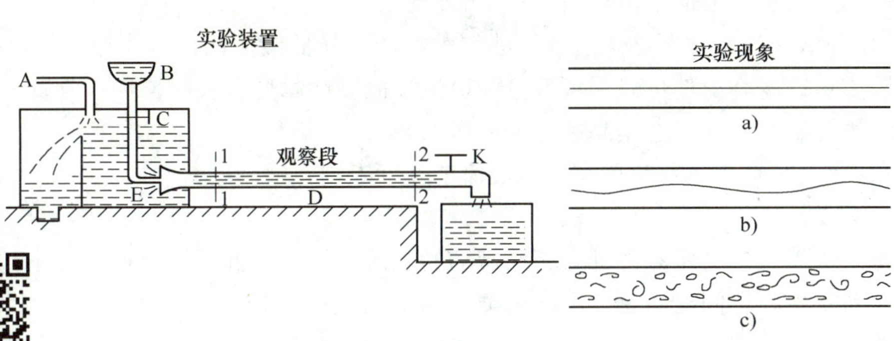

雷诺实验

图 1-17 雷诺实验

a）层流 b）过渡态 c）湍流

实验表明，液体在圆管中的流动状态不仅与管内的平均流速有关，还和管径、液体的黏度有关。但真正决定液流状态的却是这三个参数组成的一个无量纲数，即雷诺数

$$Re = vd/\nu \tag{1-9}$$

式中 v——液体在管中的流速（m/s）；

d——管道内径（m）；

ν——液体的运动黏度（m^2/s）。

管中液体的流态随雷诺数的不同而不同，因而可以用雷诺数作为判别液体在管道中流态的依据。一般把层流转变为湍流时的雷诺数称为临界雷诺数 Re_L。当 $Re<Re_L$ 时为层流；当 $Re>Re_L$ 时为湍流。

各种管道的临界雷诺数可以由实验求得。常见液流管道的临界雷诺数见表 1-2。

表 1-2 常见液流管道的临界雷诺数

管道的材料与形状	Re_L	管道的材料与形状	Re_L
光滑的金属圆管	2000~2300	带槽装的同心环状缝隙	700
橡胶软管	1600~2000	带槽装的偏心环状缝隙	400
光滑的同心环状缝隙	1100	圆柱形滑阀阀口	260
光滑的偏心环状缝隙	1000	锥状阀口	20~100

2. 压力损失

压力损失有沿程压力损失和局部压力损失两种。沿程压力损失是液体在等截面直管中流动时，因摩擦而产生的压力损失。局部压力损失是由于管道截面形状突变、液流方向改变或其他形式的液流阻力而引起的压力损失。总的压力损失等于沿程压力损失和局部压力损失之和。

通常情况下，局部压力损失要比沿程压力损失要大，压力损失造成液压系统中功率损耗增加，还会加剧油液的发热，使泄漏量增大，使液压系统效率降低，性能变差。因此在液压系统中找出减少压力损失的有效途径具有重要意义。

减少压力损失、提高液压系统性能的措施主要有以下几点：

1）缩短管道长度，减少管道弯曲，尽量避免管道截面的突然变化。

2）减小管道内壁表面粗糙度，使其尽可能光滑。

3）选用的液压油黏度要适当。液压油的黏度低可降低液流的黏性摩擦，但可能无法保证液流为层流；黏度高虽然可以保证液流为层流，但黏性摩擦会大幅增加。所以，应在保证液流为层流的基础上，尽量选用黏度低的液压油。

4）管道应有足够大的通流面积，将液流的速度限制在适当的范围内。

3. 流量损失

在液压系统中，各液压元件都有相对运动的表面，如液压缸内表面和活塞外表面。因为要有相对运动，所以它们之间有一定的间隙，如果间隙的一边为高压油，另一边为低压油，那么高压油就会经间隙流向低压油区，造成泄漏（这部分泄漏称为内泄漏）。同时由于液压元件密封不完善，一部分油也会向外泄漏（这部分泄漏称为外泄漏）。

流量损失影响运动速度，而泄漏又难以绝对避免，所以，在液压系统中泵的额定流量要大于系统工作时所需要的最大流量。

1.2.4 液压冲击和空穴现象

1. 液压冲击

在液压系统中，由于某种原因，液体压力在某一瞬间会突然升高，产生很大的压力峰值，这种现象称为液压冲击。

（1）液压冲击的危害　产生液压冲击时，系统的瞬时压力峰值往往比正常工作压力高好几倍，且常常伴有巨大的振动和噪声，使液压系统产生温升；液压冲击还会破坏液压系统内部构件之间的相对位置，导致运动部件的运动精度降低，影响系统正常工作；它还会造成液压元件、密封装置的损坏，甚至还会使管子爆裂，缩短整个液压系统的寿命；由于压力的突然升高，还可能使系统中的某些压力元件产生误动作，造成事故。

（2）液压冲击产生的原因　当液流突然停止运动或换向时，液体流动的速度将突然降为零，使液体的动能瞬时转变为压力能；运动的工作部件突然制动时导致的液压冲击；由于液压系统中的某些元件如溢流阀反应动作不够灵敏，在系统压力升高时不能及时开启泄压，造成系统超压，出现液压冲击；刚性管路或过细的管路以及方向、截面积变化大的管路也容易产生液压冲击。

（3）减少和防止液压冲击的措施　降低开、关阀门的速度，减少冲击的强度；限制管路中油流的流速；在管路中易发生液压冲击的地方采用橡胶软管或设置蓄能器，以吸收液压冲击的能量，减少冲击传播的距离；在容易产生液压冲击的地方安装限制压力升高的溢流阀。

2. 空穴现象

（1）空气分离压和饱和蒸气压　在液体中总是溶解有一定量的空气。液压油中能溶解的空气比在水中能溶解的空气要多，而且液体中气体的溶解度与绝对压力成正比。

1）空气分离压：大气压下正常溶解于油液中的空气，当压力低于大气压时，就会过饱和，在某一温度下，当压力降低到某一值时，过饱和的空气就会从油液中分离出来而产生气泡，这一压力值就称为该温度下的空气分离压。

2）饱和蒸气压：当油液的压力低于当时温度下的蒸气压力时，油液本身就会迅速汽化，在油液中形成蒸气气泡。这时的压力值称为液压油在该温度下的饱和蒸气压。

一般来说，液压油的饱和蒸气压要比空气分离压小得多，因此，要使液压油不产生大量气泡，其压力最低不得低于液压油所在温度下的空气分离压。

（2）空穴现象及其危害

1）空穴现象：当液体中的压力低于其空气分离压时，就会使原来溶解于油液中的空气分离出来，造成气泡混杂在油液中，产生气穴，使原来充满在管道或元件内的油液出现不连续的状态，这种现象称为空穴现象。

2）气蚀现象：当油液流经管道喉部的节流口时，该处流速增大，压力降低，如压力低于该工作温度下液压油的空气分离压，溶解在油液中的空气就会迅速地分离出来形成气泡，这些气泡随着油液流过喉部，管径变大，压力重新上升，气泡会被压缩并因承受不了高压而破裂。当附着在金属表面的气泡破裂时，周围液体的分子以极高的速度来填补原来气泡所占据的空间，液体质点间相互碰撞而产生局部高压、局部的液压冲击和高温，产生噪声并引起振动。这种压力冲击作用在零件的金属表面，就会使金属表面发生剥落，使表面粗糙或出现海绵状的小洞穴，这种现象称为气蚀。节流口下游部位常会出现这种气蚀。

3）空穴现象的危害：空穴现象除了会引起气蚀，还会引起系统的温升、噪声和振动，并影响系统的性能，缩短元件寿命，严重时甚至会损坏设备。尤其是液压泵部分发生空穴现象时，除了产生振动和噪声外，还会影响泵的吸油能力，造成液压系统流量和压力波动。此外，在高温、高压下，空气极易使液压油变质，生成有害的酸性物质或胶状沉淀。

（3）减少空穴现象的措施　液压系统中要完全消除空穴现象是非常困难的，只能尽可能地减少空穴现象，其实也就是防止液压系统中的压力过低。常用的措施主要有：减小节流小孔前后的压力差，使其前后的压力比小于3.5；保持液压系统中的油压高于空气分离压；液压零件选用抗腐蚀能力强的金属材料，合理设计，增加零件的机械强度，提高零件的表面加工质量，提高零件的抗气蚀能力，减少气蚀对零件的影响；进行良好的密封，防止外部空气进入液压系统，降低液体中气体的含量。

对于管道来说，要求油管有足够的通径，并尽量避免狭窄处或突然的转弯。对于液压泵来说，应合理设计液压泵的安装高度，避免在泵吸油口产生空穴现象。

任务实施 1.2　液压千斤顶输出力的计算

工作任务单

姓名		班级		组别		日期	
工作任务	液压千斤顶输出力的计算						
任务描述	在液压实验室，利用液压连通器和砝码，找出液压千斤顶输入力和输出力的关系，并计算液压千斤顶的输出力						
任务要求	1）了解危险化学物品的安全使用与存放 2）正确使用相关工具 3）计算千斤顶输出力						
提交成果	1）系统危险物品清单 2）液压千斤顶输出力的计算报告						
考核评价	序号	考核内容	配分	评分标准	得分		
	1	安全意识	20	遵守安全规章、制度			
	2	工具的正确使用	10	选择合适工具，正确使用工具			
	3	危险因素清单	10	危险因素查找全面、准确			
	4	液压千斤顶输出力的计算报告	50	计算正确			
	5	团队协作	10	与他人合作有效			
指导教师			总分				

知识拓展 1　孔口及缝隙液流特性

孔口及缝隙液流特性是研究节流调速及分析液压元件泄漏时的理论基础。

1. 孔口液流特性

在液压系统的管路中装有截面突然收缩的装置，称为节流装置（如节流阀）。突然收缩处的流动叫节流，一般均采用各种形式的孔口来实现节流。

孔口一般分为三种：当孔口的长径比 $l/d \leqslant 0.5$ 时，称为薄壁孔；当 $l/d > 4$ 时，称为细长孔；当 $0.5 < l/d \leqslant 4$ 时，称为短孔。

流经孔口的流量可以用下式表示

$$q = KA\Delta p^m \tag{1-10}$$

式中　A——孔口的截面面积（m^2）；

Δp——孔口前后的压力差（Pa）；

m——孔口形状决定的指数，$0.5 \leqslant m \leqslant 1$（当孔口为薄壁小孔时，$m = 0.5$；孔口为细长小孔时，$m = 1$；孔口为短孔时，$0.5 < m < 1$）；

K——孔口的形状系数（当孔口为薄壁小孔和短孔时，$K = C_d\sqrt{2/\rho}$（C_d 为流量系数）；孔口为细长小孔时，$K = \dfrac{d^2}{32\mu l}$）。

式（1-10）在分析不同孔口的流量及其特性时会经常用到。

2. 缝隙液流特性

液压系统是由一些元件、管接头和管道组成的，每一部分都有一些零件组成，在这些零件之间，通常需要有一定的配合间隙，由此带来了泄漏现象。

泄漏主要是由压力差与间隙造成的。泄漏量过大会影响液压元件和系统的正常工作，泄漏也会使系统的效率降低，功率损耗增大，因此研究液体流经间隙的泄漏规律，对提高液压元件的性能和保证液压系统正常工作是十分必要的。

◇◇◇ 自我评价 1

1. 填空题

1）液压与气压传动是以________为工作介质进行能量传递和控制的一种传动方式。

2）液压传动系统主要由______、______、______、______及传动介质等部分组成。

3）动力元件是把__________转换成流体压力能的元件，执行元件是把流体的______转换成机械能的元件，控制元件是对液压系统中流体的压力、流量和流动方向进行________的元件。

2. 判断题

1）以绝对真空为基准测得的压力称为绝对压力。（　　）

2）液体在不等横截面的管道中流动，液流流速和液体压力与横截面积的大小成反比。（　　）

3）液压千斤顶能用很小的力顶起很重的物体，因而能省功。（　　）

4）空气侵入液压系统，不仅会造成运动部件的爬行，而且会引起冲击现象。（　　）

5）当液体流过的横截面一定时，液体的流动速度越高，需要的流量越小。（　　）

6）液体在管道中流动的压力损失表现为沿程压力损失和局部压力损失两种形式。（　　）

7）用来测量油液系统中液体压力的压力计所指示的压力为相对压力。（　　）

8）以大气压为基准测得的高出大气压的那一部分压力称为绝对压力。（　　）

3. 选择题

1）把机械能转变成压力能的元件是（　　）

A．动力元件　　B．执行元件　　C. 控制元件

2）液压传动系统中，液压泵属于（　　），液压缸属于（　　），溢流阀属于（　　）。

A. 动力元件　　B. 执行元件　　C. 辅助元件　　D. 控制元件

3）在密闭容器中，施加于静止液体内任一点的压力能等值地传递到液体中的所有地方，这称为（　　）。

A. 能量守恒定律　　B. 动量守恒定律　　C. 质量守恒定律　　D. 帕斯卡原理

4）在液压传动中，压力一般指压强，在国际单位制中，它的单位是（　　）。

A. Pa　　B．N　　C. W　　D. N·m

5）在液压传动中人们利用（　　）来传递力和运动。

A. 固体　　B. 液体　　C. 气体　　D. 绝缘体

6）（　　）是液压传动中最主要的参数。

A. 压力和流量　　B. 压力和负载　　C. 压力和速度　　D. 流量和速度

7）（　　）又称表压力。

A. 绝对压力　　B. 相对压力　　C. 大气压　　D. 真空度

4. 简答题

1）液压传动系统由哪些基本部分组成？各部分的作用是什么？

2）什么是液压冲击？

3）怎样避免空穴现象？

4）在图 1-18 所示的液压系统中，已知使活塞 1、2 向左运动所需要的压力分别为 p_1、p_2，阀门 T 的开启压力为 p_3 且 $p_1 < p_2 < p_3$，问：

①哪个活塞先动？此时系统中的压力是多少？

②另一个活塞何时才能动？这个活塞动时系统中的压力是多少？

③阀门 T 何时才能开启？此时系统中的压力是多少？

④若 $p_3 < p_2 < p_1$，则此时两个活塞能否运动？为什么？

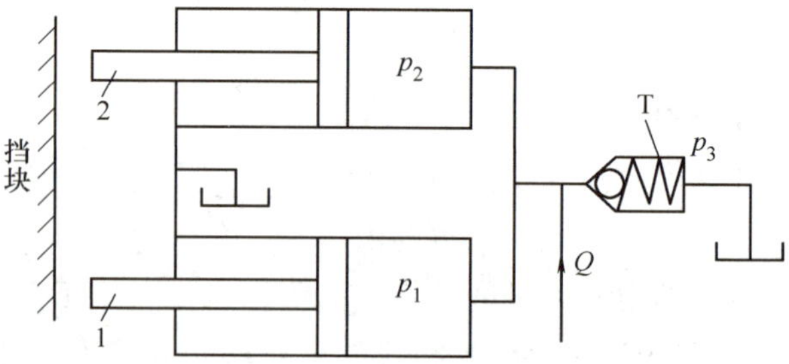

图　1-18

1，2—活塞　T—阀门

5. 计算题

1）在图 1-19 所示的简化液压千斤顶中，$T=294\text{N}$，大小活塞的截面积分别为 $A_2=5\times10^{-3}\text{m}^2$，$A_1=1\times10^{-3}\text{m}^2$，忽略损失，试计算下列各题。

①通过杠杆机构作用在小活塞的力 F_1 及此时系统的压力 p。

②大活塞能顶起的重物 G。

③大、小活塞的运动速度哪个快？快多少倍？

④若需顶起的重物 $G=19600\text{N}$ 时，系统压力 p 又为多少？作用在小活塞上的力 F_1 应为多少？

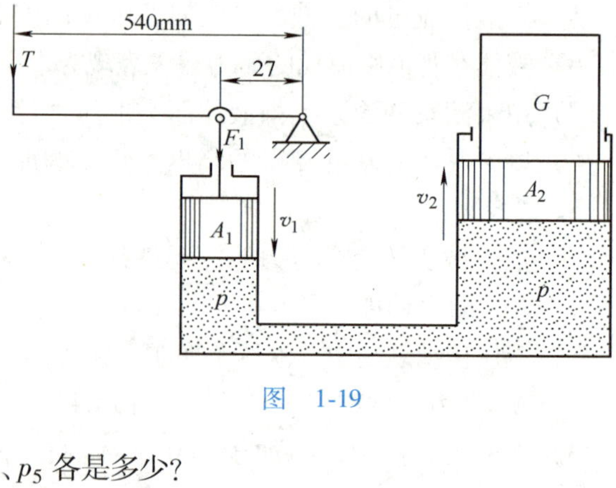

图　1-19

2）如图 1-20 所示，已知活塞面积 $A=10\times10^{-3}\text{m}^2$，包括活塞自重在内的总负重 $G=10\text{kN}$，问从压力表上读出的压力 p_1、p_2、p_3、p_4、p_5 各是多少？

3）图 1-21 所示的连通器中，中间有一隔板 T，已知活塞面积 $A_1=1\times10^{-3}\text{m}^2$，$A_2=5\times10^{-3}\text{m}^2$，$F_1=200\text{N}$，$G=2500\text{N}$，活塞自重不计，问：

①当中间隔板 T 隔断时，连通器两端的压力 p_1、p_2 各是多少？

②当把中间隔板抽去，使连通器连通时，两腔的压力 p_1、p_2 各是多少？

③当抽去中间隔板 T 后，若要使两活塞保持平衡，F_1 应是多少？

④若 $G=0$，其他已知条件都同前，F_1 是多少？

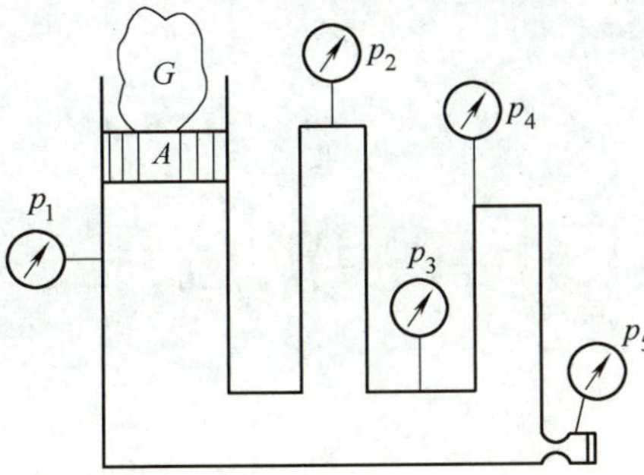

图 1-20

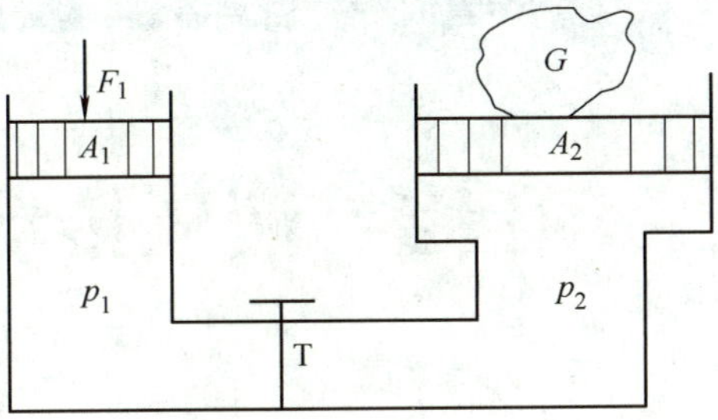

图 1-21

4）如图 1-22 所示，已知液压泵流量 $q=320\text{L/min}$，吸油管直径 $d=20\text{mm}$，液压泵吸油口距液面高度 $h=500\text{mm}$，油液密度 $\rho=0.9\text{g/cm}^3$，在忽略压力损失且动能修正系数均为 1 的条件下，求液压泵吸油口的真空度。

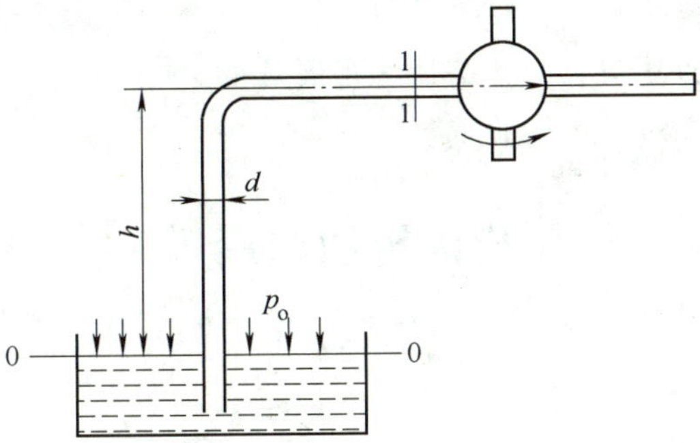

图 1-22

项目2 液压传动系统工作介质的应用

学习目标

通过本项目的学习，学生应掌握液压传动系统工作介质（液压油）的基本物理性质、种类及其选用。具体目标是：

1）掌握液压油的密度、可压缩性、黏性及黏度等物理性质。

2）能识别液压油的牌号。

3）能根据液压设备的类型和工作条件选用液压油。

4）能提出并实施防止油液污染的常用措施。

课外阅读：
7S 管理助力
好习惯的养成

任务 液压机液压油的选用

任务引入

图 2-1 所示是四柱液压机的结构原理图。液压机的主要运动是上滑块机构和下滑块顶出机构的运动，上滑块机构由主液压缸（上缸）驱动，顶出机构由辅助液压缸（下缸）驱动。它主要用于可塑性材料的压制，如冲压、弯曲、翻边、薄板拉伸等。液压机使用液压传动系统，通过工作介质（液压油）来传递运动和动力，而液压系统的故障与液压油的选用不当有关，不同的液压系统对液压油的要求也不同。

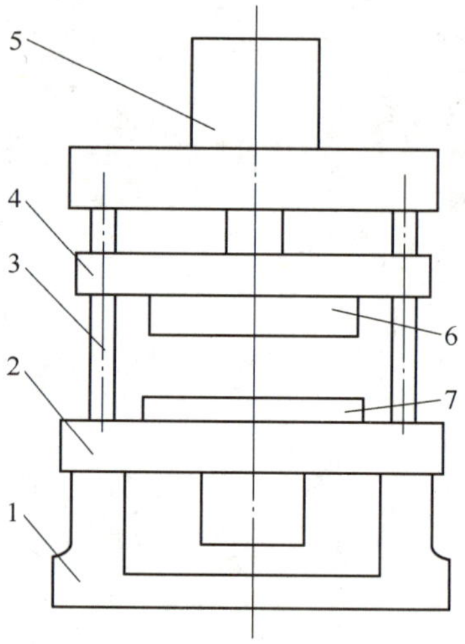

图 2-1 四柱液压机结构原理图

1—床身 2—工作平台 3—导柱
4—上滑块 5—上缸
6—上滑块模具 7—下滑块模具

任务分析

液压油是液压传动系统中的工作介质，对液压装置的机构、零件起着润滑、冷却和防锈作用。液压传动系统的压力、温度和流速在很大的范围内变化，液压油的质量优劣直接影响液压系统的工作性能。所以，合理选择液压油是很重要的，而要合理选择液压油就要了解液压油的相关知识。

相关知识

2.1.1 液压油的性质

1. 密度

密度是指单位体积油液的质量。单位为 kg/m^3 或 g/mL。质量为 m，体积为 V 的液体的密度为 $\rho=m/V$。对于常用的矿物性液压油，其体积随温度的升高而增大，随压力的升高而减小，所以其密度随温度的升高而减小，随压力的升高而增大。一般情况下，由压力和温度而引起的这种变化都比较小，可将其近似地认为是常数。油液的密度越大，泵的吸入性能就越差。

2. 可压缩性

液体的可压缩性是指液体受压力作用而体积减小的特性。液体的可压缩性可用体积压缩系数 k 来表示，其定义为单位压力变化下的液体体积的相对变化量。公式为

$$k=-\frac{1}{\Delta p}\frac{\Delta V}{V_0} \tag{2-1}$$

式中 k——体积压缩系数；

Δp——压力变化量；

ΔV——体积变化量；

V_0——油液原体积。

液压油的可压缩性是钢的 100~150 倍。可压缩性会降低运动的精度，增大压力损失而使油温上升，压力信号传递时，会有时间延迟、响应不良的现象。液压油虽有可压缩性，但在中低压系统中压缩量很小，一般可忽略不计。只有在高压系统和液压系统的动态分析中才考虑液体的可压缩性。

液体体积压缩系数的倒数为液体体积弹性模量，简称体积模量。

3. 黏性

液体的黏性是指液体在外力作用下流动时，由于液体分子间的内聚力而产生一种阻碍液体分子间相对运动的内摩擦力的特性。液体只有在流动时才显示黏性，静止液体是不呈现黏性的。

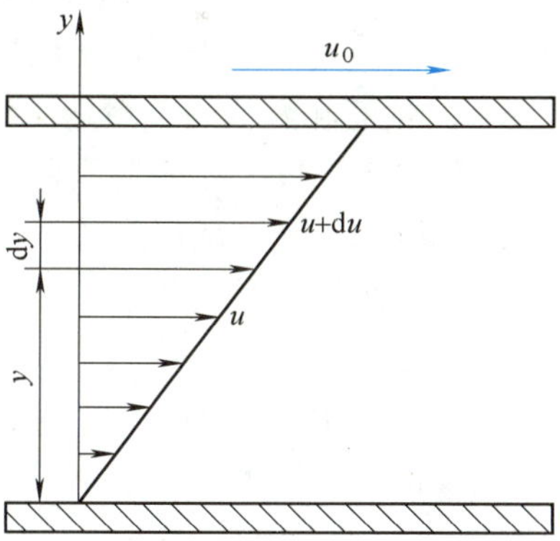

图 2-2 液体黏性示意图

液体流动时，液体与固体壁间的附着力以及液体本身的黏性使液体内各处的速度大小不相等。以图 2-2 所示被液体隔开的两片平行平板为例，设下平板不动，当上平板以速度 u_0 相对于下平板向右移动时，紧挨着上平板的极薄一层液体在附着力作用下跟随上平板一起以 u_0 的速度移动，紧挨着下平板的那层极薄的液体和下平板一起保持不动，而中间各层液体从上到下按递减的速度向右移动。这是因为相邻两薄层间的分子内聚力对上层液体起阻滞作用，而对下层液体起拖曳作用的缘故。当平板间的距离较小时，各液层的速度按线性规律分布，距离较大时按曲线规律分布。

实验测定指出，液体流动时相邻液层间的内摩擦力 F 与液层接触面积 A、液层间相对运动速度 du 成正比，而与液层间的距离 dy 成反比，即

$$F=\mu A\frac{du}{dy} \tag{2-2}$$

式中 μ——比例常数，称为黏性系数或黏度；

du/dy——速度梯度，即液层相对速度对液层距离的变化率。

若用 τ 表示单位接触面积上的内摩擦力（切应力），则上式可写成

$$\tau=\frac{F}{A}=\mu\frac{du}{dy} \tag{2-3}$$

式（2-3）即为牛顿内摩擦定律。

液体黏性的大小用黏度来表示，常用的液体黏度表示方法有三种：动力黏度、运动黏度和相对黏度。

（1）动力黏度 μ　动力黏度是表征流动液体内摩擦力大小的黏性系数。其量值等于液体在以单位速度梯度（$du/dy=1$）流动时，液层接触面单位面积上的内摩擦力，即

$$\mu=F/(Adu/dy)=\tau/(du/dy) \tag{2-4}$$

动力黏度的单位是 Pa · s（帕 · 秒）。

（2）运动黏度 ν　运动黏度 ν 是动力黏度 μ 与密度 ρ 的比值，即

$$\nu=\mu/\rho \tag{2-5}$$

运动黏度无明确的物理意义，因为其在单位中只有长度和时间的量纲，类似于运动学的量，故称为运动黏度，它是液体性质及其力学特性研究、计算中常用的一个物理量。各类液压油的牌号就是按油的运动黏度来标定的。

国际标准 ISO 和我国标准规定，工作介质按其在一定温度下一定黏度的平均值来标定黏度等级，如：对于各类液压油，标号 N32 就是指这种油在温度为 40℃时，其运动黏度 ν 的平均值为 $32mm^2/s$。

运动黏度的单位是 m^2/s。$1m^2/s$(斯)$=10^6mm^2/s$(厘斯)

（3）相对黏度°E_t　相对黏度又称条件黏度，是采用特定的黏度计在规定的条件下测出来的液体黏度。测量条件不同，采用的相对黏度单位也不同。我国、德国、俄罗斯采用恩氏黏度（°E_t），美国采用赛氏通用黏度（*SSU*），英国采用雷氏黏度（″*R*）。

（4）黏度和温度的关系　油液的黏度对温度的变化极为敏感，温度升高，油液的黏度下降，黏度随温度变化的性质称为黏温特性。不同种类的液压油有不同的黏温特性，黏温特性好的液压油，黏度随温度的变化较小。

液体的黏温特性用黏度指数 *VI* 来度量。*VI* 表示该液体黏度变化的程度与标准液的黏度变化程度之比。黏度指数 *VI* 越高，说明该液体的黏度随温度的变化越小，其黏温特性越好。

（5）黏度和压力的关系　液体所受到的压力增大时，其分子间的距离减小，内聚力增大，黏度也随之增大。对于一般的液压系统，当压力在 32MPa 以下时，压力对黏度的影响不大，可以忽略不计。

4. 其他性质

液压油除了以上的基本物理性质外，还有其他一些物理及化学性质，如稳定性、抗泡沫性、抗乳化性、防锈性、润滑性及相容性等，它们对液压油的选择和使用有重要影响，这些性质需要通过加入各种添加剂来获得。

2.1.2　液压油的分类

在 GB/T 498—2014 中，将润滑剂和有关产品规定为 L 类产品。在 GB/T 7631.1—2008 中，又将 L 类产品按照应用场合分为 18 个组，其中 H 组用于液压系统，其主要产品见表 2-1。

表 2-1 润滑剂、工业用油和相关产品（L类）的分类 第 2 部分：H 组（液压系统）

组别符号	总应用	特殊应用	更具体的应用	组成和特性	产品符号L—	典型应用	备 注
H	液压系统	流体静压系统	液压导轨系统	无抑制剂的精制矿油	HH		比全损耗系统用油质量高
				精制矿油，并改善其防锈和抗氧化性	HL		通用机床工业润滑油
				HL油，并改善其抗磨性	HM	有大负载部件的一般液压系统	抗磨液压油
				HL油，并改善其黏温特性	HR		
				HM油，并改善其黏温特性	HV	建筑和船用设备	低温液压油
				无特定难燃性的合成液	HS		合成低温液压油
				甘油三酸酯	HETG	一般液压系统（可移动式）	每个品种的基础液的最小含量应不少于70%（质量分数）
				聚乙二醇	HEPG		
				合成酯	HEES		
				聚α烯烃和相关烃类产品	HEPR		
				HM油，并具有黏-滑性好的特点	HG	液压和滑动轴承导轨润滑系统合用的机床，在低速下使振动或间断滑动（黏-滑）减为最小	液压-导轨油
			需要难燃液的场合	水包油型乳化液	HFAE		含水大于80%（质量分数）
				化学水溶液	HFAS		含水大于80%（质量分数）
				油包水乳化液	HFB		含水小于80%（质量分数）
				含聚合物水溶液	HFC		
				磷酸酯无水合成液	HFDR		选择本产品时应小心，因其可能对环境和健康有害
				其他成分的无水合成液	HFDU		
		流体动力系统	自动传动系统		HA		与这些应用有关的分类尚未进行详细的研究，以后可以增加
			耦合器和变矩器		HN		

注：在本分类标准中，各产品名称是采用统一的方法命名的。例如

```
L  —HM  32
│    │    └── 数字（根据GB/T 3141—1994标准规定的黏度等级）：40℃时液压油的运动黏度厘斯（cSt）数
│    └─────── 品种（抗磨液压油，H为L类产品所属的组别，其应用场合为液压系统）
└──────────── 类别（润滑剂）
```

2.1.3　液压油的选用

1. 液压油的功用

液压油具有以下功用：①传递能量和信号；②润滑液压元件、减少摩擦和磨损；③散热；④防止锈蚀；⑤密封液压元件对偶摩擦副的间隙；⑥传输、分离和沉淀杂质。

2. 对液压油的性能要求

在液压系统中，液压油既是传动介质，又兼起着润滑作用，故对液压油的性能提出如下要求：

1）合适的黏度和良好的黏温特性。

2）润滑性能好，腐蚀性小，抗锈蚀性能好。

3）质地要纯净，极少量的杂质、水分和水溶性酸碱，无毒害、无味，废料易处理，成本低等。

4）对金属和密封件有良好的相容性。

5）氧化稳定性好，长期工作不易变质。

6）抗泡沫性和抗乳化性能好。

7）体积膨胀系数小，比热容大。

8）在高温环境下具有较高的闪点，起防火作用，低温环境下有较低的凝点。

3. 液压油的选择

（1）液压油的选用原则　选用液压油时，可根据液压元件生产厂样本和说明书所推荐的品种号数来选用液压油，或根据液压系统的工作压力、工作温度、液压元件种类及经济性等因素全面考虑。

液压油的选择首先是液压油品种的选择，油液品种选择是否合适，对液压系统的工作影响很大。选择油液品种时，可根据是否液压专用、有无起火危险、工作压力及工作温度范围等因素进行考虑。

液压油的品种确定之后，就要确定液压油的黏度等级。黏度等级的选择是十分重要的，因为黏度对液压系统工作的稳定性、可靠性、效率、温升以及磨损都有显著的影响。在选择黏度等级时，应注意以下几个方面的情况。

1）按工作机械的不同要求选用。精密机械与一般机械对黏度要求是不同的，为了避免温度升高而引起机件变形，影响工作精度，精密机械应采用较低黏度的液压油，如机床液压伺服系统，为保证伺服机构动作灵敏性，宜采用黏度较低的液压油。

2）按液压泵的类型选用。液压泵是液压系统的重要元件，在系统中它的运动速度、压力和温升都较高，工作时间又长，因而对黏度要求较严格，所以选择黏度时要考虑液压泵的类型；否则，液压泵磨损快，容积效率低，甚至可能破坏液压泵的吸油条件。不同类型的泵对液压油的黏度有不同的要求，液压泵常用液压油的黏度范围见表2-2。

表 2-2　液压泵常用液压油黏度范围

液压泵类型		液压油黏度 ν_{40}/(mm²/s)	
		液压系统温度 5~40℃	液压系统温度 40~80℃
齿轮泵		30~70	65~165
叶片泵	p<7.0MPa	30~50	40~75
	p≥7.0MPa	50~70	55~90
齿轮泵		30~70	95~165
径向柱塞泵		30~50	65~240
轴向柱塞泵		30~70	70~150

3）按液压系统的工作压力选用。通常当工作压力较高时，宜采用黏度较高的液压油，以免系统泄漏过多，效率降低；工作压力较低时，宜采用黏度较低的液压油，这样可以减少压力损失，如机床液压系统的工作压力一般低于 6.3MPa，采用 20~60mm²/s 的液压油；工程机械的液压系统工作压力属于高压，多采用黏度较高的液压油。

4）考虑液压系统的环境温度。矿物油的黏度受温度的影响较大，为保证在工作温度时有较适宜的黏度，必须考虑周围环境温度的影响。当温度较高时，宜采用黏度较高的液压油；周围环境温度较低时，宜采用黏度较低的液压油。依据环境和工况条件的液压油选择见表 2-3。

表 2-3　依据环境和工况条件的液压油选择

工况 / 环境	系统压力	7.0MPa 以下	7.0~14.0MPa	7.0~14.0MPa	14.0MPa 以上
	系统温度	50℃以下	50℃以下	50~80℃	80~100℃
室内固定液压设备		HL 液压油	HL 或 HM 液压油	HM 液压油	HM 液压油
露天、寒区和严寒区		HL 或 HS 液压油	HV 或 HS 液压油	HV 或 HS 液压油	HV 或 HS 液压油
地下、水上		HL 液压油	HL 或 HM 液压油	HL 或 HM 液压油	HM 液压油
高温热源或明火附近		HFAE 或 HFAS 液压油	HFB 或 HFC 液压油	HFDR 液压油	HFDR 液压油

5）考虑液压系统的运动速度。当液压系统中工作部件的运动速度很高时，油液的流速也很高，压力损失随之增大，而泄漏相对减少，因此宜采用黏度较低的液压油；反之，当系统工作部件的运动速度较低时，每分钟所需的油量很小，这时泄漏相对较大，对系统的运动速度影响也较大，所以宜采用黏度较高的液压油。

（2）合理选用液压油

1）使用前验明油品的牌号、性能等是否符合要求。

2）液压系统要清洗干净方可使用。

3）新油使用前要过滤，油液不能与其他物品混放。

4）严格控制污染，防水、气、固体杂物混入液压系统。为防止空气进入系统，回油口应在油箱液面以下，并将管口切成斜面；液压泵和吸油管应严格密封；液压泵和油管安装高度应尽量低些，以减少液压泵吸油阻力；必要时在系统的最高处设置放气阀。

5）定期检查油液质量和油面高度。

6）应保证油箱的温度不超过液压油允许的范围，通常不超过 70℃，否则应进行冷却调节。

4. 液压油的更换

（1）液压油变质　引起液压油变质的原因很多，其中比较常见的有以下几方面。

1）蒸发对液压油的性质有影响。如含水液压油的水分蒸发，使水包油型水二乙醇的浓度增加，黏度上升，防火性能下降；水分蒸发也会使油包水型液压油的浓度下降。

一般情况下，液压油的蒸发除了与温度有关外，还与蒸发面积、容器的气体空间和密封程度及大气压力有关，因此在使用液压油时，为了保证质量，应在这些方面注意。

2）在空气作用下，液压油会发生氧化变质，使其颜色变深，酸度增大。值得注意的是，各种金属都是氧化的催化剂，尤其是铜更能加快油液的污染和变质。

3）杂质和水分侵入液压油也会引起油液的污染和变质。

4）液压油中混入轻质油，会使黏度和闪点下降；若混入粗制油，可使酸值和残碳增大；混入含有不同添加剂的油品，可能使油液的性能提高，也可能使其性能下降；液压油中一旦混入异种油品，既会影响数量，也会影响质量。

（2）液压油变质的鉴别方法　液压油的好坏不仅直接影响设备正常工作，而且会损坏液压系统零部件。那么如何鉴别液压油的变质呢？

不同种类的油品具有不同的颜色；所含成分不同，其气味也不一样；用手仔细抚摸，不同油品的手感也不同；取其无色玻璃瓶装的油品，进行摇动时，会出现不同的油膜挂瓶状况和气泡的状态。人们在长期使用中，总结出一套“看、嗅、摇、摸”鉴别液压油的简易方法，具体见表 2-4。

表 2-4　常用液压油的“看、嗅、摇、摸”简易鉴别方法

油品＼特征＼方法	看	嗅	摇	摸
N32～N68 号机械油	黄褐到棕黄，有不明显的蓝荧光		泡沫多而消失慢，挂瓶呈黄色	
普通液压油	浅到深黄、发蓝光	酸味	气泡消失快，稍挂瓶	
汽轮机油	浅到深黄		气泡多、大、消失快，无色	蘸水捻不乳化
抗磨液压油	橙红透明		气泡多、消失较快，稍挂瓶	
低凝液压油	深红			
水二乙醇液压油	浅黄	无味		光滑、觉热
磷酸酯液压油	浅黄			
油包水型乳化液	乳白		浓稠	
水包油型乳化液		无味	清淡	
蓖麻油制动液	浅黄透明	强烈酒精味		光滑、觉凉
矿物油型制动液	淡红			
合成制动液	苹果绿	酸味		

（3）液压油的更换方法　液压油使用时间长了，会逐渐老化变质。不同使用场合的液压油有不同的更换方法：

1）对于要求不高、耗油量较少的液压系统，可采用经验更换法，即操作者或现场服务的技术人员根据使用经验，或者通过外观比较，或者采用沉淀法和加热过滤法等简易测定法，对液压油的污染程度做出判断，从而决定液压油是否应当更换。

2）对于工作条件和工作环境变化不大的中、小型液压系统，可采用定期更换法，即根据液压油本身规定的使用寿命进行更换。

3）对于大型的或耗油量较大的液压系统，可用实验更换法，即在液压油使用过程中，定期取样化验，鉴定污染程度，监视油液的质量变化；当被测油液的物理、化学性能超出规定的范围时，就应该更换。这种以实验数据来决定换油时间的方法是比较科学的。

任务实施　液压机液压油的检测和更换

工作任务单

姓名		班级		组别		日期	

<table>
<tr><td>工作任务</td><td colspan="5">液压机液压油的检测和更换</td></tr>
<tr><td>任务描述</td><td colspan="5">在教师指导下，在液压实训室或生产车间对液压机的液压油进行检测和更换，并记录液压油的检测结果和更换过程</td></tr>
<tr><td>任务要求</td><td colspan="5">1）掌握危险化学品的安全使用与存放
2）检测液压油并记录检测结果
3）使用换油设备对液压油进行更换</td></tr>
<tr><td>提交成果</td><td colspan="5">1）液压油性质及更换记录清单
2）液压油检测报告</td></tr>
<tr><td rowspan="6">考核评价</td><td>序号</td><td>考核内容</td><td>配分</td><td>评分标准</td><td>得分</td></tr>
<tr><td>1</td><td>安全文明操作</td><td>10</td><td>遵守安全规章制度，正确使用实验工具</td><td></td></tr>
<tr><td>2</td><td>正确选择液压油牌号</td><td>20</td><td>正确分析和选用液压油</td><td></td></tr>
<tr><td>3</td><td>放油操作</td><td>20</td><td>操作规范，对油污处理好</td><td></td></tr>
<tr><td>4</td><td>清洗油箱</td><td>30</td><td>清洗干净</td><td></td></tr>
<tr><td>5</td><td>加注新液压油</td><td>20</td><td>更换过程记录、归纳正确</td><td></td></tr>
<tr><td>指导教师</td><td colspan="2"></td><td colspan="2">总分</td><td></td></tr>
</table>

知识拓展2　液压油污染的控制

液压油是否清洁，不仅影响液压系统的工作性能和液压元件的使用寿命，而且直接关系到液压系统能否正常工作。液压系统的多数故障与液压油受到污染有关，因此控制液压系统的污染是十分重要的。

1. 污染的原因

液压油受污染的原因是多方面的，主要有外界侵入和工作过程中产生两大类。

（1）外界侵入

1）从外界环境中混入的污染物，主要有空气、尘埃、切屑、棉纱、水滴、冷却用乳化液等。

2）在液压系统安装或修理时残留下来的污染物，主要有铁屑、毛刺、焊渣、铁锈、沙粒、涂料渣、清洗液等。

（2）工作过程中产生　在工作过程中系统内产生的污染物，主要有液压油变质后的胶状生成物、涂料及密封件的剥离物、金属氧化后剥落的微屑等。

2. 污染的危害

液压油受污染后将对液压系统及液压元件产生下述危害：

1）固体颗粒、胶状物、棉纱等杂物，会加速元件的磨损，堵塞阀件的小孔和缝隙，堵塞过滤器，以致使阀的性能下降或动作失灵，使泵吸油困难并产生噪声，还能擦伤密封件，使油液的泄漏量增加。

2）水分、清洗液、涂料、漆屑等混入液压油中后，会降低液压油的润滑性能并能使油液氧化变质。空气的混入，会使系统工作不稳定，产生振动、噪声、低速爬行及起动时突然前冲的现象；还会使管路狭窄处产生气泡，加速元件的氧化腐蚀。

3. 控制污染的常用措施

1）严格清洗液压元件和系统。液压元件、油箱和各种管件在组装前应严格清洗，组装后应对系统进行彻底清洗，并将清洗后的介质换掉。

2）防止污染物侵入。在设备运输、安装、加注和使用过程中，都应防止油液受污染。油液注入时必须经过滤器；油箱通大气处要加空气过滤器；采用密闭油箱防止尘土、磨料和冷却液侵入等；维修拆卸元件应在无尘区进行。

3）控制液压油的温度。应采用适当措施（如水冷、风冷等），控制系统的工作温度，以防止温度过高，造成液压油氧化变质，产生各种生成物。一般液压系统的温度应控制在65℃以下，机床的液压系统应更低一些，一般在55℃以下。

4）采用合适的过滤器。这是控制液压油污染的重要手段。应根据设备的要求，在液压系统中选用不同的过滤方式、不同的过滤精度和不同结构的过滤器，同时要定期检查和清洗过滤器或更换滤芯。

5）定期检查和更换液压油。每隔一定时间，要对液压系统的液压油进行抽样检查，分析其污染程度是否还在系统允许的使用范围内，如不符合要求，应及时更换。在更换新的液压油前，必须对整个液压系统进行彻底清洗。

◇◇◇ 自我评价 2

1. 填空题

1）液体流动时，沿其边界会产生一种阻止其运动的流体摩擦作用，这种产生内摩擦力的性质称为＿＿＿＿＿＿。

2）单位体积液体的质量称为液体的＿＿＿＿＿，液体的密度越大，其泵的吸入性能就越＿＿＿＿＿。

3）油温升高时，部分油会蒸发而与空气混合成油气，该油气所能点火的最低温度称为____，如果继续加热到某一温度，则会发生连续燃烧，此温度称为________。

4）工作压力较高的系统宜选用黏度____的液压油，以减少泄漏；反之则选用黏度____的液压油。执行机构的运动速度较高时，为了减小液流的功率损失，宜选用黏度____的液压油。

5）我国液压油牌号是以____℃时油液的运动黏度来表示的。

6）油液黏度因温度升高而______，因压力增大而______。

7）液压油不仅是液压系统中的传动介质，而且还对液压装置的机构、零件起着________、________和防锈作用。

2. 判断题

1）油液在流动时有黏性，处于静止状态也可以显示黏性。（ ）

2）一般的液压系统，油液系统压力不高，可以忽略压力对黏度的影响。（ ）

3）油液黏度的表示方法有两种形式。（ ）

4）液压油黏度对温度的变化十分敏感，温度上升时黏度上升。（ ）

5）液压油的可压缩性很大，严重影响了液压系统运动的平稳性。（ ）

6）在选用液压油时，通常是依据液压泵的类型和系统的温度来确定液压油品种。（ ）

7）液体能承受压力，不能承受拉应力。（ ）

3. 选择题

1）液体具有如下性质（ ）。

A．无固定形状而只有一定体积　　B. 无一定形状而只有固定体积

C. 有固定形状和一定体积　　D. 无固定形状又无一定体积

2）液压油 L—HM32 中，L—HM 表示（ ）。

A. 普通液压油　　B. 抗磨液压油　　C. 低温液压油　　D. 汽轮机油

3）对油液黏度影响较大的因素是（ ）。

A. 压力　　B. 温度　　C. 流量　　D. 流速

4）对于黏度较大的油液，其（ ）。

A. 黏度随温度变化较大　　B. 黏度随温度变化较小

C. 黏度不随温度变化　　D. 不能确定

5）若液压系统的工作压力较高时，应选用（ ）的液压油。

A. 黏度指数较大　　B. 黏度较大　　C. 黏度指数较小　　D. 黏度较小

4. 简答题

1）液压油的主要性能指标有哪些？并说明各性能指标的含义。

2）选用液压油主要考虑哪些因素？

3）液压系统中油液被污染的主要原因有哪些？液压油被污染后对系统会产生怎样的后果？防止液压被污染的常用措施有哪些？

项目3　液压动力元件的应用

学习目标

通过本项目的学习，学生应掌握常用液压泵的工作原理和性能，并能正确选用和拆装液压泵（如齿轮泵、叶片泵、柱塞泵等）。具体目标是：

1）能掌握液压泵的工作原理和分类。

2）能阐述常用液压泵的结构，并在此基础上完成这些泵的拆装（齿轮泵、叶片泵、柱塞泵）。

3）能进行液压泵的主要参数的计算。

4）能进行液压泵和电动机参数的选用。

5）能进行液压泵简单故障分析和排除。

课外阅读：解密超级工程港珠澳大桥最大液压打桩机

任务3.1　汽车修理升降台动力元件的应用

任务引入

图3-1所示为汽车修理液压升降台的外形图，汽车的升降是由液压缸带动升降台上下运动实现的。那么如何使液压缸实现这一运动？通过什么元件来实现这一运动？如何选择这些元件？这些元件的结构是怎样的？这些元件坏了怎么办？这些问题都需要通过本任务来解决。

任务分析

要使汽车向上运动（液压缸向上运动），一方面在液压缸进油口要输入液压油，另一方面输入的液压油的压力要足够大，使其能够克服汽车重力，而液压系统中能实现这一功能的就是动力元件，即液压泵。

图3-1　汽车修理液压升降台

相关知识

在压力机上液压泵作为液压系统的动力元件，将原动机输出的机械能转换为工作液体的压力能，是一种能量转换装置，为执行元件提供液压油。

3.1.1　液压泵的工作原理、分类及图形符号

1. 液压泵的工作原理

液压泵的工作原理如图3-2所示。偏心轮6在原动机带动下旋转时，柱塞5在缸体4内上下移动。当柱塞向下移动时，缸体内的密封工作腔a的容积增大、压力降低，单向阀3关闭，当其压力低于大气压时，形成真空，油箱内的油液在大气压作用下顶开单向阀1进入缸体内，实现吸油；当柱塞向上移动时，工作腔a的容积减小、压力升高，单向阀1关闭，当压力升高到一定数值时，单向阀3打开，油液进入系统。这样，液压泵将原动机输入的机械能转换成液体的压力能。由此可知，液压泵是通过密封容积的变化完成吸油和压油的。

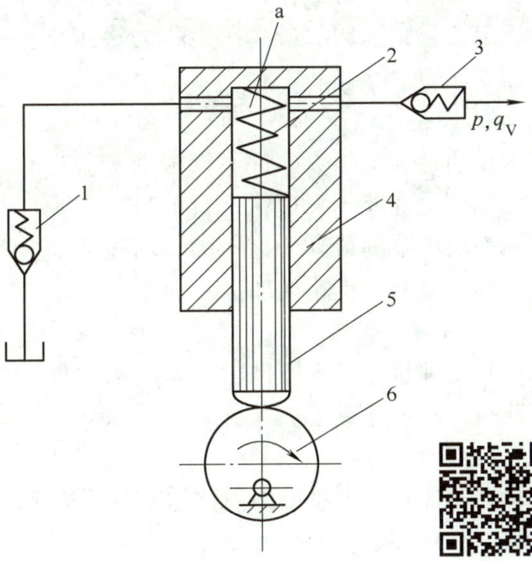

图3-2　液压泵工作原理图

1、3—单向阀　2—弹簧　4—缸体　5—柱塞　6—偏心轮　a—工作腔

液压泵的工作原理

液压泵的种类很多，其结构不同，但工作原理相同，都是依靠密封容积的变化来工作的，因此都称为容积式液压泵。

图3-2所示的单柱塞泵中，吸油时，单向阀1开启、3关闭；压油时，单向阀1关闭、3开启。单向阀1为吸油阀，单向阀3为压油阀。这种吸油和压油的转换称为配流。液压泵的配流方式有阀配式和确定式两种。确定式配流又有配流盘式和配流轴式等。

液压泵的密封工作腔处于吸油状态时称为吸油腔，处于压油状态时称为压油腔。吸油腔的压力取决于吸油口至油箱液面的高度和吸油管路的压力损失。压油腔的压力取决于负载的大小和压油管路的压力损失。

容积式液压泵的理论流量取决于密封工作腔容积变化的大小和次数。若不计泄漏，则流量与压力无关。

根据以上分析，液压泵必须具有密封容积及密封容积的交替变化，才能吸油和压油，而且在任何时候其吸油腔和压油腔都不能互相连通。

2. 液压泵的分类及图形符号

液压泵的分类方式很多，按压力大小分为低压泵、中压泵、中高压泵、高压泵、超高压泵；按排量是否可调可分为定量泵和变量泵；按结构不同可分为齿轮泵、叶片泵、柱塞泵、螺杆泵和转子泵等，其中齿轮泵和叶片泵多用于中低压系统，柱塞泵多用于高压系统。

液压泵的图形符号如图3-3所示。

3.1.2　液压泵的主要性能参数

1. 工作压力

液压泵实际工作时输出的压力为工作压力，用p表示。工作压力取决于外负载的大小和排油管路上的压力损失，与液压泵的流量无关。

2. 额定压力

液压泵在正常工作条件下，按实验标准规定，连续运转的最高压力称为液压泵的额定压力。

3. 最高允许压力

在超过额定压力条件下，根据实验标准规定，允许液压泵短暂运行的最高压力值称为液压泵的最高允许压力。超过此压力，泵的泄漏会迅速增加。

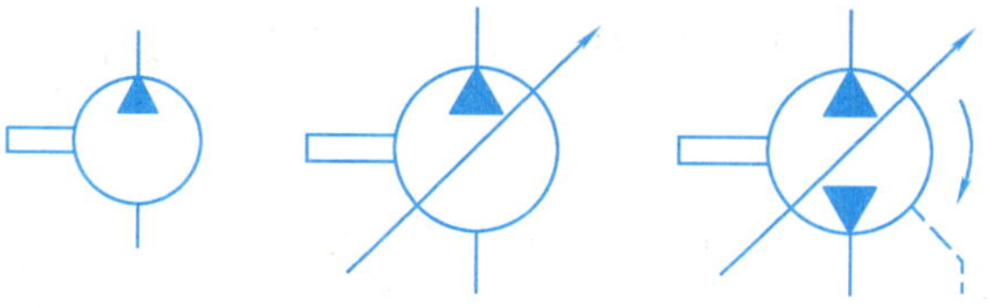

图 3-3　液压泵的图形符号

a）单向定量液压泵　b）单向变量液压泵

c）双向流动单向旋转变量泵

4. 排量

泵主轴每转一周所排出液体体积的理论值称为排量（L/r），用符号 V 表示。排量的大小仅与泵的尺寸有关。

5. 流量

泵单位时间内排出的液体体积称为流量，用 q 表示。流量分理论流量 q_{th} 和实际流量 q_{ac} 两种。各物理量之间的关系为

$$q_{th} = Vn \tag{3-1}$$

式中　q_{th}——理论流量（L/min）；

V——排量（L/min）；

n——转速（r/min）。

$$q_{ac} = q_{th} - \Delta q \tag{3-2}$$

式中　Δq——泄漏量。

6. 容积效率和机械效率

容积效率为

$$\eta_V = q_{ac}/q_{th} \tag{3-3}$$

机械效率为

$$\eta_m = T_{th}/T_{ac} \tag{3-4}$$

式中　T_{th}——泵的理论输入扭矩；

T_{ac}——泵的实际输入扭矩。

7. 泵的总效率和功率

泵的总效率为

$$\eta = \eta_V \eta_m = P_{ac}/P_M \tag{3-5}$$

式中　P_{ac}——泵实际输出功率；

P_M——电动机输出功率。

泵实际功率 P_{ac} 的计算公式为

$$P_{ac} = pq_{ac}/60 \tag{3-6}$$

式中　p——泵的输出工作压力（MPa）；

q_{ac}——泵的实际输出流量（L/min）；

P_{ac}——泵的实际功率（kW）。

例 3-1　某液压系统，泵的排量 $V=10\text{mL/r}$，电动机转速 $n=1200\text{r/min}$，泵的输出压力 $p=$

5MPa，容积效率 $\eta_V = 0.92$，总效率 $\eta = 0.84$，求：

1）泵的理论流量。

2）泵的实际流量。

3）泵的输出功率。

4）驱动电动机功率。

解： 1）泵的理论流量为

$$q_{th} = Vn = 10 \times 10^{-3}\text{L/r} \times 1200\text{r/min} = 12\text{L/min}$$

2）泵的实际流量为

$$q_{ac} = q_{th}\eta_V = 12\text{L/min} \times 0.92 = 11.04\text{L/min}$$

3）泵的输出功率为

$$P_{ac} = pq_{ac}/60 = 5 \times 11.04/60\text{kW} = 0.92\text{kW}$$

4）驱动电动机功率为

$$P_M = P_{ac}/\eta = 0.92\text{kW}/0.84 = 1.1\text{kW}$$

3.1.3 齿轮泵的工作原理和结构

齿轮泵是一种常用的液压泵，按结构可分为外啮合和内啮合两种形式，外啮合齿轮泵应用较广，所以我们重点介绍外啮合齿轮泵。

1. 外啮合齿轮泵的工作原理

外啮合齿轮泵的工作原理如图 3-4 所示，它主要由壳体、装在壳体内的一对齿轮、齿轮两侧的端盖组成。壳体、端盖和齿轮的各个齿间槽组成许多密封的工作腔。当齿轮按图 3-4 所示方向旋转时，右侧由于相互啮合的齿轮逐渐脱离开，密封工作容积逐渐变大，形成部分真空，油箱中的油液在大气压的作用下，经吸油管进入该腔，将齿间槽充满，并随着齿轮旋转，把油液带到左侧，所以右侧脱离开啮合的一侧属于吸油腔；而在左侧，齿轮轮齿逐渐进入啮合，密封工作腔逐渐减小，油液被挤出去送到压油管路中去，所以左侧逐渐进入啮合的一侧属于压油腔。啮合点处的齿面接触线起着隔离吸、压油腔的作用。

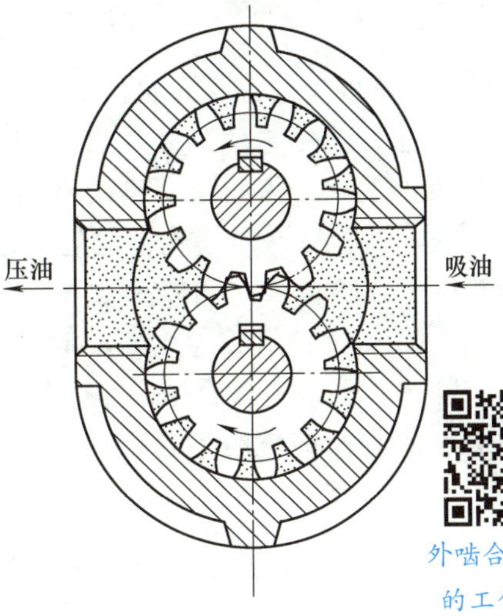

外啮合齿轮泵的工作原理

图 3-4 外啮合齿轮泵的工作原理

2. 外啮合齿轮泵的结构

齿轮泵的外形大致相同，而内部结构却不同，可分为无侧板型、浮动侧板型、浮动轴套型三种。CB—B 型齿轮泵是无侧板型，其结构如图 3-5 所示。它是分离三片式结构，三片是指泵体 7 和前、后泵盖 4、8，泵体内装有一对模数相等又相互啮合的齿轮 6，长轴 10 和短轴 1 分别通过键与齿轮相连、两根键借助滚针轴承 2 支撑在前后泵盖 4、8 中，前后泵盖和泵体用两个定位销 11 定位，用 6 个螺钉 5 连接并压紧。为了使齿轮能灵活地转动同时又要使泄漏最小，在齿轮端盖和泵盖之间应有适当间隙。为了防止泵内油液外泄又能减轻螺钉的拉力，在泵体的两端面开有油封卸荷槽 d，此槽与吸油口相连，泄漏油由此槽流回吸油口。另外在前

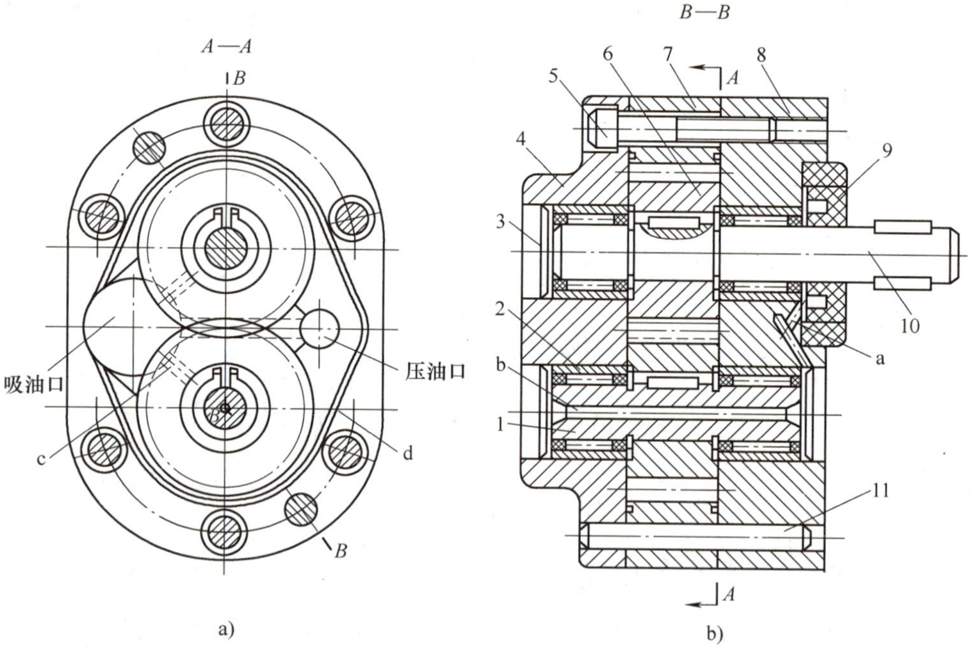

图 3-5　CB—B 型齿轮泵结构原理图

1—短轴　2—滚针轴承　3—油堵　4、8—前、后泵盖　5—螺钉　6—齿轮　7—泵体　9—密封圈　10—长轴　11—定位销

后端盖中的轴承处也钻有泄漏油孔 a，使轴承处的泄漏油经短轴中心孔 b 及通道 c 流回吸油腔。

3. 影响齿轮泵工作的因素

（1）困油现象　齿轮泵要连续供油，就必须使其重合度 $\varepsilon \geqslant 1$，也就是当前一对齿轮尚未脱离开啮合时，后一对齿轮就已经进入啮合，这样就出现同时有两对齿轮啮合的情况，在两对齿轮的齿向啮合线之间就形成了一个密封容积，一部分油液就被困在了这一密封容积中，如图 3-6a 所示；齿轮连续转动时，这一密封容积逐渐减小，当两啮合点处于节点两侧的对称位置时，这一密封容积最小，如图 3-6b 所示；齿轮继续转动，密封容积又逐渐增大，直到如图 3-6c 所示位置时，容积变为最大。

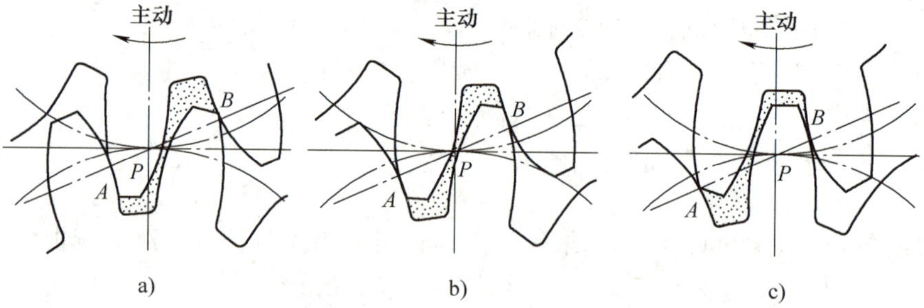

图 3-6　齿轮泵的困油现象

当密封容积逐渐减小时，被困油液受到挤压，压力急剧上升，这时高压油将从一切可能泄漏的缝隙中被挤出，造成功率损失，使油发热，同时出现振动和啸叫等噪声；当密封容积由小变大时，由于没有油液补充，造成局部真空形成气泡，从而引起噪声、产生气蚀等。

这就是齿轮泵的困油现象，这种现象严重影响齿轮泵工作的平稳性，并缩短齿轮泵的使用寿命。

为减小困油现象的危害，通常在两侧端盖上开卸荷槽（孔），且偏向吸油腔。其工作原理如图 3-7 所示。卸荷槽的位置应该是：当困油腔由大变小时，能通过卸荷槽与压油腔相通；当困油腔由小变大时，能通过另一卸荷槽与吸油腔相通，且必须保证在任何时候都不能使压油腔和吸油腔互通。两卸荷槽之间的距离为 a，按上述对称开的卸荷槽，当困油密封腔由大变至最小时，由于油液不易从即将关闭的缝隙中挤出，故密封腔油液压力仍将高于压油腔压力，齿轮继续转动，当密封腔和吸油腔相通的瞬间，高压油突然和吸油腔的低压油相通，会引起冲击和噪声。所以 CB-B 型齿轮泵一般将卸荷槽的位置向吸油腔一侧平移一段距离。这时密封腔只有由小变至较大时才和压油腔断开，油压没有突变，密封腔和吸油腔接通时，密封腔不会出现真空，也没有压力冲击，这样改进后，齿轮泵的振动和噪声得到了一定改善。

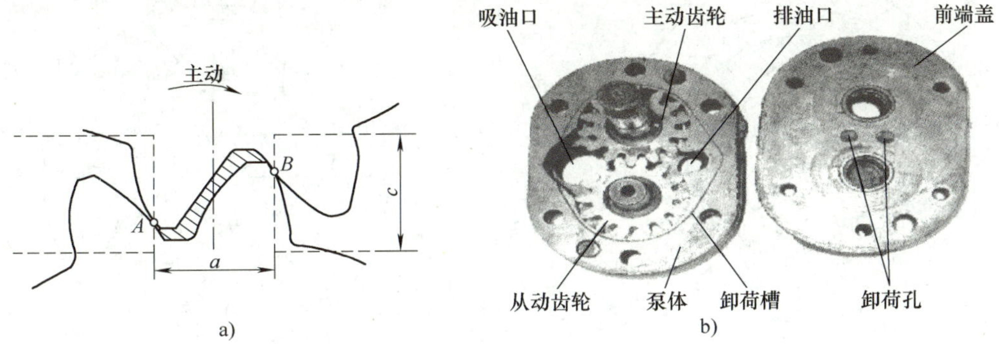

图 3-7　卸荷槽

a）卸荷槽工作原理　b）卸荷槽结构

（2）径向作用不平衡力　齿轮泵工作时，在齿轮和轴承上承受径向液压力的作用。从压油腔到吸油腔，由于泄漏的存在，各齿槽处的油压依次下降，各油腔液压油对齿轮、轴、轴承的压力也依次下降，这就是齿轮、轴、轴承所受到的径向作用不平衡力。油液压力越高，这个不平衡力就越大，其结果不仅加速轴承的磨损，降低轴承的寿命，甚至可能使轴变形，造成齿顶和泵体内壁的摩擦等。

为减小液压不平衡力的影响，低压齿轮泵中通常采用缩小压油口的办法，以减小液压油的作用面积，同时适当增大径向间隙，使齿顶不至和泵体内壁产生摩擦。由于这种泵里面的吸油口较大，压油口较小，所以其吸、压油口不能接反，泵轴也不能反转。

（3）泄漏　外啮合齿轮泵的泄漏途径有三个：两齿轮的齿面啮合处的间隙，齿轮齿顶与壳体内壁间的间隙（径向间隙），齿轮端面与侧板之间的间隙（端面轴向间隙）。其中主要途径是端面轴向间隙，占总泄漏量的 70%～80%。高压齿轮泵对泄漏量最大的端面间隙可采用自动补偿装置。

4. 内啮合齿轮泵的结构和工作原理

内啮合齿轮泵有渐开线式齿轮泵和摆线式齿轮泵（又称转子泵）两种。内啮合齿轮泵的工作原理也是利用齿间密封容积的变化来实现吸油和压油的。

渐开线内啮合齿轮泵的工作原理与外啮合齿轮泵完全相同，如图 3-8 所示，在渐开线齿形的内啮合齿轮中，小齿轮为主动轮，并且小齿轮与大齿轮之间要装一块月牙形的隔板，以便把吸油腔和压油腔隔开。

图 3-9 所示为摆线式内啮合齿轮泵的工作原理图。它由配油盘（前、后端盖），外转子（从动轮）和偏心安置在泵体内的内转子（主动轮）等组成。内、外转子相差一齿，图中内转子为六齿，外转子为七齿，由于内外转子是多齿啮合，这就形成了若干个密封容积，当内转子绕中心O_1旋转时，带动外转子绕其中心O_2作同向旋转。这时，由内转子齿顶 A_1 和外转子齿谷 A_2 之间形成密封腔 c，随着转子的转动，该密封容积逐渐增大，形成局部真空，油液从配油窗口 b 被吸入密封腔，至 A_1'、A_2'位置时密封容积最大，此时吸油完毕。当转子继续旋转时，该密封容积逐渐减小，油液受到挤压，通过另一配油窗口 a 将油排出，至内转子的另一齿全部和外转子的齿谷A_2 全部啮合时，压油完毕。内转子每转一周，每个密封容积完成吸油和压油各一次，转子连续转动时，液压泵连续向外供油。

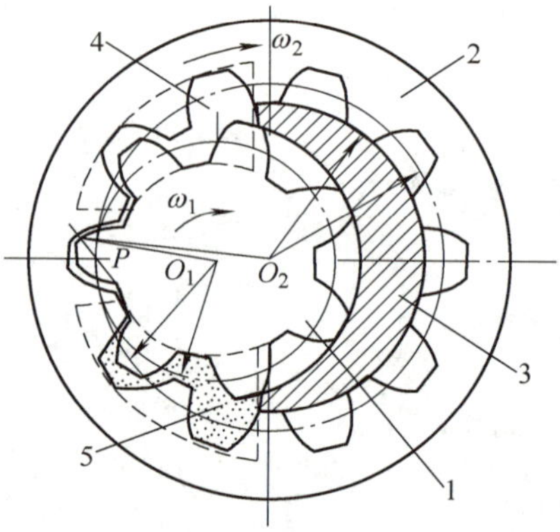

图 3-8　渐开线内啮合齿轮泵的工作原理图

1—小齿轮　2—大齿轮　3—月牙形隔板

4—压油腔（高压腔）　5—吸油腔（低压腔）

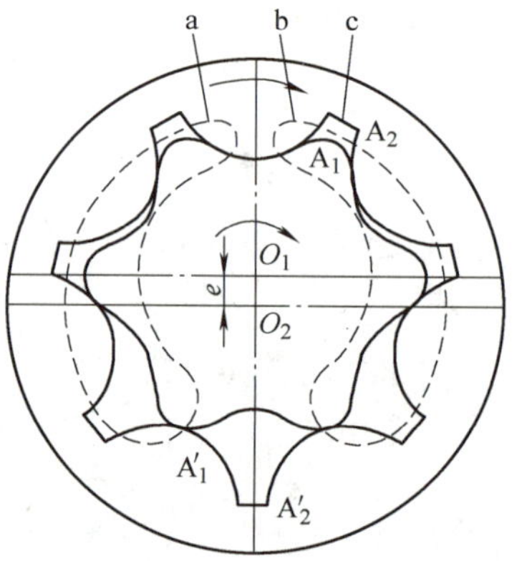

图 3-9　摆线式内啮合齿轮泵的工作原理图

a—高压腔　b—低压腔　c—密封腔

A_1—内转子齿顶　A_2—外转子齿谷

内啮合齿轮泵结构紧凑，尺寸小，自重轻，由于齿轮转向相同，相对滑动速度小，磨损小，使用寿命长，流量脉动远小于外啮合齿轮泵，因而压力脉动和噪声都较小；内啮合齿轮泵允许高速工作（高转速下的离心力能使油液更好地冲入密封工作腔），可获得较高的容积效率，其中摆线式内啮合齿轮泵的排量大，结构更简单，而且由于啮合的重合度高，传动平稳，吸油条件更好。内啮合齿轮泵的缺点是齿形复杂，加工精度要求较高，需要专门的制造设备，造价较贵。

任务实施 3. 1　齿轮泵的拆装

1. 齿轮泵的拆装步骤

如图 3-10 所示为外啮合齿轮泵的外观和立体分解图。

其拆装步骤和方法如下：

1）准备好内六角扳手一套、耐油橡胶板一块、油盘一个、钳工工具一套。

2）松开泵体与泵盖的连接螺钉 1。

3）取出定位销 3。

4）将前泵盖 2、后泵盖 12、泵体 8 分离开。

5）取出密封圈4、5、6。

6）从泵体内依次取出轴套7、主动齿轮轴9、从动齿轮轴10等。如果配合面发卡，可用铜棒轻轻敲击出来，禁止猛力敲打，以免损坏零件。拆卸后，观察轴套的构造，并记住安装方向。

a)

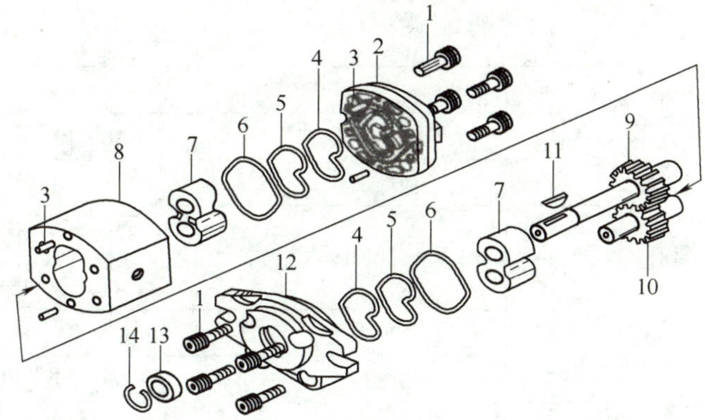

b)

图3-10　外啮合齿轮泵外观和立体分解图

a）外观图　b）立体分解图

1—连接螺钉　2—前泵盖　3—定位销　4、5、6—密封圈　7—轴套　8—泵体　9—主动齿轮轴
10—从动齿轮轴　11—键　12—后泵盖　13—滚针轴承　14—弹性挡圈

7）观察主要零件的作用和结构。

①观察泵体两端面上泄油槽的形状、位置，并分析其作用。

②观察前后端盖上两卸荷槽的形状、位置，并分析其作用。

③观察进出油口的形状、位置，并分析原因。

外啮合齿轮泵的组装

8）分组讲述其工作原理。

9）按拆卸的反向顺序装配齿轮泵。装配前清洗各零件，将泵和端盖之间、齿轮和泵体之间配合表面涂润滑液，并注意各处密封的装配，安装浮动轴套时应将有卸荷槽的端面对准齿轮端面，径向压力平衡槽与压油口处在对角线方向，检查泵轴的旋向与泵的吸压油口是否吻合。

10）装配完毕，将现场清理干净。

2. 工作任务单

工作任务单

姓名		班级		组别		日期	
工作任务	齿轮泵的拆装						
任务描述	在教师指导下，在液压实训室完成液压泵的拆卸和组装						
任务要求	1）正确进行齿轮泵拆装 2）正确使用相关工具 3）正确分析液压泵工作压力 4）正确分析影响液压泵工作的因素 5）实训结束后对液压泵、使用工具进行整理并放回原处						

（续）

提交成果（可口述）	1）齿轮泵结构组成清单 2）齿轮泵工作原理 3）影响齿轮泵工作的因素 （实训报告）				
考核评价	序号	考核内容	评分	评分标准	得分
	1	安全文明操作	10	遵守安全规章、制度	
	2	正确使用工具	10	选用合适工具并正确使用	
	3	齿轮泵的拆卸和组装	40	操作规范，拆装步骤正确，齿轮泵拆装前后状态保持一致	
	4	工作原理讲述	15	工作原理书写（讲述）正确	
	5	影响齿轮泵工作因素讲述	15	影响齿轮泵工作因素分析正确	
	6	团队协作	10	与他人合作有效	
指导教师			总分		

任务 3.2　加工中心液压系统动力元件的选择与拆装

任务引入

数控加工中心（见图 3-11）的主轴进给运动采用微电子伺服控制，而其他辅助运动是采用液压驱动。液压泵作为动力元件向各分支提供稳定的液压能源。由于数控加工工作的特殊性，正确选择动力元件是保证整个液压系统可靠工作的关键。那么，怎么根据具体要求选择液压加工中心的动力元件呢？

任务分析

在加工中心的液压系统中，经常采用液压泵作为动力元件，液压泵自动地向各分支提供稳定的液压能源，如夹紧回路、机械手回转缸、刀库移动换刀等。由于加工工作的特殊性，加工中心的液压系统工作时不同于液压机，它不需要液压泵输出较大的流量，也不需要输出很高的压力，但要求液压泵在工作中噪声小、工作平稳，而齿轮泵在工作时噪声较大，流量大小不稳定，因此齿轮泵用在加工中心就不能很好地满足工作要求，在实际应用时常选用限压式变量叶片泵或双作用叶片泵配蓄能器作为动力元件，大型加

图 3-11　数控加工中心

工中心则采用柱塞泵作为动力元件。

相关知识

叶片泵的优点是运转平稳、压力脉动小、结构紧凑、尺寸小、流量大，缺点是对油液质量要求高，如油液中有杂质，则叶片容易卡死，与齿轮泵比较其结构较复杂。它广泛应用于机械制造中的专用机床、自动线等中、低压的液压系统中。该泵有两种结构型式：单作用叶片泵和双作用叶片泵。单作用叶片泵往往做成变量的，而双作用叶片泵是定量的。

3.2.1 单作用叶片泵

1. 单作用叶片泵的工作原理与结构

单作用叶片泵的工作原理如图 3-12 所示，单作用叶片泵主要由转子、定子、叶片、端盖等组成。定子具有圆柱形内表面，定子和转子之间有偏心距 e，叶片装在定子的径向槽中，并可在槽内滑动。当转子回转时，由于离心力的作用，使叶片紧靠在定子的内表面，这样，在定子内表面、转子外表面、叶片和两侧配油盘间形成若干个密封的工作空间；当转子按逆时针方向旋转时，在图的右侧，叶片逐渐伸出，其密封工作空间逐渐增大，从吸油口吸油，形成吸油腔；在左侧，叶片被定子内表面逐渐压入槽内，其密封工作空间逐渐减小，将油液从压油口压出，形成压油腔；在吸油腔和压油腔之间有一段封油区，把吸油腔和压油腔隔开。这种叶片泵每转一周，每个工作腔完成一次吸油和压油，因此称为单作用叶片泵。转子不停地旋转，泵就不停地吸油和压油。

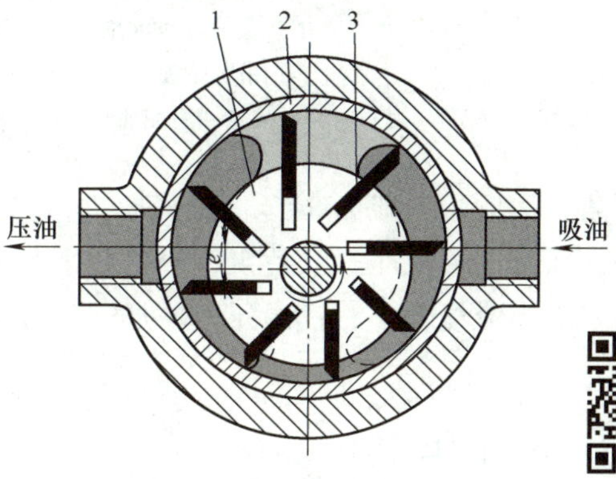

图 3-12 单作用叶片泵的工作原理

1—转子 2—定子 3—叶片

单作用叶片泵的工作原理

单作用叶片泵的实物和结构分解图如图 3-13 所示。

2. 单作用叶片泵的特点

1）单作用叶片泵一侧为吸油腔，另一侧为压油腔，配油盘上需要两个配油窗口，转子及其轴承上受到了不平衡液压力，所以这种泵又称为非平衡式叶片泵。该泵的径向不平衡力随着工作压力的提高而增大，这是限制其工作压力提高的主要因素，所以，这种泵不宜用于高压。

2）改变定子和转子的偏心距大小，就可以改变泵的排量。偏心距越大，排量越大；若调成几乎是同心的，则排量接近于零。所以，单作用叶片泵大多为变量泵。当偏心反向时，吸油和压油也相反。

3）单作用叶片泵的流量也是脉动的，理论分析表明，泵内的叶片数越多，流量脉动率越小。另外，奇数叶片的泵比偶数叶片的泵的脉动率小，因此单作用叶片泵的叶片数都为奇数，一般为 13 片或 15 片。

4）为了更有利于叶片在惯性力作用下向外伸出，叶片有一个与旋转方向相反的倾角，

a)

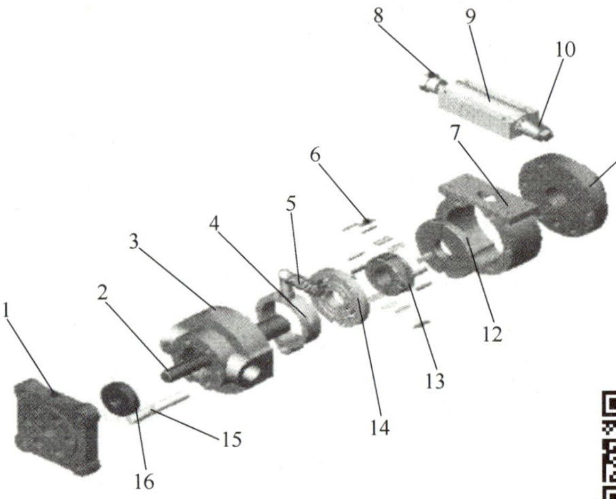

b)

单作用叶片泵的组装

图 3-13　单作用叶片泵

a）实物图　b）结构分解图

1—左泵盖　2—轴　3—左泵体　4—定子　5—弹簧　6—叶片　7—右泵体　8—流量调节螺钉　9—变量机构　10—压力调节螺钉　11—右泵盖　12—右配油盘　13—转子　14—左配油盘　15—圆柱销　16—密封圈

称为后倾角，后倾角一般为 24°。

另外，还有一种限压式叶片泵，当负载小时，泵输出流量大，负载可快速移动；当负载增加时，泵输出流量变小，输出压力增加，负载速度降低。如此可减小能量消耗，避免油温上升。

3.2.2　双作用叶片泵

1. 双作用叶片泵的工作原理

双作用叶片泵的工作原理如图 3-14 所示，主要由定子、转子、叶片和配油盘等组成。转子和定子同心安装，定子内表面近似为椭圆，该椭圆由两段长半径、两段短半径和四段过度圆弧组成。当转子转动时，叶片在离心力和根部液压油的作用下，在转子径向槽内移动而压向定子内表面，由定子内表面、转子外表面、叶片和两侧配油盘间形成若干个密封空间，当转子按图示方向旋转时，在图的左上和右下位置，叶片向外伸出，密封空间容积变大，从吸油口吸油；在图的右上和左下位置，叶片逐渐被定子内表面压向槽内，密封空间容积变小，实现压油。转子不停地转动，泵就不停地吸油和压油。

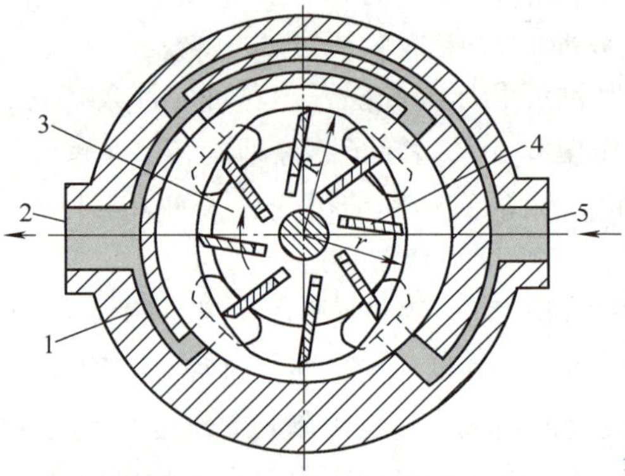

双作用叶片泵的工作原理

图 3-14　双作用叶片泵的工作原理

1—定子　2—压油口　3—转子　4—叶片　5—吸油口

当转子每转一周时，每个密封工作腔完成两次吸油和压油，所以称为双作用叶片泵；又因为该泵的吸、压油腔是径向对称布置的，其径向液压力相互平衡，所以这种泵又称为卸荷式叶片泵。双作用叶片泵大多为定量泵。

2. YB1 型叶片泵的结构

YB1 型叶片泵的结构如图 3-15 所示，主要由前泵体、后泵体、左右配油盘、定子和转子等组成。

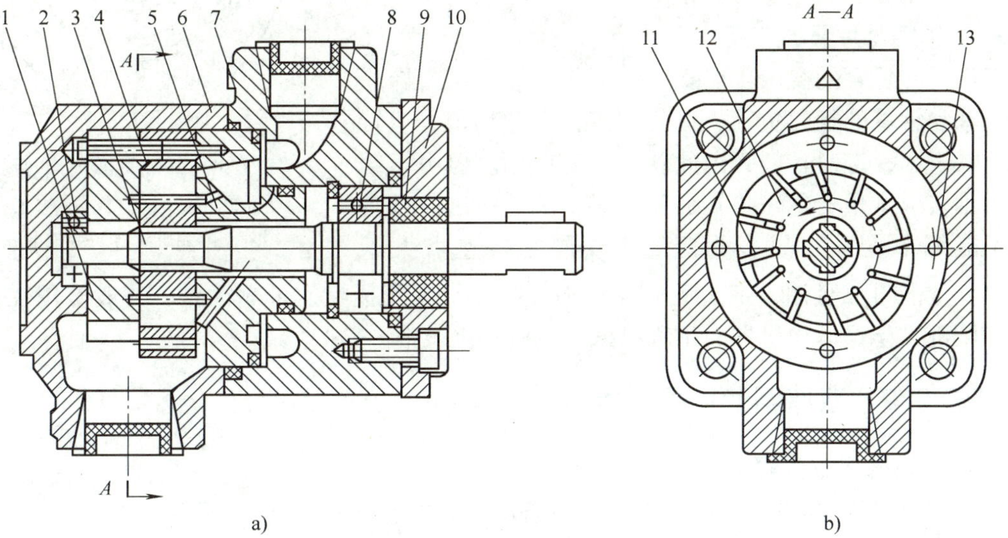

图 3-15 YB1 型叶片泵的结构原理图

1—左配油盘 2、8—滚针轴承 3—传动轴 4—定子 5—右配油盘 6—后泵体 7—前泵体 9—密封圈 10—盖板 11—叶片 12—转子 13—螺钉

双作用叶片泵具有以下几个特点。

(1) 吸油口和压油口有四个相对位置 前后泵体的四个连接螺钉布置成正方形，所以前泵体的压油口可变化四个相对位置装配，以方便使用。

(2) 采用组合装配和压力补偿配油盘 左右配油盘、定子、转子和叶片可以组成一个部件，两个长螺钉为这个部件的紧固件，螺钉的头部作为定位销插入后泵体的定位孔内，并保证吸、压油口的位置能与定子内表面的过渡曲线相对应。当泵运转建立压力后，配油盘 5 在右侧液压油的作用下，会产生微量弹性变形，紧贴在定子上以补偿轴向间隙，减小内泄漏，有效提高容积效率。

(3) 配油盘 如图 3-16 所示，配油盘的上下两缺口 b 为吸油口，两个腰型孔 a 为压油口，相隔部分为封油区。在腰形孔端开有三角槽，它的作用是使叶片间的密封容积逐步与高压腔相通，以避免产生液压冲击，可以减少振动和噪声。在配油盘上对应于叶片根部位置处开有一环形槽 c，在环形槽内有两个小孔 d 与排油通道相连，引进液压油作用于叶片底部，使叶片紧贴定子内表面，保证可靠密封。f 为泄漏孔，其作用是将泵体内的泄漏油引入吸油腔。

(4) 定子内曲线 定子内曲线由四段圆弧和四段过渡曲线组成。理想的过渡曲线应能使叶片顶紧定子内表面，又能使叶片在转子槽内的滑动速度和加速度变化均匀，在过渡曲线和圆弧线交接点处应圆滑过渡，这样会减小加速度突变，减小冲击、噪声和磨损。目前双作用叶片泵一般使用综合性能较好的等加速、等减速曲线作为过渡曲线。

（5）叶片倾角　为减小叶片对转子槽侧面的压紧力和磨损，双作用叶片泵的叶片在安装时，相对转子旋转方向向前倾斜一角度 θ，一般取 $\theta=13°$。

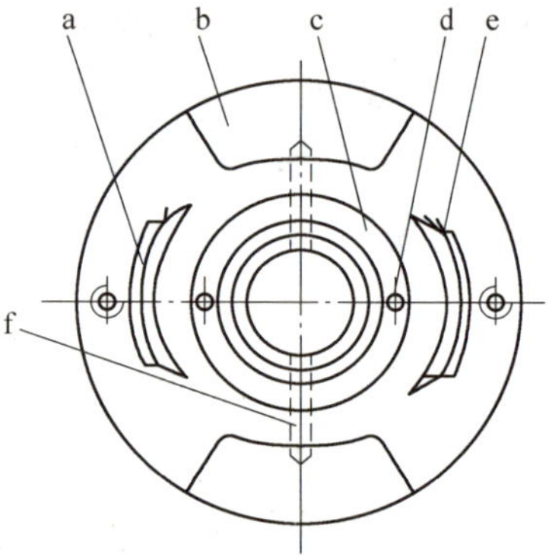

图 3-16　叶片泵的配油盘

a—压油口　b—吸油口　c—环形槽　d—小孔　e—泄荷槽　f—泄漏孔

3. 双作用叶片泵的应用

双作用叶片泵的突出优点在于径向作用力平衡，卸除了转子轴和轴承的径向负荷，结构紧凑，流量均匀，运转平稳，噪声小，寿命较长，因此获得广泛应用。但由于结构上很难实现排量变化，当转速一定时，泵的输出流量一定，不能调节变化，故多为定量泵。同时转速需大于500r/min才能可靠吸油，定子表面易磨损，叶片易咬死折断，可靠性差。一般常用在注塑机、液压机、起重运输机械、工程机械、飞机等机械中。

任务实施 3.2　双作用叶片泵的拆装

1. 叶片泵的拆装步骤

图 3-17 为 YB1 型叶片泵外观和立体分解图。其拆装步骤和方法如下：

图 3-17　YB1 型叶片泵外观和立体分解图

1—左泵体　2—配油盘　3—叶片　4—转子　5—定子　6—配油盘　7—右泵体　8—盖板　9—径向轴承　10—密油圈　11—传动轴　12—径向轴承　13—螺钉　a—空腔　b—吸油窗口　c—压油窗口　d、e—环形槽　f—环槽　g、h、k—小孔　r—油槽底部　s—卸荷槽　m—吸油口　n—压油口

1）准备好内六角扳手一套、耐油橡胶板一块、油盘一个、钳工工具一套。
2）拧下四个连接螺钉，卸下盖板。
3）卸下传动轴。
4）卸下配油盘、定子、转子、螺钉等组成的组件，使它们从泵体上脱离。
5）卸下密封圈等。
6）将由配油盘、定子、转子等组成的组件拆开。
①拧下螺钉。
②卸下两个配油盘。
③卸下定子、转子里的叶片。
7）观察叶片泵主要零件的作用和结构。
①观察定子内表面的四段圆弧和四段过渡曲线的组成情况。
②观察转子叶片上叶片槽的倾斜角度和倾斜方向。
③观察配油盘的结构。
④观察吸油口、压油口、三角槽、环形槽及槽底孔，并分析其作用。
⑤观察泵中所用密封圈的位置和形式。
8）分组讲述其工作原理。
9）按拆卸时的反向顺序进行安装。装配前清洗各零件，将各配合表面涂上润滑液，并注意各密封处的装配，检查泵轴的旋向与泵的吸压油口是否吻合。
10）装配完毕后，将现场清理干净。

2. 工作任务单

工作任务单

<table>
<tr><th>姓名</th><th></th><th>班级</th><th></th><th>组别</th><th></th><th>日期</th><th></th></tr>
<tr><td>工作任务</td><td colspan="7">双作用叶片泵的拆装</td></tr>
<tr><td>任务描述</td><td colspan="7">在教师指导下，在液压实训室完成双作用叶片泵的拆卸和组装。正确检测叶片泵工作压力并分析其工作压力与负载之间的关系</td></tr>
<tr><td>任务要求</td><td colspan="7">1）正确进行叶片泵拆装并记录
2）正确使用相关工具
3）正确检测叶片泵工作压力并分析叶片泵工作时出油口压力与负载之间的关系
4）实训结束后对叶片泵、使用工具进行整理并放回原处</td></tr>
<tr><td>提交成果（可口述）</td><td colspan="7">1）双作用叶片泵主要结构组成清单
2）双作用叶片泵工作原理
3）影响叶片泵工作的因素
（拆装实训报告）</td></tr>
<tr><td rowspan="7">考核评价</td><td>序号</td><td colspan="2">考核内容</td><td>评分</td><td colspan="2">评分标准</td><td>得分</td></tr>
<tr><td>1</td><td colspan="2">安全文明操作</td><td>10</td><td colspan="2">遵守安全规章、制度</td><td></td></tr>
<tr><td>2</td><td colspan="2">正确使用工具</td><td>10</td><td colspan="2">选用合适工具并正确使用</td><td></td></tr>
<tr><td>3</td><td colspan="2">叶片泵的拆卸和组装</td><td>40</td><td colspan="2">操作规范，拆装步骤正确，叶片泵拆装前后状态一致</td><td></td></tr>
<tr><td>4</td><td colspan="2">工作原理讲述</td><td>15</td><td colspan="2">工作原理讲述正确</td><td></td></tr>
<tr><td>5</td><td colspan="2">工作压力分析</td><td>15</td><td colspan="2">出口压力与负载关系分析正确</td><td></td></tr>
<tr><td>6</td><td colspan="2">团队协作</td><td>10</td><td colspan="2">与他人合作有效</td><td></td></tr>
<tr><td>指导教师</td><td colspan="3"></td><td colspan="3">总分</td><td></td></tr>
</table>

任务 3.3 液压拉床动力元件的选用和拆装

任务引入

液压拉床是用拉刀加工工件各种内外成形表面的机床，如图 3-18 所示。拉床主要应用于对通孔、平面及成形表面的加工。虽然拉刀的结构复杂、成本高，但其加工效率高、加工精度高且有较高的表面质量，因此在机械加工中占有相当重要的位置。因拉削时拉床受到的切削力非常大，所以它通常是由液压驱动的。那么如何选择拉床液压系统的动力元件才能保证较大的切削力？

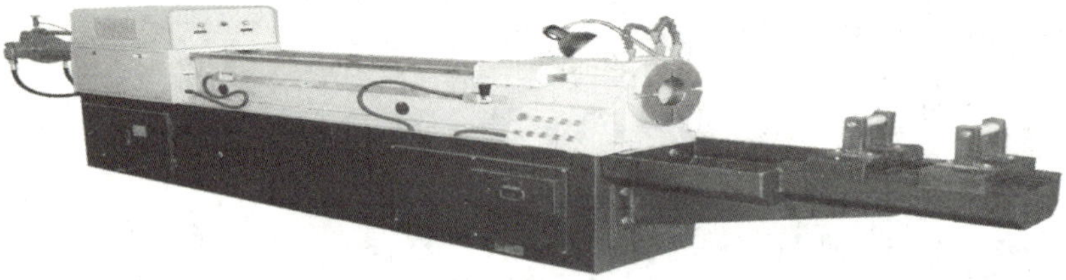

图 3-18 液压拉床

任务分析

机床在拉削时机床拉刀的直线运动是加工过程的主运动，需要较大的输出力来完成拉削任务，在常用的齿轮泵、叶片泵和柱塞泵中，齿轮泵和叶片泵都不适用于高压系统，而柱塞泵能以最小的尺寸和最小的质量提供最大的动力，且输出压力高、流量大，故选择柱塞泵作为动力元件。

相关知识

3.3.1 柱塞泵的工作原理与结构

柱塞泵是利用柱塞在液压缸内做往复运动来实现吸油和压油的。与齿轮泵和叶片泵相比，柱塞泵是一种高效的泵，但制造成本相对较高，该泵用于高压、大流量、大动力的场合。柱塞泵可分为轴向柱塞泵和径向柱塞泵两大类。轴向柱塞泵由可分为直轴式（斜盘式）和斜轴式两种，其中直轴式应用较广。

1. 轴向柱塞泵的工作原理

轴向柱塞泵的工作原理如图 3-19 所示。轴向柱塞泵是将多个柱塞装配在一个共同缸体内的圆周上，并使柱塞中心线和缸体中心线平行的一种泵。柱塞沿圆周均匀分布在缸体内，斜盘轴线与缸体轴线倾斜一个角度，柱塞靠机械装置或在低压油作用下压紧在斜盘上（图中是靠弹簧 6 把柱塞压紧在斜盘上），配油盘 2 和斜盘 4 固定不转，当原动机通过传动轴使缸体转动时，由于斜盘的作用，迫使柱塞在缸体内做往复运动，并通过配油盘的配油窗口进行吸油和压油。在如图所示的回转方向上，当缸体转角在 $\pi/2\sim-\pi/2$ 范围内时，柱塞向外伸出，柱塞底部缸孔的密封容积增大，通过配油盘的吸油窗口吸油；在 $-\pi/2\sim\pi/2$ 范围内时，柱塞被斜盘推入缸体，使缸孔内的密封容积减小，通过配油盘的压油窗口压油。缸体每转一周，每个柱塞完成吸油、压油各一次，若改变斜盘倾角 γ 的大小，就能改变柱塞行程的长度，也就改变了液压泵的排量，而改变倾角的方向，也就改变了吸、压油的方向，所以轴向柱塞泵属于双向变量液压泵。

轴向柱塞泵径向尺寸小，运动部件的转动惯量小，结构紧凑，密封性能好，工作压力高，在高压下容积效率高，容易实现变量和变向。因此，高压大流量的工程机械、锻压机械、起重机械、矿山机械、冶金机械和要求自重量、体积小的船舶、飞机等的液压系统，大多采用轴向柱塞泵。

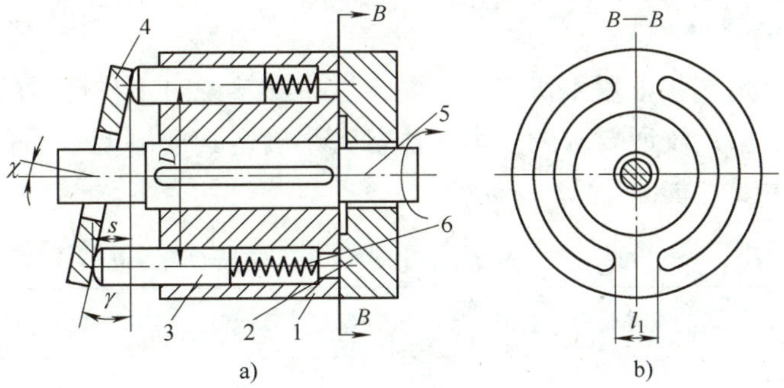

图 3-19 轴向柱塞泵的工作原理

1—缸体 2—配油盘 3—柱塞 4—斜盘 5—传动轴 6—弹簧

轴向柱塞泵的工作原理

2. 径向柱塞泵的工作原理

径向柱塞泵的工作原理如图 3-20 所示。柱塞 1 径向排列装在缸体 2 中，缸体由原动机带动连同柱塞 1 一起旋转，缸体 2 一般称为转子。柱塞 1 在离心力（或低压油）作用下顶紧定子 4 的内表面。当转子按图示方向回转时，由于定子和转子之间有偏心距 e，柱塞在上半周时向外伸出，柱塞底部缸孔容积逐渐增大，经衬套 3（衬套 3 压紧在转子内，并和转子一起回转）上的油孔从配油轴 5 上的吸油口 b 吸油；当柱塞转到下半周时，定子内表面将柱塞向里推，柱塞底部缸孔容积逐渐减小，向配油轴的压油口 c 压油。转子每回转一周，每个柱塞底部的密封容积完成一次吸油和压油，转子连续旋转，泵就不断向外供油。配油轴固定不动，油液从配油轴上半部的两个孔 a 流入，从下半部的两个孔 d 流出。为了进行配油，配油轴在和衬套 3 接触的一段加工出上下两个缺口，形成吸油口和压油口，留下的部分形成封油区。封油区的宽度应能封住衬套上的压油孔，以防吸油口和压油口相通，但尺寸也不能大太多，以免产生困油现象。

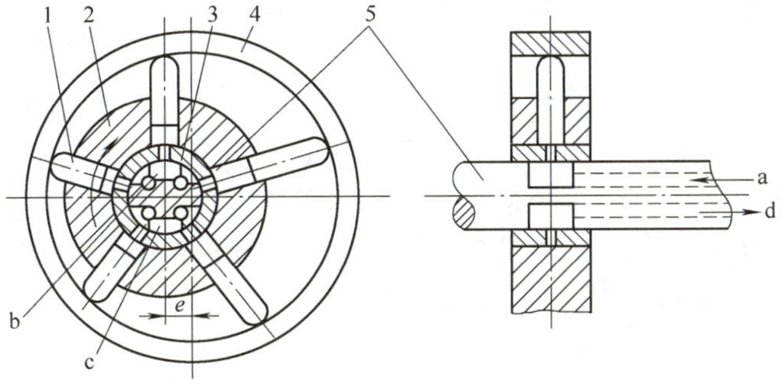

图 3-20 径向柱塞泵的工作原理

1—柱塞 2—缸体 3—衬套 4—定子 5—配油轴

径向柱塞泵结构较复杂，径向尺寸较大，运动件的转动惯量大，制造和维修难度较大，故有被轴向柱塞泵替代的趋势。

3.3.2　液压泵和电动机参数的选用

液压泵是向液压系统提供一定流量和压力的油液的动力元件，它是每个液压系统不可缺少的核心元件。合理地选择液压泵，对于降低液压系统的能耗、提高系统的效率、降低噪声、改善工作性能和保证系统的可靠工作都十分重要。

1. 液压泵类型的选择

选择液压泵的原则是：根据主机工况、功率大小和系统对工作性能的要求，首先确定液压泵的类型，然后根据系统所要求的压力、流量大小确定其规格型号。表 3-1 列出了液压系统中常用液压泵的主要性能。

表 3-1　液压系统中常用液压泵的主要性能比较

性能	齿轮泵	双作用叶片泵	限压式变量叶片泵	径向柱塞泵	轴向柱塞泵
输出压力/MPa	<20	6.3~20	≤7	10~20	20~35
排量/(mL/r)	2.5~210	2.5~237	10~125	0.25~188	2.5~915
流量调节	不能	不能	能	能	能
效率	0.60~0.85	0.75~0.85	0.70~0.85	0.75~0.92	0.85~0.95
输出流量脉动	很大	很小	一般	一般	一般
自吸特性	好	较差	较差	差	差
对油的污染敏感性	不敏感	较敏感	较敏感	很敏感	很敏感
噪声	大	小	较大	大	大
造价	最低	中等	较高	高	高
应用范围	机床、工程机械、农业机械，航空、船舶和一般机械	机床、注塑机、液压机、起重机械、工程机械	机床、注塑机	机床、冶金机械、锻压机械、工程机械、航空机械、船舶机械	机床、液压机、船舶机械

一般来说，由于各类液压机各自具有特点，其结构、功能和运转方式各不相同，因此应根据不同的适用场合选择合适的液压泵。一般在机床液压系统中，往往选用双作用叶片泵和限压式变量叶片泵；而在建筑机械、港口机械及小型工程机械中，往往选用抗污染能力较强的齿轮泵；在负载大、功率大的场合，往往选柱塞泵。

2. 液压泵规格的选用

通常先根据液压泵的性能来选定液压泵的类型，再根据液压泵所应保证的压力、流量来确定它的具体规格。

液压泵的工作压力是根据执行元件的最大工作压力来决定的，考虑到各种压力损失，泵的最大工作压力$p_{泵}$可按下式确定：

$$p_{泵} \geqslant k_{压} p_{缸} \tag{3-7}$$

式中　$p_{泵}$——液压泵所需提供的最大工作压力；

$k_{压}$——系统中压力损失系数，一般取1.3~1.5；

$p_{缸}$——液压缸中所需要的最大工作压力。

液压泵的输出流量取决于系统所需最大流量及泄漏量，其计算公式为

$$q_{泵} \geqslant k_{流} q_{缸} \tag{3-8}$$

式中　$q_{泵}$——液压泵所需输出的流量；

$k_{流}$——系统的泄漏系数，一般取1.1~1.3；

$q_{缸}$——液压缸所需要提供的最大流量，多缸同时动作时，为同时动作的几个液压缸所需最大流量之和。

$p_{泵}$、$q_{泵}$求出以后，就可具体选择液压泵的规格。选择时应使实际选择泵的额定压力大于所求出的$p_{泵}$值，通常可放大25%。泵的额定流量一般选择略大于或等于所求出的$q_{泵}$即可。

3. 电动机参数的选择

液压泵是由电动机驱动的，可根据液压泵的功率计算出电动机所需要的功率，再考虑液压泵的转速，然后从样本中合理地选择标准的电动机。

驱动液压泵所需电动机功率可按下式确定：

$$P_M = \frac{p_{泵} q_{泵}}{60\eta} \tag{3-9}$$

式中　P_M——电动机所需功率（kW）；

$p_{泵}$——泵所需最大工作压力（MPa）；

$q_{泵}$——泵所需输出最大流量（L/min）；

η——泵的总效率。

各种泵的总效率如下：

齿轮泵：0.6~0.7；叶片泵：0.6~0.75；柱塞泵：0.8~0.85。

例3-2　已知某液压系统如图3-21所示，工作时活塞上所受的外负载为$F=9720\text{N}$，活塞有效工作面积$A=0.008\text{m}^2$，活塞运动速度$v=0.04\text{m/s}$，问应该选择额定压力和额定流量为多少的液压泵？驱动它的电动机功率是多少？

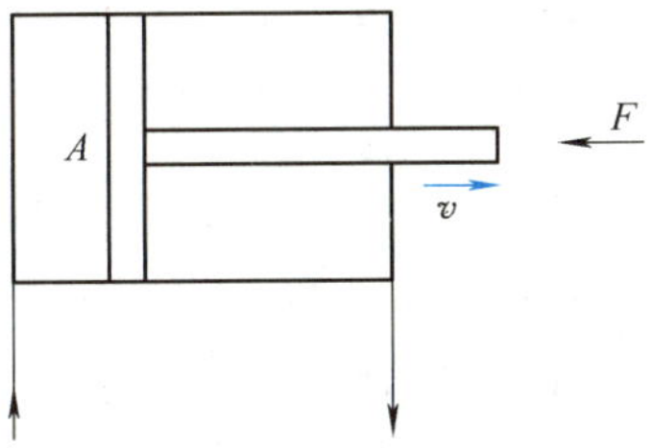

图3-21　液压系统

解：首先确定液压缸最大工作压力$p_{缸}$为

$$p_{缸} = \frac{F}{A} = \frac{9720}{0.008}\text{Pa} = 12.15\times10^5\text{Pa} = 1.215\text{MPa}$$

取$k_{压}=1.3$，则液压泵所需最大压力为

$$p_{泵} \geqslant 1.3\times1.215\text{MPa} \approx 1.58\text{MPa}$$

再根据运动速度计算液压缸所需的最大流量为

$$q_{缸} = Av = 0.008\times0.04\text{m}^3/\text{s} = 3.2\times10^{-4}\text{m}^3/\text{s}$$

取$k_{流}=1.1$，则泵所需的最大流量为

$$q_{泵} \geqslant k_{流} q_{缸} = 1.1 \times 3.2 \times 10^{-4}\text{m}^3/\text{s} = 3.52 \times 10^{-4}\text{m}^3/\text{s} = 21.12\text{L/min}$$

查液压泵样本资料，选择 CB-B25 型齿轮泵，该泵的额定流量为 25L/min，大于 21.12L/min；该泵的额定压力为 2.5MPa，大于泵所需提供的最大压力。

选取泵的总效率为 0.7，则驱动泵的电动机功率为

$$P_M = \frac{p_{泵} q_{泵}}{60\eta} = \frac{1.58 \times 25}{60 \times 0.7}\text{kW} \approx 0.94\text{kW}$$

由上式可知，在计算电动机功率时，用的是泵的额定流量，而没有用计算出来的泵的流量，这是因为所选择的齿轮泵是定量泵的缘故，定量泵的流量在转速一定时是不能调节的。

任务实施 3.3　柱塞泵的拆装

1. 柱塞泵的拆装步骤

图 3-22 所示为 10SCY-1B 型柱塞泵剖视图。

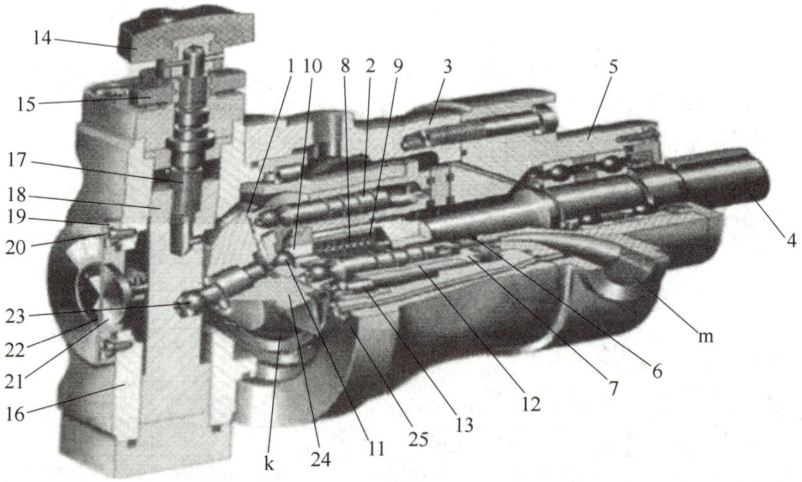

轴向柱塞泵的组装

图 3-22　10SCY-1B 型柱塞泵剖视图

1—回程盘　2—柱塞　3—中间泵体　4—传动轴　5—前泵体　6—配流盘　7—缸体　8—定心弹簧外套　9—定心弹簧　10—定心弹簧内套　11—钢球　12—缸体外套　13—滚针轴承　14—调节手轮　15—锁紧螺母　16—变量壳体　17—调节螺杆　18—变量活塞　19—法兰盘　20—紧固螺栓　21—刻度转盘　22—刻度指示盘　23—销轴　24—变量头（斜盘）　25—滑履　k、m—进口和出口

其拆装步骤和方法如下：

1）准备好内六角扳手一套、耐油橡胶板一块、油盘一个及钳工工具一套。

2）先把泵安装在拆装台上，加以固定，用抹布将泵体擦干净，旋转手轮，将斜盘角度调至 0°，并用锁紧螺母锁紧。

3）用内六角扳手将壳体与变量机构之间的紧固螺钉对称拧松，用手将螺栓拧出体外，然后用螺钉旋具伸入缸体与变量机构之间的缝隙中（不要伸入过多，以免碰坏密封圈）撬松变量机构，然后两手均匀用力，将变量机构从壳体上卸下来，面朝上放在工作台上，防止碰坏斜盘。

4）将柱塞拔出缸体，应特别注意柱塞是精密零件，卸下时一定要做好记号，以便装配

时对号入座。将柱塞朝上放在橡皮垫上，柱塞、缸体、滑履表面不要受损伤。

5）两人将泵体慢慢抬起，水平放在工作台上，将输出轴端往上抬起（60°左右），使缸体慢慢从壳体中滑出，并将其安放在工作台上，此时可清楚地看到配油盘上吸油口、阻尼孔的分布情况，若要拆下配油盘，应注意配油盘背面的定位销。

6）拆下调节手轮及固定螺母和斜盘角度指示器，然后两人配合用内六角扳手将变量活塞端盖上的螺栓卸下，卸下两端盖，将调节螺杆旋出。

7）观察主要零件的结构和作用。

①观察缸体结构，并分析其作用。

②观察柱塞与滑履的结构，并分析其作用。

③观察定心弹簧机构和变量机构的结构、位置，并分析其作用。

8）分组讲述其工作原理。

9）将零部件用煤油清洗后装配，装配过程与拆卸过程相反。

10）装配完成后将现场清理干净。

2. 工作任务单

工作任务单

<table>
<tr><td>姓名</td><td colspan="2"></td><td>班级</td><td></td><td>组别</td><td></td><td>日期</td><td></td></tr>
<tr><td>工作任务</td><td colspan="8">柱塞泵的拆装</td></tr>
<tr><td>任务描述</td><td colspan="8">在教师指导下，在液压实训室完成柱塞泵的拆卸和组装。同时观察其结构，正确检测柱塞泵工作压力，并分析其出口压力与负载之间的关系</td></tr>
<tr><td>任务要求</td><td colspan="8">1）正确进行柱塞泵拆装并记录
2）正确使用相关工具
3）正确检测柱塞泵工作压力并分析柱塞泵工作时出油口压力与负载之间的关系
4）实训结束后对柱塞泵、使用工具进行整理并放回原处</td></tr>
<tr><td>提交成果（可口述）</td><td colspan="8">1）柱塞泵主要结构组成清单
2）柱塞泵工作原理
3）影响柱塞泵工作的因素
（拆装实训报告）</td></tr>
<tr><td rowspan="7">考核评价</td><td>序号</td><td colspan="2">考核内容</td><td>评分</td><td colspan="3">评分标准</td><td>得分</td></tr>
<tr><td>1</td><td colspan="2">安全文明操作</td><td>10</td><td colspan="3">遵守安全规章、制度</td><td></td></tr>
<tr><td>2</td><td colspan="2">正确使用工具</td><td>10</td><td colspan="3">选用合适工具并正确使用</td><td></td></tr>
<tr><td>3</td><td colspan="2">柱塞泵的拆卸和组装</td><td>40</td><td colspan="3">操作规范，拆装步骤正确，柱塞泵拆装前后状态一致</td><td></td></tr>
<tr><td>4</td><td colspan="2">工作原理讲述</td><td>15</td><td colspan="3">工作原理讲述正确</td><td></td></tr>
<tr><td>5</td><td colspan="2">工作压力分析</td><td>15</td><td colspan="3">出口压力与负载关系分析正确</td><td></td></tr>
<tr><td>6</td><td colspan="2">团队协作</td><td>10</td><td colspan="3">与他人合作有效</td><td></td></tr>
<tr><td>指导教师</td><td colspan="3"></td><td colspan="4">总分</td><td></td></tr>
</table>

知识拓展3 动力元件的常见故障诊断与维修

1. 齿轮泵的常见故障诊断与维修方法（见表3-2）

表3-2 齿轮泵的常见故障诊断与维修方法

故障现象	故障原因	维修方法
吸不上油，无油液输出	1）电动机转向不对 2）电动机轴或泵轴漏装了传动键 3）齿轮和泵之间漏装了连接键 4）进油管路密封圈漏装或破损 5）进油过滤器或吸油管因油箱油液不够而裸露在油面之上，吸不上油 6）装配时轴向间隙过大 7）泵的转速过高或过低	1）将电动机电源进线某两相交换一下 2）补装传动键 3）补装连接键 4）补装密封圈 5）向油箱中加油至规定高度 6）调整间隙 7）将转速调至允许范围
泵噪声大，或压力波动严重	1）过滤器被污物堵塞或油管贴近过滤器底面 2）油管漏出油面或伸入油箱较浅或吸油位置太高 3）油箱中油液不足 4）泵体与泵盖的平直度不好或泵的密封不好，易使空气混入 5）泵和电动机联轴器碰撞 6）齿轮的齿形精度不好 7）CB型齿轮骨架油封损坏时，其内的弹簧脱落	1）清除过滤器上的污物，调整吸油管位置 2）吸油管伸入油箱内2/3深，吸油位置不得超过0.5m 3）按油标线注满油 4）采用金刚石研磨，使其平直度符合要求，并紧固各连接件 5）更换联轴器橡胶圈，装配时保证其同轴度 6）调整齿轮或修正齿形 7）更换骨架油封
输出流量不足或压力不高	1）轴向间隙或径向间隙过大 2）连接处有泄漏，使空气混入或内泄漏过大 3）油液黏度太高或油温太高 4）电动机转速不够 5）过滤器或管路堵塞 6）压力阀中的阀芯在阀体内移动不灵活	1）修复或更换泵机件，使其间隙符合要求 2）紧固连接处螺钉，防止外泄漏或修复内泄漏大的机件，防止内泄漏过大 3）合理选用液压油 4）调整电动机转速 5）清除污物，清洗过滤器或疏通管路 6）检查修复或更换压力阀
泵严重发热	1）油在油管中压力损失过大、流速过高 2）油液黏度过高 3）油箱小，散热不良 4）泵径向或轴向间隙过小 5）卸荷方法不对或泵带压溢流时间过长	1）加粗油管，调整系统布局 2）更换合适的液压油 3）增大油箱容积或加装冷却装置 4）调整间隙使其符合要求 5）改进卸荷方法或减少泵带压卸荷时间

2. 叶片泵的常见故障诊断与维修方法（见表3-3）

表3-3　叶片泵的常见故障诊断与维修方法

故障现象	故障原因	维修方法
泵不出油或输出流量不足	1）电动机转向不对 2）电动机转速过低 3）油箱液面过低 4）过滤器或吸油管路堵塞 5）油液黏度过大 6）配油盘断面磨损过大 7）叶片与定子内表面接触不良 8）叶片卡死或移动不灵活 9）连接螺栓松动 10）溢流阀失灵	1）改变电动机转向 2）调整转速 3）补油至油标线 4）清洗过滤器或疏通管路 5）更换黏度合适的液压油 6）修复配油盘端面或更换配油盘 7）修磨接触面或更换叶片 8）检查、清洗并重新装配 9）按规定拧紧连接螺栓 10）调整或拆检该阀
泵噪声大，振动大	1）泵与联轴器不同轴或松动 2）吸油口太高，油箱液面低 3）吸油口或过滤器部分堵塞 4）吸油口连接处密封不严，有空气进入 5）液压油黏度过大，吸油口过滤器的流通能力小 6）定子内表面拉毛 7）个别叶片运动不灵活或装反	1）重新安装使其同轴，紧固连接件 2）降低吸油口高度、补油至油标线 3）清洗过滤器，疏通管路 4）加强密封，紧固连接件 5）更换黏度适当的液压油，更换流通能力大的过滤器 6）抛光定子内表面 7）逐个检查，对不灵活或装反的叶片重装
泵发热异常，油温过高	1）环境温度过高 2）液压油黏度过大 3）油箱散热不良 4）配油盘与转子之间严重磨损 5）叶片与定子内表面磨损严重 6）压力过高，转速太快	1）加强散热 2）更换黏度合适的液压油 3）加大油箱容量或加装冷却装置 4）修理或更换配油盘或转子 5）修磨或更换叶片、定子，减少磨损 6）调整压力阀，降低转速
外泄漏	1）密封不合格或密封圈未装好 2）密封圈损坏 3）泵内零件磨损，间隙过大 4）组装螺钉过松	1）更换或重装密封圈 2）更换密封圈 3）更换或重新研配零件 4）拧紧螺钉

3. 柱塞泵的常见故障诊断与维修方法（见表3-4）

表3-4　柱塞泵的常见故障诊断与维修方法

故障现象	故障原因	维修方法
泵不出油或输出流量不足	1）电动机转向不对 2）电动机转速过低 3）油箱液面过低 4）过滤器或吸油管路堵塞 5）油液黏度过大 6）柱塞与缸体或配油盘与缸体间磨损过大 7）中心弹簧折断，柱塞回程不够或不回程	1）改变电动机转向 2）调整转速 3）补油至油标线 4）清洗过滤器或疏通管路 5）更换黏度合适的液压油 6）更换柱塞，修配配油盘与缸体接触面 7）更换中心弹簧

（续）

故障现象	故障原因	维修方法
泵输出压力不足	1）外泄漏 2）缸体与配油盘或缸体与柱塞间严重磨损 3）变量机构倾角太小	1）紧固各连接件，更换油封或密封圈 2）修磨接触面，重新调整间隙或更换配油盘和柱塞 3）调整变量机构倾角
泵发热异常，油温过高	1）环境温度过高 2）液压油黏度过大 3）油箱散热不良 4）缸体与柱塞或缸体与配油盘间严重磨损 5）电动机与泵轴不同轴	1）加强散热 2）更换黏度合适的液压油 3）加大油箱容量或加装冷却装置 4）修磨接触面，重新调整间隙或更换配油盘和柱塞 5）重装电动机与泵轴，保证其同轴度
外泄漏	1）密封不合格或密封圈未装好 2）密封圈损坏 3）泵内零件磨损，间隙过大 4）组装螺钉过松	1）更换或重装密封圈 2）更换密封圈 3）更换或重新研配零件 4）拧紧螺钉

◇◇◇ 自我评价3

1. 填空题

1）液压泵是一种能量转换装置，它将原动机输出的________能转换为工作液体的________能，是液压传动系统中的动力元件。

2）液压传动中所用的液压泵都是依靠泵的密封工作腔的容积来实现______，因而液压泵又称为________。

3）液压泵实际工作时输出的压力称为________压力。液压泵在正常工作下，按实验标准规定连续运转的最高压力称为________。

4）泵主轴每转一周所排出的液体体积的理论值称为________。

5）液压泵按结构不同常用的有__________、__________、__________三种。

6）单作用叶片泵往往做成________的，而双作用叶片泵是________的。

2. 判断题

1）容积式液压泵输出流量的大小取决于密封容积的大小。（　　）

2）齿轮泵的吸油口比压油口大，是为了减小径向不平衡力。（　　）

3）外啮合齿轮泵中，轮齿不断进入啮合的一侧油腔是吸油腔。（　　）

4）叶片泵的转子能朝正、反方向旋转。（　　）

5）单作用叶片泵如果反接就可以成为双作用叶片泵。（　　）

6）双作用叶片泵可以做成变量泵。（　　）

7）定子和转子偏心安装，改变偏心距的大小就可以改变泵的排量，因此径向柱塞泵可作为变量泵使用。（　　）

8）齿轮泵、叶片泵和柱塞泵相比较，柱塞泵最高压力最大，齿轮泵容积效率最低，双

作用叶片泵噪声最小。（　　）

9）双作用叶片泵的转子每转一周，每个密封腔完成两次吸油和压油。（　　）

3. 选择题

1）为了使齿轮泵能连续供油，要求其重合度 ε（　　）。

A. 大于 1　　B. 等于 1　　C. 小于 1

2）齿轮泵泵体的磨损一般发生在（　　）。

A. 压油腔一侧　　B. 吸油腔一侧　　C. 连心线两端

3）下列属于定量泵的是（　　）。

A. 齿轮泵　　B. 单作用叶片泵　　C. 径向柱塞泵　　D. 轴向柱塞泵

4）柱塞泵中的柱塞往复运动一次，完成一次（　　）。

A. 吸油　　B. 压油　　C. 吸油和压油

5）泵常用的压力中，（　　）是随外负载的变化而变化的。

A. 泵的工作压力　　B. 泵的最高允许压力　　C. 泵的额定压力

6）机床液压系统中，常用（　　）泵，其特点是压力中等，流量和压力脉动小，工作平稳可靠。

A. 齿轮　　B. 叶片　　C. 柱塞

7）改变轴向柱塞泵斜盘倾角的大小和方向，可改变（　　）。

A. 流量大小　　B. 油流方向　　C. 流量大小和油流方向

8）在没有泄漏的情况下，根据泵的几何尺寸计算得到的流量称为（　　）。

A. 实际流量　　B. 理论流量　　C. 额定流量

9）驱动液压泵的电动机功率应比液压泵的输出功率大，是因为（　　）。

A. 泄漏损失　　B. 摩擦损失　　C. 溢流损失　　D. 前两种损失

10）齿轮泵多用于（　　）系统，叶片泵多用于（　　）系统，柱塞泵多用于（　　）系统。

A. 高压　　B. 中压　　C. 低压

11）液压泵的工作压力取决于（　　）。

A. 功率　　B. 流量　　C. 效率　　D. 负载

4. 简答题

1）齿轮泵运转时的泄漏途径有哪些？

2）试述叶片泵的特点。

5. 计算题

1）已知轴向柱塞泵的压力 $p=15\text{MPa}$，理论流量 $q=330\text{L/min}$，若液压泵的总效率 $\eta=0.9$，机械效率 $\eta_m=0.93$，求泵的实际流量和驱动电动机功率。

2）某液压系统，泵的排量 $V=10\text{mL/r}$，电动机转速 $n=1200\text{r/min}$，泵的输出压力 $p=3\text{MPa}$，泵的容积效率 $\eta_V=0.92$，总效率 $\eta=0.84$，求下面几个参数。

①泵的理论流量。

②泵的实际流量。

③泵的输出功率。

④驱动电动机功率。

项目4　液压执行元件的应用

学习目标

通过学习，学生应掌握液压执行元件的功能和种类，熟悉液压缸和液压马达的结构原理，了解执行元件的应用特点，具有应用液压执行元件的能力。具体目标是：

1）掌握液压缸和液压马达的工作原理、结构特点和图形符号。

2）掌握液压缸的推力和速度的计算方法。

3）掌握液压马达的参数计算。

4）能合理选用液压缸。

5）能进行液压缸简单故障分析和排除。

课外阅读：一次深海之吻，成就世界级中国造

任务　压蜡机执行元件的应用

任务引入

如图 4-1 所示为双工位双缸液压压蜡机的外形图。双工位双缸液压压蜡机设有两个挤蜡缸，液压系统配有四个液压泵。两个挤蜡缸分别给两个工位供蜡，两个工位按工艺要求分别调定射蜡压力，克服了双工位、单缸压蜡机射蜡压力相互影响的问题。每个工位有两个液压泵，压模、进模、退模、升模由一个泵供油，挤蜡由另一个泵供油，射蜡压力根据工艺要求确定。更换蜡缸采用回转进出，操作轻便，定位准确。那么压蜡机中由什么元件来带动主轴完成这一动作呢？

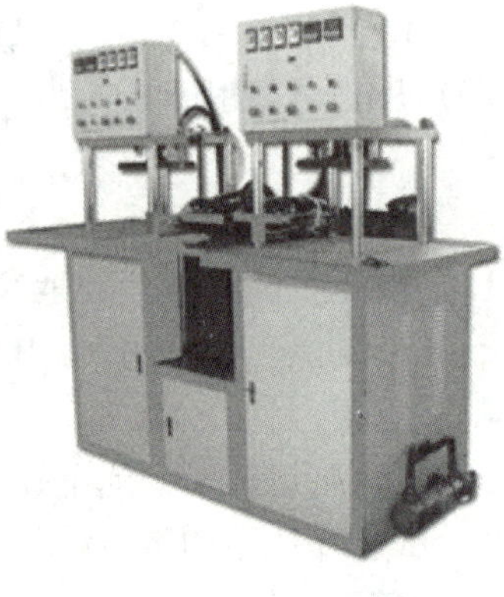

图 4-1　双工位双缸液压压蜡机

任务分析

液压压蜡机要完成上述动作必须靠液压系统中的执行元件来带动。液压系统中执行元件一般有液压缸和液压马达两种，二者都是把液压能转换为机械能的元件，只是液压缸中转换的机械能一般为直线运动，而液压马达中的机械能为旋转运动。此任务采用液压缸来带动主轴做上下直线运动。

相关知识

液压系统中，执行元件是把液压能转变为机械能输出的装置，有液压缸和液压马达两种，这二者的不同点是：液压缸是把液压能转变为直线运动或摆动的机械能，一般输出力和速度；液压马达是把液压能转变为连续旋转的机械能，一般输出转矩和转速。

4.1.1 液压缸的结构和参数计算

液压缸是液压系统中的执行元件。其作用是将液体压力能转换为运动部件的机械能，使运动部件实现往复直线运动或摆动。

1. 液压缸的分类

液压缸按结构特点的不同可分为活塞缸、柱塞缸和摆动缸三种。活塞缸和柱塞缸用于实现直线运动，输出力和速度；摆动缸用于实现小于360°转动，输出转矩和角速度。

液压缸按作用方式不同可分为单作用式和双作用式两种，如图4-2、图4-3所示。单作用液压缸中，液压力只能使活塞或柱塞单方向运动，反方向运动是靠外力（弹簧力或重力）实现的，双作用液压缸中的液压力可以实现两个方向的运动。

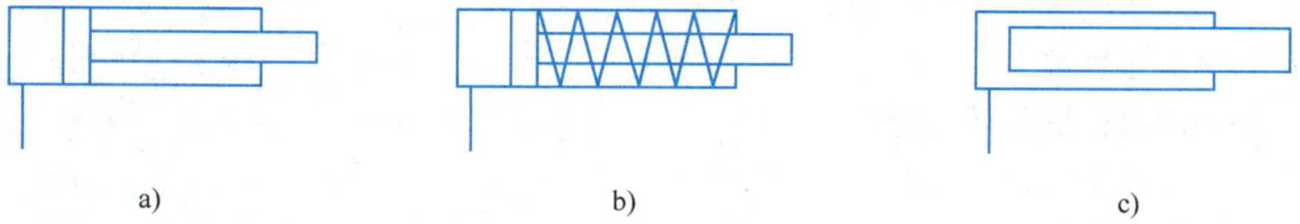

图4-2 单作用液压缸

a）无弹簧形 b）弹簧形 c）柱塞形

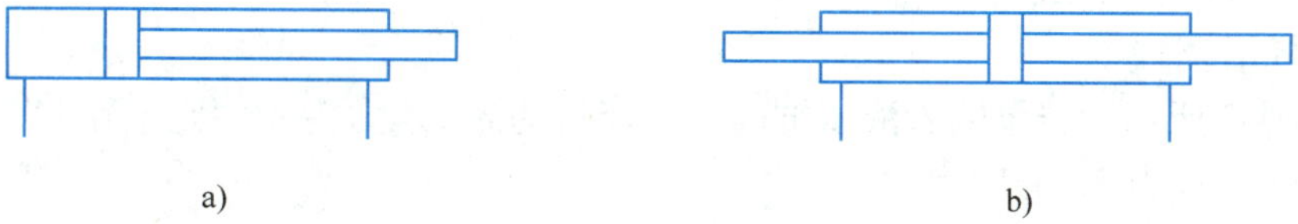

图4-3 双作用液压缸

a）单杆形 b）双杆形

2. 液压缸的参数计算

活塞式液压缸按结构可分为单杆式和双杆式两种，按其固定方式有缸体固定和活塞杆固定两种。

（1）双杆活塞缸 图4-4所示为双杆活塞缸原理图，其活塞的两侧都有活塞杆伸出，当活塞杆直径相同，缸两腔的供油压力和流量都相等时，活塞（或缸体）两个方向的运动速度和推力也都相等。因此，这种液压缸常用于要求往复运动速度和负载相同的场合，如各种磨床。

图4-4a所示为缸体固定式结构简图，当缸的左腔进油，右腔回油时，活塞带动工作台向右运动，反之向左运动。工作台的运动范围略大于缸有效行程的三倍，一般用于小型设备的液压系统中。

图4-4b所示为活塞杆固定式结构简图，液压油经空心活塞杆的中心孔及活塞处的径向

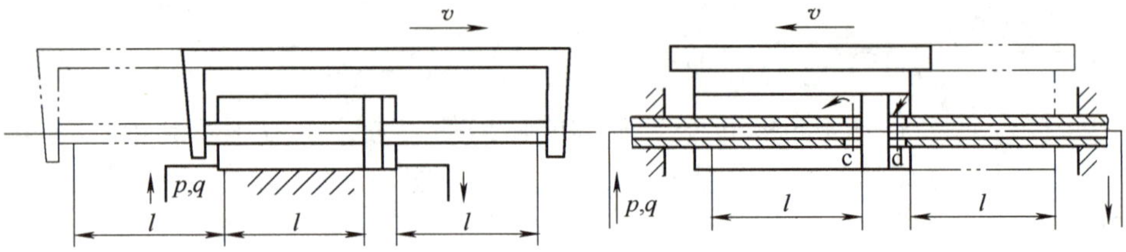

a)　　b)

双杆活塞缸

图 4-4　双杆活塞缸

孔 c、d 进、出液压缸。当左腔进油，右腔回油时，缸体带动工作台向左运动，反之向右运动。其运动范围略大于缸有效行程的两倍，常用于行程长的大中型设备的液压系统中。

其推力和速度可按下式计算：

$$F = pA = p\frac{\pi(D^2 - d^2)}{4} \tag{4-1}$$

$$v = \frac{q}{A} = \frac{4q}{\pi(D^2 - d^2)} \tag{4-2}$$

式中　A——液压缸有效工作面积；

F——液压缸推力；

v——活塞或缸体运动速度；

p——进油压力；

q——进入液压缸流量；

D——液压缸内径；

d——活塞杆直径。

（2）单杆活塞缸

1）如图 4-5 所示，若泵输入液压缸的输入流量为 q，压力为 p，则当无杆腔进油时，活塞运动速度 v_1 及推力 F_1 分别为

$$v_1 = \frac{q}{A_1} = \frac{4q}{\pi D^2} \tag{4-3}$$

$$F_1 = pA_1 = p\frac{\pi D^2}{4} \tag{4-4}$$

2）如图 4-6 所示，当有杆腔进油时，活塞的运动速度 v_2 和推力 F_2 分别为

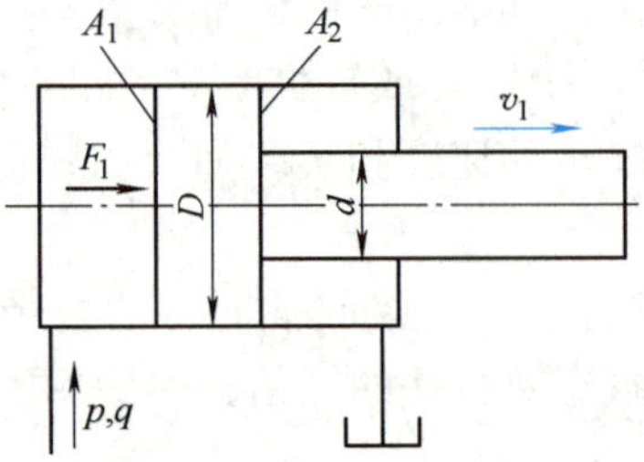

图 4-5　无杆腔进油

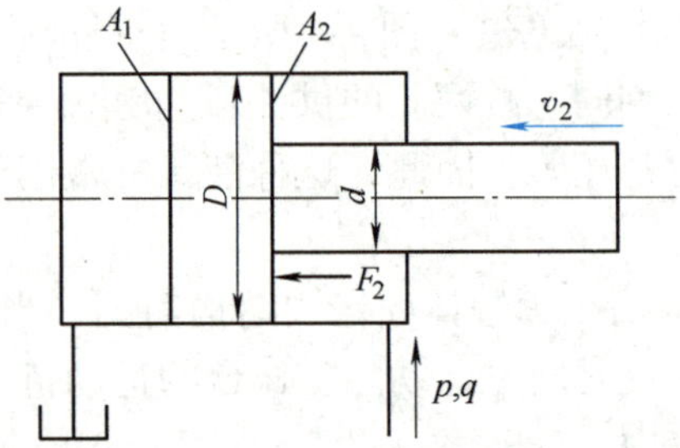

图 4-6　有杆腔进油

$$v_2 = \frac{q}{A_2} = \frac{4q}{\pi(D^2 - d^2)} \tag{4-5}$$

$$F_2 = pA_2 = p\frac{\pi(D^2 - d^2)}{4} \tag{4-6}$$

比较上述四式可以明显看出：$v_2 > v_1$，$F_1 > F_2$。

由上述分析可知：无杆腔进油时，有效作用面积大，推力大，速度慢；有杆腔进油时，有效面积小，推力小，速度快。因此，单杆活塞缸常用于一个方向有较大负载但运行速度较低，另一个方向为空载快速退回运动的设备，如各种金属切削机床、压力机、注塑机、起重机等。

3）差动连接缸。如图 4-7 所示，当缸的两腔同时通液压油时，由于作用在活塞两端面上的推力不等产生推力差，在此推力差的作用下，活塞向右运动，此时，从液压缸有杆腔排出的油液也进入液压缸的左腔，使活塞实现快速运动，液压缸的这种连接称为差动连接。单杆活塞缸差动连接时的推力 F_3 和速度 v_3 分别为

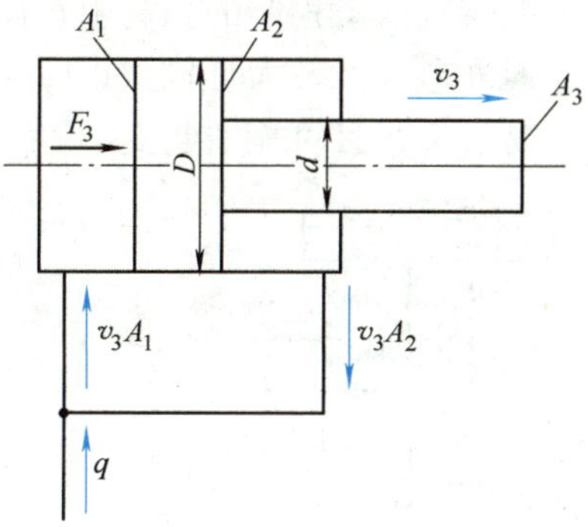

图 4-7　差动连接缸

$$F_3 = A_1p - A_2p = A_3p = p\frac{\pi d^2}{4} \tag{4-7}$$

此时 $v_3A_1 = q + v_3A_2$

$$v_3 = \frac{q}{A_1 - A_2} = \frac{q}{A_3} = \frac{4q}{\pi d^2} \tag{4-8}$$

比较式（4-3）和式（4-8）可知：$v_3 > v_1$；比较式（4-4）和式（4-7）可知：$F_3 < F_1$。这说明单杆活塞缸差动连接时，能使运动部件获得较高的速度和较小的推力。因此，单杆活塞缸还常用在需要实现快进（差动连接）→工进（无杆腔进油）→快退（有杆腔进油）工作循环的组合机床等设备的液压系统中。这时若要求快进和快退的速度相等（$v_3 = v_2$），则有 $D = \sqrt{2}d$，即当活塞缸内径是活塞直径的 $\sqrt{2}$ 倍时，其快进和快退的速度相等。

3. 液压缸的结构

活塞式液压缸一般由缸体组件、活塞组件、缓冲装置、排气装置、密封装置组成，如图 4-8 所示。选用液压缸时首先考虑活塞杆长度，再根据回路的最高工作压力选用合适的液压缸。

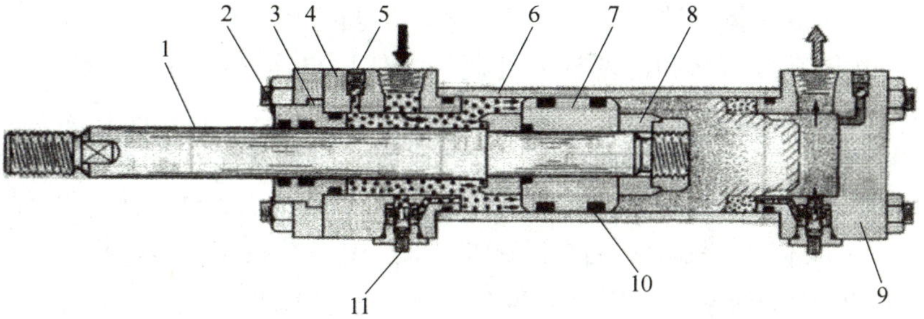

图 4-8　活塞式液压缸结构

1—活塞杆　2—接杆　3—衬套　4—前端盖　5—放气口　6—缸筒
7—活塞　8—缓冲头　9—后端盖　10—密封圈　11—缓冲阀

（1）缸体组件　缸体组件主要由缸筒、缸盖、导向套等组成。一般来说，缸体和缸盖的结构型式与其使用的材料有关。工作压力 $p<10$MPa 时，使用铸铁；$p<20$MPa 时，使用无缝钢管；$p>20$MPa 时，使用铸钢或锻钢。

图 4-9 所示为缸筒和缸盖常用的连接方式。其中图 4-9a 为法兰连接，其结构简单，加工容易，拆装容易，但外形尺寸和质量都较大，常用于铸铁制的缸筒上；图 4-9b 为半环式连接，其缸筒壁因开了环形槽而降低了强度，为此有时要加厚缸筒壁，它容易加工和拆装，质量较小，常用于无缝钢管或锻钢制的缸筒上；图 4-9c 为螺纹式连接，其缸筒端部结构复杂，外径加工时要求保证内、外径同心，拆装要使用专门的工具，外形尺寸和质量都较小，常用于无缝钢管或锻钢制的缸筒上；图 4-9d 为拉杆式连接，其结构的通用性大，容易加工和拆装，但外形尺寸较大且较重；图 4-9e 为焊接式连接，其结构简单，尺寸小，但缸体处的内径不易加工，且可能引起变形。

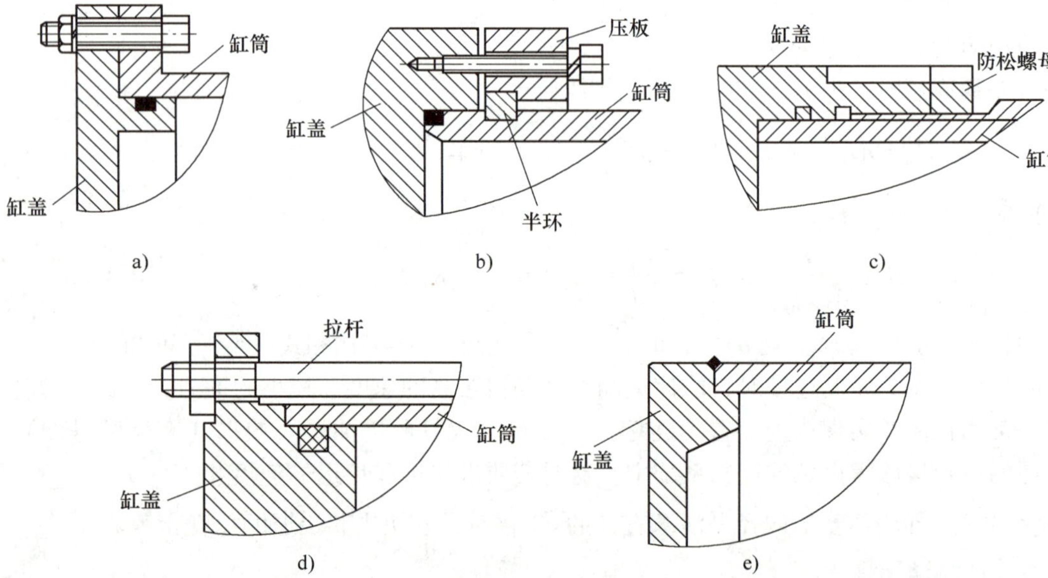

图 4-9　缸筒和缸盖的连接方式

a）法兰连接　b）半环式连接　c）螺纹式连接　d）拉杆式连接　e）焊接式连接

（2）活塞组件　活塞组件主要由活塞、活塞杆、连接件等组成。可以把短行程的液压缸的活塞和活塞杆做成一体，这是最简单的形式。但当行程较长时，这种整体式活塞组件的加工比较费事，所以常把活塞和活塞杆分开制造，然后再连接成一体。图 4-10 所示为几种常见的活塞和活塞杆的连接方式。

图 4-10a 为螺纹连接，结构简单，安装方便可靠，但在活塞杆上车螺纹将削弱其强度，适用于负载较小，受力无冲击的液压缸中。图 4-10b、c 所示为半环式连接。图 4-10b 中活塞杆上开有一个环形半环槽，槽内装有两个半环，半环由套筒套住，而轴套的轴向位置用弹簧卡圈固定。图 4-10c 中的活塞杆上使用了两个半环，分别由两个密封圈座套住，半环形的活塞安放在密封圈座的中间。图 4-10d 为径向销式连接，用锥销把活塞固定在活塞杆上，这种连接方式特别适用于双出杆式活塞。

（3）密封装置　液压缸中常见的密封方式如图 4-11 所示。图 4-11a 为间隙密封，它依

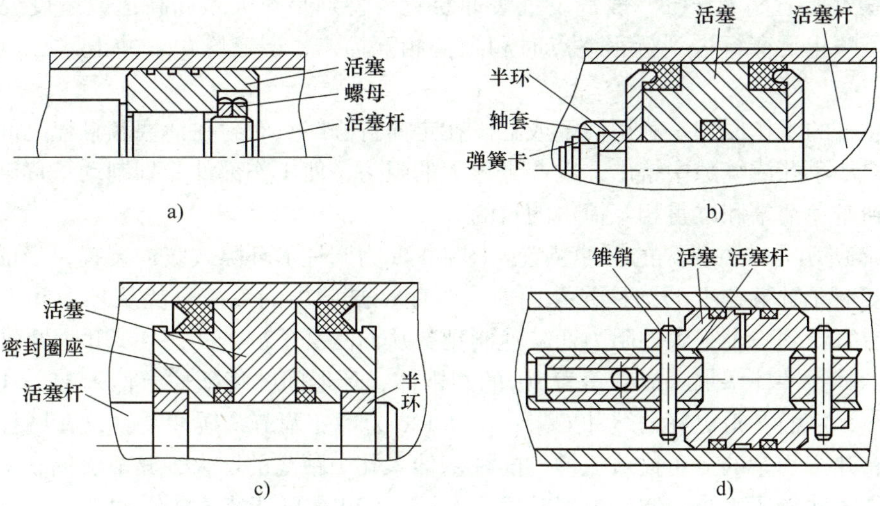

图 4-10　常见的活塞组件连接方式

a）螺纹连接　b）、c）半环式连接　d）径向销式连接

靠运动间的微小间隙来防止泄漏。为了提高这种装置的密封能力，常在活塞的表面上制出几条细小的环形槽，以增大油液通过间隙时的阻力。间隙密封结构简单，摩擦阻力小，可耐高温，但泄漏大，加工要求高，磨损后无法修复到原有性能，只能在尺寸较小、压力较低、相对运动速度较高的缸筒和活塞间使用。图 4-11b 为摩擦环密封，它依靠套在活塞上的摩擦环（尼龙或其他高分子材料制成）的弹力作用而紧贴缸壁上来防止泄漏。这种材料制成的摩擦环效果较好，摩擦阻力较小且稳定，可耐高温，磨损后有自动补偿能力，但加工要求高，装拆较不方便，适用于缸筒和活塞之间的密封。图 4-11c、d 为密封圈（O 形、V 形）密封，这种密封结构简单，制造方便，磨损后有自动补偿能力，性能可靠，在缸体和活塞之间、缸盖和活塞杆之间、活塞和活塞杆之间、缸筒和缸盖之间都能使用。

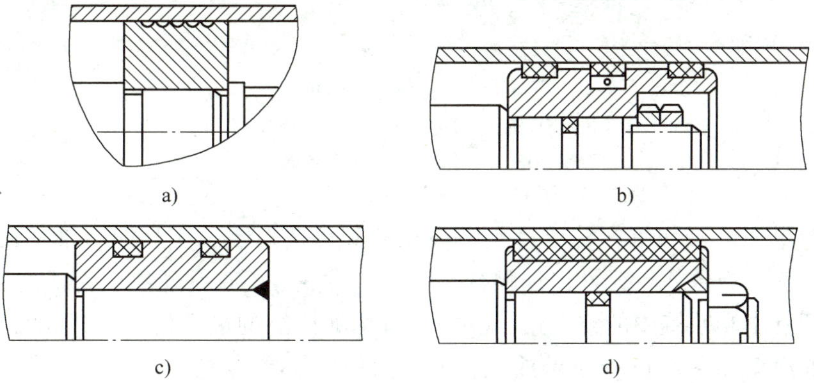

图 4-11　密封装置

a）间隙密封　b）摩擦环密封　c）O 形圈密封　d）V 形圈密封

对于活塞杆外伸部分来说，它很容易把脏物带入液压缸，使油液受到污染，使密封圈磨损，因此常需在活塞杆密封处加装防尘圈，并放在朝着活塞杆外伸的一端。

（4）缓冲装置 液压缸一般都设置缓冲装置，特别是对大型、高速或精度要求高的液压缸，为了防止活塞行进到行程终点时和缸盖相互撞击，引起噪声、冲击，必须设置缓冲装置。

缓冲装置的工作原理是利用活塞或缸筒在走向行程终点时封住活塞和缸盖之间的部分油液，强迫它从小孔或缝隙中挤出，以产生很大的阻力，使工作部件受到制动，逐渐减慢运动速度，达到避免活塞和缸盖相互撞击的目的。

图 4-12 所示是几种常见的缓冲装置。图 4-12a 为圆柱形环隙式缓冲装置，当活塞右端的柱塞运行至液压缸端盖上的圆柱光孔内时，封闭在缸筒内的油液只能从环形间隙 δ 处挤出去，这时活塞受到一个很大的阻力而减速制动，从而减缓了冲击；图 4-12b 为圆锥形环隙式缓冲装置，其缓冲柱塞加工成锥角为 10°的圆锥体，环形间隙将随柱塞伸入端盖孔中距离的增大而减小，从而获得更好的缓冲效果；图 4-12c 为可变调节式缓冲装置，在圆柱形的缓冲柱塞上开有几个均布的三角槽节流槽，随柱塞伸入孔中距离的增大，其节流面积减小，其缓冲作用均匀，冲击压力小，制动位置精度高；图 4-12d 为可调节流式缓冲装置，在液压缸的端盖上装有单向阀 1 和可调节流阀 2，当缓冲柱塞伸入端盖上的内孔后，活塞和端盖间的油液须经节流阀 2 流出，由于节流口的大小可根据液压缸负载和速度的不同进行调整，因此可获得较理想的缓冲效果。活塞反向运动时，油经单向阀 1 进入活塞端部。

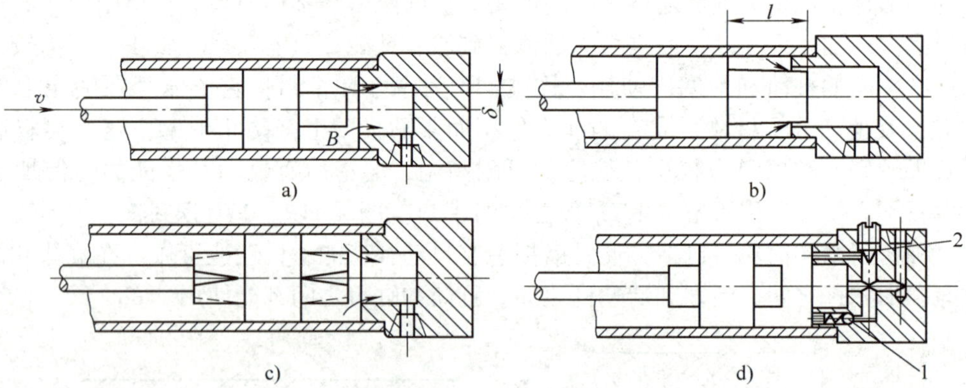

图 4-12 液压缸的缓冲装置

a）圆柱形环隙式 b）圆锥形环隙式 c）可变调节式 d）可调节流式

1—单向阀 2—可调节流阀

（5）排气装置 液压缸在安装过程中或长时间停放后重新工作时，液压缸里和管道系统中会渗入空气，导致执行元件出现爬行、噪声、发热等不正常现象，为了避免这些现象的产生，需要把缸中和系统中的空气排出。一般可在液压缸的最高处设置进出油口把气带走，也可在最高处设置如图 4-13 所示的放气孔或专门的放气阀。

（6）液压缸的典型结构 图 4-14 所示是一个较常用的双作用单活塞杆液压缸，它由缸底 20、套筒 10、缸盖及导向套 9、活塞 11、活塞杆 18 等组成。缸筒一端与缸底焊接，另一端缸盖（导向套）与套筒用卡键 6、套 5 和弹簧挡圈 4 固定，以便拆装检修，两端设有油口 A 和 B。活塞 11 与活塞杆 18 用卡键 15、卡键帽 16 和弹簧挡圈 17 连在一起。活塞与缸筒的密封采用的是一对 Y 形聚氨酯密封圈 12，由于活塞与缸筒有一定间隙，采用由尼龙 1010 制

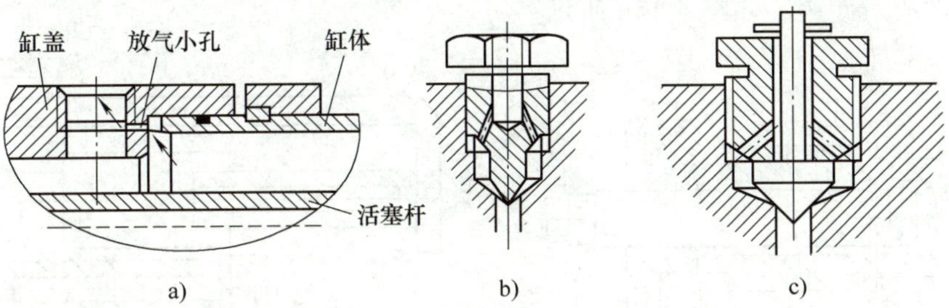

图 4-13　排气装置

成的耐磨环（支撑环）13 定心导向。活塞杆 18 和活塞 11 的内孔由密封圈 14 密封。较长的导向套 9 则可保证活塞杆不偏离中心，导向套外径由 O 形密封圈 7 密封，其内孔则由 Y 形密封圈 8 和防尘圈 3 分别防止油外泄和灰尘进入缸内。缸与杆端销孔与外界连接，销孔内有尼龙衬套以防止磨损。

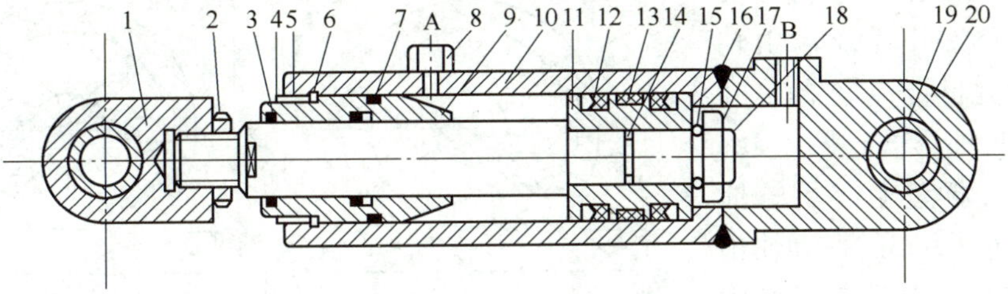

图 4-14　双作用单活塞杆液压缸

1—耳环　2—螺母　3—防尘圈　4、17—弹簧挡圈　5—套　6、15—卡键　7、14—O 形密封圈　8、12—Y 形密封圈　9—缸盖及导向套　10—套筒　11—活塞　13—耐磨环　16—卡键帽　18—活塞杆　19—衬套　20—缸底

4. 其他液压缸

双作用、单出杆和双出杆液压缸是应用非常广泛的液压缸，但有时候由于工作要求的特殊性，这两种液压缸不能完全满足使用要求，这就需要选用其他类型的液压缸。下面是几种常见的其他类型的液压缸。

（1）柱塞式液压缸（柱塞缸）　前面讲的双作用、单出杆和双出杆液压缸都属于活塞式液压缸。这种液压缸由于缸孔加工精度要求很高，当行程较长时，加工难度大，使制造成本增加。在生产实际中，某些场合所用的液压缸并不要求双向控制，柱塞式液压缸就是满足了这种使用要求的价格低廉的液压缸。

如图 4-15a 所示，柱塞式液压缸由套筒 1、柱塞 2、导向套 3、密封圈 4、压盖 5 等零件组成。柱塞由导向套 3 导向，与缸筒内壁不接触，因而缸筒内壁不需要精加工，工艺性好，成本低。柱塞端面受压，为输出较大的推力，柱塞一般较粗、较重，水平安装时易产生单边磨损，故柱塞缸适用于垂直安装使用。当水平安装时，为防止柱塞因自重下垂，常制成空心柱塞并设置支撑套和托架。

柱塞缸只能实现单向运动，回程需借助自重（立式缸）或其他外力（如弹簧力）来实现。龙门刨床、导轨磨床、大型拉床等大型设备的液压系统中，为了使工作台得到双向运动，柱塞缸常成对使用，如图 4-15b 所示。

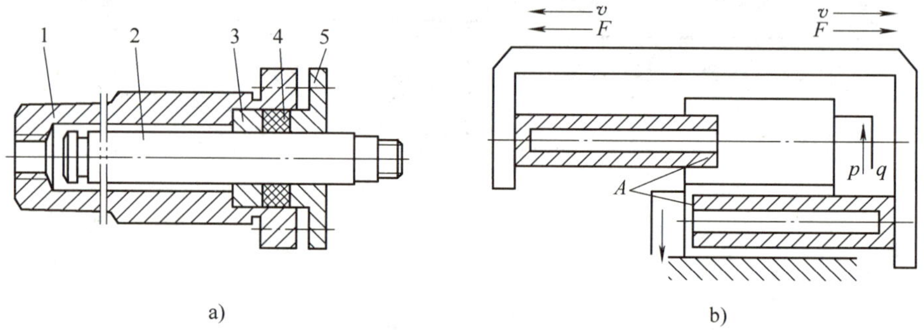

图 4-15 柱塞式液压缸

1—套筒 2—柱塞 3—导向套 4—密封圈 5—压盖

（2）摆动式液压缸（摆动缸） 摆动式液压缸用于将油液的压力能转变为叶片及输出轴往复摆动的机械能，它有单叶片和双叶片两种形式。图 4-16a 所示为单叶片摆动缸，由缸体 1、叶片 2、定子块 3、摆动输出轴 4、两端支撑盘及端盖（图中未画出）等零件组成。定子块固定在缸体上，叶片与摆动输出轴连在一起，当两油口交替输入液压油时，叶片即带动摆动输出轴往复摆动。单叶片摆动缸的摆动角度较大，但一般不超过 300°。双叶片缸当结构尺寸与单叶片缸相同时，其输出转矩是单叶片缸的两倍，而摆动角度为单叶片缸的一半（一般不超过 150°）。

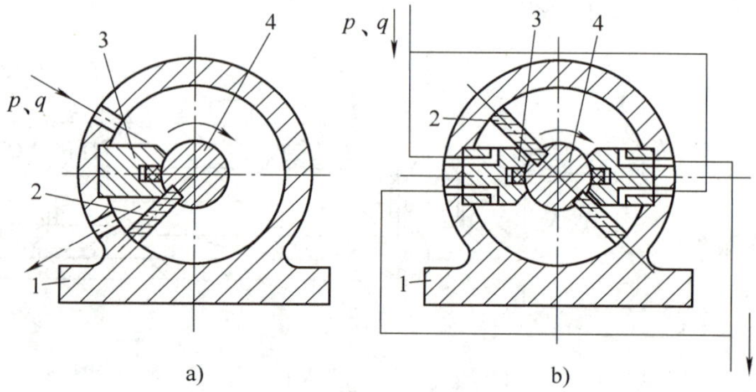

图 4-16 摆动式液压缸

1—缸体 2—叶片 3—定子块 4—摆动输出轴

摆动缸常用于机床的送料机构、间歇进给机构、回转夹具、工业机器人手臂和手腕的回转装置及工程机械回转机构等的液压系统中。

（3）增压缸 增压缸能将输入的低压油转变为高压油，供液压系统中某一支油路使用。单作用增压缸的工作原理如图 4-17a 所示，输入低压力为 p_1 的液压油，输出高压力为 p_2 的液压油，压力关系为

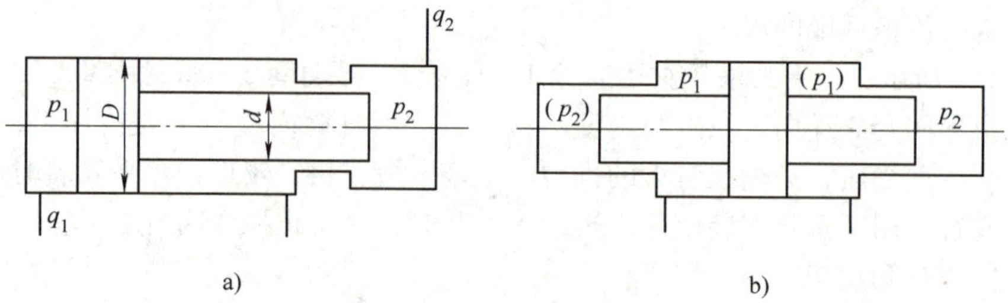

图 4-17 增压缸

a）单作用式 b）双作用式

$$p_2 = p_1 \left(\frac{D}{d}\right)^2 \tag{4-9}$$

单作用增压缸不能连续向系统中供油，而如图 4-17b 所示的双作用增压缸，可由两个高压端连续向系统供油。

（4）伸缩式液压缸（伸缩缸） 如图 4-18 所示，伸缩缸由两个或多个活塞式液压缸套装而成，前一级活塞和后一级缸筒连在一起（图中 2、3 连在一起），活塞伸出的顺序是先大后小，相应的推力也是由大到小，而伸出时的速度是由慢到快。活塞缩回顺序与伸出顺序相反。

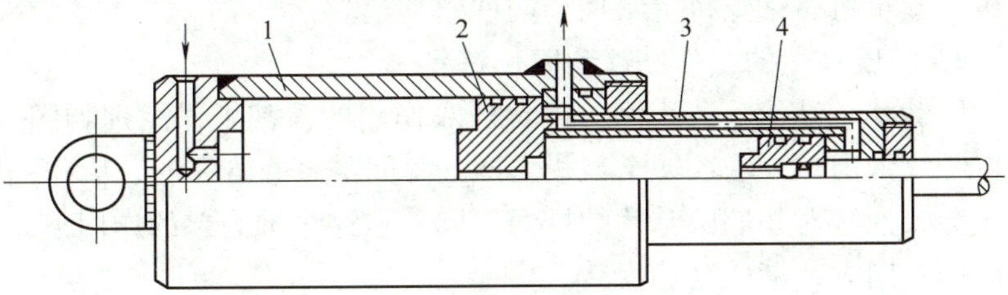

图 4-18 伸缩缸

1—一级缸筒 2—一级活塞 3—二级缸筒 4—二级活塞

伸缩缸活塞杆伸出时的行程大，而收缩后的结构尺寸小，主要适用于需占空间小的机械上，如起重机伸缩臂缸、自卸汽车举升缸等。

（5）齿轮缸 如图 4-19 所示，它由带齿条杆身的双活塞缸和齿轮齿条机构组成，当液压油推动活塞左右往复运动时，齿条就推动齿轮往复转动，从而由齿轮推动工作部件做往复旋转运动，其摆动角度一般为 0°~720°（具体摆动角度可按用户实际需要决定），常用于机械手、回转工作台、回转夹具、磨床进给系统等转位机构的驱动。

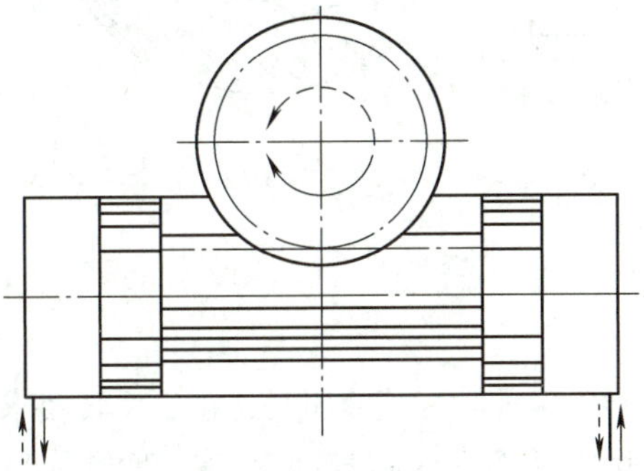

图 4-19 齿轮缸

4.1.2 液压马达的工作原理和参数计算

液压马达是将液体压力能转换为旋转运动机械能的液压执行元件。液压马达和液压泵从理论上讲是可逆的，但实际上，为改善其工作性能，除了螺杆泵和部分柱塞泵可作为液压马达使用外，其他一些泵由于结构上的原因是不能作为液压马达使用的。

1. 液压马达的分类

液压马达和液压泵一样，按其结构型式可分为齿轮式、叶片式和柱塞式；按其排量是否可调可分为定量式和变量式；按其转速可分为高速马达、中速马达和低速马达。

高速马达一般认为是额定转速高于 600r/min 的液压马达，特点是转速高，转动惯量小，便于起动和制动，调速和换向灵敏度高，而输出的转矩不大，最低稳定速度偏高，故又称为高速小转矩马达。这类液压马达主要是齿轮马达、叶片式马达、轴向柱塞马达，其结构和同类型的泵基本相同，但因为液压马达工作时的一些特殊要求（如正、反转等），同类型的液压马达和液压泵在结构细节上有一些差别，不能互相代用。

低速马达是其额定转速低于 100r/min 的液压马达，基本形式是径向柱塞式，主要特点是排量大，体积大，低速稳定性好，可在 10r/min 以下平稳运转，因此可以直接和工作机构连接，不需要减速装置，使机械传动机构大大简化。因其输出转矩较大，又称为低速大转矩马达。

中速中转矩马达主要包括双斜盘轴向柱塞马达和摆线马达。

一般机械和机床常用叶片式马达和轴向柱塞式马达。塑料机械、行走机械、挖掘机、拖拉机、起重机、采煤机等常用径向柱塞马达。

2. 液压马达的工作原理和图形符号

以叶片式液压马达为例，通常是双作用的，其工作原理如图 4-20 所示。当液压油从进油口经配油窗口 a 输入转子与相邻两叶片间的密封容积时，因作用在两叶片上的作用面积不同，导致油液对相邻两叶片的推力不同，在这个推力差的作用下，叶片带动转子旋转；当改变输油方向时，液压马达反转。

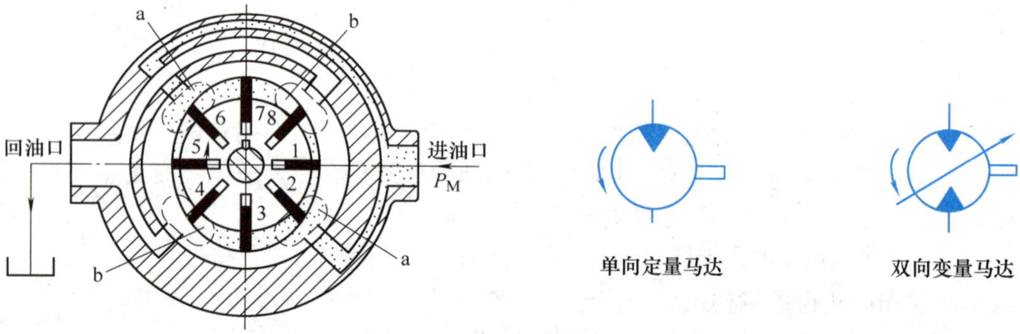

a)　　　　b)

图 4-20　叶片式液压马达

a）工作原理　b）图形符号

为保证叶片式液压马达正、反转要求，叶片沿转子径向安装，进、出油口通径大小相同，同时叶片根部必须与进油腔相连，使叶片与定子内表面紧密接触，在泵体内装有两个单向阀。

3. 液压马达参数计算

在液压马达的各项性能参数中，压力、排量、流量等参数与液压泵同类参数有相同的意义，其原则差别在于：在液压泵中它们是输出参数，在液压马达中则是输入参数。

（1）排量　在不考虑泄漏情况下，液压马达轴每转一周所需要输入的液体的体积，用 V_M 表示，常用单位：L/r。

（2）流量

1）理论流量：液压马达在不考虑泄漏情况下，单位时间内所需输入的液体体积称理论流量，用 q_{th} 表示，则

$$q_{th} = V_M n \tag{4-10}$$

2）实际流量：液压马达工作时的输入流量，用符号 q_{ac} 表示，若液压马达泄漏量为 Δq，则

$$q_{ac} = q_{th} + \Delta q \tag{4-11}$$

（3）效率

1）容积效率 η_V：

$$\eta_V = \frac{q_{th}}{q_{ac}} \tag{4-12}$$

2）机械效率 η_m：

$$\eta_m = \frac{T_{ac}}{T_{th}} \tag{4-13}$$

3）总效率 η：

$$\eta = \eta_V \eta_m \tag{4-14}$$

4. 液压马达在结构上与液压泵的差异

1）液压马达是依靠输入液压油来起动的，密封容积腔必须有可靠的密封。

2）液压马达往往要求能正、反转，因此它的配流机构应该对称，进、出油口的大小相等。

3）液压马达是依靠泵输出压力来工作的，不需要具备自吸能力。

4）液压马达要实现双向转动，高、低油口要能相互变换，故采用外泄式结构。

5）液压马达有较大的起动转矩，为使起动转矩尽可能接近工作状态下的转矩，要求液压马达的转矩脉动小，内部摩擦小，齿数、叶片数、柱塞数比液压泵多一些。同时，液压马达的轴向间隙补偿装置的压紧力系数比液压泵小，以减小摩擦。

虽然液压马达和液压泵的工作原理是可逆的，但由于上述原因，同类型的液压泵和液压马达一般不能通用。

4.1.3 液压执行元件的选用

1. 液压马达的选用

选择液压马达时，需要考虑的因素很多，如转矩、转速、工作压力、排量、外形、连接尺寸、容积效率、总效率等。首先应根据液压系统的工作特点选择类型，然后再根据要求输出的转矩和转速选择合适的型号和规格。

（1）齿轮式液压马达的选用　齿轮式液压马达结构简单，制造容易，但转速脉动性较大，负载转矩不大，速度平稳性要求不高，噪声限制不严，适用于高速低转矩的情况，所以齿轮式液压马达一般用于钻床、通风设备中。

（2）叶片式液压马达的选用　叶片式液压马达结构紧凑，外形尺寸小，运动平稳，噪声小，负载转矩小，一般用于磨床回转工作台和机床操纵机构中。

（3）摆线式液压马达的选用　摆线式液压马达负载速度中等，体积要求小，一般适用于塑料机械、煤矿机械、挖掘机等设备中。

（4）柱塞式液压马达的选用　轴向柱塞式液压马达结构紧凑，径向尺寸小，转动惯量小，转速较高，负载大，有变速要求，负载转矩小，低速平稳性要求高，所以一般用于起重机、绞车、铲车、内燃机车、数控机床、行走机械等；径向柱塞式液压马达负载转矩较大，速度中等，径向尺寸大，较多应用于塑料机械、行走机械等；内曲线径向柱塞式液压马达负载转矩较大，速度低，平稳性高，主要用于挖掘机、拖拉机、起重机、采煤机等。

液压马达的种类很多，可根据不同的工况进行选择。

低速运转工况可选择低转速液压马达，也可以采用高转速液压马达加减速装置。在这两种方案的选择上，应根据结构及空间情况、设备成本、驱动转矩是否合理等进行选择。确定所采用液压马达的种类后，可根据液压马达产品的技术参数一览表选出几种规格，进行综合分析，加以选择。

2. 液压缸的选用

液压系统中选择合适的液压缸，首先应考虑工况及安装条件，然后再确定液压缸的主要参数及标准密封附件和其他附件。使用工况及安装条件如下：

1）工作中有剧烈冲击时，液压缸的缸筒、缸盖不能用脆性材料，如铸铁。

2）采用长行程液压缸时，需综合考虑，选用足够刚度的活塞杆和安装中间圈。

3）当工作环境污染严重，有较多的灰尘、风沙、水分等杂质时，需采用活塞杆防护套。

4）安装方式与负载导向直接影响活塞杆的稳定性，也影响活塞杆直径的选择。按负载的重、中、轻型，推荐的安装方式和导向条件见表 4-1。

表 4-1 安装方式与负载导向参考表

负载类型	推荐安装方式	作用力支撑情况	负载导向情况
重型	法兰安装	作用力与支撑中心在同一条轴线上	导向
	耳轴安装		导向
	底座安装	作用力与支撑中心不在同一轴线上	导向
	后球铰安装	作用力与支撑中心在同一轴线上	不要求导向
中型	耳环安装	作用力与支撑中心在同一轴线上	导向
	法兰安装		导向
	耳轴安装		导向
轻型	耳环安装	作用力与支撑中心在同一轴线上	可不导向

5）缓冲机构的选用：一般认为，普通液压缸的工作压力 $p>10\text{MPa}$、活塞速度 $v>0.1\text{m/s}$ 时，应采用缓冲装置或其他缓冲办法。这只是一个参考条件，还要看具体情况和液压缸的用途。例如，要求速度变化缓慢的液压缸，当速度 v 为 0.05~0.12m/s 时，也需要采用缓冲装置。

6）密封装置的选用：选择合适的防尘圈和密封圈。

7）工作介质的选用：按环境温度可初步选定工作介质的品种。

①在正常温度（-20~60℃）下工作的液压缸，一般采用石油型液压油。

②在高温（>60℃）下工作的液压缸，必须采用难燃型液压油及特殊结构液压缸。

任务实施 液压缸的拆装

1. 液压缸的拆装步骤

图 4-21 所示为单杆液压缸外观和剖视图。其拆装步骤和方法如下：

1）准备好锤子、内六角扳手、钳子、螺钉旋具等器具。

2）液压缸拆卸顺序：先拆掉两端压盖上的螺钉，拆掉端盖；将活塞和活塞杆从缸体中分离。在拆卸液压缸的端盖时，对于内卡键式连接的卡键或卡环要使用专门的工具，禁止使用扁铲；对于法兰式端盖必须用螺钉顶出，不允许锤击或硬撬。在活塞和活塞杆难以抽出时，不可强行抽出，应先查明原因再进行拆卸。

3）观察活塞与活塞杆的结构及连接方式，缸筒和缸盖的连接方式；观察缓冲装置的类型并分析原理及调节方法；观察密封的类型及原理。

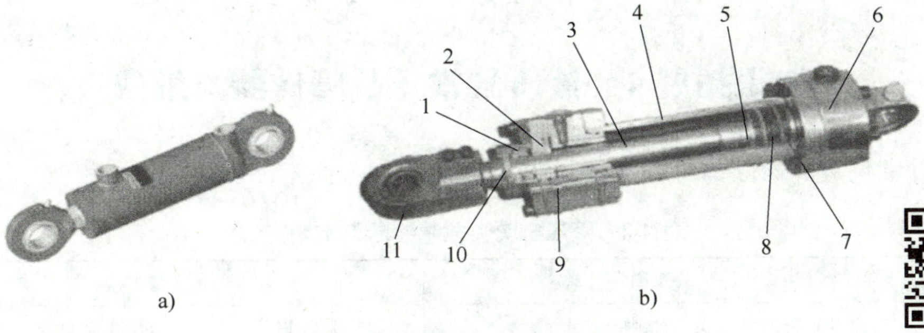

液压缸的组装

图 4-21 单杆液压缸外观和剖视图

a）外观图 b）剖视图

1、7—密封圈 2—导向套 3—活塞杆 4—缸筒 5—活塞 6—缸底 8—支承环 9—缸盖 10—防尘圈 11—耳环

4）分组讲述其工作原理。

5）缸的装配；装配前清洗各零件，将活塞杆与导向套、活塞与活塞杆、活塞与缸体等的配合表面涂润滑油，按拆卸时的反向顺序装配。

6）装配完成后，将现场清理干净。

2. 工作任务单

工作任务单

<table>
<tr><td>姓名</td><td></td><td>班级</td><td></td><td>组别</td><td></td><td>日期</td><td></td></tr>
<tr><td>工作任务</td><td colspan="7">液压缸的拆装</td></tr>
<tr><td>任务描述</td><td colspan="7">在教师指导下，在液压实训室完成液压缸的拆卸和组装。同时观察其结构，正确检测液压缸的运动速度和工作压力，并分析其运动速度和工作压力等参数</td></tr>
<tr><td>任务要求</td><td colspan="7">1）正确进行液压缸的拆装并记录
2）正确使用相关工具
3）正确检测液压缸运动速度和工作压力，分析影响液压缸正常工作及容积效率的因素，了解易产生故障的部件并分析原因
4）实训结束后对液压缸、使用工具进行整理并放回原处</td></tr>
<tr><td>提交成果
（可口述）</td><td colspan="7">1）液压缸主要结构组成清单
2）液压缸工作原理
3）影响液压缸正常工作机容积效率的因素
（拆装实训报告）</td></tr>
<tr><td rowspan="7">考核评价</td><td>序号</td><td colspan="2">考核内容</td><td>评分</td><td colspan="2">评分标准</td><td>得分</td></tr>
<tr><td>1</td><td colspan="2">安全文明操作</td><td>10</td><td colspan="2">遵守安全规章、制度</td><td></td></tr>
<tr><td>2</td><td colspan="2">正确使用工具</td><td>10</td><td colspan="2">选用合适工具并正确使用</td><td></td></tr>
<tr><td>3</td><td colspan="2">液压缸的拆卸和组装</td><td>40</td><td colspan="2">操作规范，拆装顺序正确</td><td></td></tr>
<tr><td>4</td><td colspan="2">工作原理讲述</td><td>15</td><td colspan="2">工作原理讲述正确</td><td></td></tr>
<tr><td>5</td><td colspan="2">影响液压缸正常工作及容积效率的因素分析</td><td>15</td><td colspan="2">影响液压缸及容积效率的因素分析正确</td><td></td></tr>
<tr><td>6</td><td colspan="2">团队协作</td><td>10</td><td colspan="2">与他人合作有效</td><td></td></tr>
<tr><td>指导教师</td><td colspan="3"></td><td colspan="3">总分</td><td></td></tr>
</table>

知识拓展 4　液压缸常见故障诊断与维修

液压缸常见故障诊断与维修方法见表 4-2。

表 4-2　液压缸常见故障诊断与维修方法

故障现象	故障原因	维修方法
爬行	1）外界空气混入缸内 2）运动密封件装配过紧 3）活塞和活塞杆不同轴，活塞杆不直 4）缸内壁拉毛，局部磨损或腐蚀 5）缸筒内径圆柱度超差 6）液压缸安装有偏差 7）双活塞杆两端螺母拧得太紧，使同轴度降低 8）液压缸运动部件中间间隙过大 9）导轨润滑不良	1）设置排气装置或开动系统强制排气 2）调整密封圈，使之松紧适当 3）校正或更换活塞杆，使其同轴度符号要求 4）除去毛刺、锈蚀，严重者重新镗磨 5）镗磨修复，重配活塞或增加密封件 6）校正安装位置 7）调整螺母松紧度 8）调整配合间隙 9）加润滑油，保持良好润滑
冲击	1）缓冲间隙过大 2）缓冲装置中的单向阀失灵	1）减小缓冲间隙 2）修理或更换单向阀
推力不足或工作速度下降	1）缸筒和活塞配合间隙过大，或密封件损坏，造成内泄漏 2）缸筒和活塞配合间隙过小，密封过紧，运动阻力大 3）活塞杆弯曲，引起剧烈摩擦 4）缸体内孔拉伤，与活塞咬死，或缸内孔加工不良 5）液压油中杂质过多，使活塞和活塞杆卡死 6）液压油温度过高，加剧泄漏	1）修理或更换不合要求的零件（活塞或密封圈），调整或重新装配 2）增加配合间隙，调整密封件的压紧度 3）校直活塞杆 4）镗磨修复缸体，或更换缸体 5）清洗液压系统，更换液压油 6）分析温升原因，改进密封结构，避免温升过高
外泄漏	1）活塞杆表面损伤或密封圈损坏造成活塞杆处密封不严 2）管接头密封不严 3）缸盖处密封不严	1）检查并修复活塞杆或密封圈 2）检修密封圈及接触面 3）检查并修整

◇◇◇ 自我评价 4

1. 填空题

1）液压执行元件有________和________两种类型，这两者的不同点在于________将液压能转变成往复直线运动或摆动的机械能，________将液压能转变成连续旋转运动的机械能。

2）液压缸按结构特点不同可分为________缸、________缸和________缸三种，按其作用方式不同可分为________式和________式两种。其中________缸和________缸用于实现直线运动，输出力和速度。

3）两腔同时输入液压油，利用________进行工作的单活塞杆液压缸，称为差动连接液压缸，可以实现________的工作循环。

4）活塞式液压缸一般由________、________、________、________和排气装置组成。

2. 判断题

1）液压缸负载的大小决定进入液压缸油液压力的大小。（　　）

2）改变活塞的运动速度可以用改变油液压力的方法来实现。（　　）

3）工作机构的运动速度决定于一定时间内进入液压缸油液容积的多少和液压缸推力的大小。（　　）

4）一般情况下进入液压缸油液的压力要低于油泵的输出压力。（　　）

5）增压缸可以不用高压泵而获得比该液压系统中供油泵高的压力。（　　）

6）为了实现工作台往复运动，可以成对地使用柱塞式液压缸。（　　）

3. 选择题

1）液压缸差动连接工作时，缸的（　　），缸的（　　）。

A. 运动速度增大了　　B. 输出力增大了

C. 运动速度减小了　　D. 输出力减小了

2）在某一液压设备中，需要一个能完成很长工作行程的液压缸，宜采用（　　）。

A. 单活塞杆液压缸　　B. 双活塞杆液压缸

C. 柱塞式液压缸　　D. 伸缩式液压缸

3）液压系统中的液压缸是（　　）。

A. 动力元件　　B. 执行元件

C. 控制元件　　D. 传动元件

4）在液压系统中，液压缸的（　　）决定于流量。

A. 负载　　B. 压力　　C. 速度　　D. 排量

5）要求机床工作台往复运动速度相同时，宜采用（　　）液压缸。

A. 双出杆式　B. 单出杆式　C. 柱塞式　　D. 差动

6）差动液压缸要求快进和快退速度相同时，其活塞直径是活塞杆直径的（　　）倍。

A. 0　　B. 1　　C. $\sqrt{2}$　　D. 3

4. 计算题

1）如图4-22所示，试分别计算两图中大活塞杆的推力和运动速度。

2）某一差动液压缸，求在 $v_{快进}=v_{快退}$ 和 $v_{快进}=2v_{快退}$ 两种情况下，活塞面积 A_1 和活塞杆面积 A_2 之比。

3）如图4-23所示，已知活塞直径 D、活塞杆直径 d、进油压力 p、进油流量 q，各缸上负载 F 相同，试求活塞1和2的运动速度 v_1、v_2 和负载 F。

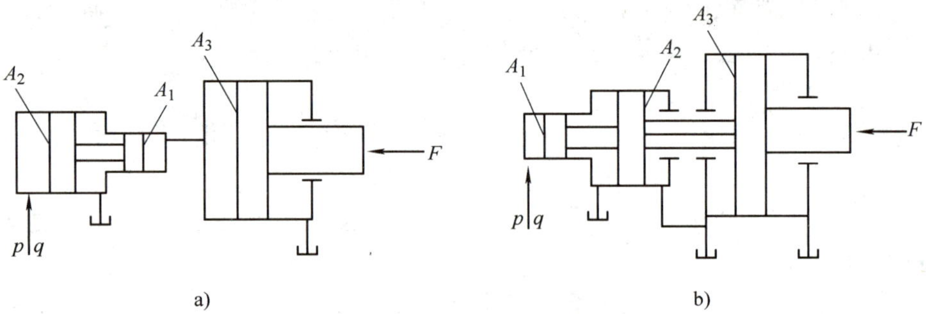

图　4-22

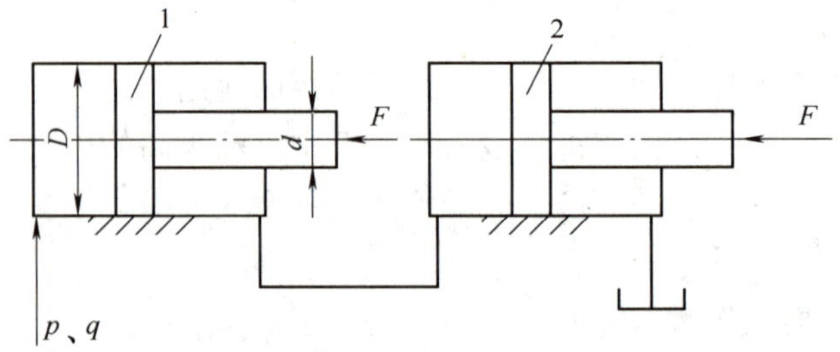

图　4-23

项目5　液压方向控制回路的设计与应用

学习目标

通过本项目的学习，学生应掌握方向控制阀的功用和分类，方向控制阀的工作原理和滑阀的中位机能，认识换向阀的不同操作方式，具有分析和调试方向控制回路的能力。具体目标是：

1）掌握方向控制阀的功用和分类。
2）掌握换向阀的工作原理和中位机能。
3）能对方向控制阀进行正确选用及维护。
4）能对方向控制回路进行连接、安装及运行。
5）能对锁紧回路进行油路分析。
6）能根据系统功能设计基本的换向回路。

课外阅读：液压技术助力天堑变通途

任务5.1　汽车助力转向机构方向控制阀的应用

任务引入

图5-1所示是汽车助力转向机构，它在工作中有液压传动系统带动两个前轮进行往复运动，那么，液压传动系统中控制转向的是哪些元件呢？这些元件是如何在系统中工作的呢？

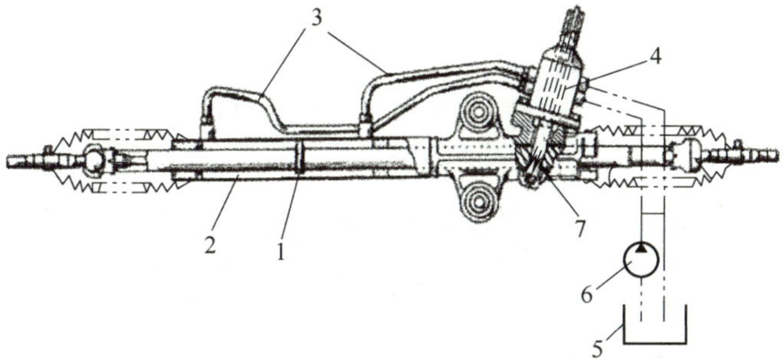

图5-1　汽车助力转向机构

1—活塞　2—液压缸　3—油液管路　4—机械控制阀（壳体内）
5—助力油液储罐　6—液压泵（带传动）　7—齿轮齿条

任务分析

只要能使液压油进入驱动汽车助力转向机构液压缸的不同工作腔，就能使液压缸带动转向机构完成往复运动。这种能使液压油进入不同液压缸工作油腔从而实现液压缸不同的运动方向的元件称为换向阀。换向阀是如何改变和控制液压传动系统中油液流动的方向、油路的接通和关闭，从而来改变液压系统的工作状态的呢？怎样根据需要来选择这些换向阀呢？

相关知识

方向控制阀用于改变和控制液压系统中液流的方向和通断，它分为单向阀和换向阀两类。单向阀主要用于控制油液的单向流动，换向阀主要用于接通或切断油路、改变油流方向。

5.1.1　单向阀的工作原理与应用

1. 普通单向阀

（1）普通单向阀的结构和工作原理　普通单向阀简称单向阀，其作用是控制油液只能向一个方向流动，反方向则截止，它主要由阀芯、阀体、弹簧等零件组成。图 5-2 所示为单向阀的外形图和管式普通单向阀的结构原理。液压油从阀体左端的 P_1 口流入时，压力作用于锥形阀芯上，当克服弹簧的弹力时，阀芯向右移动，打开阀口，通过阀芯上的径向孔 a、轴向孔 b 从阀体右端的通口 P_2 流出。但当液压油从 P_2 流入时，其油液压力和弹簧力一起作用，使阀芯锥面压紧在阀体上，使阀口关闭，油液无法通过。图 5-2c 所示为单向阀的图形符号。

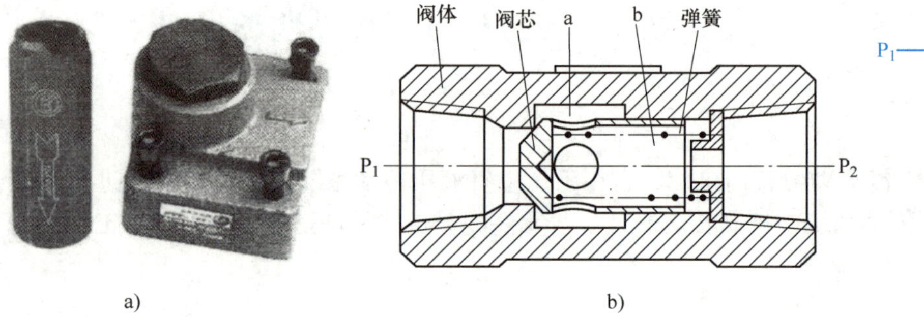

图 5-2　单向阀
a）外形图　b）结构原理　c）图形符号

单向阀结构原理

为了保证单向阀工作灵敏可靠，单向阀中的弹簧刚度一般都较小，其开启压力为 0.035~0.050MPa。若将软弹簧变为硬弹簧，使其开启压力达到 0.2~0.6MPa，就可以作为背压阀使用。

（2）普通单向阀的应用

1）普通单向阀装在液压泵的出口处，可以防止油液倒流而损坏液压泵，如图 5-3 中的阀 5。

2）普通单向阀装在回油管路上作背压阀，使其产生一定的回油压力，以满足控制油路使用要求或改善执行元件的工作性能。

3）隔开油路之间不必要的联系，防止油路相互干扰。如图 5-3 中的阀 1 和阀 2。

4）普通单向阀与其他阀结合可制成组合阀，如单向减压阀、单向顺序阀、单向调速阀等。安装单向阀时必须认清进、出油口的方向，否则会影响系统的正常工作。

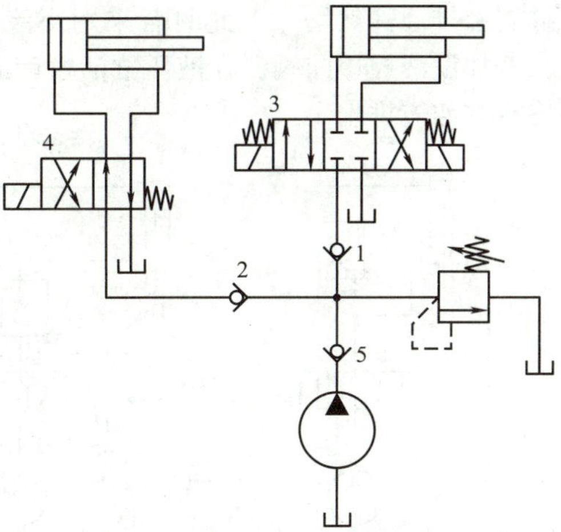

图 5-3　单向阀防止油路相互干扰

1、2、5—单向阀　3—三位四通电磁换向阀　4—两位四通电磁换向阀

2. 液控单向阀

（1）液控单向阀的结构和工作原理　液控单向阀又称单向闭锁阀，其作用是使油液有控制地双向流动，其外形如图 5-4 所示。液控单向阀由普通单向阀和液控装置两部分组成。其结构原理如图 5-5a 所示，当控油口 K 不通液压油时，其作用与普通单向阀相同；当控油口通入液压油时，因控制活塞右侧 a 腔与泄油口相通，活塞在液压油作用下右移，推动顶杆顶开阀芯，使通口 P_1 和 P_2 接通，油液就可以在两个方向流动。图 5-5b 所示为液控单向阀的图形符号。

图 5-4　液控单向阀外形图

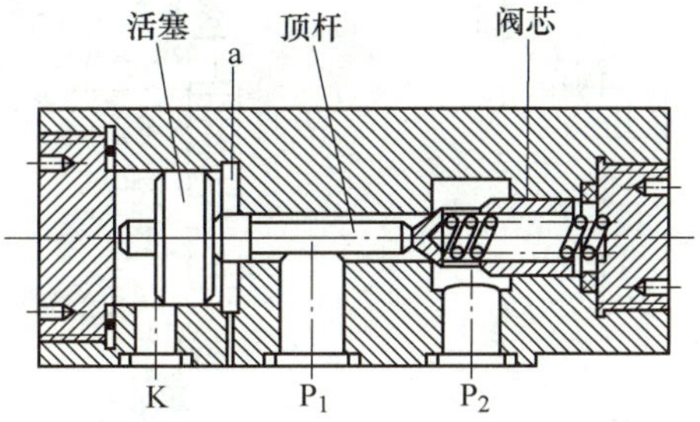

a)

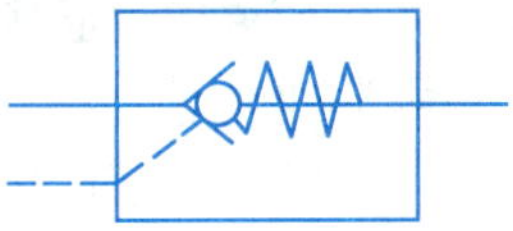
b)

图 5-5　液控单向阀

a）结构原理　b）图形符号

液控单向阀结构原理

（2）液控单向阀的应用

1）保持压力。滑阀试换向阀都有间隙泄漏现象，只能短时间保压。当有保压要求时，可以在油路上加一个液控单向阀，如图 5-6a 所示，利用锥阀关闭的严密性，使油路长时间保压。

2）用于液压缸的“支撑”。如图 5-6b 所示，液控单向阀接于液压缸下腔的油路，可防止立式液压缸活塞和滑块等活动部分因滑阀泄漏而下滑。

3）实现液压缸的锁紧状态。如图 5-6c 所示，换向阀处于中位时，两个液控单向阀关闭，严密封闭液压缸两腔的油液，这时活塞就不能因外力作用而产生移动。

4）大流量排油。如图 5-6d 所示，液压缸两腔的工作面积相差很大，在活塞退回时，液压缸右腔排油骤然增大，此时若采用小流量的滑阀，会产生节流作用，限制活塞的运动速度，若加设液控单向阀，在液压缸活塞后退时，控制液压油将液控单向阀打开，便可以顺利地将右腔油液排出。

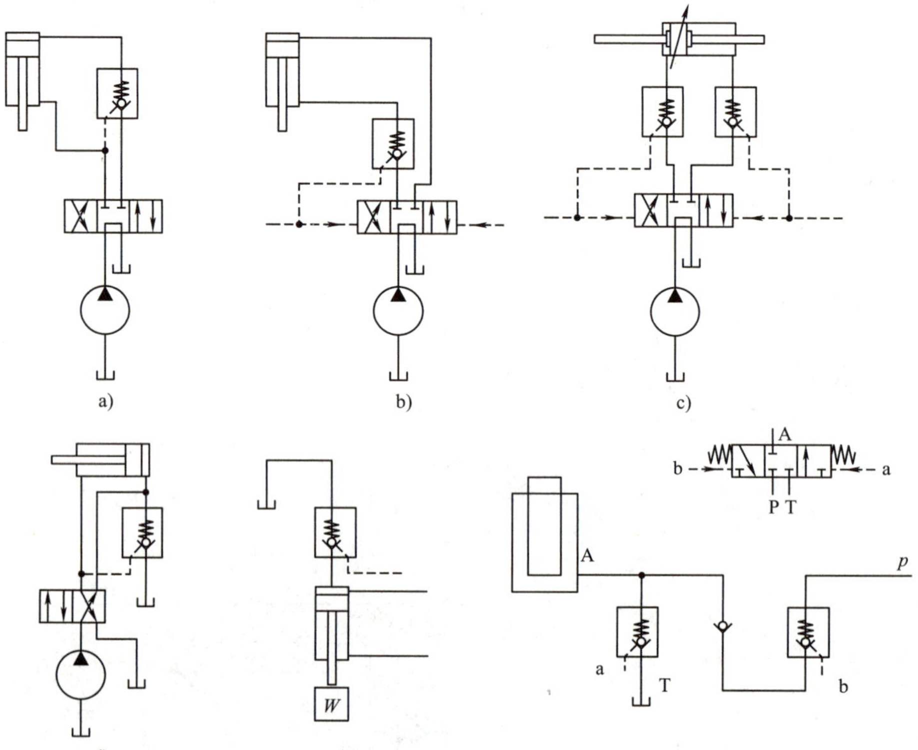

图 5-6　液控单向阀的应用

5）作为充液阀使用。立式液压缸的活塞在高速下降过程中，因高压油和自重的作用，致使下降迅速，产生吸空和负压，必须增设补油装置。如图 5-6e 所示的液控单向阀就是作为充油阀使用，以完成补油功能。

6）组合成换向阀。图 5-6f 所示为液控单向阀组合成换向阀的例子，用两个液控单向阀和一个单向阀组合在一起，相当于一个三位三通换向阀。

5.1.2　换向阀的工作原理、图形符号及选用

换向阀的作用是利用阀芯相对于阀体的相对运动，使油路接通、关断或变换油流方向，从而实现液压执行元件及其驱动机构的起动、停止或变换运动方向。换向阀的种类很多，其分类见表 5-1。

表 5-1　换向阀的分类

分类方式	类　型
按阀的操纵方式分	手动换向阀、机动换向阀、电磁动换向阀、液动换向阀、电液动换向阀
按阀芯位置数和通路数分	二位三通换向阀、二位四通换向阀、三位四通换向阀、三位五通换向阀等
按阀芯的运动方式分	滑阀、转阀、锥阀
按阀的安装方式分	管式、板式、法兰式、叠加式、插装式

常用换向阀的阀芯在阀体内做往复滑动，称为滑阀。滑阀是一个有多段环形槽的圆柱体，其直径大的部分称为凸肩，凸肩与阀体内孔相配合。阀体内孔中加工有若干段环形槽，阀体上有若干个与外界相通的通路口，并与相应的环形槽相通，如图 5-7 所示。

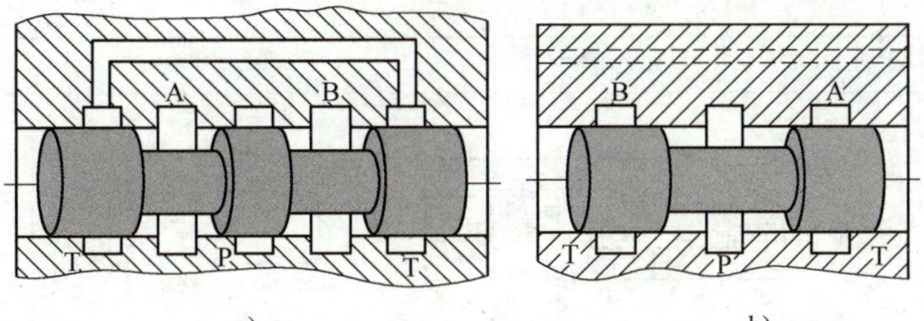

a)　　b)

图 5-7　四通滑阀结构

a）五槽式　b）三槽式

1. 换向阀的工作原理

图 5-8 所示为换向阀的工作原理图。在图示状态下，液压缸的两腔不通液压油，活塞处于停止状态。当阀芯左移时，阀体的油口 P 和 A 连通、B 和 T 连通，液压油经 P、A 进入液压缸左腔，推动活塞向右移动，液压缸右腔的油经 B、T 流回油箱；当阀芯右移时，油液经 P、B 进入液压缸右腔，推动活塞向左移动，液压缸左腔的油液经 A、T 流回油箱。

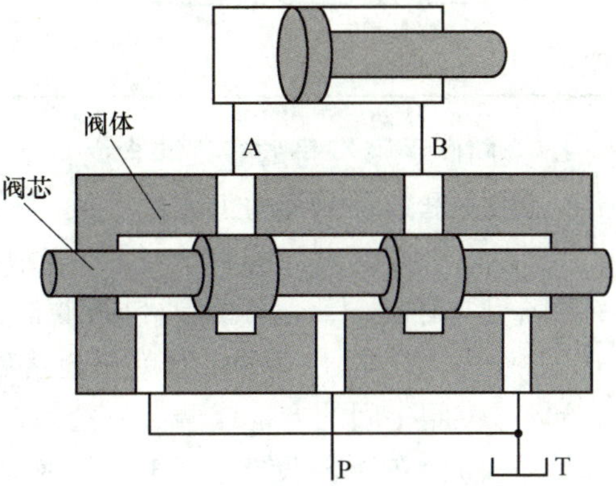

图 5-8　换向阀的工作原理

换向阀滑阀的工作位置数称为“位”，与液压系统中油路连通的油口数称为“通”。常用换向阀的结构原理和图形符号见表 5-2。

表 5-2　常用换向阀的结构原理和图形符号

名称	结构原理	图形符号	使用场合	
二位二通	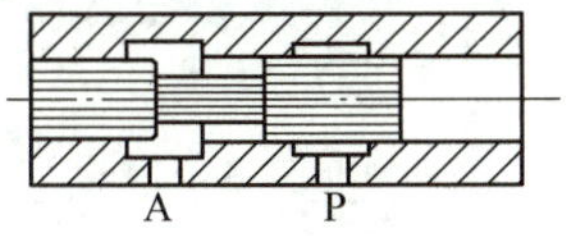	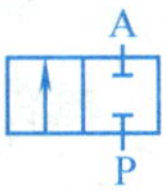	控制油路的接通与切断	
二位三通	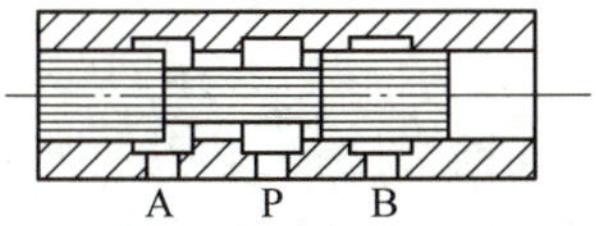		控制油液流动方向	
二位四通	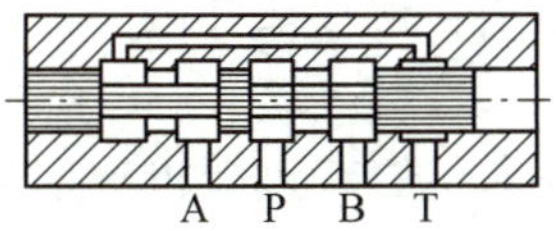	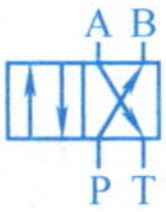	控制执行元件换向，且执行元件正反向运动时回油方式相同	不能使执行元件在任意位置处于停止运动
三位四通	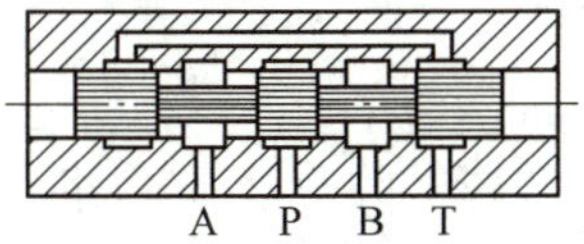			能使执行元件在任意位置处于停止运动

（续）

名称	结构原理	图形符号	使用场合	
二位五通	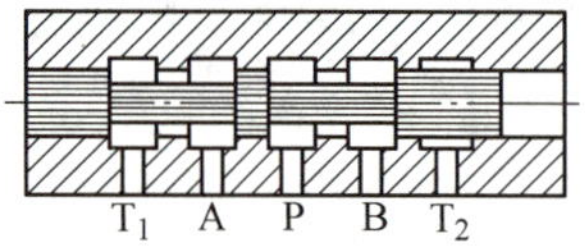	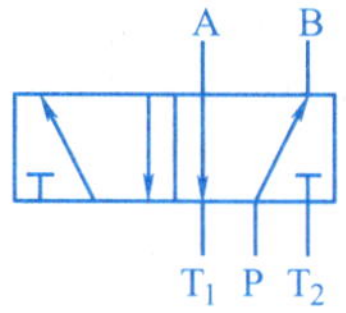	执行元件正反向运动时可获得不同的回油方式	不能使执行元件在任意位置处于停止运动
三位五通	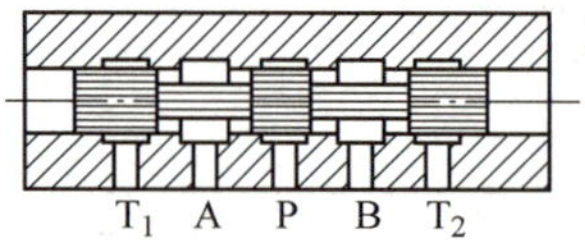	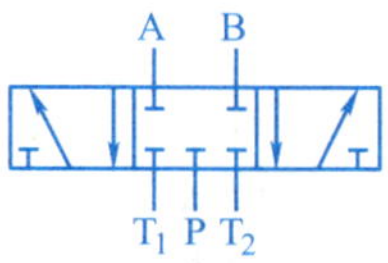		能使执行元件在任意位置处于停止运动

2. 换向阀图形符号的规定和含义

1）用方框数表示阀的工作位置数，有几个方框就是几位阀。

2）在一个方框内，箭头“ ↑ ”表示阀芯处在这一位置时，两油口连通，但不表示流向；“ ┬ ”或“┴”表示此油口被阀芯封闭（堵塞）不流通；箭头“ ↑ ”或堵塞符号“ ┬ ”“┴”与方框相交的点数就是通路数。

3）三位阀中间的方框或两二位阀靠近弹簧的方框为阀的常态位置（未加控制信号以前的原始位置）。在液压系统原理图中，换向阀的图形符号与油路的连接，一般应画在常态位上。工作位置应遵守“左位”画在常态位的左边，“右位”画在常态位的右边的规定，同时在常态位上应标出油口的代号。

4）二位二通阀有常开型和常闭型两种。常开型常态位连通，常闭型常态位封闭。

5）油口代号的一般表示方法是：“P”代表进油口，“T”或“O”代表回油口，“A”“B”代表连接其他两个工作油路的油口。

6）控制方式和复位弹簧的符号应画在方框的两侧。

3. 换向阀的中位机能

液压系统中所用的三位换向阀，当阀芯处于中间位置时，各油口的连通方式称为换向阀的中位机能。不同的中位机能，可以满足液压系统的不同要求，在设计液压回路时，应根据不同的中位机能所具有的特性来选择换向阀。表 5-3 列出了五种常用换向阀的中位机能的类型、结构原理和符号。将结构中的油口 T 分接为两个油口 T_1 和 T_2 时，四通即成为五通。另外，还有 J、C、K 等多种类型的中位机能。阀的非中位有时也兼有某种机能，如 OP、MP 等形式。

对中位机能的选用应从执行元件的换向平稳性要求、换向位置精度要求、起动要求、是否需要卸荷和保压等方面加以考虑。具体可从以下几个方面来考虑：

1）系统中是否需要保压。对于中位 A、B 油口封闭的换向阀，中位具有一定的保压作用。

2）系统是否需要卸荷。对于中位 P、T 油口连通的换向阀，可以实现系统卸荷。但此时若并联有其他执行元件，会使其无法得到足够压力，而不能正常工作。

表 5-3　三位换向阀的中位机能

类型	结构原理图	中位机能符号		机能	其他机能符号示例
		四通	五通		
O	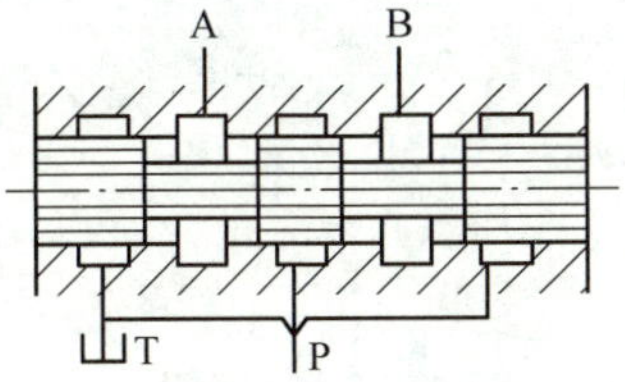	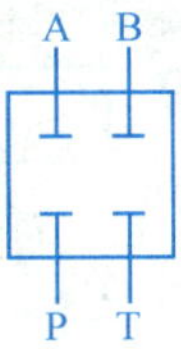	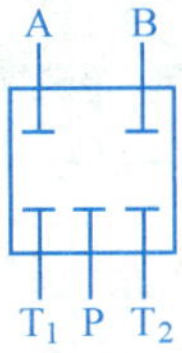	各油口全关闭；换向位置精度高，但有冲击，缸被锁紧，泵不卸荷，并联缸可运动	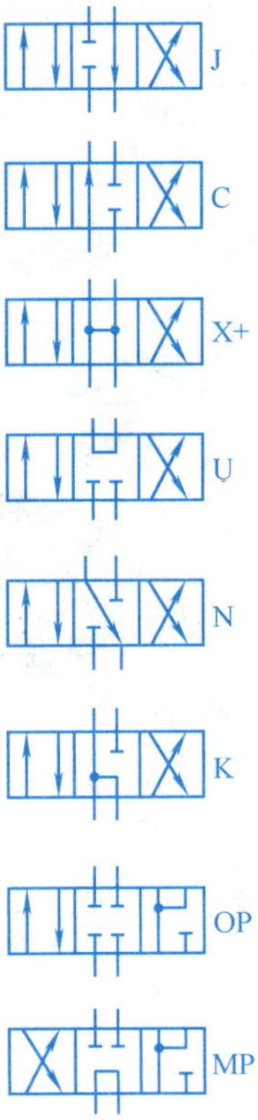
H	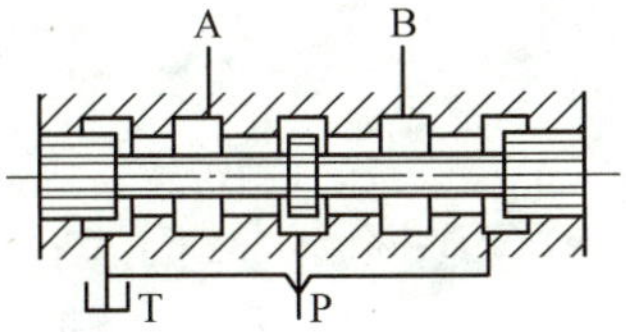	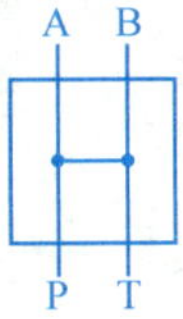	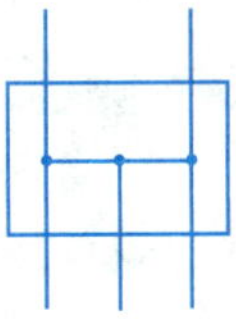	各油口全连通；换向平稳，缸浮动，泵卸荷，并联缸不可运动	
Y	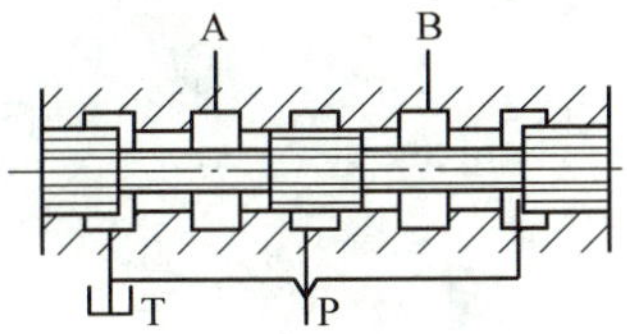	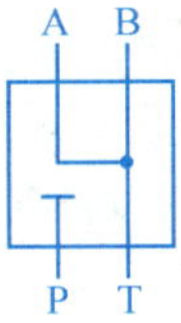	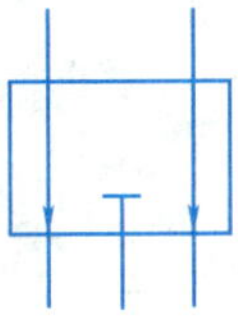	P 口封闭，A、B、T 口连通；换向较平稳，缸浮动，并联缸可运动	
P	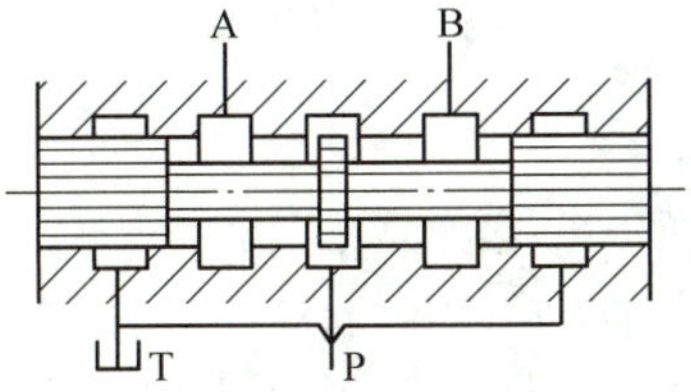	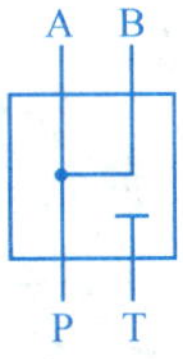	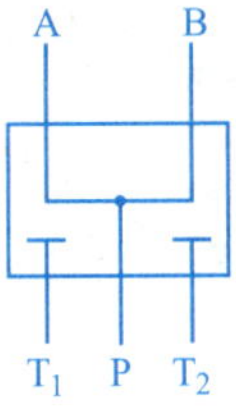	P、A、B 口连通，T 口封闭；换向最平稳，双杆缸浮动，单杆缸差动，泵不卸荷，并联缸可运动	
M	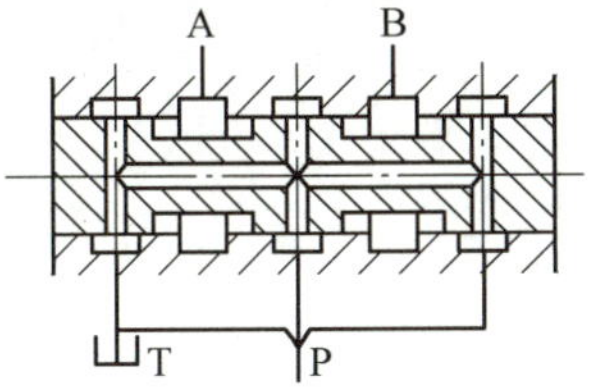	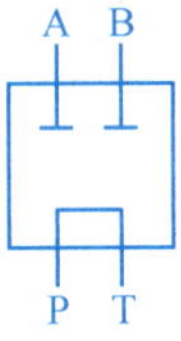	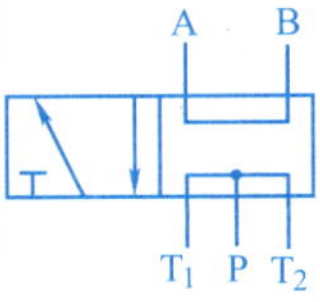	P、T 口连通，A、B 口封闭；缸被锁紧，换向精度高，泵卸荷，并联缸不可运动	

3）起动平稳性要求。在中位时，如液压缸的某腔通过换向阀 A 或 B 口与油箱相通，会造成起动时液压缸的该腔无法得到足够油液进行缓冲，从而导致其起动平稳性变差。

4）换向平稳性和换向精度要求。对于中位时与液压缸两腔相通的 A、B 油口均封闭的换向阀，换向时油液有突然的速度变化，易产生液压冲击，换向平稳性差，但换向精度则相对较高；反之，当 A、B 油口均与 T 口相通时，换向时具有一定的过渡，换向比较平稳，液压冲击小，但工作部件的制动效果差，换向精度低。

5）是否需要液压缸“浮动”和能在任意位置停止。如中位时，A、B 两油口相通，卧式液压缸就呈“浮动”状态，可以通过其他机械装置调整其活塞的位置。若 A、B 油口均封闭，则可以使液压缸活塞在任意位置停止。

4. 换向阀的控制方式

换向阀有手动、机动、电动、液动、电液动等控制方式，其图形符号如图 5-9 所示。图 5-10 所示为各种换向阀实物图。

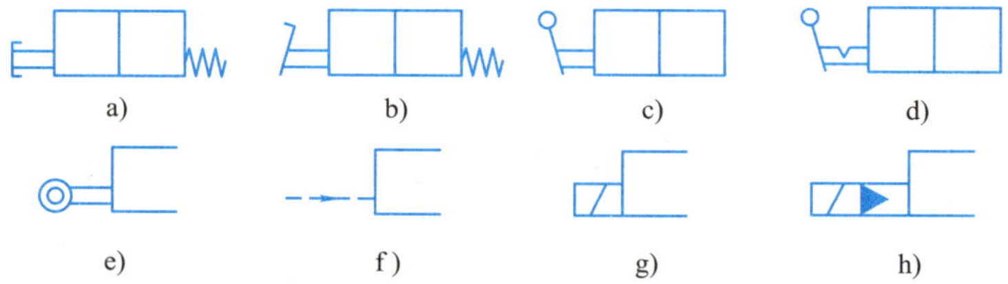

图 5-9　液压换向阀不同控制方式图形符号

a）按钮式，弹簧复位　b）脚踏式，弹簧复位　c）手柄式　d）带定位的手柄式
e）滚轮式机械操控　f）液动换向　g）电磁换向　h）电液换向

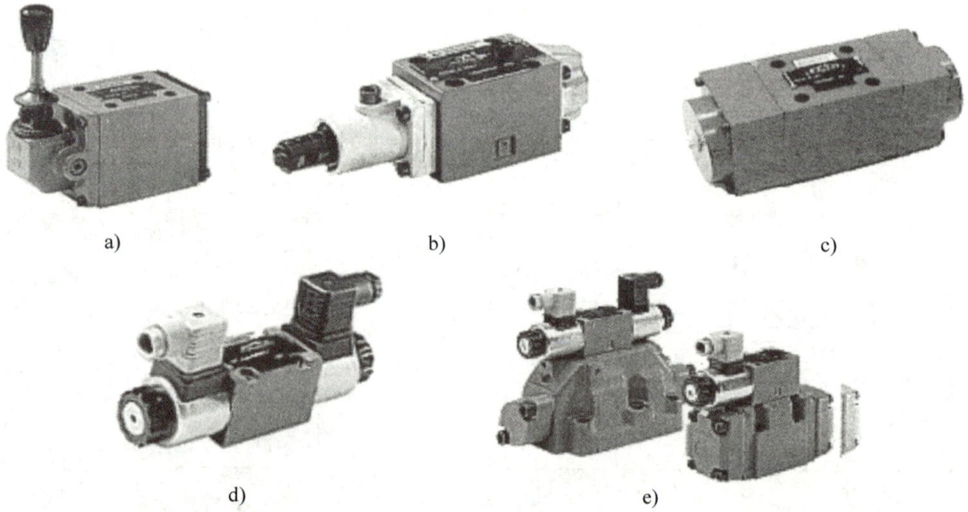

图 5-10　液压换向阀实物图

a）手动换向阀　b）机动换向阀　c）液动换向阀　d）电磁换向阀　e）电液换向阀

5. 几种常用的换向阀

（1）手动换向阀　手动换向阀是用手动杆操纵阀芯换位的换向阀，它分弹簧自动复位和弹簧钢珠定位两种，如图 5-11 所示。图 5-11b 为弹簧自动复位式手动换向阀。放开手柄，阀芯在弹簧力作用下自动回到中位。该阀操作比较安全，适用于动作频繁，工作持续时间短的场合，常用于工程机械的液压传动系统中。如果将该阀阀芯在左端的部位改为图 5-11a 的形式，即可成为在三个位置定位的手动换向阀（弹簧钢珠定位式手动换向阀）。图 5-11c、d 为两种手动换向阀的图形符号。

（2）机动换向阀　机动换向阀又称行程换向阀，简称行程阀。它利用安装在运动部件上的挡块或凸块，推动阀芯端部滚轮使阀芯移动，从而使油路换向，常用的有二位二通、二位三通、二位四通、二位五通等多种。图 5-12a 所示为二位二通常闭机动换向阀的结构原

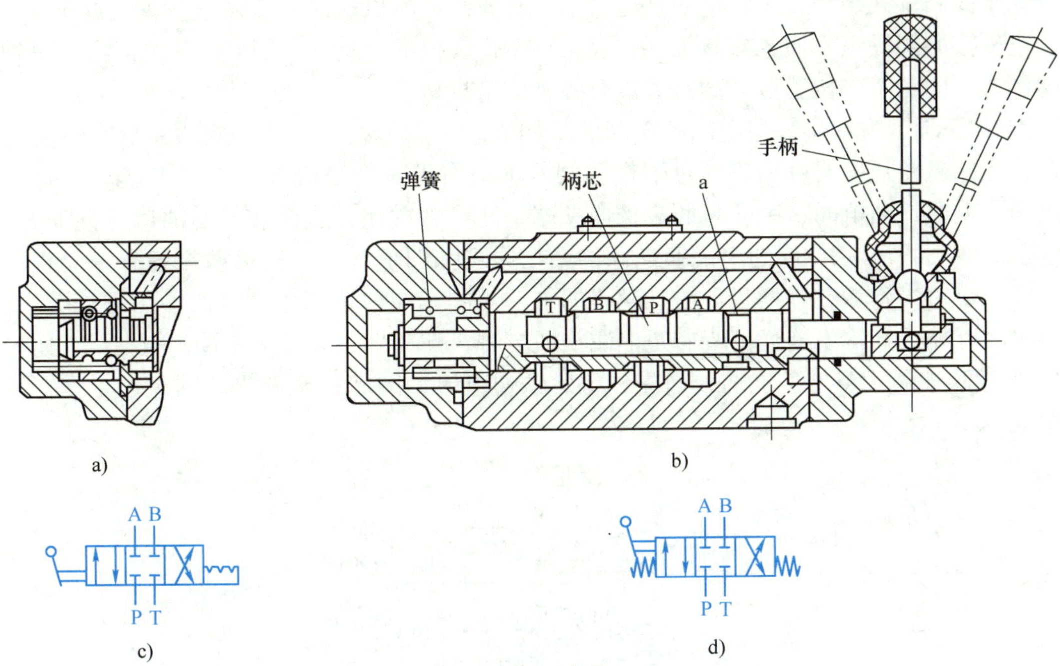

图 5-11 三位四通手动换向阀

a）弹簧钢球定位式 b）弹簧自动复位式 c）弹簧钢球定位式图形符号

d）弹簧自动复位式图形符号

理。在图示状态下，阀芯被弹簧顶在上端，油口 P、A 不通，当挡铁压下滚轮经推杆使阀芯移到下端时，油口 P、A 连通。图 5-12 的 b 为其图形符号。

（3）电磁换向阀 电磁换向阀简称电磁阀。它利用电磁铁的通电吸合与断电释放而直接推动阀芯运动来控制油流方向。电磁换向阀按电磁铁使用电源不同可分为交流型电磁换向阀、直流型电磁换向阀和本整型（本机整流型）电磁换向阀。交流型电磁换向阀起动压力大，不需要专门的电源，吸合、释放速度快，但在电源电压下降 15% 以上时，吸力会明显下降，影响工作的可靠性；直流型电磁换向阀工作可靠，冲击小，允许的换向频率高，体积小，寿命长，但需要专门的直流电源；本整型电磁换向阀本身自带整流器，可将通入的交流电转换为直流电再供给直流电磁铁。

电磁换向阀按衔铁工作腔是否有油液

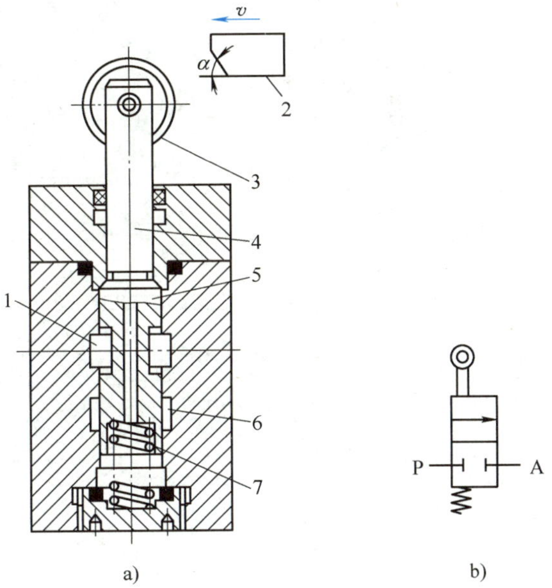

图 5-12 二位二通常闭机动换向阀

a）结构原理 b）图形符号

1—进油口 P 2—挡铁 3—滚轮 4—阀杆

5—阀芯 6—出油口 A 7—弹簧

可分为干式和湿式两种。干式电磁铁寿命短，易发热，所以目前大多采用湿式电磁铁。

电磁换向阀操纵方便，布置灵活，易实现动作转换的自动化，因此应用最广泛。每种电磁阀都有不同的工作位置数和通路数以及各种流量规格。

图 5-13 所示为二位三通电磁换向阀的结构原理和图形符号，这种阀的左端有一交流电磁铁，当电磁铁通电时，衔铁通过推杆将阀芯推向右端，进油口 P 与油口 B 连通，油口 A 关闭。当电磁铁断电时，弹簧将阀芯推向左端，油口 B 关闭，进油口 P 与油口 A 连通。

图 5-14 所示为三位四通电磁换向阀的结构原理和图形符号，阀的两端各有一个直流电磁铁和一个对中弹簧，当两边电磁铁都不通电时，阀芯在两边对中弹簧的作用下处于中位，油口 P、T、A、B 均不连通；当右边电磁铁通电时，推杆将阀芯推向左端，阀右位工作，其油口 P 与 B 连通、A 与 T 连通；当左边电磁铁通电时，阀芯移至右端，阀左位工作，其油口 P 与 A 连通、B 与 T 连通。

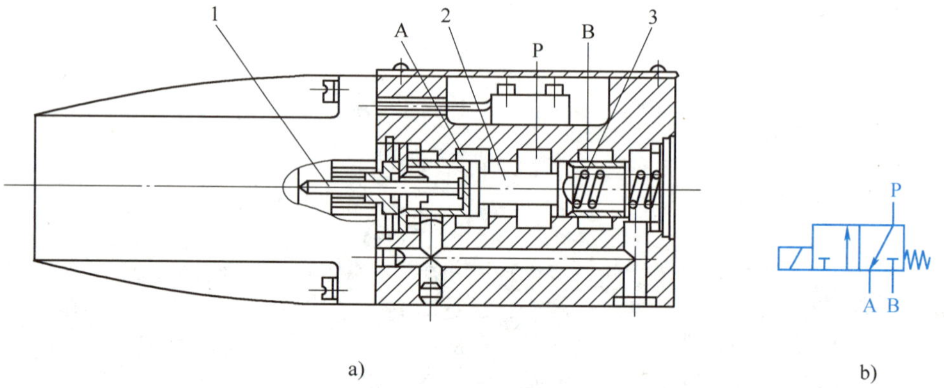

图 5-13　二位三通电磁换向阀

a）结构原理　b）图形符号

1—推杆　2—阀芯　3—弹簧

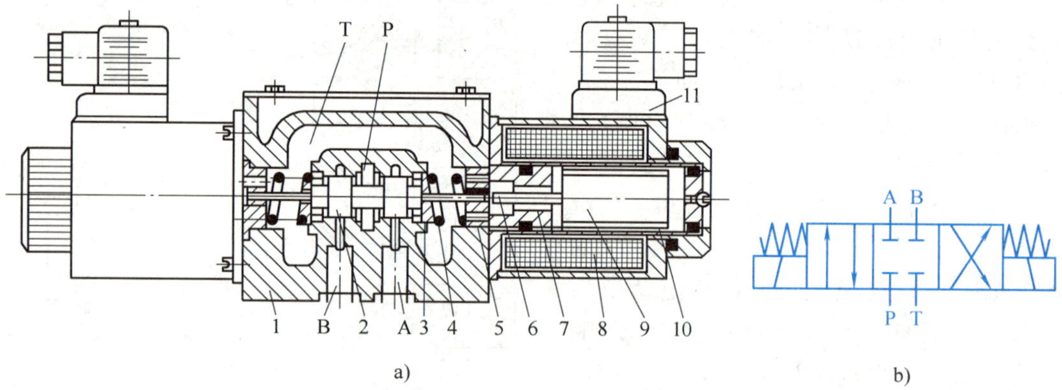

图 5-14　三位四通电磁换向阀

a）结构原理　b）图形符号

1—阀体　2—阀芯　3—定位套　4—对中弹簧　5—挡圈　6—推杆　7—环

8—线圈　9—衔铁　10—导套　11—插头组件

（4）液动换向阀　电磁换向阀布置灵活，易实现程序控制，但受电磁铁尺寸限制，难以用于切换大流量油路。当阀芯通径大于10mm时，常用液压油操纵阀芯换位。这种利用控制油路的液压油推动阀芯改变位置的阀称为液动换向阀。

图5-15所示为三位四通液动换向阀的结构原理和图形符号。其阀芯是由两端密封腔中的油液的压差来移动的，当控制油口的液压油从阀的右边控制油口K_2进入时，该控制油推动阀芯左移，使油口P与B连通、A与T连通，阀右位工作；当液压油从阀的左边控制油口K_1进入时，该控制油推动阀芯右移，使油口P与A连通、B与T连通，阀左位工作；当两控制油口都不通液压油时，阀芯在两端弹簧力作用下恢复中位。

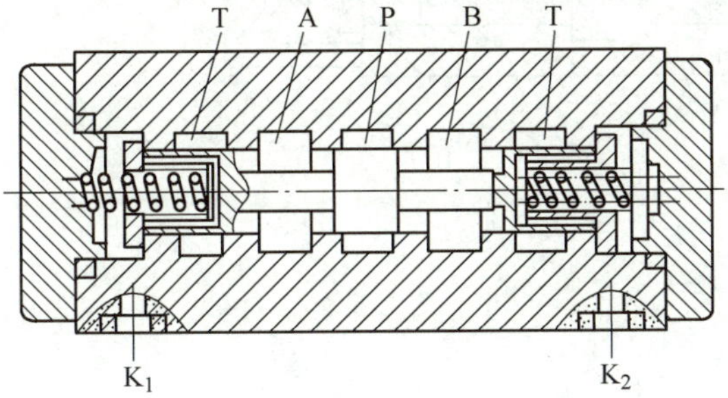

a)

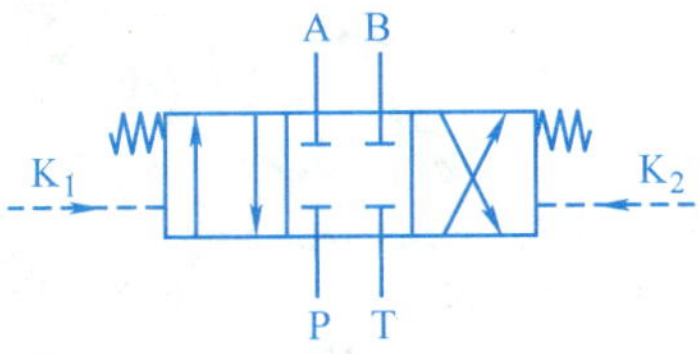

b)

图5-15　三位四通液动换向阀

a）结构原理　b）图形符号

（5）电液换向阀　电液换向阀由电磁换向阀和液动换向阀组合而成。电磁换向阀为先导阀，它用来改变控制油路的方向；液动换向阀为主阀，它用来改变主油路的方向。这种阀的优点是用反应灵敏的小规格电磁阀方便地控制大流量的液动换向阀。

图5-16所示为三位四通电液换向阀的结构原理、图形符号和简化符号。图5-16a中，上面是电磁换向阀（先导阀），下面是液动换向阀（主阀）。

当先导阀两端电磁铁均不通电时，电磁阀阀芯处于中位，控制油液被切断，液动主阀阀芯1两端均没有控制液压油进入，在弹簧力作用下也处于中位，此时油口P、A、B、T均不相通；当左端电磁铁通电时，先导阀阀芯5右移，来自主阀P口（或外接油口P′）的控制液压油可经先导阀的A′口和左单向阀2进入主阀左端油腔，推动主阀阀芯1右移，这时主阀右端油腔的控制油通过右边节流阀7经先导阀的B′口和T′口流回油箱，使主阀油口P与A相通、B与T相通；反之，当右边电磁铁通电时，先导阀阀芯5左移，主阀右端油腔进入液压油，左腔油液经节流阀3流回油箱，主阀阀芯左移，油口P与B相通、A与T相通。阀体内的节流阀可用来调节主阀阀芯的移动速度，使其换向平稳，无冲击。

必须注意以下几点：

1）当液动主阀为弹簧对中型时，先导阀的中位机能必须保证先导阀处于中位时液动阀两端的控制油路卸荷（如电磁阀Y型中位机能），否则液动阀无法回到中位。

2）控制液压油可以来自主油路的P口（内控式），也可以另设独立油源（外控式）。当采用内控式并且主油路又有卸荷要求时，必须在P口安装一个预控压力阀，以保证最低的控制压力；当采用外控式时，独立油源的流量不得小于主阀最大流量的15%，以此来满足换向时间的要求。

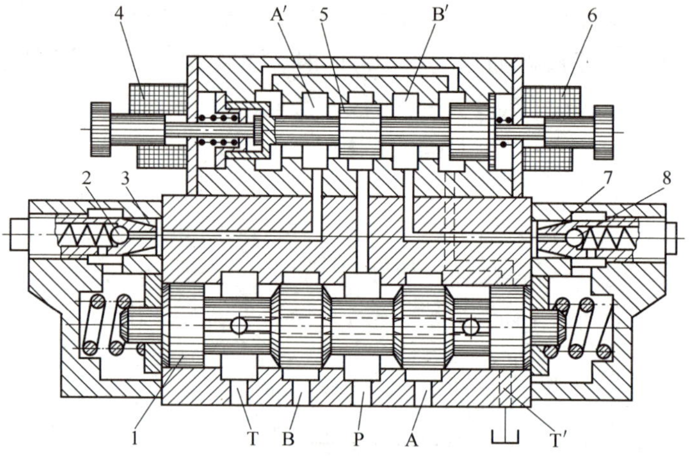

a)

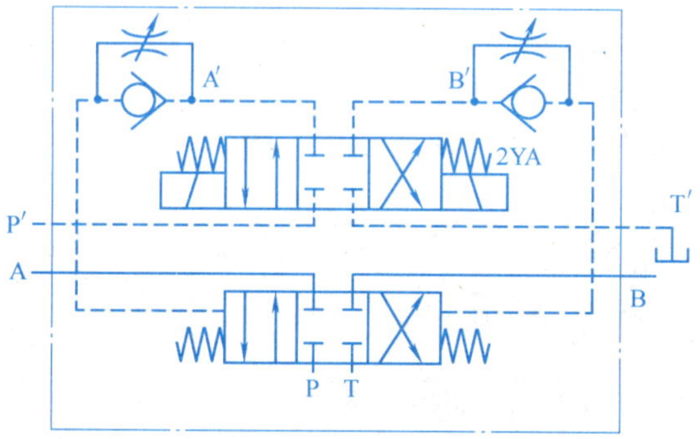

b)

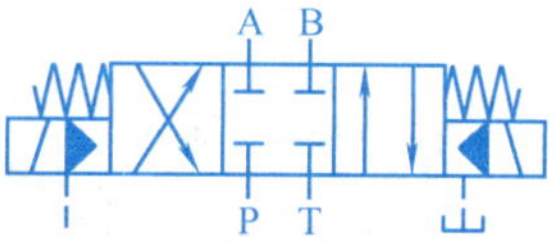

c)

图 5-16　三位四通电液换向阀

a）结构原理图　b）图形符号　c）简化图形符号

1—液动主阀阀芯　2，8—单向阀　3，7—节流阀　4，6—电磁铁　5—先导阀阀芯

任务实施 5.1　电磁换向阀的拆装

1. 单向阀拆装步骤

图 5-17 所示为管式普通单向阀的外观和立体分解图。

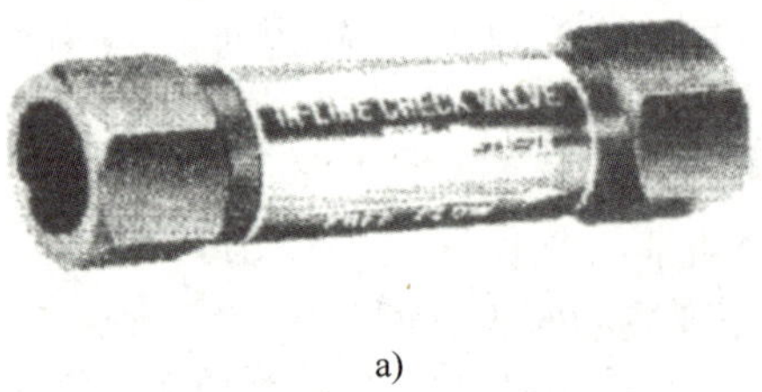

a)

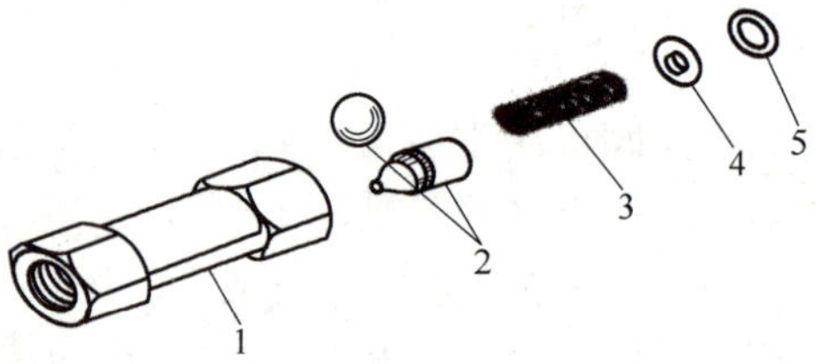

b)

图 5-17　管式普通单向阀

a）外观　b）立体分解图

1—阀体　2—阀芯　3—弹簧　4—垫圈　5—卡环

单向阀的拆装步骤和方法如下：

1）准备好内六角扳手一套、耐油橡胶板一块、油盘一个、钳工工具一套。

2）用卡环钳卸下卡环5。

3）依次取下垫圈4、弹簧3、阀芯2。

4）观察单向阀主要零件的结构和作用：

①观察阀体的结构和作用。

②观察阀芯结构和作用。

5）分组讲解单向阀工作原理、油液流通途径。

6）按拆卸的相反顺序装配。装配时应注意：

①装配前认真清洗各零件，并将配合表面涂润滑油。

②检查各零件的油孔、油路是否畅通、是否有尘屑，若有则重新清洗。

7）装配完成后将现场清理干净。

2. 换向阀拆装步骤

图5-18所示为34D-25B三位四通电磁换向阀的立体结构图。以该阀为例说明换向阀的拆装步骤和方法。

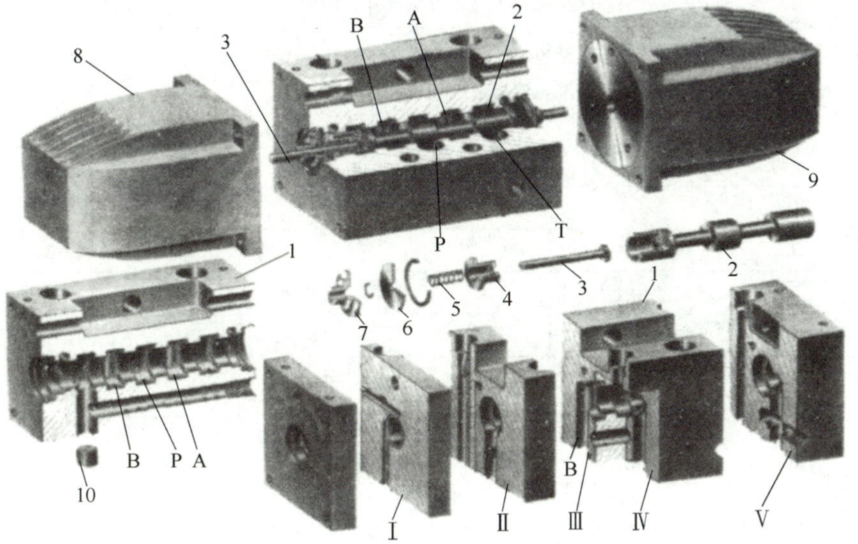

图5-18 34D-25B三位四通电磁换向阀立体结构

1—阀体 2—阀芯 3—推杆 4—定位套 5—弹簧 6、7—挡板 8、9—电磁铁 10—圆柱塞

1）准备好内六角扳手一套、耐油橡胶板一块、油盘一个、钳工工具一套。

2）将换向阀两端的电磁铁拆下。

3）轻轻取出弹簧、垫圈、阀芯等。如果阀芯被卡，可用铜棒轻轻敲击出来，禁止猛力敲打，损坏阀芯台肩。

4）观察换向阀主要零件的结构和作用。

①观察阀芯和阀体内腔的构造，并记录各自台肩与沉割槽数量。

②观察阀芯结构和作用。

③观察电磁铁的结构。

④观察三位换向阀，判断中位机能的形式。

5）分组讲述其工作原理及油口连通方式。

6）按拆卸的反向顺序装配换向阀。

7）装配完成后将现场清理干净。

3. 工作任务单

工作任务单

姓名		班级		组别		日期	
工作任务	电磁换向阀的拆装						
任务描述	在教师指导下，根据汽车助力转向机构的工作原理，进行电磁换向阀的选型，在液压实训室完成电磁换向阀的拆卸和组装。同时观察其结构，分析其工作原理及各油口连通方式						
任务要求	1）正确进行三位四通电磁换向阀的拆装并记录 2）正确使用相关工具 3）正确分析其工作原理及各油口连通方式，分析其中位机能 4）实训结束后对换向阀、使用工具进行整理并放回原处						
提交成果（可口述）	1）换向阀主要结构组成清单 2）换向阀工作原理及各油口连通方式 3）换向阀中位机能分析 （拆装实训报告）						
考核评价	序号	考核内容	评分	评分标准	得分		
	1	安全文明操作	10	遵守安全规章、制度			
	2	正确使用工具	10	选用合适工具并正确使用			
	3	换向阀的拆卸和组装	40	操作规范，拆装顺序正确			
	4	工作原理及油口连通方式讲述	15	工作原理讲述正确			
	5	换向阀中位机能分析	15	中位机能分析正确			
	6	团队协作	10	与他人合作有效			
指导教师			总分				

任务5.2　汽车起重机支腿的控制回路的设计与应用

任务引入

图5-19所示为汽车起重机外观图。汽车起重机由汽车发动机通过传动装置驱动工作，由于汽车轮胎的支撑能力有限，且为弹性变形体，作业很不安全，故在起重作业前必须放下前后支腿，使汽车轮胎架空，用支腿承重；在行驶时，又必须将支腿收起，使轮胎着地。要确保支腿停放在任意位置并能可靠地锁定且不受外界影响而发生漂移或窜动。那么，应该选用何种液压回路来实现这一功能呢？

任务分析

液压传动系统中执行元件的换向是依靠换向阀来实现的，而换向阀的阀芯总是存在着间隙，这就造成了换向阀内部的泄漏。若要求执行机构停止运动时不受外界的影响，仅依靠换向阀是不能实现的，这时就要利用液控单向阀来控制液压油的流动，从而可靠地控制执行元件停在某处而不受外界影响。本项目要确保支腿停放在任意位置并能可靠地锁定且不受外界影响而发生漂移或窜动，就要采用由液控单向阀控制的液压锁紧回路来实现控制。

图 5-19 汽车起重机

相关知识

方向控制回路是指液压系统中，控制执行元件的起动、停止及换向作用的液压基本回路。它包括换向回路和锁紧回路。

5.2.1 换向回路的工作原理

换向回路用于控制液压系统的油流方向，从而改变执行元件的运动方向。运动部件的换向一般可采用各种换向阀来实现。在容积调速的闭式回路中，也可以利用双向变量泵控制油流的方向来实现液压缸（或液压马达）的换向。

1. 电磁换向阀组成的换向回路

依靠重力或弹簧力返回的单作用液压缸，可以采用二位三通电磁换向阀进行换向，如图 5-20 所示。当电磁铁通电时，换向阀右位工作，液压油进入活塞缸左腔推动活塞向右移动；当电磁铁断电时，换向阀左位工作，液压缸左腔与油箱连通，柱塞在弹簧力的作用下左移。

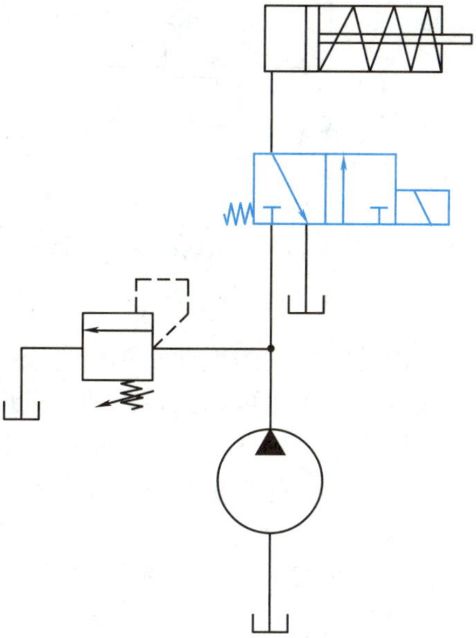

图 5-20 二位三通电磁换向阀的换向回路图

双作用液压缸的换向一般可采用二位四通（或五通）、三位四通（或五通）电磁换向阀来进行换向，如图 5-21 所示。当 YA1 通电、YA2 断电时，换向阀左位工作，液压油经换向阀左位 P、A 口进入液压缸左腔，推动活塞向右移动，液压缸右腔油液经换向阀左位的 B、T 口流回油箱；当 YA1 断电、YA2 通电时，换向阀右位工作，液压油经换向阀右位 P、B 口进入液压缸右腔，推动活塞向左移动，缸左腔的油液经换向阀的右位的 A、T 口流回油箱；当 YA1、YA2 都断电时，换向阀处于中位，油口 P、A、B、T 全部封闭，液压缸中没有油液进入，活塞停止运动。

电磁换向阀组成的换向回路操作方便，易于实现自动化，但换向时间短，换向冲击大。

它主要适用于小流量、平稳性要求不高的场合。

2. 液动换向阀组成的换向回路

图 5-22 所示为手动的转阀（先导阀）控制液动换向阀的换向回路。回路中用辅助泵 2 提供低压控制油，通过手动先导阀 3 来控制液动换向阀 4 的阀芯移动，实现主油路的换向。当先导阀右位工作时，控制油液进入主阀的左端，右端的控制油经先导阀右位流回油箱，此时主阀左位工作，主油路液压油经主阀左位进入液压缸上腔，推动活塞下移，液压缸下腔的油经主阀左位流回油箱；当先导阀左位工作时，控制油进入主阀右端，主阀左端的控制油经先导阀左位流回油箱，此时主阀右位工作，主油路液压油经主阀右位进入液压缸下腔，推动活塞上移，液压缸上腔的油经主阀右位流回油箱；当先导阀中位接入系统时，主阀两端的控制油通过先导阀中位接油箱，主阀阀芯在弹簧力作用下回到中位，主泵 1 卸荷。这种换向回路常用于大型油压机上。

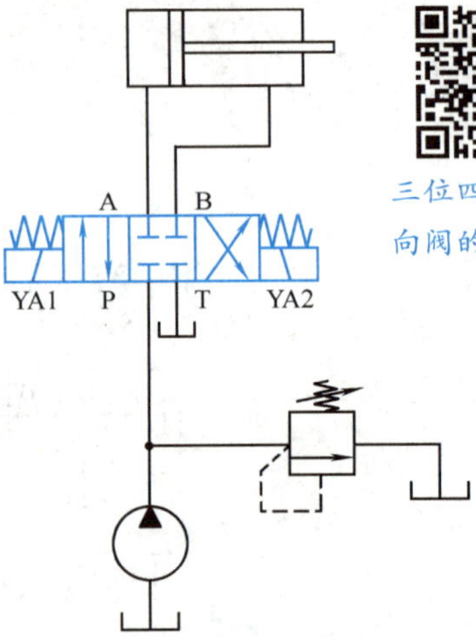

三位四通电磁换向阀的换向回路

图 5-21　三位四通电磁换向阀的换向回路

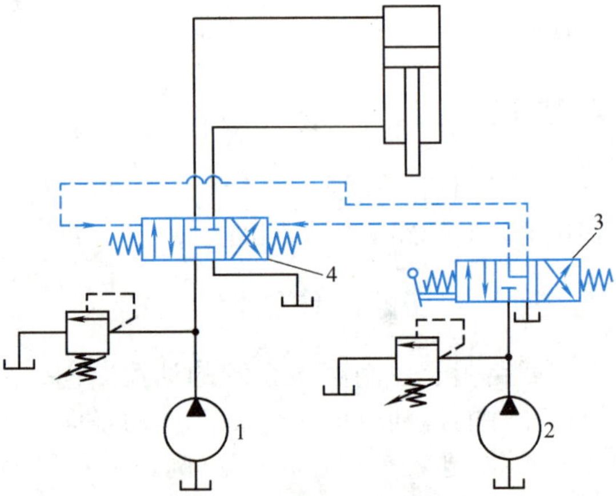

图 5-22　先导阀控制液动换向阀的换向回路图

1—主泵　2—辅助泵　3—手动先导阀　4—液动换向阀

在液动换向阀的换向回路或电液换向阀的换向回路中，控制油液除了用辅助泵供油外，在一般的系统中也可以把控制油路直接接入主油路，但当主阀采用 M 型或 H 型中位机能时，必须在回路中设置背压阀，保证控制油液有一定的压力，以控制换向阀阀芯的移动。在机床夹具、油压机、起重机等不需要自动换向的场合，常采用手动换向阀来进行换向。

双向变量泵换向回路是利用双向变量泵直接改变输油方向，以实现液压缸和液压马达的换向，如图 5-23 所示。这种换向回路比普通换向阀的换向平稳，多用于大功率的液压系统中，如龙门刨床、拉床等液压系统。

5.2.2　锁紧回路的工作原理

锁紧回路的作用是使执行元件能在任意位置上停留，以及防止在停止工作时因受力而发生移动。

采用 O 型或 M 型的中位机能的三位换向阀，当阀芯处于中位时，液压缸的进、出油口都被封闭，可以将活塞锁紧。这种锁紧回路由于受滑阀泄漏的影响，锁紧效果较差。图 5-24 所示为采用 O 型换向阀的锁紧回路。这种回路主要用于短时间的锁紧或锁紧程度要求不高的场合。

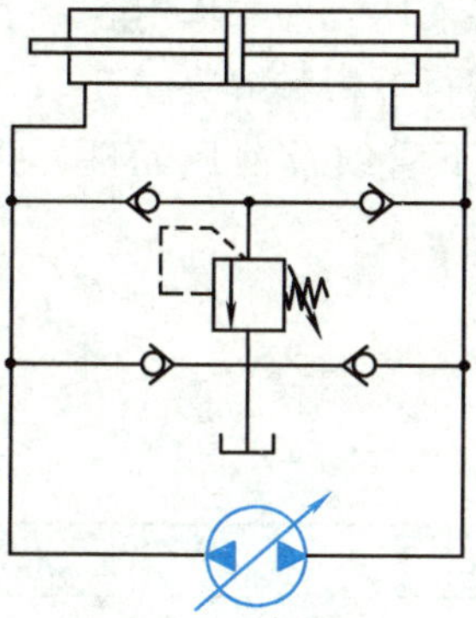

图 5-23 双向变量泵换向回路

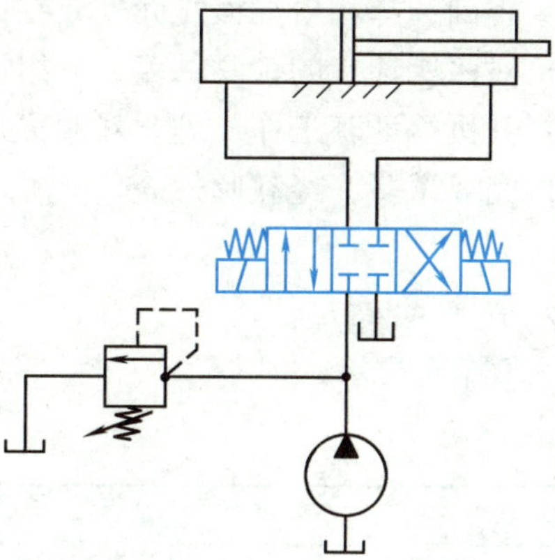

图 5-24 采用 O 型换向阀的锁紧回路图

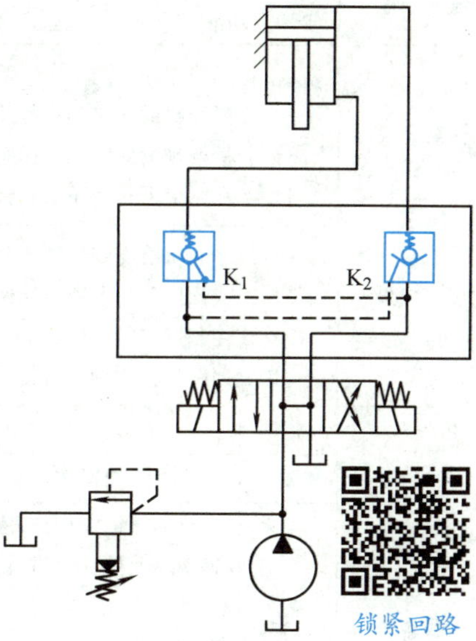

锁紧回路

图 5-25 采用液控单向阀的锁紧回路

图 5-25 所示为采用液控单向阀的锁紧回路。在液压缸的进出油口中都串接液控单向阀（又称液压锁），活塞可以在行程的任何位置锁紧，其锁紧精度只受液压缸内少量的内泄漏影响，锁紧精度较高。

当换向阀左位工作时，液压油经换向阀左位、左侧单向阀进入液压缸下腔，推动活塞上移，此时液控口K_2通入液压油，右侧液控单向阀反向导通，液压缸上腔的油经右侧单向阀、换向阀左位流回油箱；当换向阀右位工作时，液压油经换向阀右位、右侧的液控单向阀进入液压缸上腔，推动活塞下移，此时液控口K_1通入液压油，左侧液控单向阀反向导通，液压缸下腔的油经左侧液控单向阀、换向阀右位流回油箱；当换向阀处于中位时，由于此回路中换向阀的中位机能是 H 型的，两个液控口均接油箱，压力为零，液控单向阀上下压差最大，单向阀立即关闭（锁紧）活塞停止在运动。

假如换向阀的中位机能为 O 型的，在换向阀处于中位时，液控单向阀的控制油口的油被封闭，而不能使单向阀立即关闭，直至换向阀的内泄漏使控制腔卸压后，液控单向阀才能关闭，因而会影响其锁紧精度。所以采用液控单向阀的锁紧回路中，换向阀的中位机能应能使液控单向阀的控制油液卸压（换向阀采用 H 型或 Y 型的中位机能），否则会影响其锁紧精度。

任务实施 5.2 汽车起重机支腿控制回路的设计与运行

根据汽车起重机支腿工作要求，其控制回路可采用图 5-25 所示的液控单向阀控制的锁紧回路。在这种回路中，活塞可以在行程的任意位置锁紧，其锁紧精度只受液压缸内少量的内泄漏影响，锁紧精度较高。

1. 操作步骤

1）熟悉单向阀、换向阀及其中位机能的类型和工作原理，能看懂锁紧回路图。

2）正确选择相应的液压元件，在试验台上组建该锁紧回路，并检查其是否正确。

3）对照所连接的锁紧回路，分组讲解其工作原理、各液压元件的作用。

4）开机验证其工作原理。对验证过程中出现的问题进行分析和解决。

5）完成试验，经教师检查评比后，关闭液压泵，拆下管线及液压元件，并将其放回原处。

6）清理试验台。

2. 工作任务单

工作任务单

<table>
<tr><th>姓名</th><th></th><th>班级</th><th></th><th>组别</th><th></th><th>日期</th><th></th></tr>
<tr><td>工作任务</td><td colspan="7">汽车起重机支腿控制回路的设计与运行</td></tr>
<tr><td>任务描述</td><td colspan="7">在液压实训室，根据起重机支腿的工作原理，选用合理的液压元件设计其控制回路，搭建该回路并实现其功能</td></tr>
<tr><td>任务要求</td><td colspan="7">1）正确使用相关的工具
2）锁紧回路的连接、安装及运行
3）分析该锁紧回路的工作原理及油路分析
4）实训结束后对液压试验台进行整理，对使用工具及液压元件进行整理并放回原处</td></tr>
<tr><td>提交成果
（可口述）</td><td colspan="7">1）汽车起重机支腿控制回路的设计与绘制
2）组成该回路的各液压元件的作用
3）该控制回路的工作原理及油路分析
（锁紧回路连接实训报告）</td></tr>
<tr><td rowspan="7">考核评价</td><td>序号</td><td colspan="2">考核内容</td><td>评分</td><td colspan="2">评分标准</td><td>得分</td></tr>
<tr><td>1</td><td colspan="2">安全文明操作</td><td>10</td><td colspan="2">遵守安全规章、制度</td><td></td></tr>
<tr><td>2</td><td colspan="2">绘制该锁紧回路图并讲述组成该回路的各液压元件（已讲过的）的作用</td><td>20</td><td colspan="2">回路图绘制正确，各元件作用讲解正确</td><td></td></tr>
<tr><td>3</td><td colspan="2">选择各液压元件并在实验台上连接该回路</td><td>20</td><td colspan="2">各元件选择及连接正确</td><td></td></tr>
<tr><td>4</td><td colspan="2">分析其工作原理及油路运行情况</td><td>20</td><td colspan="2">工作原理及油路运行分析正确</td><td></td></tr>
<tr><td>5</td><td colspan="2">开机验证其工作原理及油路运行分析</td><td>20</td><td colspan="2">开机验证操作正确</td><td></td></tr>
<tr><td>6</td><td colspan="2">团队协作</td><td>10</td><td colspan="2">与他人合作有效</td><td></td></tr>
<tr><td>指导教师</td><td colspan="3"></td><td colspan="3">总分</td><td></td></tr>
</table>

知识拓展5　方向控制阀的常见故障诊断与维修

1. 单向阀的常见故障诊断与维修方法

单向阀的常见故障诊断与维修方法见表5-4。

2. 换向阀的常见故障诊断与维修方法

换向阀的常见故障诊断与维修方法见表5-5。

表 5-4 单向阀的常见故障诊断与维修方法

故障现象	故障原因	维修方法
单向阀失灵	1）阀体或阀芯变形、阀芯有毛刺、油液污染等引起的单向阀卡死 2）弹簧折断、漏装或弹簧刚度大 3）锥阀与阀座同轴度超差或密封面有生锈麻点，从而形成接触不良和严重磨损等 4）锥阀（或钢球）与阀座完全失去作用	1）清洗、检修或更换阀体或阀芯，更换液压油 2）更换或补装弹簧 3）清洗、研磨阀芯或阀体 4）研磨阀芯和阀座
液控单向阀反向时打不开	1）液控单向阀选择不合适 2）控制压力过低 3）控制活塞因毛刺或污物卡住 4）泄油口堵塞或产生背压	1）选择合适的单向阀 2）按规定调整压力 3）清除污物或去除毛刺 4）检查外泄管路和控制油路、清除堵塞物体
泄漏	1）阀座锥面密封不严 2）锥阀的锥面（或钢球）不圆或磨损 3）加工、装配不良，阀芯或阀座拉毛或磨损 4）油中有杂质，阀芯关不严 5）螺纹连接的结合部分没有拧紧或密封不严而引起外泄漏	1）检查、研磨锥面 2）检查、研磨或更换阀芯 3）检修或更换 4）清洗阀，更换液压油 5）拧紧螺栓，加强密封
噪声	1）单向阀与其他元件产生共振 2）单向阀的流量超过额定流量	1）适当调节阀的工作压力或改变弹簧刚度 2）更换大规格的单向阀或减小通过阀的流量

表 5-5 换向阀的常见故障诊断与维修方法

故障现象	故障原因	维修方法
阀芯不动或不到位	1. 电磁铁故障 1）电磁铁接线焊接不好，接触不良 2）电压太低或漏磁造成吸力不足，推不动阀芯 3）因滑阀卡住使交流电磁铁的铁芯吸不到底面而烧毁 4）湿式电磁铁使用前没有先松开放气螺钉放气 2. 滑阀卡住 1）阀体因安装螺钉的拧紧力过大或不均匀而使阀芯卡住 2）阀芯被碰伤、油液被污染或阀芯与阀体配合间隙过小使阀芯卡住或动作不灵活 3）阀芯几何形状超差、阀芯与阀体装配不同心、产生液压卡紧现象 3. 液动换向阀控制油路故障 1）控制油压力不够，推不动阀芯，不能换向或换向不到位 2）滑阀两端泄油口没有接回油箱或泄油管堵塞 3）节流阀关闭或堵塞 4. 电磁换向阀的推杆磨损后不够长，使阀芯移动过小，引起换向不灵活、不到位 5. 弹簧折断、太软、漏装，不能使滑阀回复中位	1. 检修电磁铁 1）补焊或重新焊接接线 2）提高电压或更换电磁铁以提高其吸力 3）清除滑阀卡住故障，更换电磁铁 4）注意湿式电磁铁使用前先松开放气螺钉放气 2. 检修滑阀 1）检查螺钉使其拧紧力适当 2）检修或更换阀芯、更换液压油或研磨（或更换）阀芯使其间隙符合要求 3）检查修正几何偏差和同心度、检查并修复液压卡紧现象 3. 检修液动换向阀控制油路 1）提高控制油压力，检查弹簧是否过硬，若是则更换 2）使滑阀两端泄油口接油箱或清洗泄油管使之畅通 3）检查清洗节流口 4. 检修，必要时更换推杆 5. 检查更换或补装弹簧

（续）

故障现象	故障原因	维修方法
换向冲击与噪声	1）控制流量过大，滑阀移动速度太快，产生冲击 2）电磁铁铁心接触面不平或接触不良 3）电磁铁的固定螺钉松动，产生振动 4）滑阀时卡时动或局部磨损过大 5）单向节流阀阀芯与阀孔配合间隙过大、单向阀弹簧漏装，阻尼失效，产生冲击	1）调小节流阀阀口，减小滑阀移动速度 2）修整电磁铁铁心，清除异物 3）紧固螺钉并加防松垫圈 4）研磨、修整或更换滑阀 5）检查、修整，使其达到合理间隙，补装弹簧

◇◇◇ 自我评价 5

1. 填空题

1）单向阀的作用是使油液只能________流动，反向截止。

2）根据用途和工作特点的不同，控制阀主要分为三大类：________、________和________。

3）换向阀是实现液压执行元件及其驱动机构的________、________或变换运动方向。

4）换向阀处于常态位时，其各油口的________称为中位机能，常用的有________型、________型、________型、________型、________型等。

5）方向控制回路主要包括________回路和________回路。

2. 判断题

1）单向阀作为背压阀使用时，应将其弹簧换为软弹簧。（　）

2）液控单向阀的控制油口不通液压油时，其作用与普通单向阀相同。（　）

3）手动换向阀分为弹簧自动复位和弹簧钢珠定位两种。（　）

4）电磁换向阀只适用于流量不太大的场合。（　）

5）三位五通阀有三个工作位置，五个油口。（　）

6）三位换向阀的阀芯未受操纵时，其所处位置上各油口的连通方式为其中位机能。（　）

3. 选择题

1）在三位换向阀的中位机能中，缸闭锁、泵不卸荷的是（　）；缸闭锁，泵卸荷的是（　）；缸浮动、泵卸荷的是（　）；缸浮动，泵不卸荷的是（　）；可实现液压缸差动连接的是（　）。

A. O 型　B. H 型　C. Y 型　D. M 型　E. P 型

2）液控单向阀的锁紧回路比用中位机能封闭的锁紧回路的锁紧效果好，其原因是（　）。

A. 液控单向阀结构简单　B. 液控单向阀具有良好的密封性

C. 换向阀锁紧回路结构复杂　D. 液控单向阀锁紧回路锁紧时，液压泵可以卸荷

3）用于立式系统中的换向阀的中位机能为（　　）型。

A. C　　B. P　　C. Y　　D. M

4. 绘出下列各阀的图形符号

1）单向阀。

2）液控单向阀。

3）二位二通常开型电磁换向阀。

4）三位四通 H 型弹簧复位电磁换向阀。

5）三位四通 M 型手动换向阀（定位式）。

项目6　压力控制回路的设计与应用

学习目标

通过本项目的学习，学生应掌握压力控制阀的分类及功用，熟悉溢流阀、减压阀、顺序阀的结构和性能，具备正确选用压力控制阀的能力，具备分析和调试压力控制回路的能力。具体目标是：

1）掌握压力控制阀的分类及功用。

2）掌握溢流阀、减压阀、顺序阀的结构和工作原理。

3）能根据系统功能要求合理选用压力控制阀。

4）能正确合理地调节系统压力。

5）能正确连接与安装调压回路，并能分析系统压力。

任务6.1　粘合机压力控制阀的应用

任务引入

图6-1所示为一台工业粘合机的工作示意图。其功能是通过液压缸伸出将图形或字母粘贴在塑料板上，根据材料的区别需要调整压紧力，当一个动作完成后，要返回准备下一个动作。这就需要系统能提供不同的工作压力，同时为了保证系统安全，还必须使系统过载时能有效地卸荷。那么，在液压系统中是依靠什么元件来实现这一功能的呢？这些元件的结构和工作原理是怎样的呢？

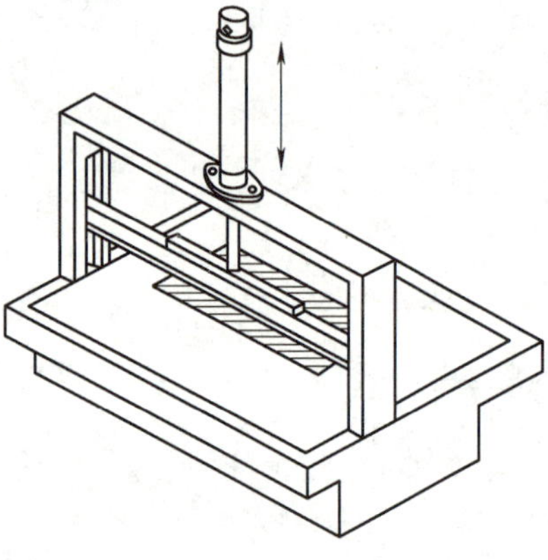

图6-1　工业粘合机工作示意图

任务分析

稳定的工作压力是保证系统工作平稳的先决条件，同时，如果液压系统一旦过载，若无有效的卸荷措施，将会使液压传动系统中的液压泵处于过载状态，很容易发生损坏。液压传动系统必须能够有效地控制系统压力，可以采用压力控制阀来解决上述问题。

相关知识

压力控制阀是控制系统压力或利用压力的变化来实现某种动作的阀，简称压力阀。其共同特点是利用作用在阀芯上的油液压力和弹簧力相平衡的原理来进行工作。常用的压力阀有溢流阀、减压阀、顺序阀、压力继电器等。

在上述工业粘合机中，溢流阀在系统中的主要作用是稳压和卸荷，换向阀用来改变活塞杆的运动方向，减压阀用来获取不同材料所需要的压力（可通过二级减压回路来实现，也可通过多级调压回路使液压设备在不同的工作阶段获得不同的工作压力）。

6.1.1 溢流阀的工作原理与选用

1. 溢流阀的结构与工作原理

溢流阀按结构不同可分为直动式溢流阀和先导式溢流阀两种。

（1）直动式溢流阀　直动式溢流阀实物图如图6-2所示，它是依靠系统中的工作液压油直接作用在阀芯上与弹簧力相平衡，以控制阀芯的启、闭动作的。直动式溢流阀的结构原理如图6-3a所示，来自进油口P的液压油经阀芯上的径向孔和阻尼孔a通入阀芯底部，阀芯的下端便受到压力为p的油液的作用力，若作用面积为A，则液压油作用在该面上的力为pA。调压弹簧作用在阀芯上的预紧力为F_s。当进油压力较小（$pA < F_s$）时，阀芯在弹簧力的作用下下移，进、出油口关闭，没有油液流回油箱。随着进油压力的升高，当$pA = F_s$时，阀芯将开启。当$pA > F_s$时，阀芯上移，油口P和T连通，溢流阀溢流。当溢流阀稳定工作时，若不考虑阀芯的自重、摩擦力和液动力的影响，则使液压泵出口处（溢流阀进口处）压力保持在$p = F_s / A$。由于F_s变化不大，故可认为溢流阀进口处压力p基本保持恒定，这时溢流阀起稳压溢流作用。旋转调压螺母可以改变弹簧力，从而调节溢流阀的溢流压力。阻尼孔a的作用是增加油液阻力以减小阀芯（移动过快而引起）的振动。

图6-2　直动式溢流阀实物图

直动式溢流阀结构简单，制造容易，成本低，但油液压力直接依靠弹簧平衡，压力稳定性较差，动作时有振动和噪声；此外，系统压力较高时，要求弹簧刚度大，不但手动调节困难，而且溢流口开度略有变化便引起压力有较大的变化，所以直动式溢流阀一般用于低压系统中。直动式溢流阀的最大调定压力为2.5MPa，其图形符号如图6-3b所示，其立体结构如图6-4所示。

（2）先导式溢流阀　先导式溢流阀实物图如图6-5所示。先导式溢流阀由先导阀和主阀两部分组成，其结构原理如图6-6a所示。先导阀实际上是一个小流量的直动式溢流阀、阀

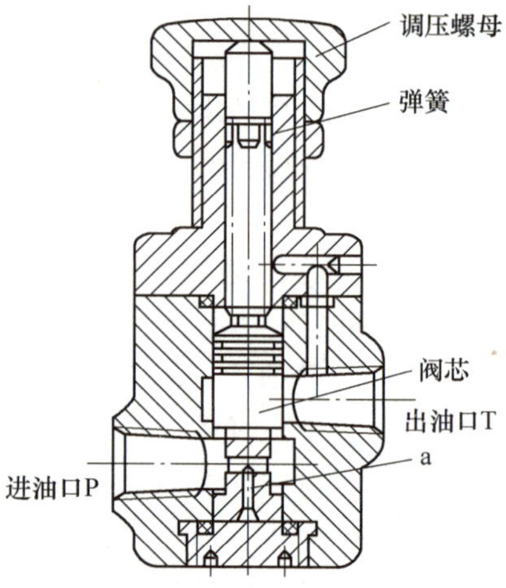

a)

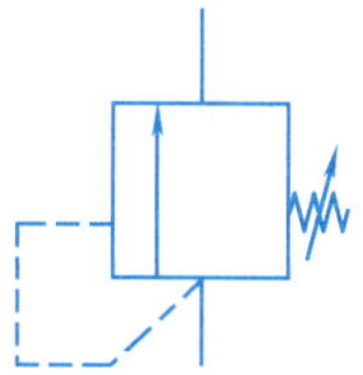

b)

直动式溢流阀结构原理

图 6-3　直动式溢流阀

a）结构原理　b）图形符号

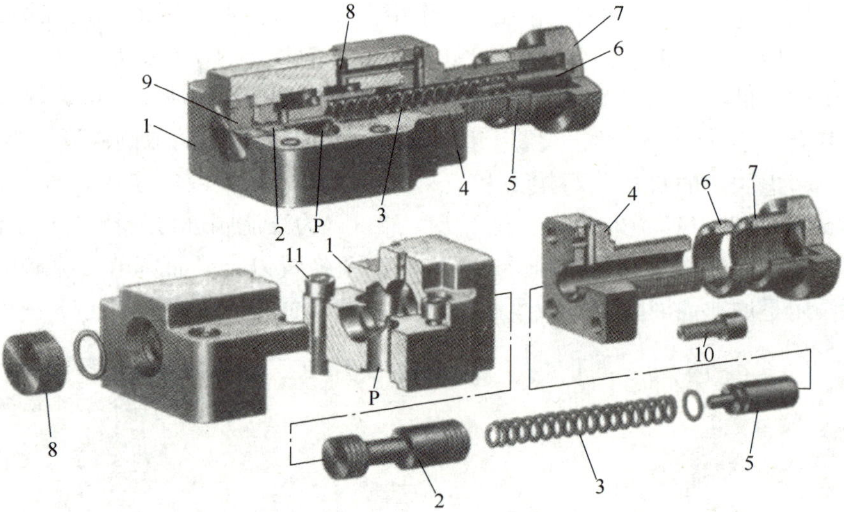

图 6-4　直动式溢流阀立体结构

1—阀体　2—阀芯　3—弹簧　4—阀盖　5—锁紧螺母　6—调节杆　7—调节螺母　8—钢球　9—后盖　10、11—螺钉

图 6-5　先导式溢流阀实物图

芯是锥阀，用来控制压力；主阀阀芯是滑阀，用来控制溢流流量。液压油经进油口 P、通道 a 进入主阀芯底部油腔 A，并经节流小孔 b 进入上部油腔，再经通道 c 进入先导阀右侧油腔，给锥阀芯向左的作用力，调压弹簧给锥阀芯向右的弹簧力，此时远程控制口 K 关闭。当系统压力较低时，先导阀关闭，主阀芯两端压力相等，在平衡弹簧力作用下处于最下端，主阀溢流口关闭，没有溢流；当系统压力升高时，主阀上腔的压力也随之升高，当其对锥阀芯的作用力大于锥阀芯左侧的弹簧力时，先导阀开启，油液经过通道 e、出油口 T 流回油箱。此时由于阻尼孔 b 的作用，主阀芯上腔压力小于下腔压力，当压力差产生的作用力大于主阀弹簧作用力并克服主阀芯自重和摩擦力时，主阀芯向上移动，油口 P 和 T 口连通，实现溢流。旋转调压螺母可调节调压弹簧的弹簧力的大小，从而调节系统压力。

在先导式溢流阀中，先导阀用于控制和调节溢流压力，主阀通过溢流口的开闭而稳定压力。主阀芯因两端均受油液压力作用，平衡弹簧只需很小的刚度，当溢流量变化而引起主阀弹簧压缩量变化时，其弹簧力变化很小，所控制的油液压力变化也就很小，故先导式溢流阀的稳压性能比直动式溢流阀好，但先导式溢流阀必须在先导阀和主阀都动作后才能起控制压力的作用，因此先导式溢流阀没有直动式溢流阀的反应快。远程控制口 K 一般情况下关闭，若 K 口接远程调压阀，就可以对主阀进行远程控制，但远程调压阀所能调节的最高压力不得超过溢流阀本身先导阀的调定压力。当远程控制口 K 通过二位二通阀接油箱时，可使泵卸荷。图 6-6b 所示为先导式溢流阀的图形符号，其立体结构如图 6-7 所示。

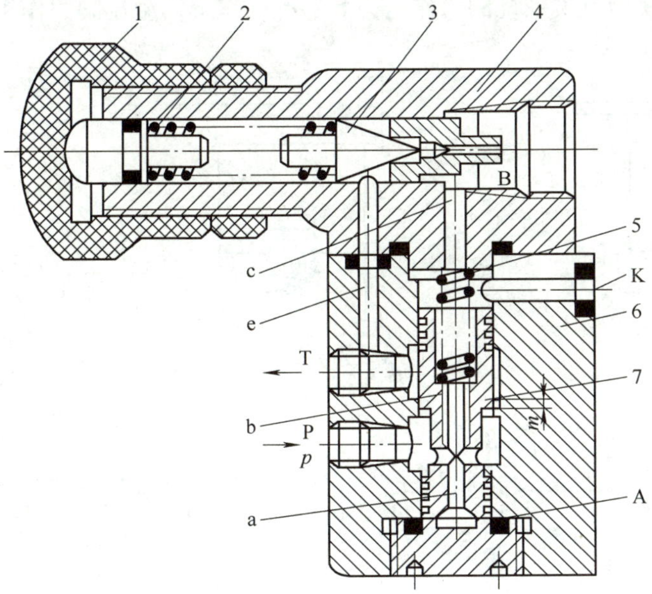

a)

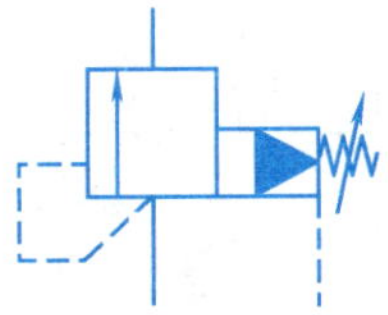

b)

图 6-6　先导式溢流阀

a）结构原理　b）图形符号

1—调节螺钉　2—调压弹簧　3—锥阀芯　4—先导阀　5—主阀弹簧　6—主阀　7—主阀芯

2. 溢流阀的应用

溢流阀在液压系统中能分别起到调压溢流、安全保护、使泵卸荷、远程调压、使缸回油腔形成背压、多级调压等作用。

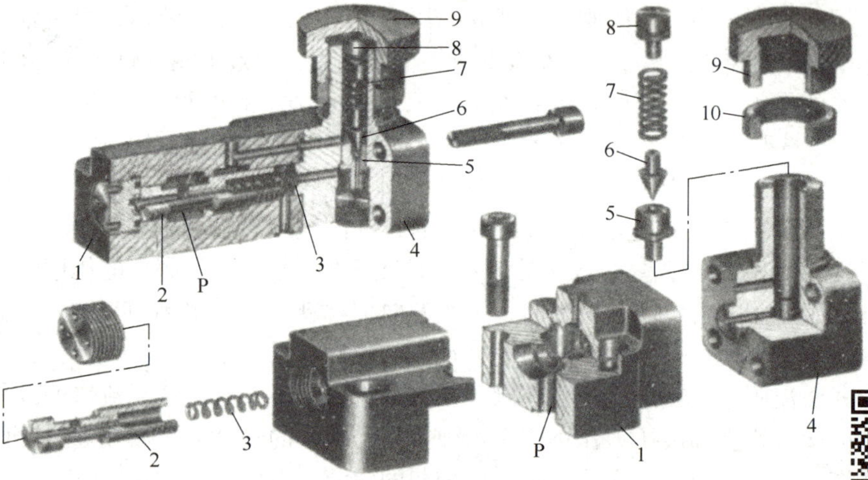

图 6-7　Y-25B 型先导式溢流阀立体结构

1—阀体　2—主阀阀芯　3—主阀弹簧　4—阀盖　5—先导阀阀座　6—先导阀阀芯
7—调压弹簧　8—调节杆　9—调节螺母　10—锁紧螺母

先导式溢流阀的组装

（1）调压溢流　如图 6-8a 所示，用定量泵供油的节流调速回路中，当泵的流量大于节流阀允许通过的流量时，多余的油要通过溢流阀流回油箱，此时溢流阀处于其调定压力下的常开状态。调节弹簧的预紧力也就调节了系统的工作压力。这种状态下，溢流阀的作用是调压溢流。

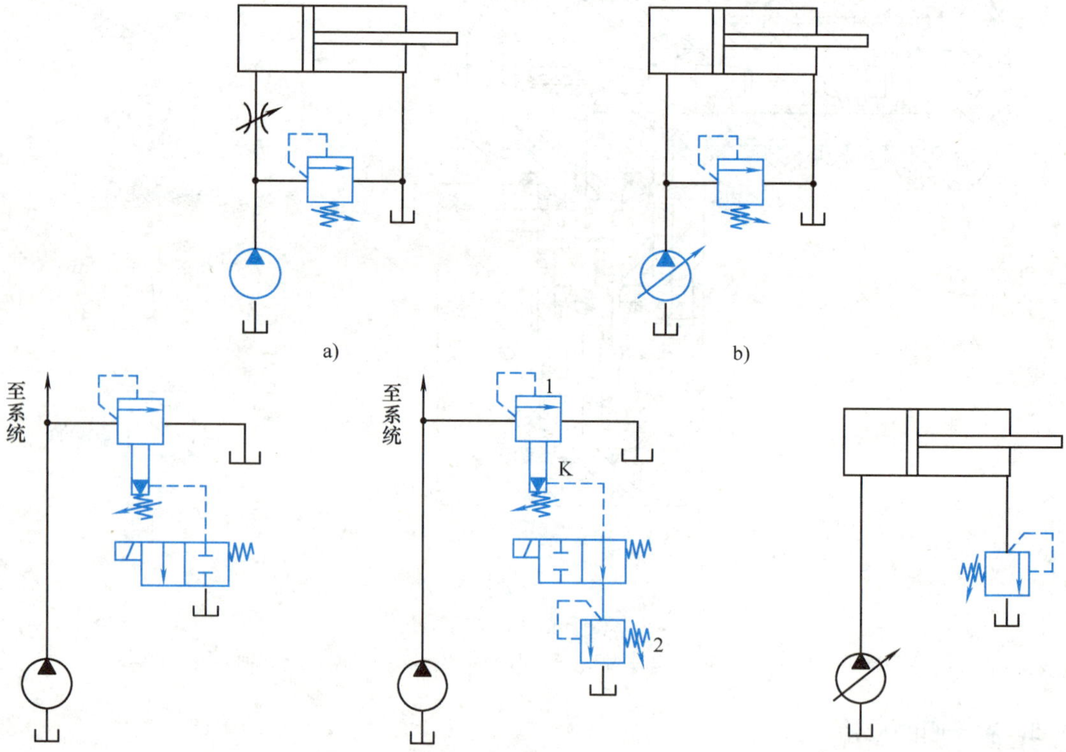

图 6-8　溢流阀的应用

（2）安全保护　如图 6-8b 所示，系统采用变量泵供油时，在正常工作状态下，系统没有多余的油液溢流，此时溢流阀只有在系统过载时才需打开，以保证系统的安全。正常工作时它是常闭的。

（3）使泵卸荷　如图 6-8c 所示，采用先导式溢流阀调压的定量泵供油的系统中，在电磁铁通电时，溢流阀远程控制口接油箱，主阀芯在系统压力很低时即可抬起，使泵卸荷，以减少能量损耗。

（4）远程调压　如图 6-8d 所示，当电磁铁断电时，右位工作，先导式溢流阀远程控制口与调定压力较低的远程调压阀 2 相连，主阀芯上腔的油压只要达到远程调压阀 2 的调定压力，主阀芯即可溢流，实现远程调压。

（5）形成背压　如图 6-8e 所示，溢流阀接在液压缸的回油路上，可使缸的回油腔形成背压，以提高运动部件的平稳性，这种用途的阀也称为背压阀。

（6）多级调压　如图 6-9a 所示，多级调压及卸荷回路中，先导式溢流阀 1、溢流阀 2、3、4 的调定压力不同，且先导式溢流阀 1 的调定压力最高。溢流阀 2、3、4 进油口均与先导式溢流阀 1 的远程控制口相连，其分别用电磁换向阀 5、7 控制出口。电磁换向阀 6 的进油口与先导式溢流阀 1 的远程控制口相连，出油口与油箱相连。若仅 1YA 通电，则系统获得由先导式溢流阀 1 调定的最高工作压力；若 1YA、2YA 通电，则系统获得由溢流阀 2 调定的压力；若 1YA、3YA 通电，则系统获得由溢流阀 3 调定的工作压力；若 1YA、4YA 通电，则系统获得由溢流阀 4 调定的工作压力；当 1YA 断电时，先导式溢流阀 1 的远程控制口通油箱，使泵卸荷。这种多级调压及卸荷回路，由于除先导式溢流阀 1 以外的控制阀通过的流量都很小（仅为控制油路流量），因此，可以用小规格的阀，其结构尺寸也较小。注射机液压系统常采用这种回路。

如图 6-9b 所示的多级调压回路中，除先导式溢流阀 1 调压最高外，其他溢流阀均由相应的电磁换向阀控制其通、断状态，只要控制电磁换向阀电磁铁的通电顺序，就可以使系统得到相应的工作压力。这种调压回路的特点是各阀均与泵有相应的额定流量，其结构尺寸较大，因而只适用于流量较小的系统中。

3. 溢流阀的选用

（1）液压系统对溢流阀性能的要求

1）定压精度要高。当流过溢流阀的流量发生变化时，系统中的压力变化要小，即静态压力超调要小。

2）灵敏度要高。如图 6-8a 所示，当液压缸突然停止运动时，溢流阀要迅速开大。否则，定量泵输出的油液将因不能及时排出而使系统压力突然升高，并超过溢流阀的调定压力（动态压力超调），使系统中各元件受力增加，影响其寿命。溢流阀的灵敏度越高，其动态压力超调越小。

3）工作要平稳，振动和噪声要小。

4）阀芯关闭时，密封要好，泄漏要小。

（2）选用因素　在选用溢流阀时，应主要考虑以下几个因素：

1）溢流阀调定压力。溢流阀的调定压力必须大于执行元件的工作压力和系统损失之和。

2）溢流阀的流量。溢流阀的流量应按液压泵的额定流量进行选择。当其作用为溢流或

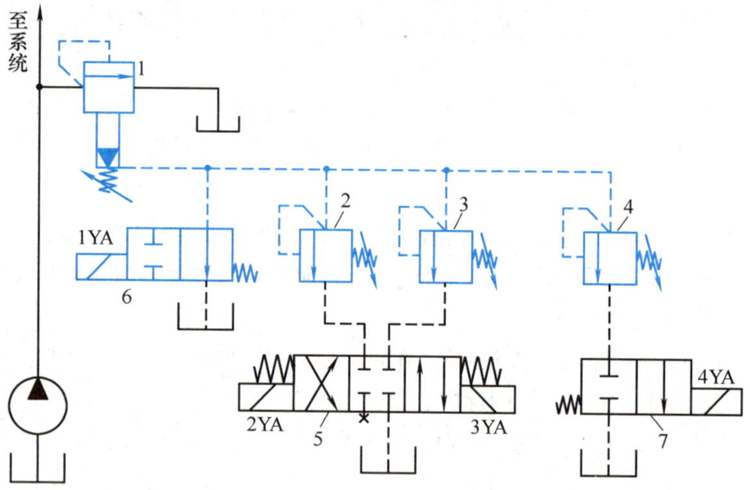

a)

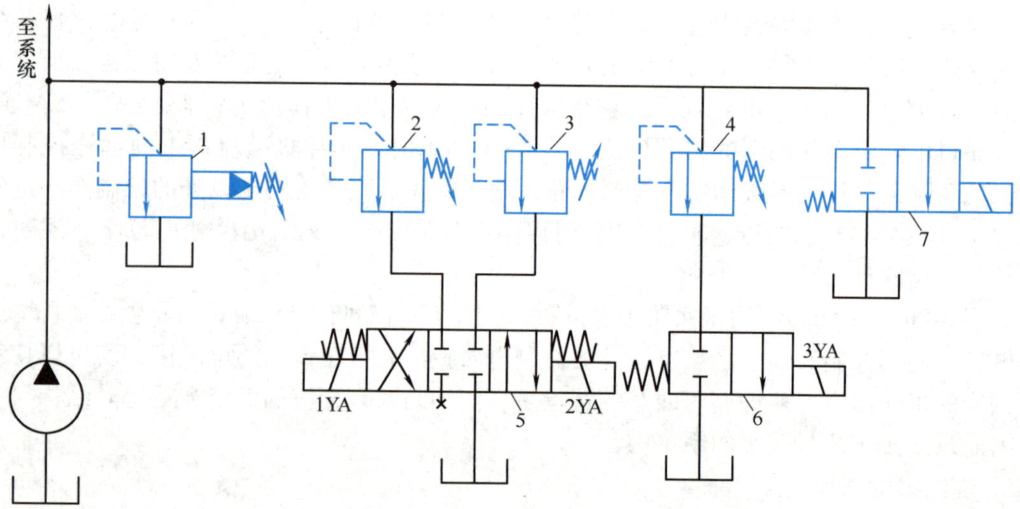

b)

图 6-9　多级调压及卸荷回路

1—先导式溢流阀　2、3、4—溢流阀　5—三位电磁换向阀
6—二位电磁换向阀　7—二位电磁换向阀

卸荷时，其额定流量不能小于液压泵的额定流量；当其作为安全阀使用时，可小于液压泵的额定流量；对于接入控制油路上的各类压力阀，由于通过的实际流量很小，可以按照该阀的最小额定流量选取。

3）系统性能要求。低压系统可选用直动式溢流阀，中、高压系统可选用先导式溢流阀。根据空间位置、管路布置等情况，可选用板式、管式、叠加式连接的压力阀。根据系统要求，按压力阀性能曲线进行选用，在定量泵调速系统中，应选用压力超调小、启闭特性好的压力阀。

6.1.2 减压阀的工作原理与选用

减压阀主要用来降低液压系统中某一分支油路的压力，使之低于液压泵的供油压力，以满足执行机构的需要，并保持基本恒定。减压阀按结构型式分直动式减压阀和先导式减压阀两种，一般直动式减压阀常用于低压系统，先导式减压阀用于中、高压系统。先导式减压阀应用较多。减压阀也常与单向阀组合成单向减压阀使用。减压阀按其调节性能可分为保证出口压力为定值的定值减压阀，保证进、出口压差恒定的定差减压阀，保证进、出口压力比值恒定的定比减压阀。其中定值减压阀应用最广，简称减压阀，其实物图如图 6-10 所示。

a) b)

图 6-10 定值减压阀的实物图

a）剖面结构 b）实物图

1. 减压阀的结构与工作原理

图 6-11a 所示为先导式减压阀的工作原理，其结构和先导式溢流阀的结构相似，由先导阀和主阀两部分组成。先导阀主要由调压螺母、调压弹簧、先导阀阀芯和阀座等组成，主阀主要由阀芯、主阀体和阀盖等组成。

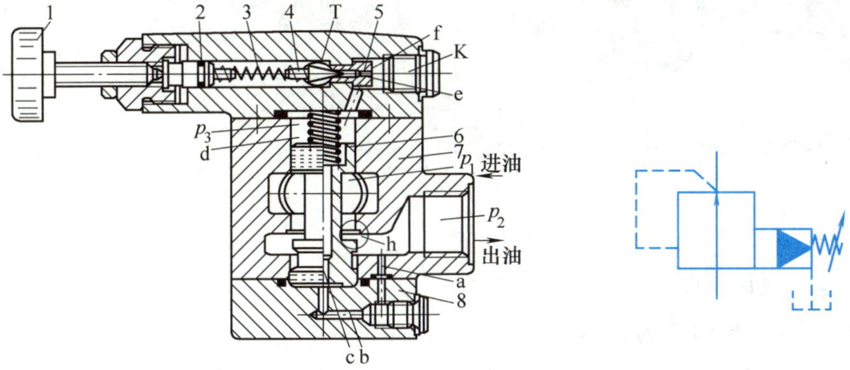

a) b)

图 6-11 先导式减压阀

1—调压手轮 2—密封圈 3—弹簧 4—先导阀芯 5—阀座 6—主阀芯 7—主阀体 8—下阀盖

油压为 p_1 的液压油由主阀的进油口流入，经减压阀阀口 h 后由出油口流出，其压力为 p_2。出口油液经主阀体 7 和下阀盖 8 上的孔道 a、b 及主阀芯上的阻尼孔 c 流入主阀芯上腔 d 及先导阀右腔 e。当出口压力 p_2 低于先导阀弹簧的调定压力时，先导阀关闭，主阀芯上、下腔油压相等，在主阀弹簧的作用下，主阀芯处于最下端位置（图示位置），这时减压阀阀口 h 开度最大，不减压，其进、出口油压基本相等。当 p_2 达到先导阀弹簧调定压力值时，先导阀打开，主阀芯上腔油液经先导阀流回油箱（图 6-11 中未画出），主阀下腔油液经阻尼孔向上流动，使阀芯两端产生压差，主阀芯在此压差作用下向上移动，阀口 h 开度减小，阀口产生的压降 Δp 增加，起减压作用，当出口压力下降到调定压力时，先导阀芯和主阀芯同时处于受力平衡状态，出口压力稳定不变，等于调定压力 p_2（$p_2=p_1-\Delta p$）。这时，若由于负载增大或进口压力向上波动使 p_2 增大，在 p_2 增大的瞬时，主阀芯上移，使阀口 h 开度迅速减小，Δp 进一步增大，p_2 便自动减小，回复到原来调定的压力值；在 p_2 减小的瞬时，主阀芯下移，使阀口 h 开度迅速增大，Δp 减小，p_2 便自动增大，回复为原来调定的压力值。由此可见，减压阀能利用出口压力的反馈作用，自动控制阀口开度，保证出口压力基本上为弹簧调定压力，因此称之为定值减压阀。图 6-11b 所示为先导式减压阀的图形符号，其立体结构如图 6-12 所示。

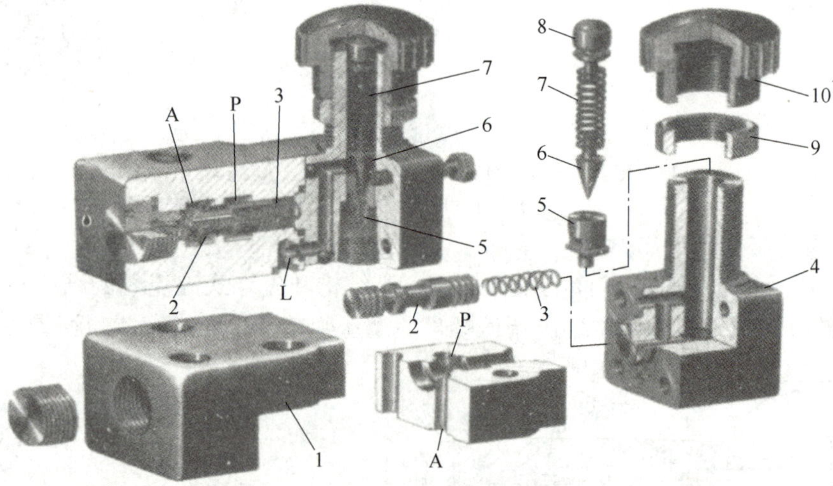

先导式减压阀的组装

图 6-12　J—10B 型先导式减压阀立体结构

1—阀盖　2—主阀阀芯　3—主阀弹簧　4—阀体　5—锥阀座　6—锥阀芯　7—调压弹簧

8—调压杆　9—锁紧螺母　10—调压螺母

P—进油口　A—出油口　L—泄油口

先导式减压阀和先导式溢流阀的主要区别如下：

1）减压阀保持出口压力基本不变，而溢流阀是保持进口压力基本不变。

2）在不工作时，减压阀进、出油口常开，而溢流阀进、出油口常闭。

3）溢流阀出口直接接油箱，而减压阀出口接下一个分支油路。

4）为保证减压阀出口压力调定值恒定，其先导阀弹簧腔需要单独的泄油口接油箱；而溢流阀的出油口是接油箱的，所以它的弹簧腔和泄漏油可通过阀体上的通道和出油口相通，不必单独外接油箱。

2. 减压阀的应用

减压阀在控制油路、夹紧油路、润滑油路中的应用较多。图 6-13 所示为减压阀用于夹紧油路的原理图。该油路中，液压泵输出的液压油由溢流阀 6 调定压力，以满足主油路系统的要求。在换向阀处于图示位置时，液压泵经减压阀2、单向阀3供给夹紧液压缸5液压油。夹紧工件所需的夹紧力的大小由减压阀2调定。单向阀的作用是当泵向主油路系统供油时，使夹紧缸的夹紧力不受主油路系统中压力波动的影响。为使减压回路正常工作，减压阀最低调定压力为0.5MPa，最高调定压力至少应比主油路系统的供油压力低0.5MPa。

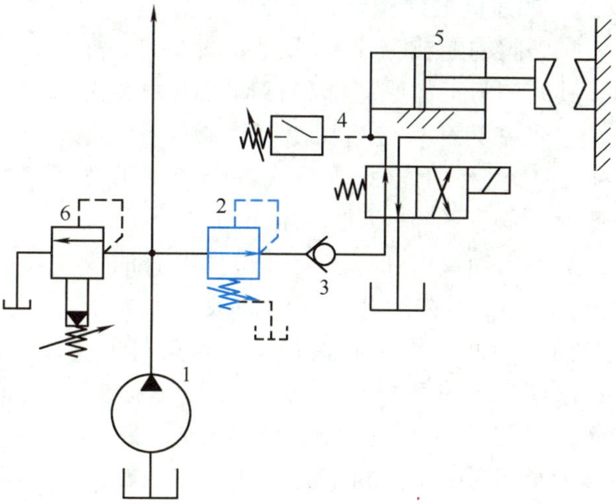

图6-13 减压阀的应用

1—液压泵 2—减压阀 3—单向阀 4—压力继电器 5—液压缸 6—溢流阀

3. 减压阀的选用

减压阀的选用主要是依据它们在系统中的作用、额定压力、最低流量、工作特性参数和使用寿命等，通常主要按照液压系统的最大压力和通过减压阀的流量进行选择。同时，在使用中还需注意以下几点：

1）减压阀的调定压力应根据工作压力而定，减压阀的流量规格应由实际通过该阀的最大流量决定，在使用中不宜超过额定流量。

2）不要使通过减压阀的流量远小于其额定流量，否则易产生振动或其他不稳定现象。

3）接入控制油路中的减压阀，用于实际通过的流量很小，应按照该阀最小额定流量规格进行选用，以使液压装置结构紧凑。

4）根据系统性能要求选择合适的减压阀结构型式，如低压系统可选用直动式减压阀，中、高压系统可选用先导式减压阀。根据空间位置、管路布置等情况可选用板式、管式或叠加式连接的减压阀。

5）减压阀的各项性能指标对液压系统都有影响，可根据系统要求按照产品性能曲线选用减压阀。

6）应保持减压阀最低调定压力，使减压阀进、出口压差保持在0.5~1MPa。

6.1.3 顺序阀的工作原理与选用

顺序阀是利用系统压力变化来控制油路的通、断，以实现各执行元件按先后顺序动作的压力阀。按控制压力的不同，顺序阀可分为内控式顺序阀和外控式顺序阀两种，内控式顺序阀用阀进口处的油液压力控制阀芯的启闭，外控式顺序阀用外来油液的压力来控制阀芯的启闭（液控顺序阀）；按结构型式的不同，顺序阀可分为直动式顺序阀和先导式顺序阀两种，直动式顺序阀一般用于低压系统中，先导式顺序阀用于中、高压系统中。顺序阀实物图如图6-14所示。

图6-14 顺序阀实物图

1. 顺序阀的结构与工作原理

顺序阀的结构与工作原理如图6-15a所示，其结构与工作原理都和直动式压力阀相似，主要由下盖1、控制活塞2、阀体3、阀芯4、弹簧5和上盖6等组成。当进口压力较低时，阀芯在弹簧力作用下处于下端位置，进、出油口P_1和P_2关闭（出口没有油液流出）；当作用在阀芯下端的油液压力大于弹簧预紧力时，阀芯向上移动，阀口打开，进、出油口P_1和P_2连通，油液从出口流出，从而操纵另一执行元件或另一分支油路动作。为了不影响下一执行元件或分支油路动作，其弹簧腔泄漏油从单独的泄油口L流出。因该顺序阀是利用其进油口油液压力来控制阀芯动作的，所以称为内控外泄式顺序阀（普通顺序阀）。其图形符号如图6-15b所示。

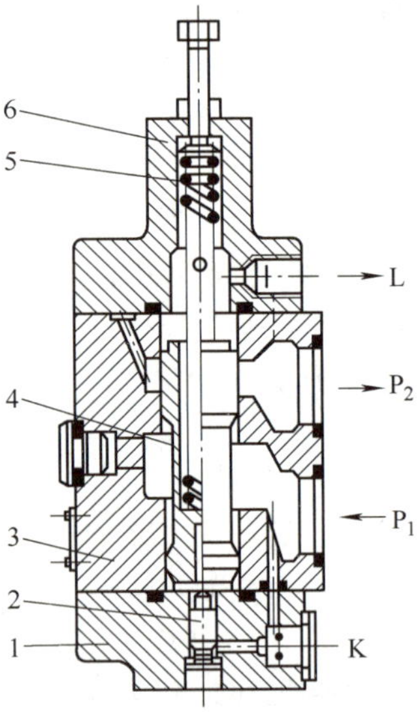

a)

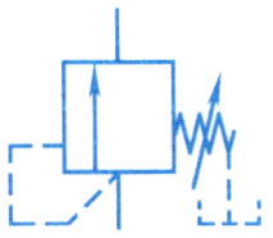
b)

直动式顺序阀

图6-15　直动式顺序阀

a）结构原理　b）图形符号

1—下盖　2—控制活塞　3—阀体

4—阀芯　5—弹簧　6—上盖

若将6-15a中的下盖旋转180°或90°，切断原控油路，将外控口K的螺塞取下，接通控制油路，则阀的启闭由外部液压油控制，便可以构成外控外泄式顺序阀；若再将上盖旋转180°，使泄油口处的小孔与阀体上的小孔连通，再将泄油口L用螺塞封住，并使顺序阀的出口与油箱连通，这时顺序阀即成为卸荷阀。其立体结构如图6-16所示。

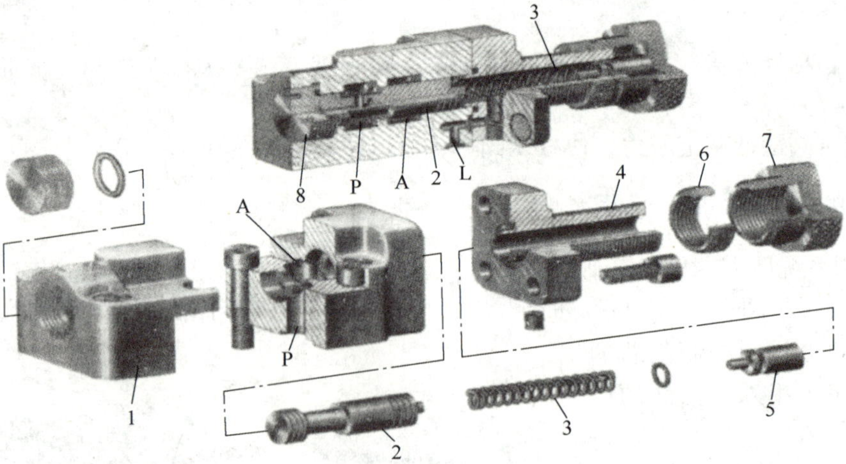

直动式顺序阀的组装

图6-16　X—B25B型直动式顺序阀立体结构

1—阀体　2—阀芯　3—弹簧　4、8—阀盖　5—调压杆　6—锁紧螺母　7—调压螺母

先导式顺序阀的结构如图6-17所示。其结构及工作原理都和先导式溢流阀类似。

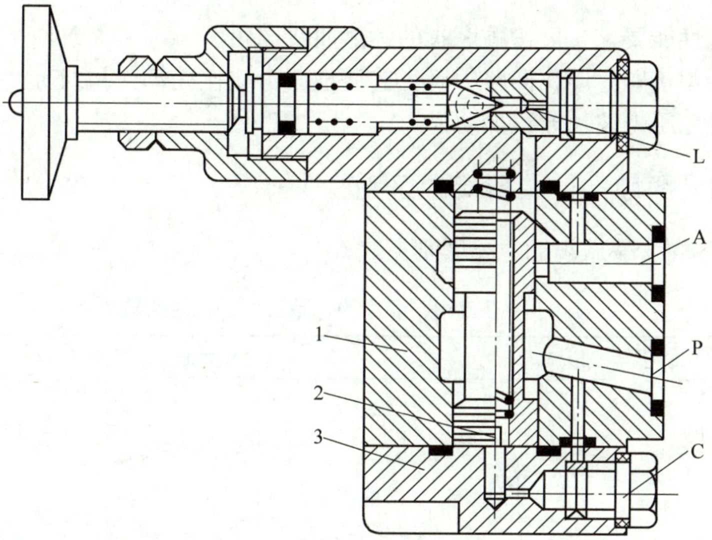

图 6-17　先导式顺序阀

1—阀体　2—阻尼孔　3—下盖

2. 顺序阀的应用

图 6-18 所示为机床夹具上用顺序阀实现工件先定位后夹紧的顺序动作回路。当换向阀右位工作时，液压油首先进入定位缸下腔，完成定位动作后，系统压力升高，当系统压力达到顺序阀的调定压力（为保证工作可靠，顺序阀的调定压力应比定位缸最高工作压力高 0.5～0.8MPa）时，顺序阀打开，液压油经顺序阀进入夹紧缸下腔，使活塞向上移动，实现液压夹紧；当换向阀左位工作时，液压油同时进入定位缸和夹紧缸上腔，拔出定位销，松开工件，夹紧缸通过单向阀回油。此外，顺序阀还可以当作卸荷阀、平衡阀和背压阀等使用。

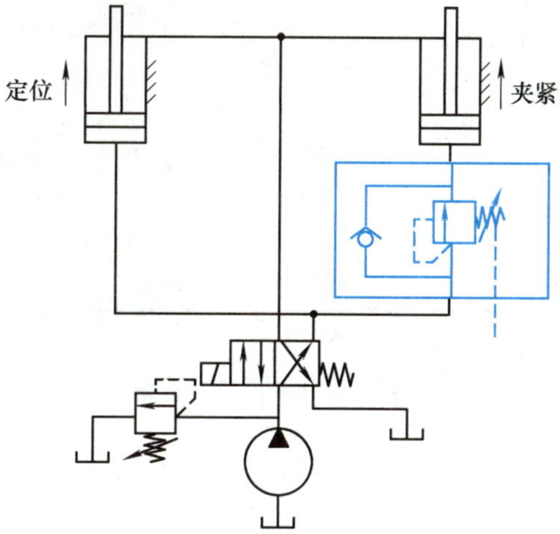

图 6-18　顺序阀的应用

3. 顺序阀的选用

顺序阀的选用主要是依据它们在系统中的作用、额定压力、最大流量、工作性能参数和使用寿命等。通常在顺序阀使用时还应该注意以下几点：

1）顺序阀的规格主要依据该阀的最高工作压力和最大流量来选取。

2）用于控制油路上的顺序阀，油液实际通过的流量很小，因此应按该阀的最小额定流量规格选取，以使液压装置结构紧凑。

3）根据系统性能要求选择顺序阀的结构型式，如低压系统可选用直动式顺序阀，而中、高压系统可选用先导式顺序阀；根据空间位置、管路布置等情况选用板式、管式或叠加式连接的顺序阀。

4）根据系统性能要求，可按顺序阀的性能曲线选用。

5）顺序阀在用于顺序动作回路中时，其调定压力应比先动作执行元件的工作压力高至少0.5MPa，以避免压力波动导致无动作。

6.1.4　溢流阀、顺序阀、减压阀的区别

溢流阀、顺序阀、减压阀的主要区别见表6-1。

表6-1　溢流阀、顺序阀、减压阀的性能比较

名称	溢流阀	顺序阀（内控外泄）	减压阀
图形符号	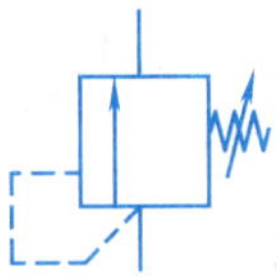	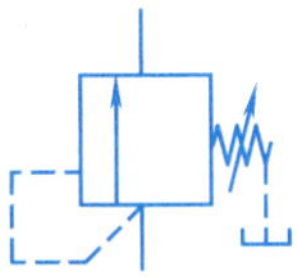	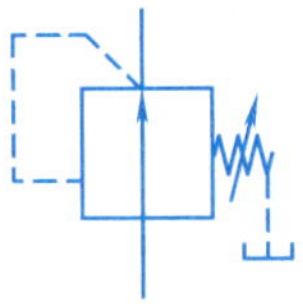
阀口状态	阀口常闭	阀口常闭	阀口常开
控制油来源	控制油来自进口	控制油来自进口	控制油来自出口
出口特点	出口接油箱	出口接系统	出口接系统
控制压力情况	控制进口压力，且压力基本恒定	控制进口压力，但不恒定	控制出口压力，且基本恒定
基本用法	可调压溢流、安全保护、使泵卸荷、远程调压、多级调压、产生背压等。一般接在泵的出口处，与主油路并联，用作背压阀时串联	可作为顺序阀、平衡阀、背压阀使用，串联在系统中控制执行元件的动作顺序，多数与单向阀并联作为单向顺序阀使用	串接在系统中，接在液压泵与分支油路之间

6.1.5　压力继电器的工作原理、性能参数与应用

1. 压力继电器的结构与工作原理

压力继电器是一种将油液的压力信号转变成电信号的电液转换元件，当油液压力达到压力继电器的调定压力时，即发出电信号，控制电磁铁、电磁离合器或继电器等元件动作，使油路卸荷、换向；使执行元件产生顺序动作或关闭电动机；使系统停止工作，起安全保护作用等。

压力继电器的实物如图6-19所示，按其结构型式可分为柱塞式压力继电器、膜片式压力继电器、弹簧管式压力继电器和波纹管式压力继电器四种。图6-20所示为单触点柱塞式压力继电器的结构图。这种继电器主要由柱塞1、顶杆2、调节螺母3、微动开关4等组成。作用在柱塞1下端的液压力与柱塞1上端的弹簧力相比较，当液压力达到弹簧的调定压力时，柱塞1上移，压下微动开关4的触头，发出电信号，接通或断开电气回路；当液压力小于弹簧力时，微动开关4的触头复位。显然，柱塞1上移将引起弹簧的压缩量增大，因此压下微动开关4的压力（开启压力）与微动开关4复位的压力（闭合压力）存在一个差值，

此差值对压力继电器的正常工作是必要的，但不宜过大。

图 6-19　压力继电器实物图

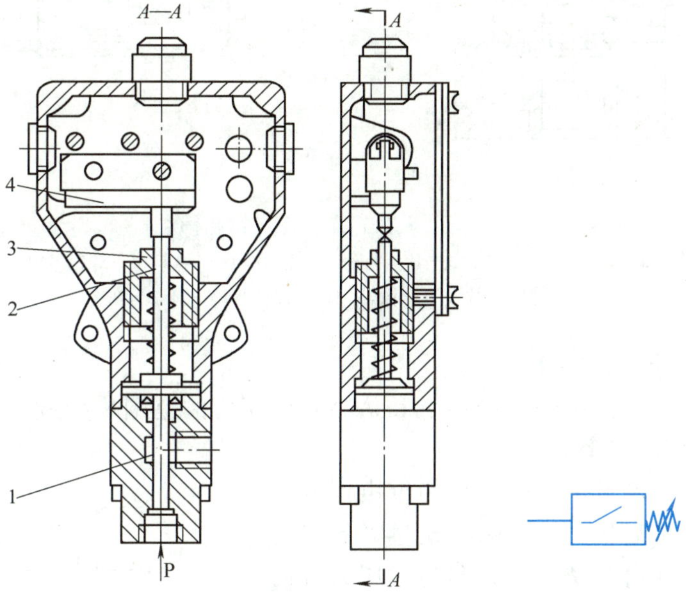

图 6-20　单触点柱塞式压力继电器结构

a）结构原理　b）图形符号

1—柱塞　2—顶杆　3—调节螺母　4—微动开关

这种压力继电器结构简单，成本低，工作可靠，寿命长，不易受压力波动的影响。但其液压力直接与弹簧力相平衡，故弹簧较粗，力量较大，导致重复精度和灵敏度较低，其误差约为调定压力的 1.5%~2.5%。另外，其开启压力与闭合压力的差值较大。

图 6-21 所示为膜片式压力继电器结构图。这种压力继电器的控制油口 K 和液压系统相连。液压油从控制油口 K 进入后，作用在橡胶膜片 10 上，当压力达到弹簧 2 的调定压力时，橡胶膜片 10 变形，推动柱塞 9 上升，柱塞 9 的锥面推动两侧的钢球 5 和 6 沿水平孔道外移，钢球 5 又推动杠杆 12 绕铰轴 11 逆时针旋转，压下微动开关 13 的触头，发出电信号。调节螺钉 1 可以改变弹簧的预紧力，从而改变发出电信号的调定压力；当压力降低到某一数值后，弹簧 2 和 7 使柱塞下移，钢球 5 和 6 进入柱塞 9 的锥面槽内，松开微动开关，断开电路。

膜片式压力继电器的位移小，液压油容积变化小，反应快，重复精度高，误差一般为其调定压力的 0.5%~1.5%。膜片式压力继电器的缺点是易受压力波动的影响，不易用于高压系统。

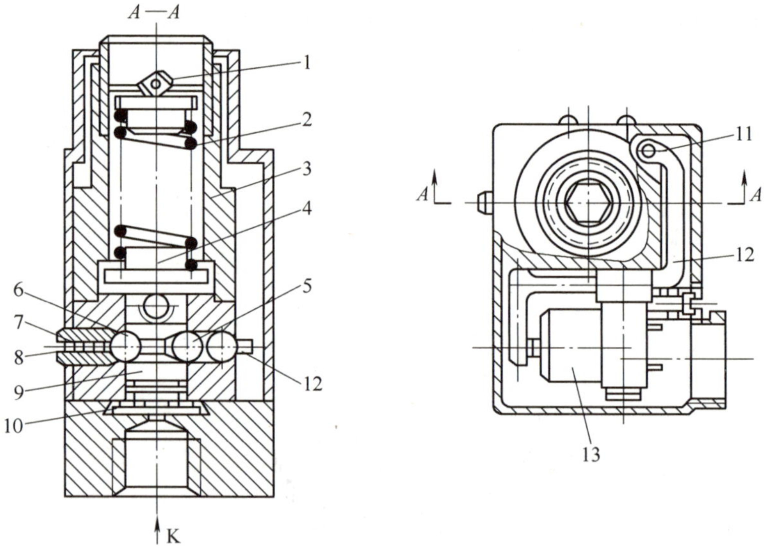

图 6-21　膜片式压力继电器结构

1—调节螺钉　2、7—弹簧　3—套　4—弹簧座　5、6—钢球　8—螺钉　9—柱塞
10—橡胶膜片　11—铰轴　12—杠杆　13—微动开关

2. 压力继电器的性能参数

（1）调压范围　发出电信号的最低和最高工作压力的范围称为调压范围。打开面盖，拧动调节螺钉即可调节工作压力。

（2）灵敏度和通断调节区间　压力继电器发出电信号时的压力为开启压力，切断电信号时的压力为闭合压力。由于开启时摩擦力方向与油压力方向相反，闭合时则相同，故开启压力比闭合压力大。两者之差称为灵敏度。为避免压力波动时继电器时通时断，要求开启压力与闭合压力之间有一个可调节的差值范围，称为通断调节区间。

（3）重复精度　在一定的设定压力下，多次升压或降压的过程中，开启压力和闭合压力本身的差值称为重复精度。

（4）升压或降压动作时间　压力由卸荷压力升到设定压力，微动开关触点闭合发出电信号的时间称为升压动作时间，反之称为降压动作时间。

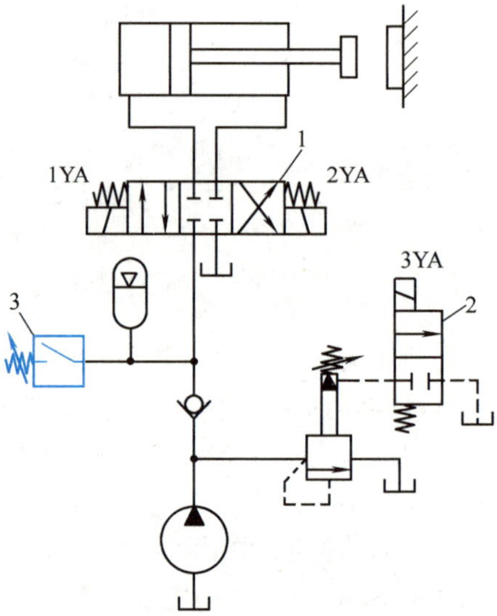

图 6-22　利用压力继电器实现的保压-卸荷回路

1、2—换向阀　3—压力继电器

3. 压力继电器的应用

图 6-22 所示为利用压力继电器实现的保压-卸荷回路，当 1YA 通电时，换向阀 1 左位工作，液压缸向右移动，夹紧工件，进油路压力升高到调定值时，压力继电器动作使 3YA 通电，换向阀 2 上位工作，使泵卸荷，单向阀自动关闭，液压缸由蓄能器供油保压；当压力不足时，压力继电器复位使泵重新工作。一次保压时间的长短取决

于蓄能器容量。这种回路可使夹紧工件持续时间较长，可显著减少功率损耗。

任务实施 6.1 先导式溢流阀的选用与拆装

1. 先导式溢流阀的拆装步骤

图 6-7 所示为先导式溢流阀的立体结构图。其拆装步骤及方法如下：

1）准备好内六角扳手一套、耐油橡胶板一块、油盘一个、钳工工具一套。

2）松开先导阀体与主阀体间的连接螺钉，取下先导阀体部分。

3）从先导阀阀体部分松开锁紧螺母 10 和调节螺母 9。

4）从先导阀阀体部分分别取下调节杆 8、调压弹簧 7、先导阀阀芯 6、先导阀座 5 等零件。

5）从主阀阀体中取出主阀阀座、主阀阀芯 2、主阀弹簧 3 等零件。若取出阀芯有卡阻，可用铜棒轻轻敲击出来，禁止猛力敲打，以免损坏阀芯台肩。

6）观察先导式溢流阀主要零件的结构和作用。

①观察先导阀体上开的远程控制口和安装先导阀阀芯的中心圆孔。

②观察先导阀阀芯与主阀阀芯的结构、主阀芯阻尼孔的大小，并分析其作用。

③观察先导阀调压弹簧和主阀弹簧，比较其刚度大小。

7）对照其结构了解其工作原理 。

8）按拆卸时的相反顺序装配。装配时应注意以下事项：

①装配前应认真清洗各零件，并将配合零件表面涂润滑油。

②检查各零件的油孔、油路是否畅通，是否有尘屑，若有尘屑，重新清洗。

③将调压弹簧装在先导阀芯的圆柱面上，然后一起推入先导阀阀体内。

④主阀阀芯装入主阀阀体后应运动自如。

⑤先导阀阀体与主阀阀体的油口、平面应完全贴合后才能用螺钉连接，螺钉分两次拧紧，按对角线顺序进行。

⑥装配时注意主阀芯的三个圆柱面与先导阀阀体、主阀阀体与主阀阀座孔配合的同心度。

9）装配完成，将阀表面擦干净，整理工作台，将阀和工具放回原处，现场清理干净。

2. 工作任务单

工作任务单

姓名		班级		组别		日期	
工作任务	先导式溢流阀的选用和拆装						
任务描述	在教师指导下，根据工业粘合机的工作原理，查阅相关资料进行先导式溢流阀和减压阀的选型，在液压实训室完成先导式溢流阀和减压阀的拆卸和组装。同时观察其结构，分析其工作原理						
任务要求	1）根据工业粘合机的要求，正确选用压力控制阀，形成清单 2）正确使用相关工具 3）正确规范进行先导式溢流阀与减压阀的拆装并记录 4）实训结束后对压力阀、使用工具进行整理并放回原处						

（续）

提交成果（可口述）	1）工业粘合机控制阀选型清单 2）先导式溢流阀主要结构组成清单 3）先导式溢流阀工作原理讲述 （拆装实训报告）				
考核评价	序号	考核内容	评分	评分标准	得分
	1	安全文明操作	10	遵守安全规章、制度	
	2	正确使用工具	10	选用合适工具并正确使用	
	3	溢流阀选型、拆卸和组装	40	操作规范，拆装顺序正确	
	4	工作原理讲述	30	工作原理讲述正确	
	5	团队协作	10	与他人合作有效	
指导教师			总分		

任务6.2 液压钻床液压控制回路的设计与应用

任务引入

图6-23所示为液压钻床的外形与工作示意图，钻头的进给和工件的夹紧都是由液压系统控制的。由于加工的工件不同，加工时所需的夹紧力也不同，所以工作时液压缸A的夹紧力必须能够固定在不同的压力值。同时，为了保证安全，液压缸B必须在液压缸A夹紧力达到规定值时才能推进钻头进给。要达到这一要求，系统应采用什么样的液压元件来控制这些动作，它们需要组建什么回路才能实现这些动作呢？

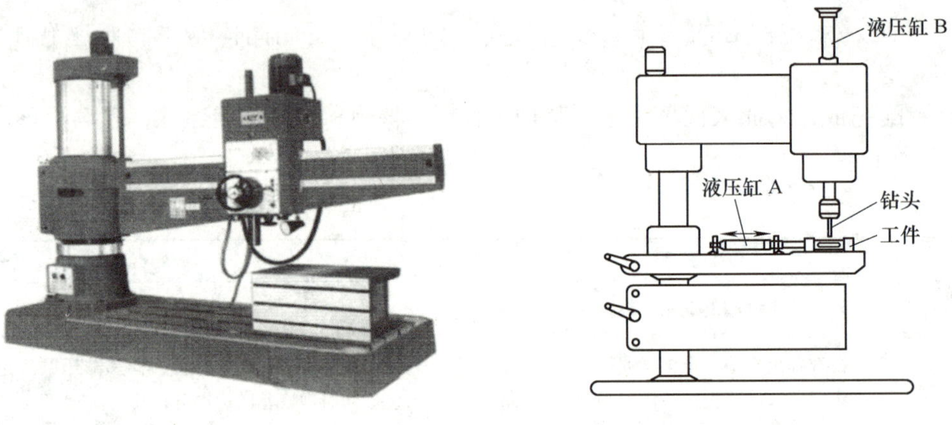

图6-23 液压钻床的外形与工作示意图

任务分析

由上述分析可知，要控制液压缸A的夹紧力，就要求输入端的液压油压力能够随输出端的压力降低而自动减小，实现这一功能的液压元件就是减压阀。此外，系统还要求液压缸B必须在液压缸A的夹紧力达到规定值时才能动作，即动作前需要通过检测液压缸A的压力，把液压缸A的压力作为控制液压缸B动作的信号，这在液压系统中可以使用顺序阀通过压力信号来接通或断开液压回路，从而达到控制执行元件的目的。要实现这一要求，需要设计压力控制回路。

相关知识

液压系统的工作压力取决于负载的大小，执行元件所受到的总负载（总阻力）包括工作负载、执行元件由于自重和机械摩擦所产生的摩擦负载（阻力）、油液在管路中流动时所产生的负载（阻力）等。为使系统保持一定的工作压力，或在一定的压力范围内工作，或能在几种不同的压力下工作，就需要调整或控制整个系统的压力。

压力控制回路是用压力阀来控制和调节液压系统主油路或某一分支油路的压力，以满足执行元件所需要的力或力矩的要求。利用压力控制回路可以实现对系统进行调压（稳压）、减压、增压、卸荷、保压与平衡等各种控制。

6.2.1　调压回路的工作原理

为使系统的压力与负载相适应并保持稳定，或为了安全而限定系统的最高压力，都会用到调压回路，下面介绍三种调压回路。

1. 单级调压回路

如图6-24所示，通过液压泵1和溢流阀2的并联连接，即可组成单级调压回路。通过调节溢流阀的压力，可以改变泵的输出压力。当溢流阀的压力调定后，液压泵就在溢流阀的调定压力下工作，从而实现对液压系统进行调压和稳压控制；当液压泵改为变量泵时，溢流阀作为安全阀使用。液压泵的工作压力低于溢流阀的调定压力时，溢流阀不工作；当系统出现故障，液压泵的工作压力上升时，一旦压力达到溢流阀的调定压力，溢流阀将开启，并使液压泵的工作压力限制在溢流阀的调定压力下，使液压系统不至于因为过载而受到破坏，从而保护了液压系统。

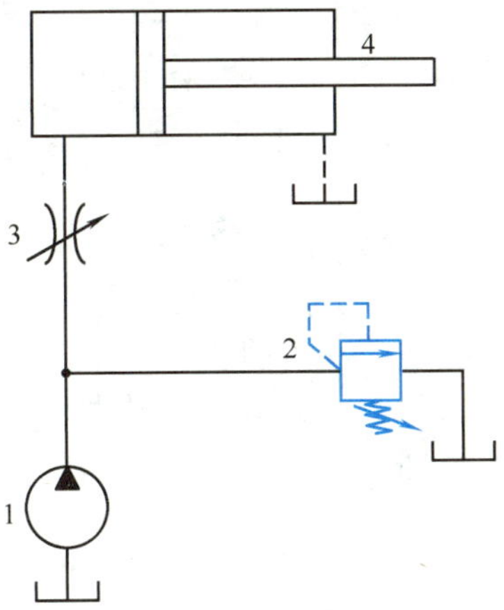

图6-24　单级调压回路图

1—液压泵　2—溢流阀

3—节流阀　4—液压缸

2. 双向调压回路

执行元件的正反行程需要不同的压力时，可采用双向调压回路，如图6-25所示。当换向阀在左位工作时，活塞杆伸出，泵出口由溢流阀1调定为较高压力，缸右腔油液通过换向阀左位回到油箱，此时调定压力较低的溢流阀2不起作用；当换向阀右位工作时，液压缸做空行程返回，泵出口由溢流阀2调定为较低压力，此时溢流阀1不起作用；活塞杆退到终点时，泵在低压下回油，功率损耗较小。

3. 多级调压回路

有些液压设备的液压系统需要在不同的工作阶段获得不同的工作压力，这时可采用多级调压。

图6-26a所示为二级调压回路，该回路可实现两种不同的系统压力控制。在图示状态，泵出口压力由溢流阀1调定为较高压力；当二位二通换向阀通电时，由远程溢流阀2调定为较低压力。溢流阀2的调定压力必须比溢流阀1的调定压力小，否则不能实现二级调压。

图6-26b所示为三级调压回路，三级压力分别由溢流阀1、2、3调定。当电磁铁YA1、YA2失电时，系统压力由溢流阀1调定；当YA1得电、YA2失电时，系统压力由溢流阀2调定；当YA2得电、YA1失电时，系统压力由溢流阀3调定。在这种调压回路中，溢流阀2和溢流阀3的调定压力必须小于溢流阀1的调定压力。

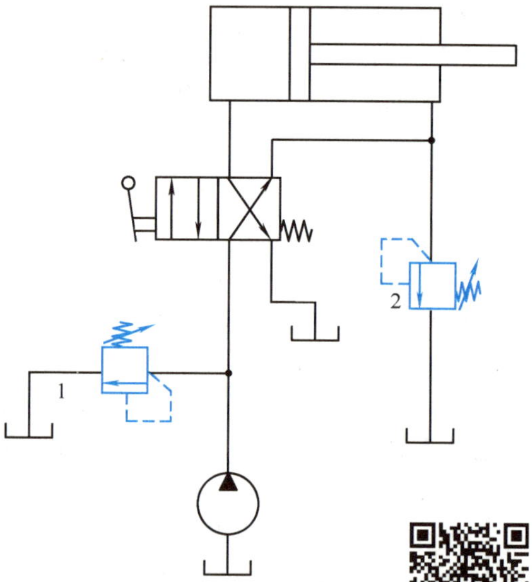

图6-25　双向调压回路

1、2—溢流阀

双向调压回路

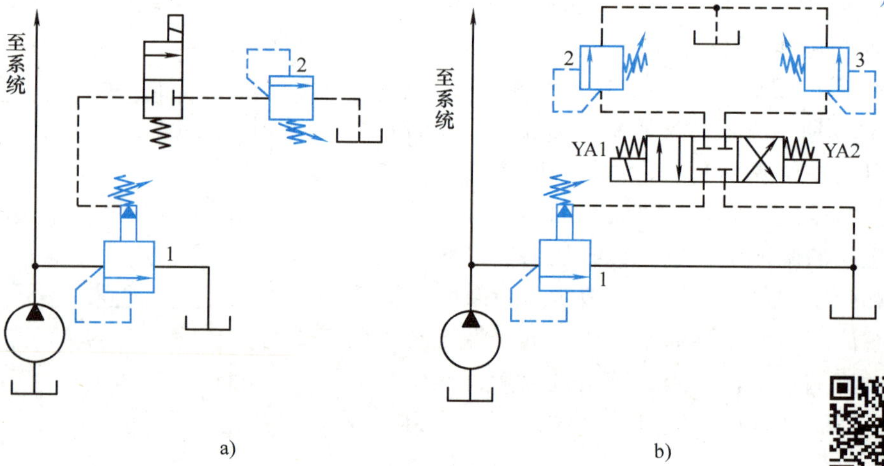

图6-26　多级调压回路

a）二级调压回路　b）三级调压回路

1—先导式溢流阀　2、3—直动式溢流阀

三级调压回路

6.2.2　卸荷回路与保压回路的工作原理

1. 卸荷回路

在液压系统工作中，有时执行元件短时间停止工作，不需要液压系统传递能量，或者执行元件在某段工作时间内保持一定的力，而运动速度极慢，甚至停止工作，在这种情况下，不需要液压泵输出油液，或只需要很小流量的液压油，此时液压泵输出的液压油全部或绝大部分从溢流阀流回油箱，造成能量的无谓消耗，引起油液发热，使油液加快变质，而且还影响液压系统的性能及泵的寿命。为此常采用卸荷回路解决上述问题。

卸荷回路的功能是在液压泵驱动电动机不进行频繁起动和关闭的情况下，使液压泵在功率输出接近于零的情况下运转，以减少功率损耗，降低系统发热，延长泵和电动机的寿命。因为液压泵的输出功率为其流量和压力的乘积，当两者任意一个近似为零时，功率损耗就近似为零。故液压泵的卸荷有流量卸荷和压力卸荷两种。流量卸荷主要是使用变量泵，使变量泵的输出流量仅用来补偿泄漏而以最小流量运转。此方法比较简单，但泵需在高压下运行，磨损比较严重；压力卸荷的方法是使泵在接近于零压下运行。常见的压力卸荷回路有以下几种。

（1）换向阀卸荷回路

1）用三位换向阀中位机能的卸荷回路。当中位机能为 M、H、K 型的三位换向阀处于中位时，泵和油箱连通，实现卸荷。图 6-27 所示为采用 M 型中位机能的卸荷回路。卸荷方法比较简单，但压力较高，流量较大时，容易产生冲击，故适用于低压、小流量的液压系统中。

2）用二位二通阀的卸荷回路。图 6-28 所示为采用二位二通阀的卸荷回路。采用此方法时，必须使二位二通换向阀的流量与泵的额定流量相匹配。这种方法的卸荷回路效果较好，易于实现自动控制，一般适用于液压泵的流量小于 63L/min 的场合。

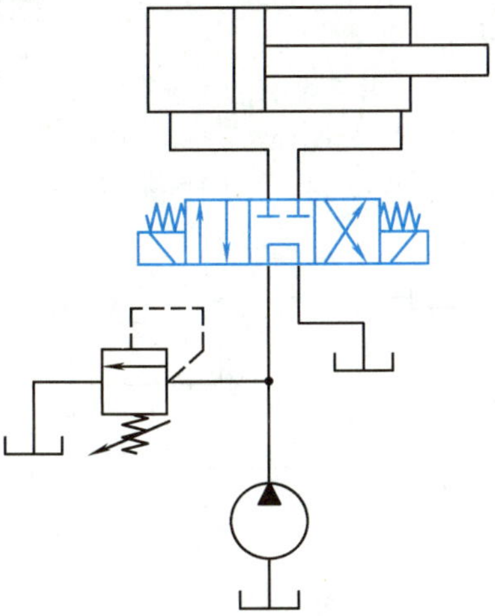

图 6-27　采用 M 型中位机能的卸荷回路

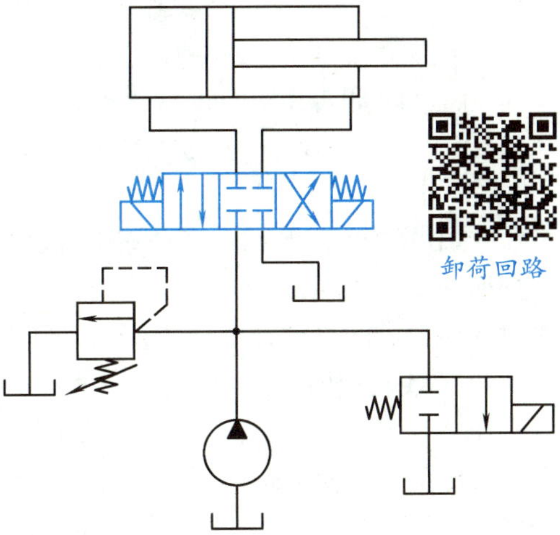

卸荷回路

图 6-28　采用二位二通阀的卸荷回路

（2）用先导式溢流阀的远程控制口卸荷　如图 6-29 所示，先导式溢流阀的远程控制口直接与二位二通电磁换向阀相连，便构成一个用先导式溢流阀的卸荷回路。这种回路的卸荷压力小，切换时的冲击也小。

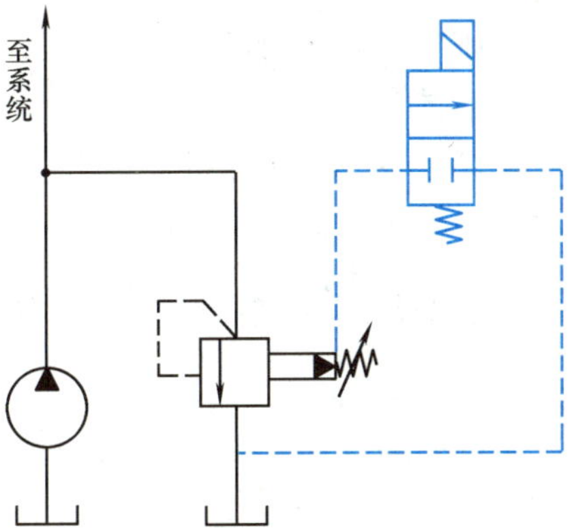

图 6-29　用先导式溢流阀的远程控制口卸荷回路

2. 保压回路

保压回路的功用是在执行元件停止工作或仅有工件变形所产生的微小位移的情况下，使系统压力基本上保持不变。保压性能的主要指标是保压时间和压力稳定性。常用的保压回路有以下几种。

（1）用液压泵的保压回路　如图 6-30 所示的回

路中，当系统压力较低时，低压大排量泵供油，当系统压力升高到卸荷阀的调定压力时，低压大排量泵卸荷，高压小排量泵供油保压，溢流阀调节压力。

（2）用蓄能器的保压回路　图 6-31 所示为用蓄能器的保压回路。当这种回路的系统压力降低时，单向阀 3 关闭，支路由蓄能器 4 保压补偿泄漏，压力继电器 5 的作用是当支路压力达到预定值时发出信号，使主油路开始动作。

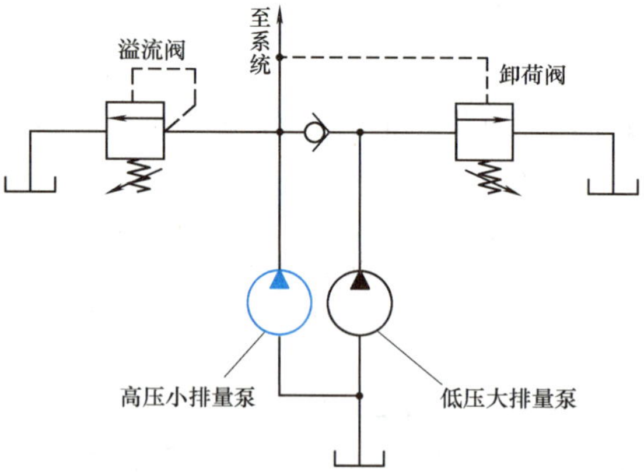

图 6-30　用液压泵的保压回路

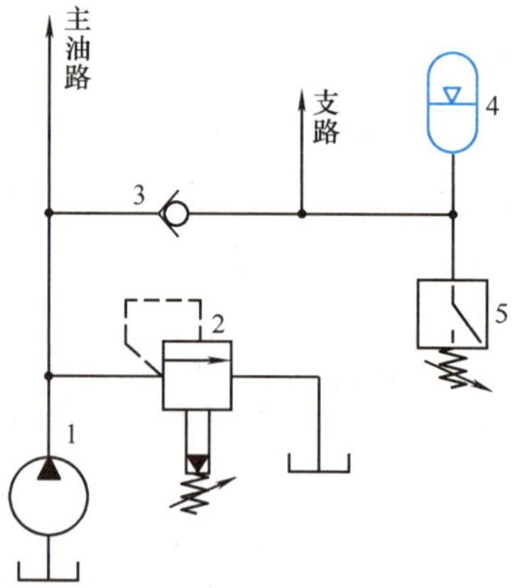

图 6-31　用蓄能器的保压回路

1—液压泵　2—溢流阀　3—单向阀

4—蓄能器　5—压力继电器

用蓄能器的保压回路

（3）用液控单向阀和点接触式压力表的自动补油保压回路　图 6-32 所示为利用液控单向阀和点接触式压力表的自动补油保压回路，其工作原理为：当 YA1 得电时，换向阀右位工作，当液压缸上腔压力上升至电接触式压力表的上限值时，上触点发出信号，使电磁铁 YA1 失电，换向阀处于中位，液压泵卸荷，此时液压缸由液控单向阀保压；当液压缸上腔压力下降到预定下限值时，点接触式压力表又发出信号，使电磁铁 YA1 得电，液压泵再次向系统供油，使压力上升；当压力达到上限值时，上接触点又发出信号，使电磁铁 YA1 失电。因此这一回路能自动使液压缸补充液压油，使其压力能长期保持在一定的范围内。

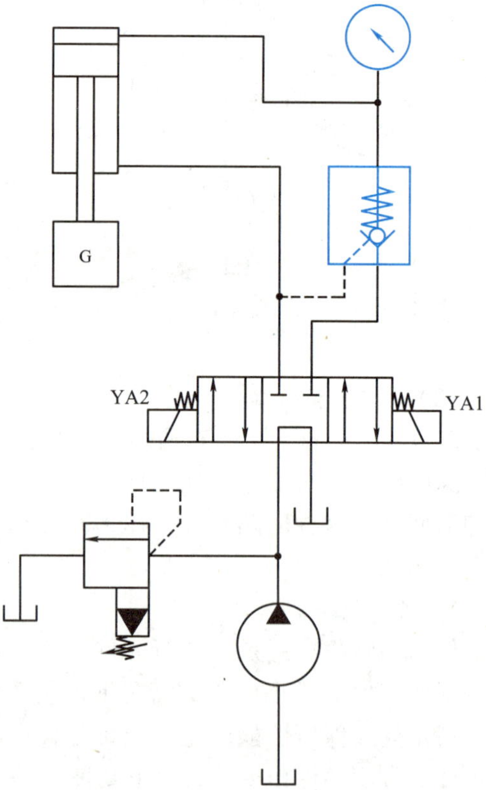

图 6-32　自动补油保压回路

6.2.3　增压回路与减压回路的工作原理

1. 增压回路

增压回路的功用是提高系统中某一支路的压力，以满足局部工作机构的需要。采用了增压回路，系统的整体工作压力仍能较低，这样可以降低能源消耗。增压回路中提高压力的主要元件是增压缸或增压器。

（1）单作用增压缸的增压回路　图 6-33a 所示为用增压缸的单作用增压回路。当系统在图示位置工作时，系统的供油压力 p_1 进入液压缸的大活塞腔，此时在小活塞腔即可得到所需要的较高压力 p_2 。当二位四通换向阀右位接入系统时，增压缸返回，辅助油箱中的油液经单向阀补入小活塞腔。因此该回路只能间歇单向增压。

（2）双作用增压缸的增压回路　图 6-33b 所示为采用双作用增压缸的增压回路，该回路能连续输出高压油。在图示位置工作时，液压泵输出的液压油经换向阀 5 和单向阀 1 进入液压缸左端大、小活塞腔，右端大活塞腔的液压油经换向阀 5 流回油箱，小活塞腔经增压后的液压油经单向阀 4 输出，此时单向阀 2、3 关闭；当增压缸活塞移动到右端时，换向阀 5 得电换向，增压缸活塞向左移动。同理，左端小活塞腔输出的高压油经单向阀 3 输出。增压缸活塞不断往复运动，两端便交替输出高压油，从而实现连续增压。

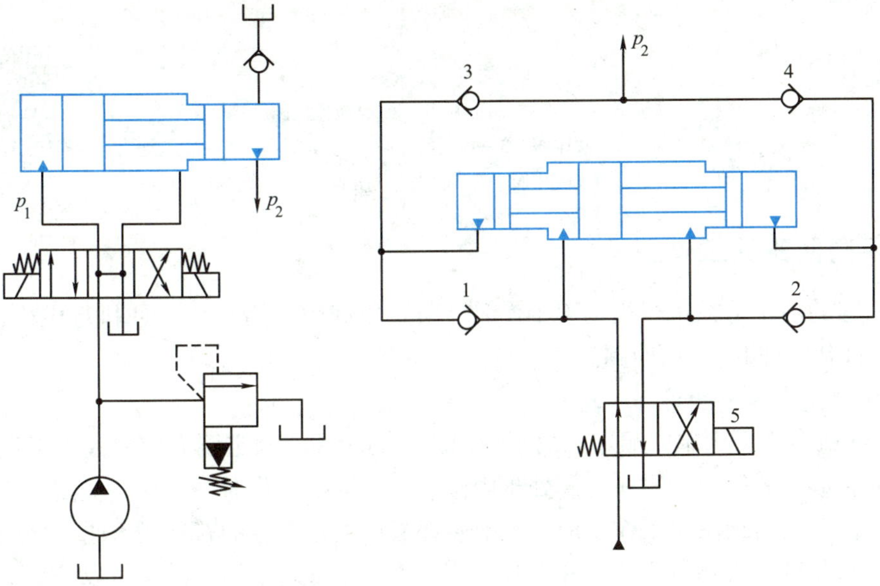

a)　　b)

图 6-33　增压回路

a）单作用增压回路　b）双作用增压缸增压回路

2. 减压回路

减压回路的功用是使系统中的某一分支油路具有低于主油路的稳定压力。如机床液压系统中的定位、夹紧、分度回路，及液压元件的控制油路等，往往要求比主油路的压力要低，此时可采用减压回路。

（1）一级减压回路　图 6-34a 所示为采用定值减压阀与主油路相连的一级减压回路。回路中的单向阀用于防止油液倒流，起短时保压作用。

（2）二级减压回路　减压回路中，也可以采用类似两级或多级调压的方式获得两级或多级减压。图 6-34b 所示为利用先导式减压阀 7 的遥控口接溢流阀 8，可由减压阀 7 和溢流阀 8 各调得一种低压。但要注意，溢流阀 8 的调定压力一定要低于减压阀 7 的调定压力。

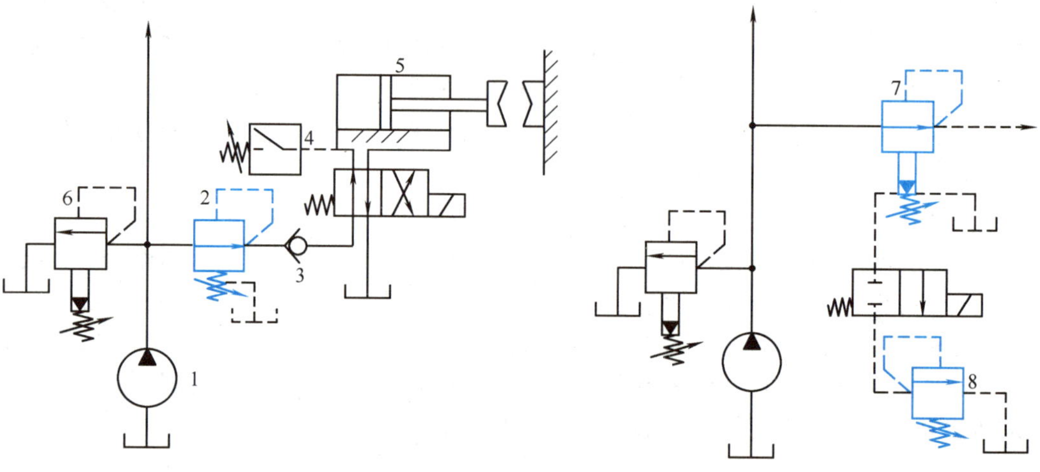

a)　　b)

图 6-34　减压回路

a）一级减压回路　b）二级减压回路

1—液压泵　2—减压阀　3—单向阀　4—压力继电器　5—液压缸

6—先导式液压阀　7—先导式减压阀　8—溢流阀

二级减压回路

6.2.4　平衡回路的工作原理

平衡回路的功用是在执行机构不工作时，防止负载因重力作用而使执行机构自行下滑。图 6-35 为采用顺序阀的平衡回路。

1. 采用单向顺序阀的平衡回路

图 6-35a 所示为采用单向顺序阀的平衡回路。顺序阀的调定压力应稍大于工作部件自重在液压缸下腔形成的压力。当换向阀处于中位，液压缸不工作时，顺序阀关闭，工作部件不会自行下滑；当换向阀左位工作，液压缸上腔通液压油，下腔的背压稍大于顺序阀的调定压力时，顺序阀开启，活塞与运动部件下行，此时因自重得到平衡，活塞可以平稳地下落，不会产生超速现象；当换向阀右位工作时，活塞及运动部件上行。这种回路采用 M 型中位机能的换向阀，当液压缸停止工作时，缸上、下腔油液被封闭，有助于锁住工作部件，还可以使泵卸荷，以减少能耗。

这种平衡回路，由于下行时回油腔产生的背压大，故其下行时的功率损失较大。同时由于单向顺序阀和换向阀的泄漏会使运动部件缓慢下降，故其主要适用于工作部件重量不变且自重较轻，活塞锁住时定位要求不高的场合，如锻压机床、插床、立式组合机床等的液压系统中。

2. 采用液控单向顺序阀的平衡回路

图 6-35b 所示为采用液控单向顺序阀的平衡回路。当换向阀右位工作时，活塞上升，吊起重物；当换向阀处于中位时，缸上腔卸压，液控顺序阀关闭，活塞及工作部件停止运动并被锁住；当换向阀左位工作时，液压油进入缸上腔，同时进入液控顺序阀液控口，使顺序阀开启，液压缸下腔可顺利回油，背压消失，此时活塞下行，重物被放下。这种回路的效率高，安全可靠。但活塞在下行时，因自重作用会使运动部件下降速度过快，导致液压缸上腔油压降低，使液控顺序阀的开口关小，阻力增大，阻止活塞迅速下降；当液控顺序阀关小

时，液压缸下腔背压上升，上腔油压也上升，又会使液控顺序阀开口变大。因此，液控顺序阀的开口处于不稳定状态，系统平稳性较差。

以上两种回路中的顺序阀总有泄漏，长时间停止时，工作部件仍会有缓慢的下移。为使工作部件长时间停止，可在液压缸和顺序阀之间加一个液控单向阀（如图 6-35c 所示），以减少泄漏的影响。

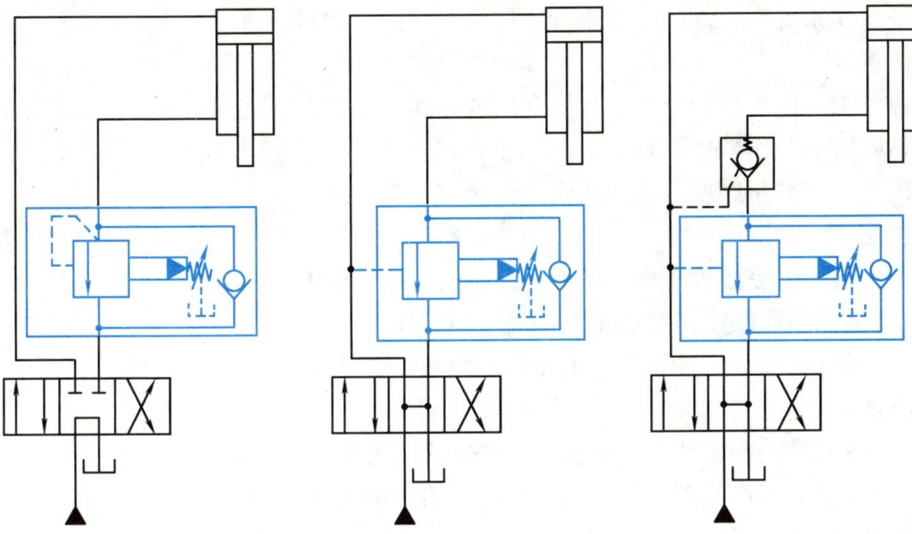

图 6-35　采用顺序阀的平衡回路

任务实施 6.2　液压钻床液压控制回路的设计

在完成该任务之前，先分析一下图 6-36 中的顺序动作回路。

夹紧液压缸和钻孔液压缸需要依次实现顺序动作 1-2-3-4。当电磁铁得电时，二位四通换向阀左位工作，液压油开始只能进入夹紧液压缸左腔，回油经阀 B 中的单向阀和换向阀流回油箱，实现动作 1；当夹紧液压缸活塞右行至终点时，夹紧工件，系统压力升高，当系统压力升高到阀 A 中顺序阀的调定压力时，顺序阀开启，液压油进入钻孔液压缸左腔，右腔油液经换向阀流回油箱，实现顺序动作 2；当钻孔完毕后，电磁铁断

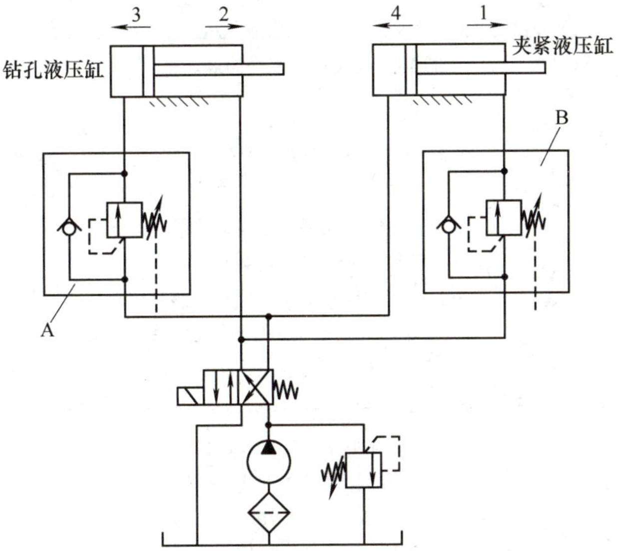

图 6-36　顺序动作回路

电，二位四通换向阀右位工作，液压油先进入钻孔液压缸右腔，回油经阀 A 中的单向阀和换向阀流回油箱，实现顺序动作 3，钻头退回；当钻孔液压缸中的活塞左行至终点后，系统压力上升，当系统压力升高到阀 B 中顺序阀的调定压力时，顺序阀开启，液压油进入夹紧液压缸右腔，回油经换向阀流回油箱，实现顺序动作 4。至此，完成一个工作循环。该回路的可靠性在很大程度上取决于顺序阀的性能和压力调定值。为了严格保证顺序动作，顺序阀的调定压力应比先动作缸的最高工作压力高（0.8 ~ 1）MPa，否则顺序阀可能在压力波动下先行打开，使系统产生误动作，影响工作的可靠性。此回路适用于液压缸数目不多，阻力变化不大的场合。

针对任务引入中提出的要求，可以利用减压阀来控制夹紧缸的夹紧力，用顺序阀来控制夹紧缸和钻孔缸的动作顺序。那么，根据上面的分析，只要在图 6-36 的基础上，在夹紧缸的油路上连接一个减压阀就可以组成液压钻床的液压回路系统了。

1. 操作步骤

在液压试验台上完成液压钻床的液压回路的连接。要求如下：

1）能看懂液压回路图，并能正确选用液压元件。

2）安装元件要规范，各元件在工作台上的布局要合理。

3）用油管正确连接各液压元件的油口。

4）检查各元件的连接情况无误后，分组讲述其工作压力。

5）开机验证其工作原理（起动液压泵，观察压力表显示的压力值；调节减压阀调压手柄，观察压力表显示情况；调节顺序阀调压手柄，观察执行元件动作顺序）。

6）完成实验，经教师检查评估后，关闭液压泵，拆下各液压元件及管线，并将其放回原处。

2. 工作任务单

姓名		班级		组别		日期	
工作任务	液压钻床液压控制回路的设计						
任务描述	在液压实训室，根据液压钻床的工作原理，选用合理的液压元件，设计液压钻床的控制回路，并在试验台上安装连接该回路，同时调试完成该回路功能						
任务要求	1）正确使用相关的工具，分析、设计出该液压回路图 2）该回路的连接、安装及运行 3）分析该回路的工作原理及油路分析 4）调节减压阀，观察压力变化及工作状况 5）实训结束后对液压试验台进行整理，对使用工具及液压元件进行整理并放回原处						
提交成果（可口述）	1）液压钻床液压回路图的设计与绘制 2）组成该回路的各液压元件的作用 3）该控制回路的工作原理及油路分析 4）正确连接各液压元件，调试运行该液压回路，完成回路功能 （液压钻床液压回路连接实训报告）						

（续）

	序号	考核内容	评分	评分标准	得分
考核评价	1	安全文明操作	10	遵守安全规章、制度	
	2	绘制该液压钻床回路图并讲述组成该回路的各液压元件的作用	20	回路图绘制正确，各元件作用讲解正确	
	3	选择各液压元件并在实验台上连接该回路	20	各元件选择及连接正确	
	4	分析其工作原理及油路运行情况	20	工作原理及油路运行分析正确	
	5	开机验证其工作原理及油路运行分析	20	开机验证操作正确	
	6	团队协作	10	与他人合作有效	
指导教师				总分	

知识拓展6　压力阀的常见故障诊断与维修

1. 溢流阀的常见故障诊断与维修

溢流阀的常见故障诊断与维修方法见表6-2。

表6-2　溢流阀的常见故障诊断与维修方法

故障现象	故障原因	维修方法
无压力	1）调压弹簧未装 2）锥阀未装或钢球破损 3）先导阀阀座破损 4）远程控制口通油箱 5）主阀平衡弹簧折断或弯曲使主阀芯不能复位 6）主阀芯在开启位置卡死 7）主阀芯阻尼孔堵塞	1）补装弹簧 2）补装或更换 3）更换阀座 4）检查远程控制口状态，排除故障根源 5）更换弹簧 6）检修、重新装配；过滤或换油 7）清洗阻尼孔，过滤或换油
压力波动大	1）液压泵流量脉动太大使溢流阀无法平衡 2）阻尼孔太大，消振效果差 3）主阀芯和先导阀芯阻尼孔时堵时通 4）主阀芯动作不灵活，有时有卡住现象 5）调压手轮未锁紧	1）修复液压泵 2）更换阀芯 3）清洗阻尼孔，过滤或换油 4）修换零件，重新装配，过滤或换油 5）调压后锁紧调压手轮
振动和噪声大	1）主阀芯在工作时径向力不平衡，导致溢流阀不稳定 2）锥阀和阀座接触不好，圆度误差太大，导致锥阀受力不平衡，引起锥阀振动 3）调压弹簧弯曲导致锥阀受力不平衡，引起锥阀振动 4）系统内有空气 5）通过流量超过公称流量，在溢流阀口处引起空穴现象 6）通过溢流阀的溢流量太小，使溢流阀处于启闭临界状态而引起液压冲击 7）回油管理阻力过高	1）检查阀体孔和主阀芯的精度，修换零件，过滤或换油 2）检查其圆度误差使其控制在合格范围内 3）更换弹簧 4）排除空气 5）使其流量限制在公称流量内 6）控制正常工作的最小溢流量 7）适当增大管径，减少弯头，回油管口离油箱底面应在2倍管径以上

2. 顺序阀的常见故障诊断与维修

顺序阀的常见故障诊断与维修方法见表6-3。

表 6-3 顺序阀的常见故障诊断与维修方法

故障现象	故障原因	维修方法
出油口总有油流出，不能使执行元件实现顺序动作	1）上下阀盖装错，外控与内控混淆 2）单向顺序阀的单向阀卡死在打开位置 3）主阀阀芯与阀体孔的配合太紧，主阀阀芯卡死在打开位置，或主阀阀芯被污物、毛刺卡死在打开位置，顺序阀变为直通阀 4）外控顺序阀控制油口被污物堵塞，或控制活塞被污物、毛刺卡死	1）纠正上下阀盖安装 2）清洗单向阀阀芯 3）研磨主阀阀芯与阀体孔，或清洗主阀阀芯、使阀芯运动灵活 4）清洗疏通控制油道，清洗或研磨控制活塞
出油口无油流出，不能使执行元件实现顺序动作	1）液压系统压力没有建立起来 2）上下阀盖装错，外控与内控混淆 3）主阀阀芯与阀体孔的配合太紧，主阀阀芯卡死在关闭位置，或主阀阀芯被污物、毛刺卡死在关闭位置，顺序阀变为直通阀 4）液控顺序阀控制压力太小	1）检修液压系统 2）纠正上下阀盖的安装 3）研磨主阀阀芯与阀体孔，或清洗主阀阀芯、使阀芯运动灵活 4）调整控制压力至合理值
调整压力不稳定，不能使执行元件实现顺序动作或顺序动作错乱	1）污物堵住主阀阀芯阻尼孔 2）控制活塞外径与阀盖孔配合太松，导致控制油的泄漏油作用到主阀芯上，出现顺序阀调定压力不稳定，不能使执行元件顺序动作或顺序动作错乱	1）用细钢丝穿通阻尼孔并清洗 2）更换控制活塞

3. 减压阀的常见故障与诊断

减压阀的常见故障诊断与维修方法见表6-4。

表 6-4 减压阀的常见故障诊断与维修方法

故障现象	故障原因	维修方法
减压阀出口压力几乎等于进口压力，不起减压作用	1）主阀芯被污物、毛刺卡主，或配合太紧，或形状公差超标产生液压卡紧，将主阀卡死在最大开度位置 2）主阀阀芯阻尼孔或先导阀阀座阻尼孔被污物堵塞，失去自动调节能力 3）管式或法兰式减压阀将阀盖装错方向，使阀盖和阀体之间的外泄口堵死，无法排油，造成困油，使阀芯顶在最大开度而不减压 4）板式减压阀泄油通道堵住未通回油箱 5）管式减压阀的泄油通道出厂时是堵住的，使用时泄油孔的油塞未拧出	1）清洗、去毛刺、修复阀孔和阀芯配合间隙，使其间隙合理，或修正其形状公差使其达标 2）用细钢丝或压缩空气疏通阻尼孔，并清洗阻尼孔 3）按正确位置安装阀盖 4）疏通泄油通道 5）使用时拧出油塞

（续）

故障现象	故障原因	维修方法
出口压力低，即使拧紧调压手轮压力也升不起来	1）进油口压力太低 2）减压阀进、出油口接反了 3）未装先导阀阀芯 4）先导阀阀芯与阀座之间配合不紧密 5）主阀阀芯阻尼孔被污物堵塞 6）先导阀弹簧装成了软弹簧	1）查明原因排除 2）纠正接错的进、出油口 3）补装先导阀阀芯 4）针对情况修复，使其配合紧密 5）疏通阻尼孔并清洗阻尼孔 6）更换合适的弹簧
振动和噪声大	1）主阀芯在工作时径向力不平衡，导致溢流阀不稳定 2）锥阀和阀座接触不好，圆度误差太大，导致锥阀受力不平衡，引起锥阀振动 3）调压弹簧弯曲导致锥阀受力不平衡，引起锥阀振动 4）系统内有空气 5）通过流量超过公称流量，在溢流阀口处引起空穴现象 6）通过溢流阀的溢流量太小，使溢流阀处于启闭临界状态而引起液压冲击 7）回油管路阻力过高	1）检查阀体孔和主阀芯的精度，修换零件，过滤或换油 2）检查其圆度误差使其控制在合格范围内 3）更换弹簧 4）排除空气 5）使其流量限制在公称流量内 6）控制正常工作的最小溢流量 7）适当增大管径，减少弯头，回油管口离油箱底面应在2倍管径以上

◇◇◇ 自我评价6

1. 填空题

1）在液压系统中，控制________或利用压力的变化来实现某种动作的阀称为压力控制阀。按用途不同可分为________、________、________和压力继电器。

2）先导式溢流阀由________和________两部分组成，前者控制________，后者控制________。

3）减压阀主要用来________液压系统中某一分支油路的压力，使之低于液压泵的供油压力，以满足执行机构的需要，并保持基本恒定。减压阀也有________和________两类，________减压阀应用较多。

4）________阀是利用系统压力的变化来控制油路的通、断，以实现各执行元件按先后顺序动作的压力阀。

5）压力继电器是一种将油液的________信号转换成________信号的电液控制元件。

2. 判断题

1）溢流阀通常接在液压泵出口的油路上，它的进口压力即系统压力。　（　　）

2）溢流阀用于系统的限压保护、防止过载的场合，在系统正常工作时，该阀处于常闭状态。　（　　）

3）液压系统中常用的压力控制阀是单向阀。　（　　）

4）溢流阀在系统中用于安全阀调定的压力比用于调压阀调定的压力大。　（　　）

5）减压阀的主要作用是使阀的出口压力低于进口压力且保证进口压力稳定。　（　　）

6）在利用远程调压阀的远程调压回路中，只有在溢流阀的调定压力高于远程调压阀的调定压力时，远程调压阀才起调压作用。　（　　）

3. 选择题

1）溢流阀的作用是配合液压泵等，溢出系统中多余的油液，使系统保持一定的（　　）。

A. 压力　　B. 流量　　C. 流向　　D. 清洁度

2）要降低液压系统中某一分支油路的压力时，一般系统中要配置（　　）。

A. 溢流阀　　B. 减压阀　　C. 节流阀　　D. 单向阀

3）卸荷回路（　　）。

A. 可节省动力消耗，减少系统发热，延长液压泵寿命。

B. 可使液压系统获得较低的工作压力。

C. 不能用换向阀实现卸荷。

D. 只能用滑阀机能为中间开启型的换向阀。

4）在常态下，溢流阀（　　）、减压阀（　　）、顺序阀（　　）。

A. 常开　　B. 常闭

5）压力控制回路包括（　　）。

A. 卸荷回路　　B. 锁紧回路　　C. 制动回路

6）将先导式溢流阀的远程控制口接油箱，将会发生（　　）问题。

A. 没有溢流量　　B. 进口压力为无穷大

C. 进口压力随负载增加而增加　　D. 进口压力调不上去

7）液压系统中的执行机构在短时间停止运行，可采用（　　）以达到节省动力损耗、减少液压系统发热、延长泵的使用寿命的目的。

A. 调压回路　　B. 减压回路　　C. 卸荷回路　　D. 增压回路

8）液压传动系统中常用的压力控制阀是（　　）。

A. 溢流阀　　B. 减压阀　　C. 压力继电器　　D. 顺序阀

9）一级或多级调压回路的核心元件是（　　）。

A. 溢流阀　　B. 减压阀　　C. 压力继电器　　D. 顺序阀

10）当减压阀出口压力小于调定值时，（　　）起减压和稳压作用。

A. 仍能　　B. 不能　　C. 不一定能　　D. 不减压但稳压

4. 计算与问答题

1）比较溢流阀、减压阀、顺序阀的异同点。

2）图6-37所示溢流阀的调定压力为4MPa，若阀芯阻尼孔造成的损失不计，试判断下列情况下压力表的读数各为多少。

①YA断电，负载为无限大时。

②YA断电，负载压力为2MPa时。

③YA通电，负载压力为2MPa时。

3）如图6-38所示，溢流阀的调定压力为5.0MPa，减压阀的调定压力为2.5MPa，试计算下列各压力值，并说明减压阀阀口处于什么状态。

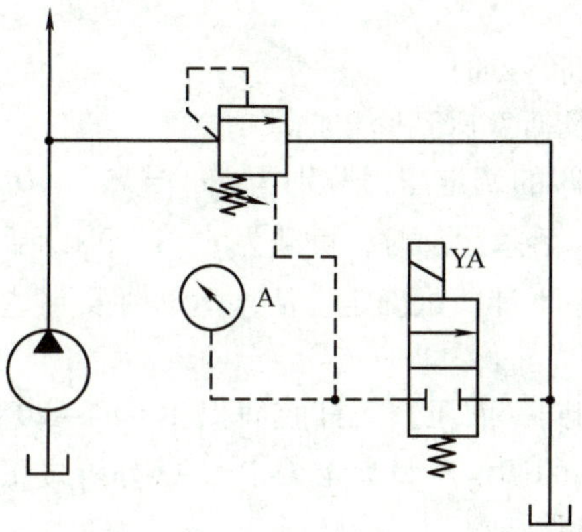

图　6-37

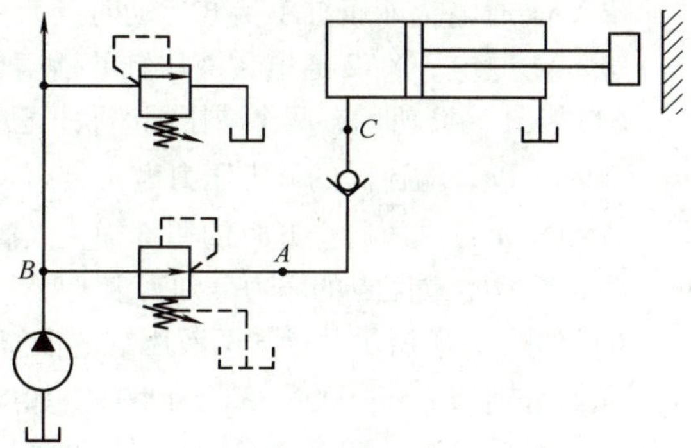

图　6-38

①当泵压力等于溢流阀调定压力时，夹紧缸使工件夹紧后，A、C 点的压力分别为多少？

②当泵压力因工作缸快进压力降到 1.5MPa 时（工件原先处于夹紧状态），A、B、C 三点的压力分别为多少？

③夹紧缸在夹紧工件前做空载运动时，A、B、C 三点的压力分别为多少？

4）如图 6-39 所示的液压系统，两液压缸的有效面积 $A_1 = A_2 = 100\text{cm}^2$，缸 I 的负载 $F=35000\text{N}$，缸 Ⅱ 运动时负载为 0。不计摩擦阻力、惯性力和管路损失，溢流阀、顺序阀、减压阀的调定压力分别为 4MPa、3MPa、2MPa。求下列三种情况下，A、B、C 三点的压力分别为多少。

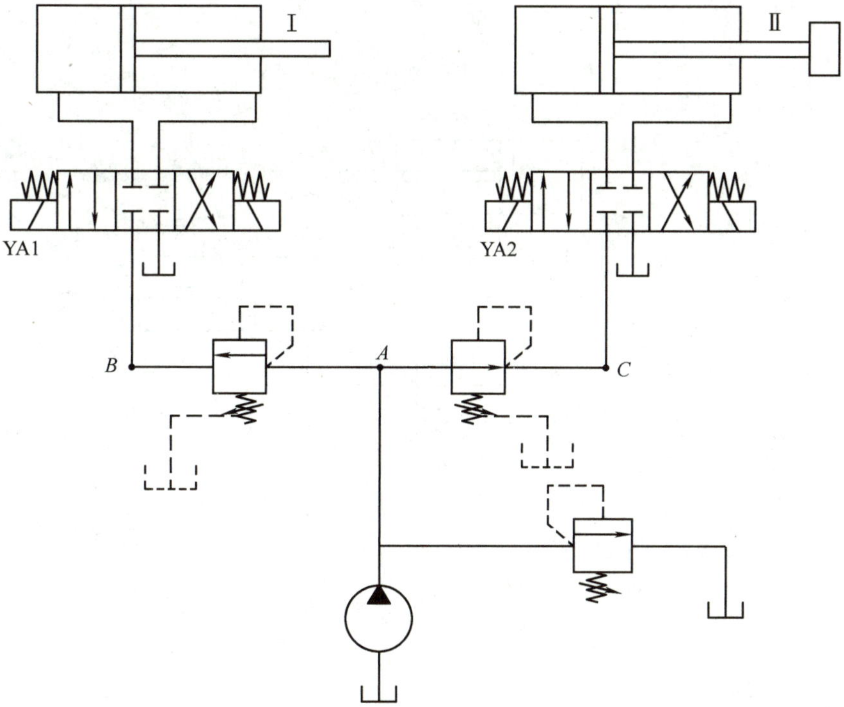

图　6-39

①液压泵起动后，两换向阀处于中位。

②YA1 通电，液压缸Ⅰ活塞运动时及活塞运动到终点时。

③YA1 断电，YA2 通电，液压缸Ⅱ活塞运动时及活塞碰到固定挡块时。

5）如图 6-40 所示，两个减压阀串联，已知减压阀的调定压力分别为：$p_{j1}=35\times10^5\mathrm{Pa}$，$p_{j2}=20\times10^5\mathrm{Pa}$，溢流阀的调定压力为 $p_y=45\times10^5\mathrm{Pa}$，活塞运动时，负载为 $F=1200\mathrm{N}$，活塞面积为 $A=15\mathrm{cm}^2$，减压阀全开时的局部损失及管路损失不计。试确定：活塞运动时及到达终点位置时，A、B、C 三点的压力分别为多少？

6）如图 6-41 所示，已知两液压缸的活塞面积相同，液压缸无杆腔面积 $A_1=A_2=20\times10^{-4}\mathrm{m}^2$，负载分别为 $F_1=8000\mathrm{N}$，$F_2=4000\mathrm{N}$，如果溢流阀的调定压力为 4.5MPa，试分析减压阀调定压力分别为 1MPa、2MPa、4MPa 时，两液压缸的动作情况。

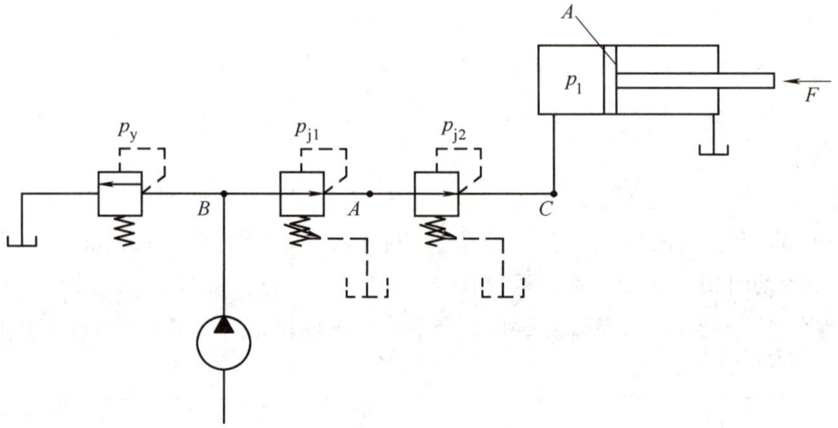

图　6-40

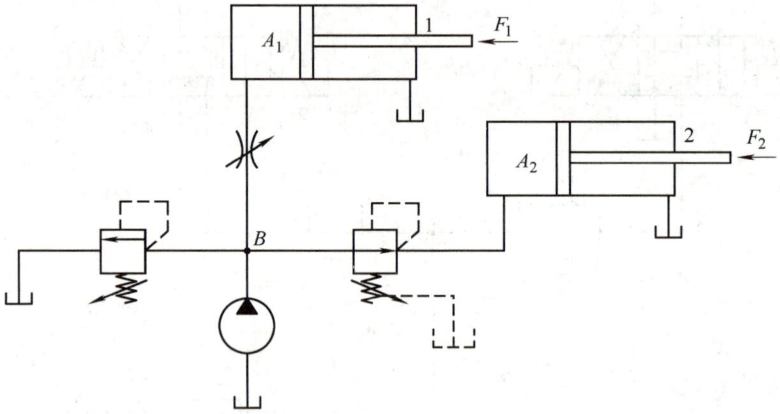

图　6-41

项目7　液压速度控制回路的设计与应用

学习目标

通过本项目的学习，学生应掌握流量控制阀的功用及分类、熟悉流量控制阀的工作原理、图形符号、具备流量控制阀选用的能力，具有分析和调试速度控制回路的能力。具体目标是：

1）掌握流量控制阀的功用和分类。

2）掌握节流口的结构型式和流量特性。

3）掌握流量控制阀的工作原理。

4）能根据系统功能要求合理选用流量控制阀。

5）掌握速度控制回路的功用、工作原理。

6）能正确连接、安装速度控制回路及进行液压系统速度的调节。

任务7.1　液压起重机流量控制阀的应用

任务引入

图7-1所示为液压起重机外观图。液压起重机在工作时，起重吊臂的伸出和返回是由液压缸驱动的。根据工作要求，液压起重机运行时，吊臂的速度必须是能够调节的。试设计控制吊臂运行速度的液压回路。那么，液压传动系统中是依靠什么元件来实现速度的调节的？这些元件的结构是怎样的？这些元件的工作原理如何呢？

任务分析

图7-1　液压起重机

在液压起重机的液压传动系统中，必须能够有效地调节液压臂的速度。我们前面已经学过有关压力和流量的知识，也知道了在液压系统中，改变系统中的流量就能改变执行元件（液压缸）的速度，因此只要改变进入液压缸的流量，就可以控制液压吊臂的运行速度。液压传动系统中，用来改变流量的元件是流量控制阀，常用的流量控制阀是节流阀，所以需要用节流阀来设计控制液压吊臂运行速度的液压回路。本任务的要求是按规范拆装节流阀和调速阀，清楚节流阀和调速阀的结构和工作原理，掌握其拆装方法。

相关知识

7.1.1　节流阀的结构与工作原理

流量控制阀是通过改变阀口的通流面积来调节阀口流量，从而控制执行元件运动速度的液压控制阀。节流阀的外形如图 7-2 所示。

节流阀是最简单的流量控制阀，它的关键部位是节流口，节流口的形状和大小对流量控制阀的特性有着重大的影响。

图 7-2　节流阀实物图

1. 节流口的结构型式

图 7-3 所示为常用的几种节流口的结构型式，其中图 7-3a 为针阀式节流口：针形阀芯做轴向移动时，改变环形通流面积的大小，从而调节流量。这种结构，加工简单，但节流长度长，易堵塞，流量受温度影响较大，一般用于要求较低的场合。图 7-3b 为偏心式节流口：在阀芯上开有一个截面为三角形（或矩形）的偏心槽，当转动阀芯时，就可以调节通流面积的大小从而调节流量。其阀芯受到径向不平衡力的作用，因此不宜用于高压的场合。图 7-3c 为轴向三角槽式节流口：在阀芯的端部开有一个或两个斜的三角槽，轴向移动阀芯，就可以改变三角槽通流面积从而调节流量。这种节流口的小流量稳定性较好，常用于中、高压系列的节流阀中。图 7-3d 为周向缝隙式节流口：阀芯为薄壁空心套，其上有周向缝隙使内外相通，当旋转阀芯时，就可以改变缝隙的通流面积从而调节流量。这种节流口可以做成薄刃结构而获得较小的流量，但阀芯受到径向不平衡力作用，常用于中、低压的节流阀中。图 7-3e 为轴向缝隙式节流口：在套筒上开有不同形状的孔以形成轴向缝隙，轴向移动阀芯就可以改变缝隙通流面积的大小，从而调节流量。这种节流口可以做成单薄刃式或双薄刃式，流量对温度变化不敏感，小流量稳定性好，单节流口在高压作用下易变形，故常用于中、低压的节流阀中。

2. 节流阀的结构及特点

节流阀是通过改变通流面积的大小来控制液流流量，进而改变进入液压缸的流量，实现对液压缸速度的调节。

按照节流阀的功用不同，节流阀可分为普通节流阀、单向节流阀、溢流节流阀、节流截止阀等多种。普通节流阀和单向节流阀最为常用。

（1）普通节流阀　图 7-4 所示为普通节流阀的结构原理和图形符号。这种阀的节流口为轴向三角槽式，液压油从 P 口进，经阀芯上的三角槽节流口，从出油口 A 流出。阀芯在弹簧力的作用下始终紧贴在推杆的端部。旋转调节螺母 1 可通过推杆 2 推动阀芯 3 做轴向移动，改变节流口的通流面积，可以调节油液通过阀的流量。

图 7-5 所示为 L-25B 型节流阀结构。这种节流阀结构简单，体积小，使用方便，成本

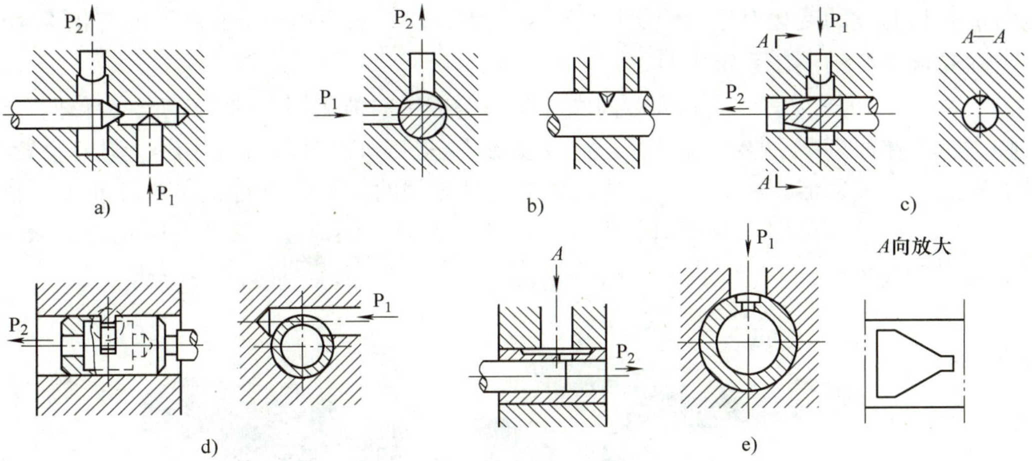

图 7-3 节流口的结构型式

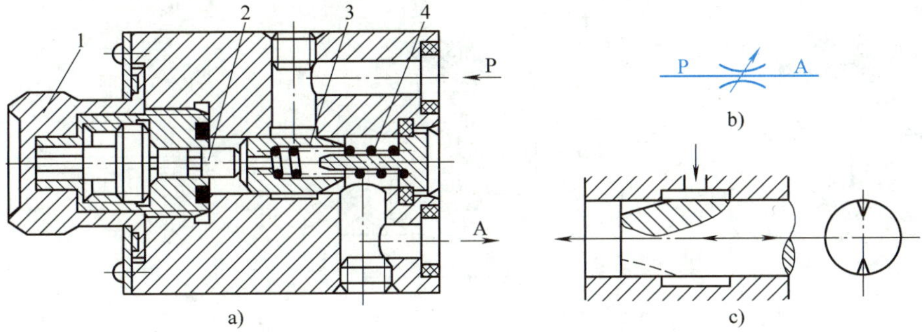

图 7-4 普通节流阀的结构和图形符号

a）结构原理 b）图形符号 c）阀口结构

1—调节螺母 2—推杆 3—阀芯 4—弹簧

单向节流阀的组装

图 7-5 L-25B 型节流阀结构

1—阀体 2—阀芯 3—弹簧 4—弹簧座 5—推杆 6—套 7—手柄 8—紧定螺钉 9—锁紧螺母

低，但负载和温度的变化对流量稳定性的影响较大，因此只适用于负载和温度变化不大或速度稳定性要求不高的液压系统中。

（2）单向节流阀　将节流阀和单向阀并联即构成单向节流阀，图 7-6 所示为单向节流阀的实物图、工作原理图和图形符号。当油液从 A 口进 P 口出时起节流作用，调节手轮即可用调节轴向三角槽通流面积的大小，从而调节通过该阀的流量；当油液从 P 口进 A 口出时，无节流作用。这种阀可用于单独调节执行元件某一方向上的速度。图 7-7 所示为 L1-63B 型单向节流阀。

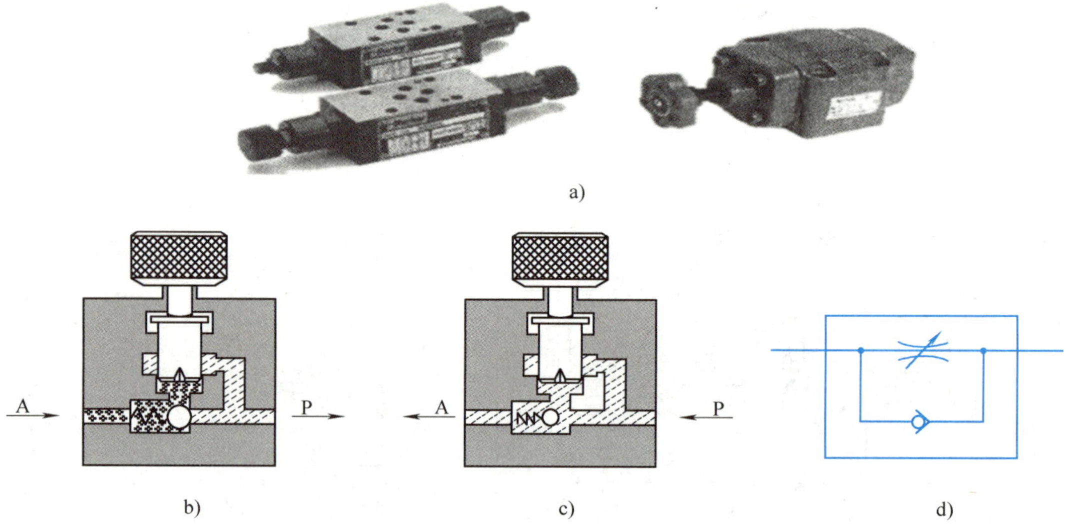

图 7-6　单向节流阀

a）实物图　b）有节流作用　c）无节流作用　d）图形符号

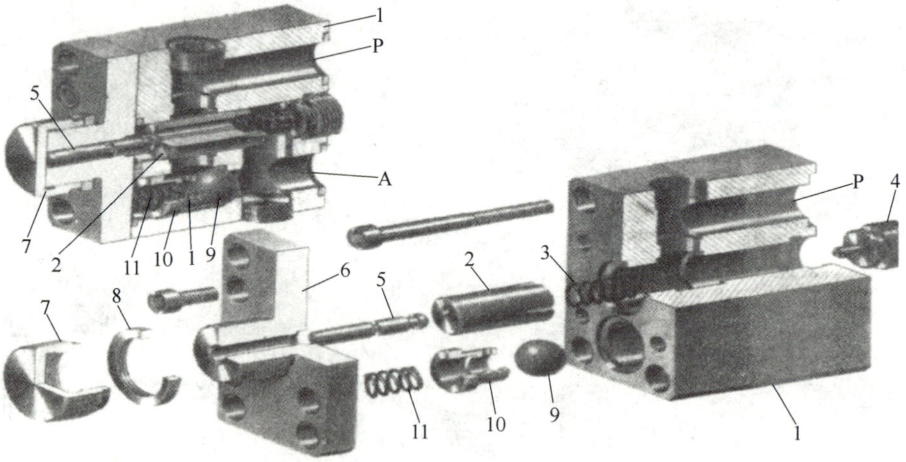

图 7-7　L1-63B 型单向节流阀

1—阀体　2—阀芯　3、11—弹簧　4—弹簧座　5—推杆　6—阀盖　7—手柄　8—锁紧螺母　9—钢球　10—套

7.1.2　调速阀的结构与工作原理

调速阀是由定差减压阀和节流阀串联组合而成，利用定差减压阀来保证可调节流阀前后的压力差不受负载变化的影响，从而可使通过节流阀的流量保持恒定。

图 7-8　调速阀实物图

1. 调速阀的工作原理

图 7-8 所示为调速阀实物图，其工作原理如图 7-9a 所示。调速阀的进油口压力为 p_1，由溢流阀调定，工作时基本保持恒定。压力为p_1 的油液进入调速阀后，先经减压阀的阀口减压至 p_2，然后经节流阀流出，压力为 p_3 。进入节流阀前的压力为 p_2 的油液，经通道 e 和 f 被引入定差减压阀的 d 腔和 c 腔，而经过节流阀后的压力为 p_3 油液经通道 a 被引入定差减压阀的 b 腔。

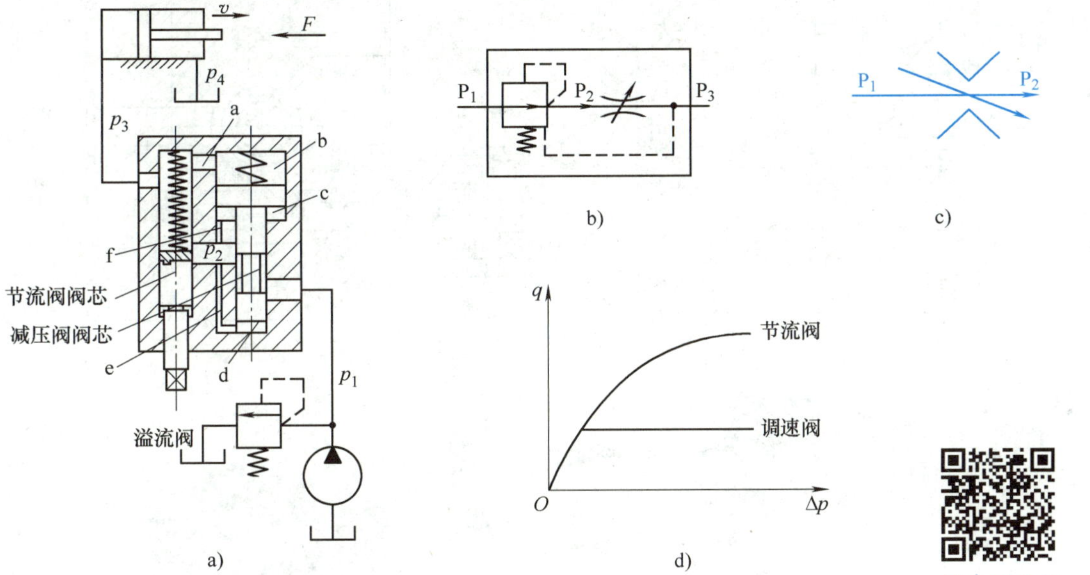

调速阀原理

图 7-9　调速阀原理图

a）工作原理　b）图形符号　c）简化图形符号　d）特性曲线

当定差减压阀处于稳定工作时，若不计阀芯摩擦力，作用于减压阀阀芯上的力的平衡方程为 $F+Ap_3=A_1p_2+A_2p_2$， 即节流口前后的压差 $\Delta p=p_2-p_3=F/A$（F 为定差减压阀 b 腔内的弹簧压紧力）。因弹簧刚度较低，且工作过程中，减压阀阀芯的位移较小，可以认为弹簧压紧力 F 基本保持不变，故节流阀前后压力差 Δp 基本保持不变，从而保证了通过节流阀的流量稳定。

若调速阀的进出口压力因某种原因发生变化，由于定差减压阀的自动调节作用，仍能使节流阀两端的压力差保持不变，其自动调节过程为：若调速阀出口处压力 p_3 由于负载变化而增加，则作用在减压阀阀芯上端的力也随之增加，阀芯失去平衡而下移，减压阀进油口处开口增大，流过开口处的液阻减小，使 p_2 也随之增大，直到阀芯在新的位置达到平衡为止，其差值 Δp 却不变；当 p_3 减小时，作用在减压阀阀芯上端的力也随之减小，阀芯失去平衡而上移，开口减小，流过开口处的液阻增大，使 p_2 也随之减小，直到阀芯在新的位置达到平衡为止，其差值 Δp 不变。同理，当调速阀进口压力 p_1 增加时，p_2 开始也增加，使定差减压阀阀芯上移，开度减小，液阻增大，又使 p_2 减小，Δp 仍然不变。由于定差减压阀的自动调节作用，使节流阀前后的压差保持不变，从而保证了流量的稳定。图 7-9b、c 分别为调速阀的图形符号和简化图形符号，图 7-10a 为 Q-25B 型调速阀的结构示意图。

2. 调速阀的流量特性和最小压差

图 7-9d 所示为调速阀与节流阀的特性曲线，它表明了两种阀的流量 q 随阀进出油口两端的压力差 Δp 的变化规律。节流阀流量随压力差变化较大，而调速阀在压力差大于一定值后，流量基本维持恒定。当调速阀压力很小时，减压阀阀芯被弹簧推至最下端，减压阀阀口全开，不起减压作用，这时调速阀的特性就和节流阀相同。所以，调速阀正常工作时，至少应保证 0. 5MPa 以上的压力差。

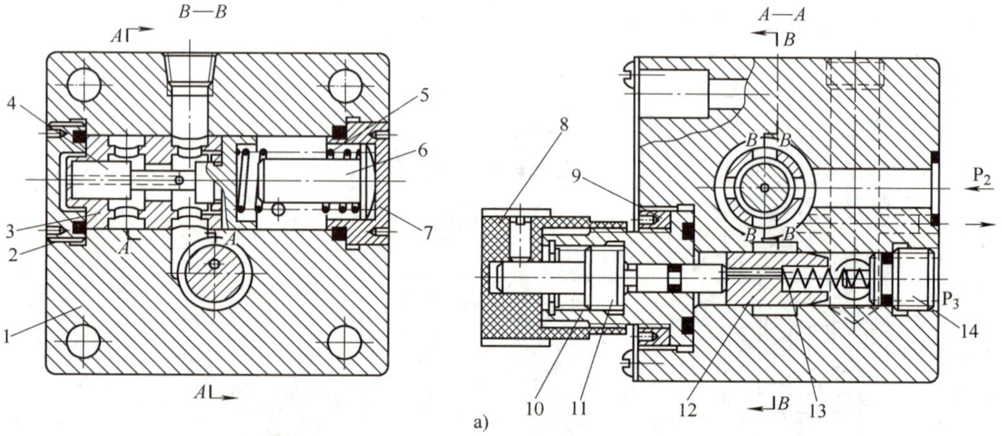

a)

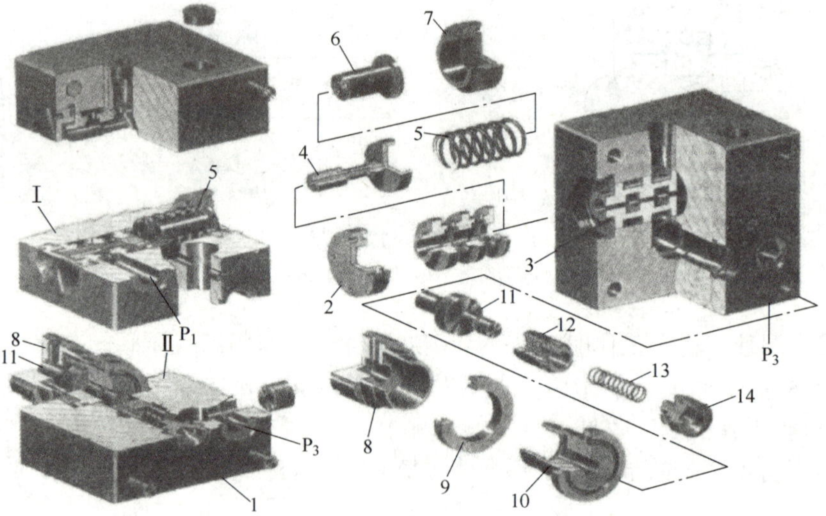

b)

图 7-10　Q-25B 型调速阀

a）Q-25B 型调速阀结构示意图　b）调速阀的立体分解图

1—阀体　2、6—螺塞　3—阀座　4—减压阀阀芯　5、13—弹簧　7、8—手柄

9—卡圈　10—套　11—推杆　12—节流阀阀芯　14—弹簧座

调速阀的组装

7.1.3　流量控制阀的选用与注意事项

1. 流量控制阀的选用原则

根据液压系统的要求选定流量控制阀的类型之后，可按以下几个方面对流量控制阀进行选择：

1）额定压力。系统工作压力的变化必须在流量阀的额定压力之内。

2）最大流量。能满足在一个工作循环中所有的流量范围，通过流量控制阀的流量应小于该阀的额定流量。

3）流量控制形式。是要求用节流阀还是用调速阀，是否有单向节流控制要求等。

4）流量调节范围。应满足系统要求的最大流量和最小流量，流量控制阀的流量调节范围应大于系统要求的流量范围。特别注意，在选择节流阀和调速阀时，所选阀的最小稳定流量应满足执行机构的最低稳定速度的要求。

5）流量控制精度。流量阀能否满足被控制的流量精度。特别注意小流量时的控制精度是否满足要求。

6）是否需要压力补偿和温度补偿。根据液压系统工作条件及流量的控制精度要求，决定是否选择带压力补偿和温度补偿的流量控制阀。

7）安装及连接方式，安装空间与尺寸等。

2. 流量控制阀的使用注意事项

（1）起动时的冲击　当调速阀的出口堵住时，其节流阀两端压力相等，减压阀阀芯在弹簧力作用下处于最下端，阀口开度最大；当调速阀出口迅速打开时，其出口压力与油路接通瞬时，出口压力突然减小，而减压阀阀口来不及减小，不起控制压差的作用，将导致通过调速阀的瞬时流量增加，出现液压缸前冲现象。

（2）最小稳定压差　由节流阀和调速阀的流量特性曲线可知，当调速阀前后压差大于最小值 Δp_{min} 时，其流量稳定不变，即特性曲线为一水平直线；当其压差小于 Δp_{min} 时，减压阀不起作用，其特性曲线与节流阀特性曲线重合，此时调速阀相当于节流阀。因此调速阀在使用中需要使其两端压差大于 Δp_{min}，使调速阀工作在水平直线段。调速阀的最小压差一般为0.5~1MPa。

（3）流量稳定性　流量控制阀在接近最小稳定流量下工作时，建议在调速阀的进口侧设置管路过滤器，以避免流量控制阀堵塞而影响流量的稳定性。

任务实施7.1　节流阀和调速阀的选型与拆装

液压起重机在工作时，把不同质量的物件吊放在指定位置，吊臂需要在上升和下降时都可以控制速度，这里需要用一个双作用液压缸来完成载荷的升降运行，同时采用节流阀或调速阀来控制吊臂的运行速度，为提高其运行的平稳性，可将流量阀放在回油路上同时作为背压阀使用。

1. 节流阀拆装步骤

节流阀立体分解图如图7-5所示。其拆装步骤如下：

1）准备好内六角扳手一套、耐油橡胶板一块、油盘一个、钳工工具一套。

2）松开紧定螺钉8，取下手柄7、锁紧螺母9、套6、推杆5。

3）卸下弹簧座4，弹簧3、阀芯2。

4）观察节流阀主要零件的结构和作用。

①观察阀芯的结构和作用。

②观察阀体的结构和作用（主要观察阀芯结构和阀体上的油口尺寸）。

5）对照结构，分组讲解其工作原理。

6）按拆卸时的相反顺序装配。装配时若有零件弄脏，应该用煤油清洗后方可装配。装配阀芯时可在其台肩上涂抹液压油，以防止阀芯卡住。装配时严禁遗漏零件。

7）将节流阀外部擦拭干净，整理工作台，将工具和节流阀放回原位。

2. 调速阀的拆装步骤

图 7-10b 为调速阀的立体分解图。其拆装步骤为：

1）准备好内六角扳手一套、耐油橡胶板一块、油盘一个、钳工工具一套。

2）卸下螺塞 2、取下阀套；另一侧取下手柄 7、螺塞 6、弹簧 5、减压阀阀芯 4，若阀芯发卡，可用铜棒轻轻敲击出来，禁止猛力敲打，以免损坏阀芯台肩。

3）卸下手柄 8，取下卡圈 9、套 10、弹簧座 14、弹簧 13、节流阀阀芯 12、推杆 11。

4）观察调速阀主要零件及作用。

①观察节流阀阀芯的结构和作用。

②观察减压阀阀芯的结构和作用。

③观察阀体的结构和作用（主要观察阀芯结构和阀体上的油口尺寸）。

5）对照结构，分组讲解其工作原理。

6）按照拆卸时的相反顺序装配。装配时若有零件弄脏，应该用煤油清洗后方可装配。装配阀芯时可在其台肩上涂抹液压油，以防止阀芯卡住。装配时严禁遗漏零件。

7）将调速阀外部擦拭干净，整理工作台，将工具和调速阀放回原位。

3. 工作任务单

工作任务单

<table>
<tr><th>姓名</th><th></th><th>班级</th><th></th><th>组别</th><th></th><th>日期</th><th></th></tr>
<tr><td>工作任务</td><td colspan="7">节流阀和调速阀的选型与拆装</td></tr>
<tr><td>任务描述</td><td colspan="7">在教师指导下，根据液压吊的工作原理，查阅相关资料进行节流阀和调速阀的选型，在液压实训室完成节流阀和调速阀的拆卸和组装。同时，观察其结构，分析其工作原理</td></tr>
<tr><td>任务要求</td><td colspan="7">1）根据液压起重机的速度要求，正确选用流量控制阀，形成清单
2）正确使用相关工具
3）正确规范进行节流阀和调速阀的拆装并记录
4）实训结束后对节流阀、调速阀、使用工具进行整理并放回原处</td></tr>
<tr><td>提交成果（可口述）</td><td colspan="7">1）液压起重机的节流阀和调速阀的选型清单
2）节流阀和调速阀的主要结构组成清单
3）节流阀和调速阀工作原理讲述
（拆装实训报告）</td></tr>
<tr><td rowspan="6">考核评价</td><td>序号</td><td colspan="2">考核内容</td><td>评分</td><td colspan="2">评分标准</td><td>得分</td></tr>
<tr><td>1</td><td colspan="2">安全文明操作</td><td>10</td><td colspan="2">遵守安全规章、制度</td><td></td></tr>
<tr><td>2</td><td colspan="2">正确使用工具</td><td>10</td><td colspan="2">选用合适工具并正确使用</td><td></td></tr>
<tr><td>3</td><td colspan="2">节流阀和调速阀的选型、拆卸和组装</td><td>40</td><td colspan="2">操作规范，拆装顺序正确</td><td></td></tr>
<tr><td>4</td><td colspan="2">工作原理讲述</td><td>30</td><td colspan="2">工作原理讲述正确</td><td></td></tr>
<tr><td>5</td><td colspan="2">团队协作</td><td>10</td><td colspan="2">与他人合作有效</td><td></td></tr>
<tr><td>指导教师</td><td colspan="3"></td><td colspan="3">总分</td><td></td></tr>
</table>

任务7.2 注塑机启闭模速度控制回路的设计与应用

任务引入

图7-11所示为注塑机。注塑机的工作过程是将颗粒状的塑料加热熔化为液状，用注射装置快速高压注入模腔，再保压冷却成型。其工作过程包括闭模、注射、保压、起模、顶出等过程。要求快速实现起模和闭模等动作，且要求有可调节的闭模和起模速度，还要求能实现注射等动作，这就存在一个快慢速回路的换接问题。如何保证快慢速换接平稳？如何选择速度控制元件？这些元件又是通过什么方式来控制液压缸的速度的？

图7-11 注塑机

任务分析

前面已经学过用节流阀来调节速度，但节流阀的进、出油口的压力随负载变化而变化，影响节流阀流量的均匀性，使执行机构的运行速度不稳定。分析该任务不难看出，在注塑机的液压系统中采用节流阀来进行调速是不能满足要求的。采用调速阀，可使节流阀进、出油口的压力差保持不变，执行机构的运行速度可以相应地得到稳定，但闭模和起模的快速运动回路怎么实现？快慢速之间的换接怎么保证？这些速度控制回路都有什么样的特点？

相关知识

速度控制回路的功能是使执行元件获得能满足工作需求的运动速度，主要包括调速回路、快速运动回路、速度换接回路等。

7.2.1 调速回路的工作特点与选用

调速回路的功能是调节执行元件的运动速度。根据执行元件运动速度表达式可知：液压马达的转速 $n_M = q/V$，液压缸的运动速度 $v = q/A$。对液压缸（A一定）和定量马达（V一定），改变速度的方法只有改变输入或输出流量。变量马达既可以通过改变流量，又可以通过改变自身排量来调节速度。因此，液压系统的调节方法可分为节流调速、容积调速和容积节流调速三种形式。

1. 节流调速回路

节流调速回路是用定量泵供油，通过调节流量阀的通流面积的大小来改变进入执行元件的流量，从而实现运动速度的调节。根据流量阀在回路中的位置不同，节流调速回路可分为进油路节流调速回路、回油路节流调速回路和旁油路节流调速回路三种。

（1）进油路节流调速回路　在执行机构的进油路上串接一个节流阀即可构成进油路节流调速回路，其工作原理如图7-12a所示。泵的供油压力由溢流阀调定，调节节流阀的开口，改变进入液压缸的流量，即可调节液压缸的运动速度。泵多余的流量经溢流阀流回油箱，故无溢流阀时不能调速。

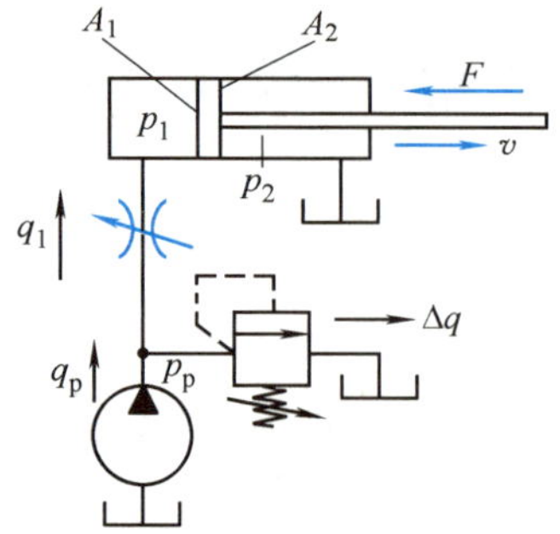

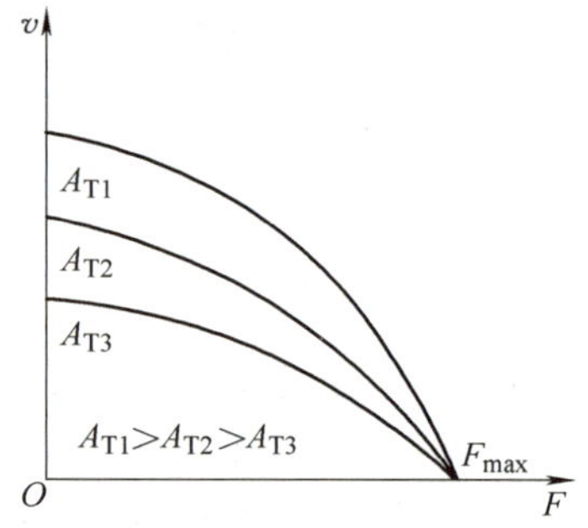

图 7-12　进油路节流调速回路

a）工作原理　b）速度负载特性曲线

1）速度负载特性。缸在稳定工作时，活塞的受力平衡方程式为

$$p_1A_1 = F + p_2A_2$$

式中　p_1、p_2——液压缸进、回油腔油液的压力；

A_1、A_2——液压缸无杆腔、有杆腔的有效面积；

F——液压缸负载。

当回油腔接油箱时，$p_2=0$，此时：

$$p_1 = \frac{F}{A_1}$$

节流阀两端的压差为

$$\Delta p = p_p - p_1 = p_p - \frac{F}{A_1}$$

经节流阀进入液压缸的流量为

$$q_1 = KA\Delta p^m = KA\left(p_p - \frac{F}{A_1}\right)^m$$

液压缸的速度为

$$v = \frac{q_1}{A_1} = \frac{KA}{A_1}\left(p_p - \frac{F}{A_1}\right)^m \tag{7-1}$$

式（7-1）为本回路的速度负载特性方程。由此可见，液压缸速度 v 与节流阀通流面积 A 成正比，调节 A 即可实现无级调速。这种回路的调速范围大。当 A 调定后，速度随负载的增大而减小，故这种回路的速度负载特性较“软”。

若按式（7-1）选用不同的 A 值作 v-F 坐标曲线图，可得一组曲线，即为本回路的速度负载特性曲线，如图 7-12b 所示。速度负载特性曲线表明速度随负载变化的规律，曲线越陡，说明负载变化对速度的影响越大，即速度刚性越低。当节流阀通流面积 A 不变时，轻载区域比重载区域的速度刚性高；在相同负载下工作时，节流阀通流面积小比大时的速度刚性高，即速度低时比高时的速度刚性高。

2）特点。在工作过程中，液压泵的输出流量和供油压力不变，而在选择液压泵的流量时必须按执行元件的最高速度和负载情况下所需压力考虑，因此泵的输出功率较大。而液压缸的速度和负载常常是变化的，当系统以低速、轻载工作时，有效功率很小，相当大的功率消耗在节流损失和溢流损失，功率损失转换为热能，使油温升高。

由于节流阀安装在执行元件的进油路上，回油路直接接油箱时，液压缸回油腔无背压，负载消失，液压缸（或活塞）会产生前冲现象。这种回路多用于低速、轻载、负载变化不大和对速度稳定性要求不高的小功率液压系统中，例如车床、镗床、钻床、组合机床的进给运动和辅助运动的液压系统。

（2）回油路节流调速回路　在执行元件的回油路上串接一个节流阀即可构成回油路节流调速回路，如图7-13所示。通过节流阀调节液压缸的回油流量，就能控制进入液压缸的流量，实现调速。

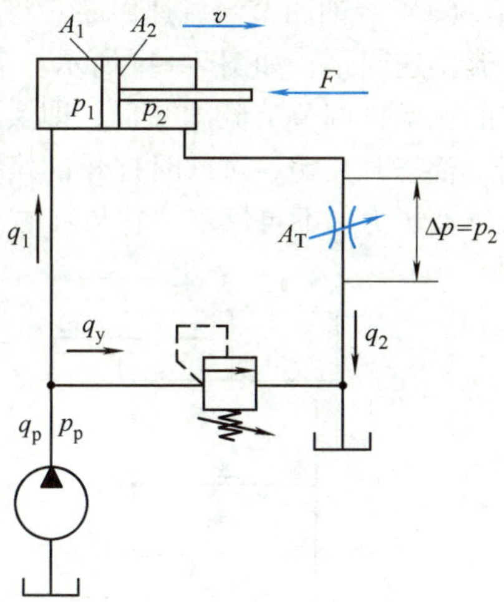

图7-13　回油路节流调速回路

重复式（7-1）的推导步骤，采用同样的分析方法可以得到与进油路节流调速回路相似的速度负载特性，只是此时背压$p_2 \neq 0$，且节流阀两端的压差$\Delta p = p_2$，而缸的工作压力p_1等于泵的压力p_p。

回油路节流调速的速度负载特性方程为

$$v = \frac{q_2}{A_2} = \frac{KA}{A_2}\left(\frac{p_1 A_1 - F}{A_2}\right)^m \tag{7-2}$$

虽然进油路和回油路节流调速回路的速度负载特性公式相似，功率特性相同，但它们在以下几个方面的性能有明显差别。

1）承受负值负载的能力。所谓负值负载就是负载方向与液压力方向相同的负载。回油路节流调速的节流阀能使液压缸的回油腔形成一定的背压，使液压缸（或活塞）运动平稳且能承受一定的负值负载；对于进油路节流调速回路，要使其能承受负值负载，就必须在执行元件的回油路上加上背压阀，这必然会导致功率消耗增加，油液发热量增大。

2）运动平稳性。回油路节流调速回路由于回油路上存在背压，可以有效地防止空气从回油路吸入，因而低速运动时不易发生爬行；高速运动时不易发生颤振，即运动平稳性好。进油路节流调速回路在不加背压阀时不具备这种特点。

3）油液发热对回路的影响。进油路节流调速回路中，通过节流阀产生的节流功率损失转变为热量，一部分由元件散发出去，另一部分使油液温度升高，直接进入液压缸，会使缸的内外泄漏增加，速度稳定性不好。而回油路节流调速回路中油液经节流阀升温后，直接回到油箱经冷却后再流入系统，对系统泄漏影响较小。

4）停车后的起动性能。回油路节流调速回路中若停车时间较长，液压缸回油腔的油液会泄漏，重新起动时，背压不能直接建立，会引起瞬间工作机构的前冲现象。对于进油路节流调速，只要在开车时关小节流阀，即可避免起动冲击。

综上所述，进油路、回油路节流调速回路的结构简单，价格低廉，但效率较低，只适合用在负载变化不大、低速、小功率的场合，如某些机床的进给系统中。在实际应用中，普遍采用进油路节流调速，并在回油路上加一个背压阀，以提高运动平稳性。

采用节流阀的进、回油节流调速回路，速度受负载变化的影响较大，即速度负载特性较软，变载荷下的运动平稳性较差。为了克服这个缺点，进、回油节流调速回路中的节流阀可用调速阀来代替。由于调速阀本身能在负载变化的条件下保证节流阀进、出油口的压差基本不变，因而使用调速阀后，进、回油节流调速回路的速度负载特性将得到改善。因此，采用调速阀的进、回油节流调速回路可用于速度较高，负载较大，且负载变化较大的液压系统。但由于调速阀中包含了减压阀和节流阀的损失，并且同样存在溢流损失，故此回路的功率损失比节流阀调速回路还要大些，所以这种回路的效率比用节流阀时更低些。有资料表明，当负载恒定或变化很小时，其效率为0.2~0.6；当负载变化大时，其最高效率为0.385。

（3）旁油路节流调速回路　将节流阀安装在和执行元件并联的旁油路上即构成旁油路节流调速回路，如图7-14a所示。节流阀调节液压泵溢出到油箱的流量，从而控制进入液压缸的流量，调节节流阀开口，即实现调速。由于溢流已由节流阀承担，故溢流阀用作安全阀，常态时关闭，过载时打开，其调定压力为回路最大工作压力的1.1~1.2倍。故液压泵的供油压力p_p不再恒定，它与缸的工作压力相等，取决于负载。

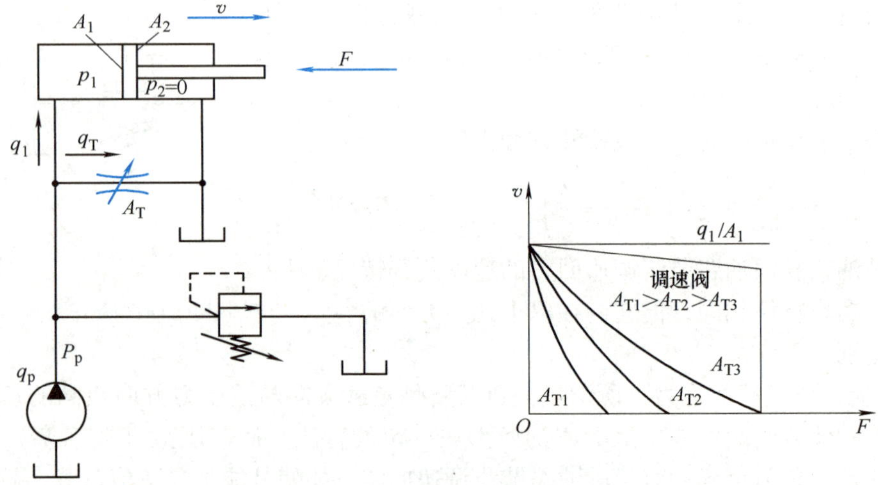

a)　　b)

图7-14　旁油路节流调速回路

a）工作原理　b）速度负载特性曲线

考虑到泵的工作压力随负载变化，泵的输出流量应计入泵的泄漏量随压力的变化，采用与前述相同的分析方法可得到速度表达式为

$$v=\frac{q_1}{A_1}=\frac{q_{pt}-K_1\left(\frac{F}{A_1}\right)-KA\left(\frac{F}{A_1}\right)^m}{A_1} \tag{7-3}$$

式中，K_1是泵的泄漏系数，q_{pt}是泵的理论流量，其余符号意义同前。

旁油路节流调速回路只有节流损失，而无溢流损失，因而功率损失比前两种调速回路小，效率高。这种调速回路一般用于功率较大且对速度稳定性要求不高的场合。若采用调速阀代替节流阀，旁油路节流调速回路的速度刚性会有明显提高。

2. 容积调速回路

容积调速回路是通过改变回路中液压泵或液压马达的排量来实现调速的。其主要优点是功率损失小（没有溢流损失和节流损失），且其工作压力随负载变化，所以效率高、油温低，但低速稳定性较差，因此适用于高速、大功率的液压系统。

容积调速回路按油路的循环方式不同可分为开式回路和闭式回路两种。开式回路中，泵从油箱吸油，执行机构的回油直接回到油箱，油箱容积大，油液能得到充分冷却，但空气和杂质易进入回路，如图 7-15a 所示。在闭式回路中，液压泵出口与执行元件进口相连，执行元件出口接液压泵进口，油液在液压泵和执行元件之间循环，不经过油箱，如图 7-15b 所示。闭式回路的结构紧凑，只需要很小的补油箱，但冷却条件差。为了补偿工作中油液的泄漏，一般需增设补油泵，补油泵的流量约为主泵流量的 10%~15%。

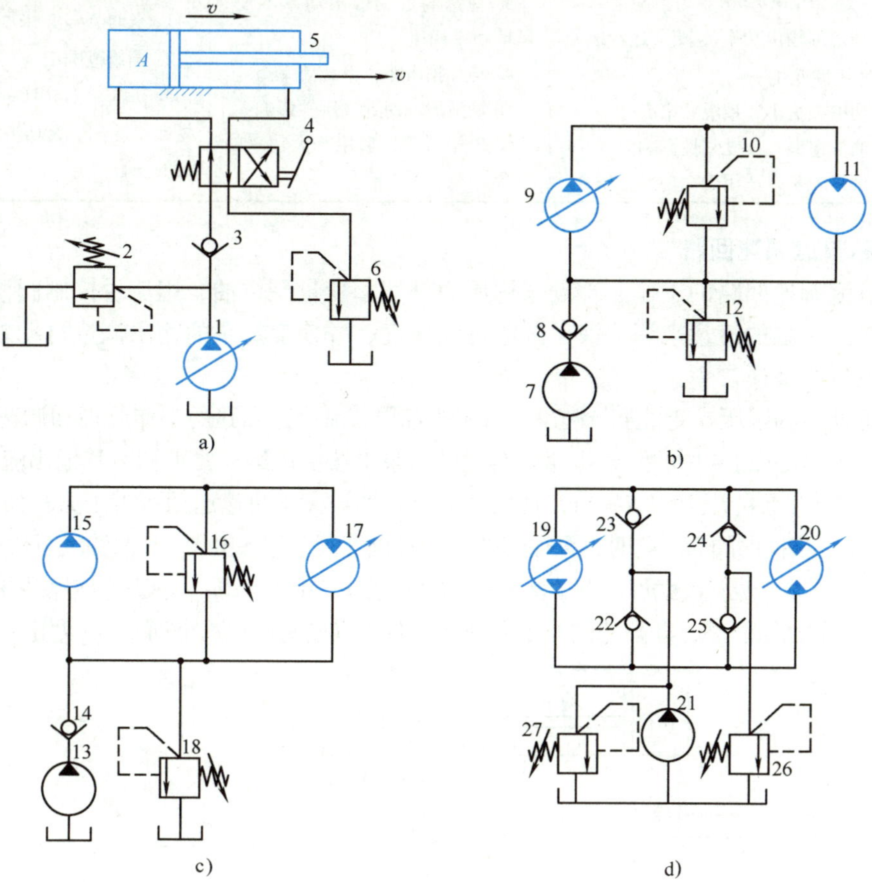

图 7-15 容积调速回路

a）变量泵-液压缸组成的容积调速回路 b）变量泵-定量液压马达组成的容积调速回路

c）定量泵-变量液压马达组成的容积调速回路 d）变量泵-变量液压马达组成的容积调速回路

1—定量泵 2、6、12、18、27—溢流阀 3、8、14、22、23、24、25—单向阀 4—换向阀 5—液压缸

7、13、21—补油泵 9、17、19—变量泵 10、16、26—安全阀 11、15—定量马达 20—变量马达

根据液压泵和液压缸或液压马达的组合方式不同，容积调速回路可分为以下四种形式：

1）变量泵-液压缸组成的容积调速回路（恒推力调速），如图 7-15a 所示。

2）变量泵-定量液压马达组成的容积调速回路（恒转矩调速），如图 7-15b 所示。

3）定量泵-变量液压马达组成的容积调速回路（恒功率调速），如图 7-15c 所示。

4）变量泵-变量液压马达组成的容积调速回路（2、3 的结合），如图 7-15d 所示。

表 7-1 列出了这几种容积调速回路的特点。

表 7-1 容积调速回路的主要特点

种类	变量泵-定量液压马达（液压缸）	定量泵-变量液压马达	变量泵-变量液压马达
主要特点	1. 马达的转速 n_M（液压缸速度 v）随变量泵排量 V_p 的增大而增大，其调速范围广 2. 马达（液压缸）输出最大转矩（推力）一定，属恒转矩（推力）调速 3. 马达的输出功率 P_M 随马达转速的改变呈线性变化 4. 功率损失小，系统效率高 5. 油液泄漏对速度刚性影响大 6. 价格较贵，适用于大功率的场合	1. 马达转速 n_M 随排量 V_M 的增大而减小，且调速范围小 2. 马达的转矩 T_M 随转速 n_M 的增大而减小 3. 马达的最大输出功率不变，属恒功率调速 4. 功率损失小，系统效率高 5. 油液泄漏对速度刚性影响大 6. 价格较贵，适用于大功率的场合	1. 第一阶段保持马达排量 V_M 为最大且不变，由变量泵排量 V_p 来调节 n_M，采用恒转矩调速；第二阶段，保持 V_p 为最大且不变，由 V_M 来调节 n_M，采用恒功率调速 2. 调速范围广 3. 扩大了 T_M 和 P_M 特性的可选择性，适合于大功率且调速范围大的场合

3. 容积节流调速回路

容积节流调速回路的工作原理是采用压力补偿型变量泵供油，用流量控制阀调定进入液压缸或流出液压缸的流量来调节液压缸的运动速度，并使变量泵的输出流量自动地与液压缸所需要的流量相适应。

图 7-16 所示为限压式变量泵与调速阀组成的容积节流调速回路的工作原理和调速特性曲线。在图示位置时，液压缸 4 中的活塞快速向右运动，泵 1 按快速运动要求调节其输出流量 q_{max}，同时调节限压式变量泵的压力调节螺钉，使泵的限定压力 p_c 大于快速运动所需压力，如图 7-16b 中所示的 AB 段。当换向阀 3 通电时，泵输出的压力经调速阀 2 进入缸 4，其回油经背压阀 5 流回油箱。调节调速阀 2 的流量 q_1 就可以调节活塞的运动速度 v。由于 $q_1<q_B$，液压油迫使泵的出口与调速阀进口之间的油压升高，即泵的供油压力升高，泵的流量便自动减小到 $q_B=q_1$ 为止。

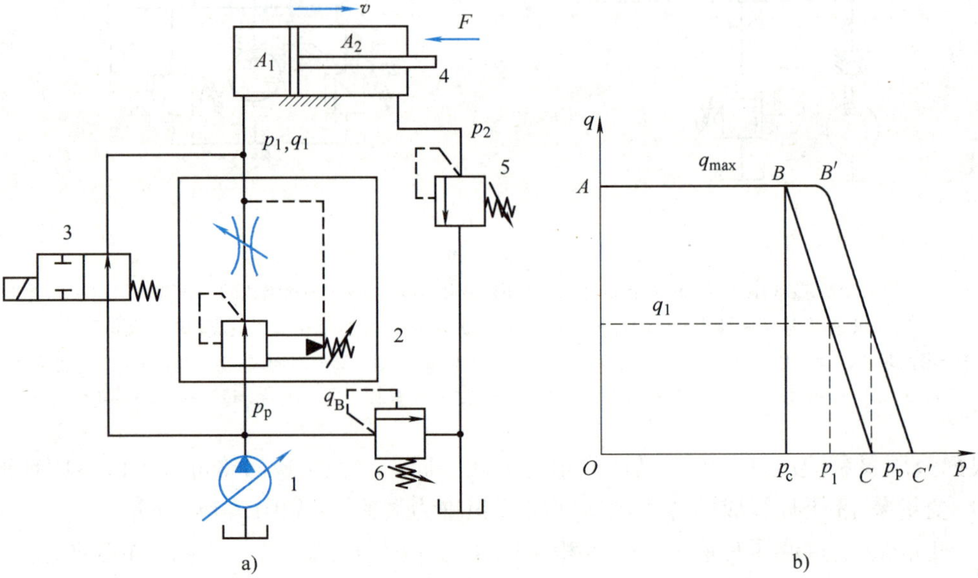

图 7-16 容积节流调速回路

a）工作原理 b）调速特性曲线

1—限压式变量泵 2—调速阀 3—换向阀 4—液压缸 5、6—背压阀这种调速回路的运动稳定性、速度负载特性、承载能力和调速范围，均与采用调速阀的调速回路相同。图 7-16b 所示为其特性曲线。由图可知，此回路只有节流损失而无溢流损失。

容积节流调速回路无溢流损失，效率高，调速范围大，速度刚性好，一般用于空载时需快速、承载时要稳定的中、小功率的液压系统。

4. 调速回路的比较和选用

（1）调速回路的性能比较　调速回路的性能比较见表 7-2。

（2）调速回路的选用需考虑的问题

1）执行机构的负载性质、运动速度、速度稳定性等要求。负载小，且工作过程中负载变化也小的系统可采用节流阀调速回路；工作过程中负载变化较大其要求低速稳定性好的系统宜采用调速阀的节流调速或容积节流调速回路；对负载变化大，运动速度高、油的温升要求小的系统，宜采用容积节流调速回路。

表 7-2　调速回路的性能比较

主要性能		节流调速回路				容积调速回路	容积节流调速回路
		用节流阀		用调速阀			
		进、回油路	旁油路	进、回油路	旁油路		
机械特性	速度稳定性	较差	差	好		较好	好
	承载能力	较好	较差	好		较好	好
调速范围		较大	小	较大		大	较大
功率特性	效率	低	较高	低	较高	最高	高
	发热	大	较小	大	较小	最小	小
适用范围		小功率、轻载的中、低压系统				大功率、重载高速的中高压系统	中、小功率的液压系统

一般来说，功率在 3kW 以下的液压系统宜采用节流调速回路；功率在 3~5kW 的液压系统宜采用容积节流调速回路；功率在 5kW 以上的系统宜采用容积调速回路。

2）工作环境要求。处于温度较高的环境下工作，且要求整个液压装置体积小、自重轻的情况，宜采用闭式回路的容积调速回路。

3）经济性要求。节流调速回路的成本低，功率损失大，效率低；容积调速回路因变量泵、变量马达的结构较复杂，所以价格高，但其功率高、功率损失小；容积节流调速回路则介于两者之间。所以，在实际工程中需要综合分析、选用回路。

7.2.2　快速运动回路的工作原理

快速运动回路又称增速回路，其功能是使执行元件获得必要的高速度，以提高系统的工作效率或充分利用功率。因提高工作部件的运动速度的方法不同，快速运动回路有多种构成方案。以下介绍几种机床上常用的快速运动回路。

1. 差动连接的快速运动回路

图 7-17 所示为液压缸差动连接的快速运动回路。当阀 1 和阀 3 在左位工作时，液压缸形成差动连接，实现快进；当阀 3 在右位工作时，差动连接被切断，液压缸回油经调速阀，实现工进；阀 1 右位工作时，缸实现快退。

这种回路结构简单，价格低廉，应用普遍，但液压缸的速度加快有限，有时仍不能满足快速运动的要求，常常要求和其他方法（如限压式变量泵）联合使用。必须注意，此回路的换向阀和油管通道应按差动时的较大流量选择，否则会产生较大的压力损失，使液压泵的部分油液从溢流阀流回油箱，甚至不起差动作用。

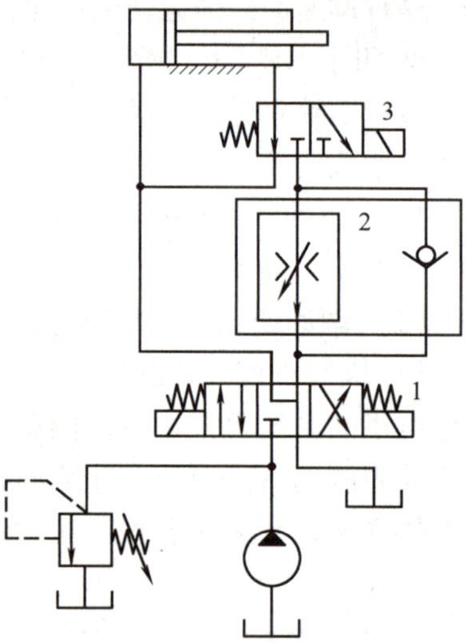

图 7-17　液压缸差动连接快速运动回路

1、3—换向阀　2—单向调速阀

2. 双泵供油的快速运动回路

图 7-18 所示为双泵供油的快速运动回路。这种回路由低压大流量泵 1 和高压小流量泵 2 组成双联泵作为动力源，顺序阀 3 和溢流阀 5 分别设定双泵供油和小流量泵 2 单独供油时系统的最高工作压力。当换向阀 6 处于图示位置的空行程时，由于外负载很小，使系统压力低于顺序阀的调定压力，两个泵同时向系统中供油，液压缸有杆腔的油经阀 6 回到油箱，活塞快速向右运动；当换向阀 6 电磁铁通电，处于左位工作时，液压缸有杆腔的油必须经节流阀 7 流回油箱；当系统压力达到或超过顺序阀 3 的调定压力时，大流量泵 1 通过阀 3 卸荷，单向阀 4 自动关闭，只有小流量泵 2 单独向系统供油，活塞慢速向右运动，小流量泵的最高工作压力由溢流阀 5 调定。注意，顺序阀 3 的调定压力应比溢流阀 5 的调定压力低10%~20%。大流量泵 1 的卸荷减少了动力消耗，回油路效率较高。

这种回路功率利用合理，效率较高，缺点是回路较复杂，成本较高，常用在执行元件快进和工进速度相差较大的组合机床、注塑机等设备的液压系统中。

3. 采用蓄能器的快速运动回路

图 7-19 所示为采用蓄能器的快速运动回路。其工作原理为当换向阀 5 处于中位时，液压缸停止运动，蓄能器 4 充液蓄能，充好后，压力升高，顺序阀 2 打开，泵卸荷；阀 5 左位或右位工作时，液压缸快速运动，泵和蓄能器同时供油。增加蓄能器的目的是可以利用流量较小的液压泵使执行元件获得较快的运动速度。

双泵供油的快速运动回路

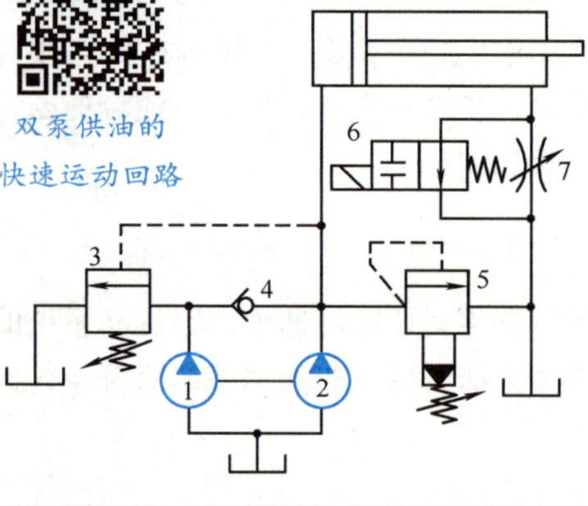

图 7-18　双泵供油的快速运动回路

1—低压大流量泵　2—高压小流量泵　3—顺序阀　4—单向阀　5—溢流阀　6—换向阀　7—节流阀

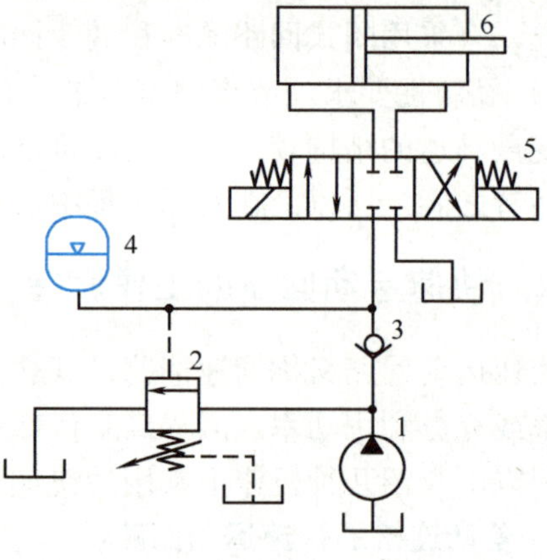

图 7-19　采用蓄能器的快速运动回路图

1—液压泵　2—顺序阀　3—单向阀　4—蓄能器　5—换向阀　6—液压缸

4. 采用增速缸的快速运动回路

图7-20所示为采用增速缸的快速运动回路。这种回路不需要增大泵的流量，就可以获得很大的运动速度，常用于液压机的液压系统中。

7.2.3　速度换接回路的工作原理

设备的工作部件在自动循环过程中，需要进行速度换接，如机床二次进给的工作过程为快进→一工进→二工进→快退，这就要实现快、慢速的换接和慢速与慢速的换接要求。实现这些功能的回路应该具有较高的速度换接平稳性。

1. 快速与慢速的速度换接回路

（1）用电磁换向阀的快慢速换接回路　图7-21所示为利用二位二通电磁阀与调速阀并联实现快慢速换接的回路。当换向阀3左位和换向阀4左位同时工作时，工作部件实现快进；当工作部件碰到行程开关时，电磁铁3YA断电，换向阀4右位工作，调速阀5接入系统，实现工进。

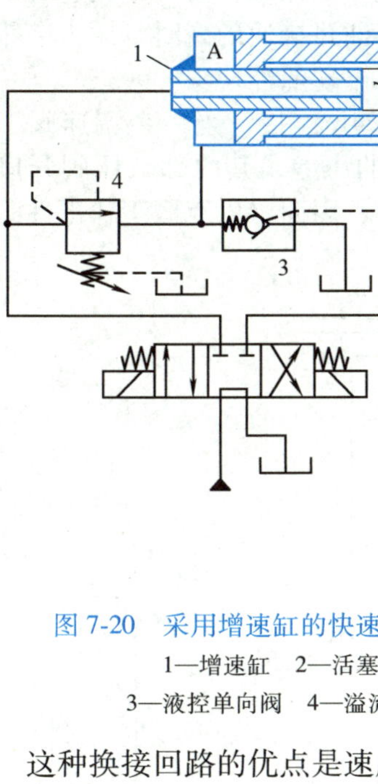

图7-20　采用增速缸的快速运动回路

1—增速缸　2—活塞

3—液控单向阀　4—溢流阀

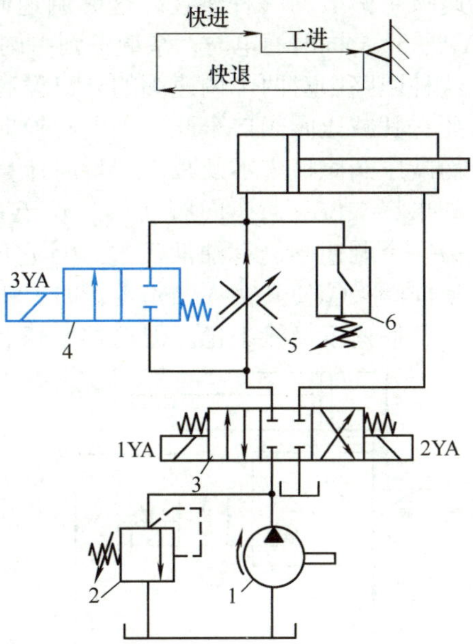

图7-21　用电磁换向阀的快慢速换接回路

1—泵　2—溢流阀　3、4—换向阀

5—调速阀　6—压力继电器

这种换接回路的优点是速度换接快，行程调节比较灵活，电磁阀可安装在液压站的阀板上，也便于实现自动控制，应用较广泛；缺点是平稳性较差。

（2）用行程阀的快慢速换接回路　图7-22所示为采用行程阀的快慢速换接回路。当阀2右位工作时，液压缸右腔回油经阀4和阀2流回油箱，活塞快速向右运动；当快速运动到所需位置时，活塞上的挡块压下行程阀4，使其上位接入系统，通路关闭，此时缸右腔回油需经阀6和阀2流回油箱，活塞慢速向右运动，转换为工进。当阀2左位工作时，活塞快退。这种回路中，行程阀的阀口是逐渐关闭（或开启）的，速度的换接比较平稳，换接时的位置精度高，比电器元件的动作更可靠，但行程阀必须安装在执行元件附近，管路连接稍复杂。多用于大批量生产的机床液压系统中。

2. 慢速与慢速的速度换接回路

（1）调速阀串联的慢速换接回路　图 7-23 所示为调速阀 3 和 4 串联组成的慢速换接回路。当 1YA 通电时，液压油经阀 3 和换向阀 5 左位进入液压缸左腔，缸右腔回油，运动部件得到由阀 3 调节的一种慢速。当 1YA 和 3YA 同时通电时，液压油需经阀 3 和阀 4 进入缸左腔，缸右腔回油，运动部件得到由阀 4 调节的第二种慢速。实现两种慢速的换接。

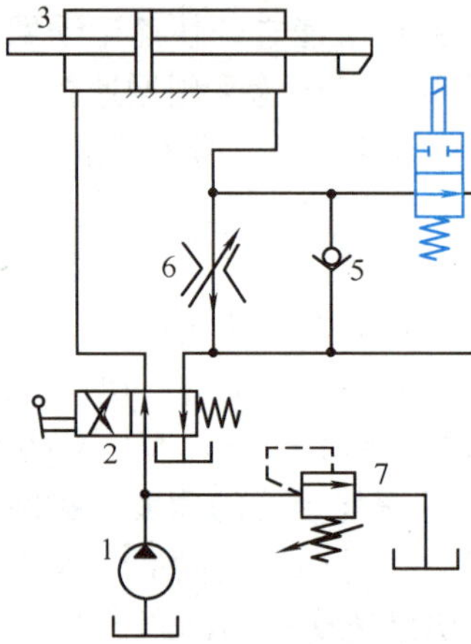

图 7-22　用行程阀的快慢速换接回路

1—泵　2—换向阀　3—液压缸　4—行程阀　5—单向阀　6—调速阀　7—溢流阀

这种回路中，调速阀 4 的开口必须比调速阀 3 的开口小，否则调速阀 4 将不起作用。这种回路常用于组合机床中实现二次进给的油路中。

（2）调速阀并联的慢速换接回路　图 7-24a 所示为调速阀并联的慢速换接回路。当 1YA 通电时，系统得到由调速阀 4 调节的一种慢速，这时调速阀 5 不起作用；当 1YA、3YA 同时通电时，系统得到由调速阀 5 调节的一种慢速，这时调速阀 4 不起作用。

这种回路中对两个调速阀的开口没有限制，但当一个调速阀工作时，另一个调速阀油路被封死，其减压阀阀口全开，当电磁换向阀换位，其出油口与油路接通的瞬时，压力突然减小，而减压阀阀口来不及减小，瞬时流量增加，会使工作部件出现前冲现象。

如果将二位三通换向阀换用二位五通换向阀，并按图 7-24b 连接，当一个调速阀工作时，另一个调速阀仍有油液流过，且它的阀口前后保持一定的压差，其内部减压阀开口较小，换向阀换位使其接入油路工作时，出口压力不会突然减小，因而可以克服工作部件的前冲现象，使速度换接平稳。但这种回路有一定的能量损失。

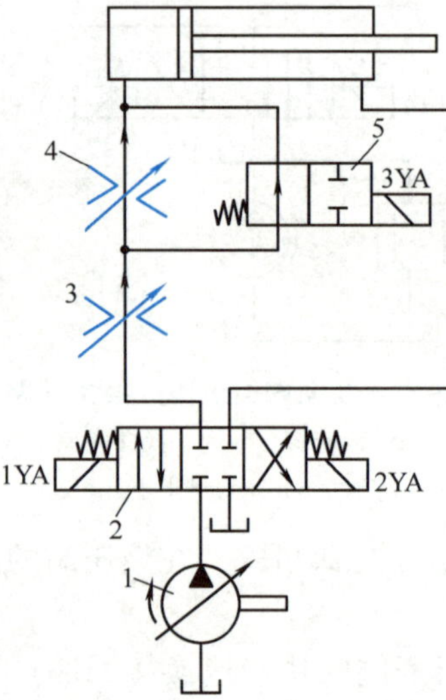

图 7-23　调速阀串联的慢速换接回路

1—泵　2、5—换向阀　3、4—调速阀

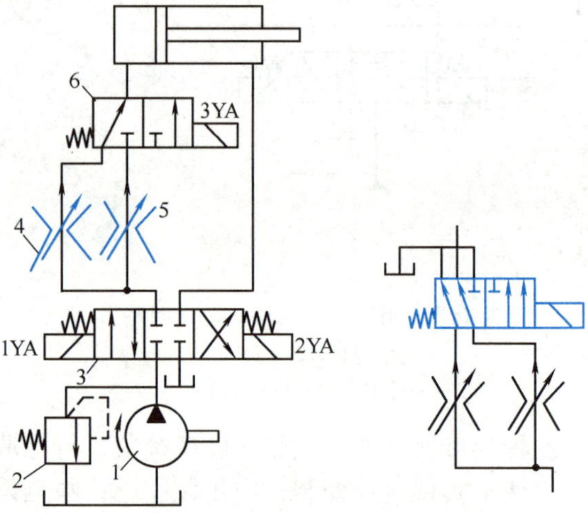

a)　b)

图 7-24　调速阀并联的慢速换接回路

1—泵　2—溢流阀　3、6—换向阀　4、5—调速阀

任务实施 7.2　注塑机启闭模速度控制回路的设计与安装运行

注塑机启闭模速度控制回路可以利用调速阀来实现，具体的液压回路如图 7-25 所示。

利用低压大流量泵和高压小流量泵并联的方式为系统供油，以实现快速运动。工进时低压大流量泵 1 卸荷，高压小流量泵 2 为系统供油。

1. 操作步骤

在液压试验台上完成注塑机启闭模速度控制回路的连接。要求如下：

1）根据项目要求，设计注塑机启闭模速度控制回路。

2）按照液压回路图，选用液压元件并组装回路。

3）检查各油口连接情况后，分组讲述其工作原理。

4）开机验证该回路动作是否符合要求。

5）调节调速阀调速手柄，观察执行元件的运动速度变化情况。

6）先卸压，再关液压泵，拆下管线及元件，并放回原位。

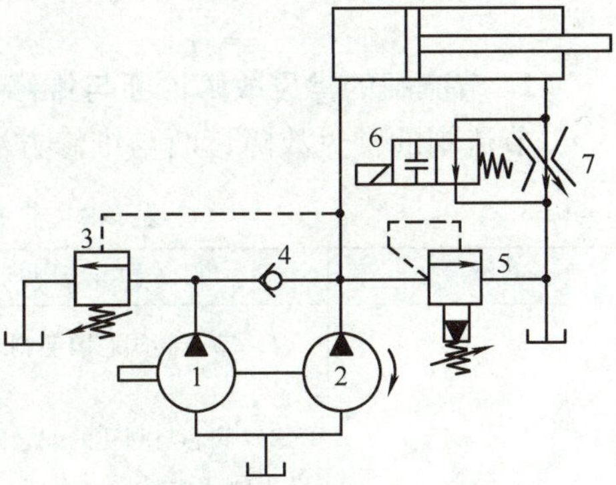

图 7-25　注塑机启闭模速度控制回路

1、2—液压泵　3、5—溢流阀
4—单向阀　6—换向阀　7—调速阀

2. 工作任务单

工作任务单

<table>
<tr><td>姓名</td><td></td><td>班级</td><td></td><td>组别</td><td></td><td>日期</td><td></td></tr>
<tr><td>工作任务</td><td colspan="7">注塑机启闭模速度控制回路的设计与安装运行</td></tr>
<tr><td>任务描述</td><td colspan="7">在液压实训室，根据注塑机启闭模速度控制回路的工作原理，选用合理的液压元件，设计注塑机启闭模速度控制回路，并在试验台上安装连接该回路，同时调试完成该回路功能</td></tr>
<tr><td>任务要求</td><td colspan="7">1）正确使用相关的工具，分析设计出该液压回路图
2）该回路的连接、安装及运行
3）分析该回路的工作原理并进行油路分析
4）调节调速阀，观察速度变化情况及工作状况
5）实训结束后对液压试验台进行整理，对使用工具及液压元件进行整理并放回原处</td></tr>
<tr><td>提交成果
（可口述）</td><td colspan="7">1）注塑机启闭模速度控制回路图的设计与绘制
2）组成该回路的各液压元件的作用
3）该控制回路的工作原理及油路分析
4）正确连接各液压元件，调试运行该液压系统，完成系统功能
（液压钻床回路连接实训报告）</td></tr>
<tr><td rowspan="7">考核评价</td><td>序号</td><td colspan="2">考核内容</td><td>评分</td><td colspan="2">评分标准</td><td>得分</td></tr>
<tr><td>1</td><td colspan="2">安全文明操作</td><td>10</td><td colspan="2">遵守安全规章、制度</td><td></td></tr>
<tr><td>2</td><td colspan="2">绘制该注塑机启闭模速度控制回路，并讲述组成该回路的各液压元件的作用</td><td>20</td><td colspan="2">回路图绘制正确，各元件作用讲解正确</td><td></td></tr>
<tr><td>3</td><td colspan="2">选择各液压元件并在实验台上连接该回路</td><td>20</td><td colspan="2">各元件选择及连接正确</td><td></td></tr>
<tr><td>4</td><td colspan="2">分析其工作原理及油路运行情况</td><td>20</td><td colspan="2">工作原理及油路运行分析正确</td><td></td></tr>
<tr><td>5</td><td colspan="2">开机验证其工作原理并进行油路运行分析</td><td>20</td><td colspan="2">开机验证操作正确</td><td></td></tr>
<tr><td>6</td><td colspan="2">团队协作</td><td>10</td><td colspan="2">与他人合作有效</td><td></td></tr>
<tr><td>指导教师</td><td colspan="3"></td><td colspan="3">总分</td><td></td></tr>
</table>

知识拓展7 流量阀的常见故障诊断与维修

1. 节流阀的常见故障诊断与维修方法

节流阀的常见故障诊断与维修方法见表7-3。

表7-3 节流阀的常见故障诊断与维修方法

故障现象	故障原因	维修方法
流量调节作用失灵	1）节流阀阀芯因毛刺或污物等卡死 2）阀芯与阀孔的配合间隙过小或过大造成阀芯卡死或泄漏 3）阀芯与阀孔的几何公差不符合要求，造成液压卡紧 4）阀芯复位弹簧断裂或漏装 5）设备长期未用，油液中的水分使阀芯锈蚀而卡死	1）拆洗滑阀，更换液压油，使滑阀运动灵活 2）研磨阀孔或检查磨损、密封情况，修换阀芯 3）重新研磨，保证公差要求 4）更换或补装弹簧 5）除锈、清洗系统并过滤
泄漏	1）调节手柄及阀安装面处密封圈变形、破损或漏装而造成外泄漏 2）节流阀芯与阀孔配合间隙过大造成内泄漏 3）油温过高，使黏度下降，导致泄漏量增大	1）更换密封圈 2）调节或研磨或更换阀芯，消除影响 3）增加油箱容量或加装冷却器

2. 调速阀的常见故障诊断及维修方法

调速阀的常见故障诊断与维修方法见表7-4。

表7-4 调速阀的常见故障诊断与维修方法

故障现象	故障原因	维修方法
流量调节作用失灵	1）节流阀阀芯因毛刺或污物等卡死 2）阀芯复位弹簧断裂或漏装 3）阀芯与阀孔的配合间隙过小或过大造成阀芯卡死或泄漏 4）调速阀进出口接反了 5）定差减压阀阀芯卡死在全闭或小开度位置 6）调速阀进出口压差太小	1）拆洗滑阀，更换液压油，使滑阀运动灵活 2）更换或补装弹簧 3）研磨阀孔或检查磨损、密封情况，修换阀芯 4）纠正进出口接法 5）拆洗或修磨，使减压阀芯运动灵活 6）按说明书调节压力
最小稳定流量不稳定，执行元件低速运动速度不稳定，出现爬行抖动现象	1）油温高且温度变化大 2）温度补偿杆弯曲或补偿作用失效 3）节流阀阀芯因污物造成时堵时通 4）节流滑阀与阀体配合间隙过大造成泄漏 5）在带单向阀装置的调速阀中，单向阀阀芯与阀座接触处由污物卡住或拉有沟槽，不密合，存在泄漏	1）加强散热，控制油温 2）更换温度补偿杆 3）拆洗滑阀，更换液压油使滑阀运动灵活 4）检查修磨密封情况，修换阀芯 5）清洗、研磨单向阀阀芯与阀座，使之密合，必要时更换

◇◇◇ 自我评价 7

1. 填空题

1）流量控制阀是通过改变阀口的通流面积来调节通过阀口的流量，从而控制执行元件运动________的液压控制阀。常用的流量控制阀有________和________两种。

2）速度控制回路是研究液压系统的速度________和________问题，其功能是使执行元件获得满足工作需求的运动________。常用的速度控制回路有调速回路、________回路和________回路等。

3）节流阀的结构简单，体积小，使用方便，成本低。但负载和温度的变化对流量稳定性的影响较______，因此只适用于负载和温度变化不大或速度稳定性要求______的液压系统。

4）调速阀是由定差减压阀和节流阀______组合而成的。用定差减压阀来保证可调节流阀前后的压差不受负载变化的影响，从而使通过节流阀的________保持稳定。

5）节流调速回路是用________泵供油，通过调节流量阀的通流面积大小来改变进入执行元件的________，从而实现运动速度的调节。

6）容积调速回路是利用改变回路中液压泵或液压马达的________来实现调速的。

2. 判断题

1）使用可调节流阀来进行调速时，执行元件的运动速度不受负载变化的影响。（　　）

2）节流阀是最基本的流量控制阀。（　　）

3）流量控制阀的基本特点是它们都是利用油液压力和弹簧力相平衡的原理来进行各种工作的。（　　）

4）进油路节流调速比回油路节流调速回路的运动平稳性要好。（　　）

5）进油路节流调速和回油路节流调速回路损失的功率都较大，效率都较低。（　　）

3. 选择题

1）在液压系统中，可用于液压执行元件速度控制的阀是（　　）。

A. 顺序阀　B. 节流阀　C. 溢流阀　D. 换向阀

2）调速阀是（　　），单向阀是（　　），减压阀是（　　）。

A. 方向控制阀　B. 压力控制阀　C. 流量控制阀

3）系统功率不大，负载变化较小，采用的调速回路为（　　）调速回路。

A. 进油路节流　B. 旁油路节流　C. 回油路节流　D. A 或 C

4）回油路节流调速回路（　　）。

A. 调速特性与进油路节流调速回路不同　B. 经节流阀而发热的油液不宜散热

C. 广泛应用于功率不大、负载变化不大或运动平稳性要求较高的液压系统

D. 串联背压阀可提高运动的平稳性

5）容积节流调速回路（　　）。

A. 主要由定量泵与调速阀组成　B. 工作稳定，效率较高

C. 运动平稳性比节流调速回路差　D. 在较低速度下工作时运动不够稳定

4. 问答题

1）液压传动系统中实现流量控制的方式有哪几种？采用的关键元件是什么？

2）调速阀为什么能够使执行机构的运动速度稳定？

3）试选择下列问题的答案。

①在进油路节流调速回路中，当外负载变化时，液压泵的工作压力（变化，不变化）。

②在回油路节流调速回路中，当外负载变化时，液压泵的工作压力（变化，不变化）。

③在旁油路节流调速回路中，当外负载变化时，液压泵的工作压力（变化，不变化）。

④在容积调速回路中，当外负载变化时，液压泵的工作压力（变化，不变化）。

⑤在采用限压式变量泵与调速阀的容积节流调速回路中，当外负载变化时，液压泵的工作压力（变化，不变化）。

4）试说明图 7-26 所示平衡回路是怎样工作的？回路中的节流阀能否省去？为什么？

5. 计算题

1）如图 7-27 所示的回油路节流调速回路中，已知液压泵的供油流量$q_p=25\mathrm{L/min}$，负载 $F=40000\mathrm{N}$，溢流阀调定压力$p_y=5.4\mathrm{MPa}$，液压缸无杆腔面积$A_1=80\times10^{-4}\mathrm{m}^2$，有杆腔面积$A_2=40\times10^{-4}\mathrm{m}^2$，液压缸工进速度 $v=0.18\mathrm{m/min}$，不考虑管路损失和液压缸的摩擦损失，试计算：

①液压缸工进时液压系统的效率。

②当负载 $F=0$ 时，回油腔的压力。

2）在图 7-27 中，将节流阀改为调速阀，已知$q_p=25\mathrm{L/min}$，$A_1=100\times10^{-4}\mathrm{m}^2$，$A_2=50\times10^{-4}\mathrm{m}^2$，$F$ 由零增至 30000N 时，活塞向右运动的速度基本无变化，速度 $v=0.2\mathrm{m/min}$。若调速阀要求的最小压差 $\Delta p_{min}=0.5\mathrm{MPa}$，试计算：

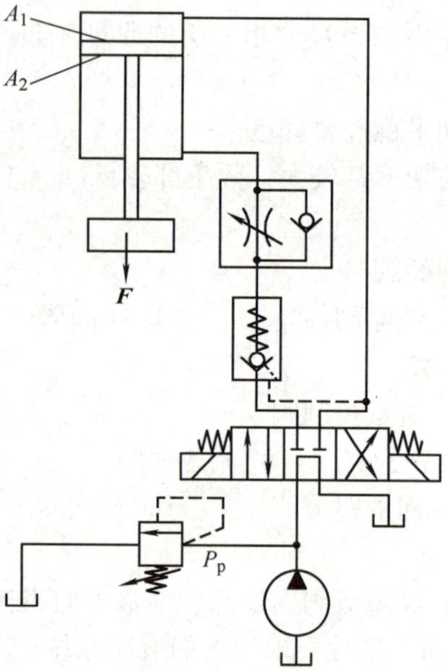

图　7-26

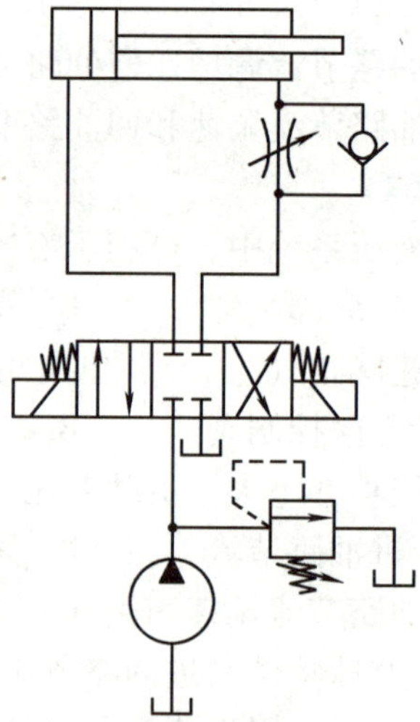

图　7-27

①不计调压偏差时，溢流阀调定压力p_y，泵的工作压力。

②液压缸可能达到的最高工作压力。

③回路的最高效率。

3）如图7-28所示，由复合泵驱动液压系统，活塞快速前进时负载$F=0$，慢速前进时负载$F=20000\mathrm{N}$，活塞有效面积$A=40\times10^{-4}\mathrm{m}^2$，左边溢流阀及右边卸荷阀的调定压力分别是7MPa与3MPa。大排量泵流量$q_{大}=20\mathrm{L/min}$，小排量泵流量$q_{小}=5\mathrm{L/min}$，摩擦阻力、管路损失、惯性力忽略不计，试计算：

①活塞快速前进时，复合泵的出口压力，进入液压缸的流量，活塞的前进速度。

②活塞慢速前进时，大排量泵的出口压力，复合泵的出口压力。如果要改变活塞的前进速度，应调整哪个元件？

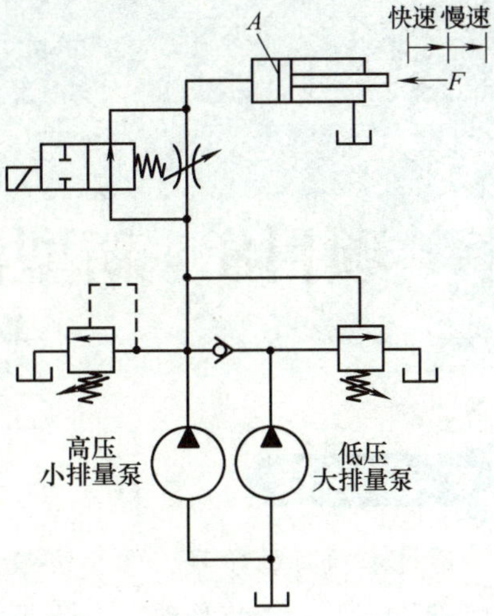

图　7-28

项目8　新型液压阀的应用与多缸运动控制回路设计

学习目标

通过本项目的学习，学生应掌握各种新型阀的结构、工作原理及功用，掌握多缸工作控制回路的类型、工作原理，具备根据工作条件选用液压控制阀的能力，具有分析和调试多缸运动控制回路的能力。具体目标是：

1）熟悉新型液压控制元件的分类，理解其结构、工作原理及应用。

2）通过职能符号识别叠加阀、插装阀、比例阀和伺服阀，掌握这些新型阀的结构和工作原理及功用。

3）掌握多缸工作控制回路的工作原理和控制方式。

4）能根据系统功能要求合理选用液压控制阀。

5）能正确连接、安装、调试多缸工作控制回路。

任务8.1　机械手伸缩运动中伺服阀的应用

任务引入

在自动化机械或生产线中，机械手常用来夹紧、传输工件（或刀具）、转位和装卸，能操纵工具完成加工、装配、测量、切割、喷涂及焊接等工作，能在高温、高压、多粉尘、危险、易燃、易爆和放射性等恶劣环境中代替人的手工作业。

一般液压机械手应包括四个伺服系统，它们分别控制机械手的伸缩、回转、升降和手腕的动作。在这种系统中，执行元件能以一定的精度自动地按照输入信号的变化规律而运动。那么机械手手臂的伸缩运动靠什么液压阀来控制呢？如何选用这类控制阀呢？

任务分析

电液伺服阀是电、液联合控制的多级伺服元件，它能将微弱的电气输入信号放大成大功率的液压能量输出。机械手臂的伸缩运动控制阀就是利用电液伺服阀来完成的，系统原理图如图8-1所示，它主要由电液伺服阀1、液压缸2、活塞杆带动的机械手手臂3、齿轮齿条机构4、电位器5、步进电动机6和放大器7等元件组成。当电位器的触头处在中位时，触头上没有电压输出。当它偏离这个位置时，就会输出相应的电压。电位器触头产生的微弱电压，需经放大器放大后才能对电液伺服阀进行控制。电位器触头由步进电动机带动旋转，步进电动机的角位移和角速度由数控装置发出的脉冲数和脉冲频率控制。齿条固定在机械手手臂上，电位器固定在手轮上，所以当手臂带动齿轮转动时，电位器同齿轮一起转动，形成反馈。

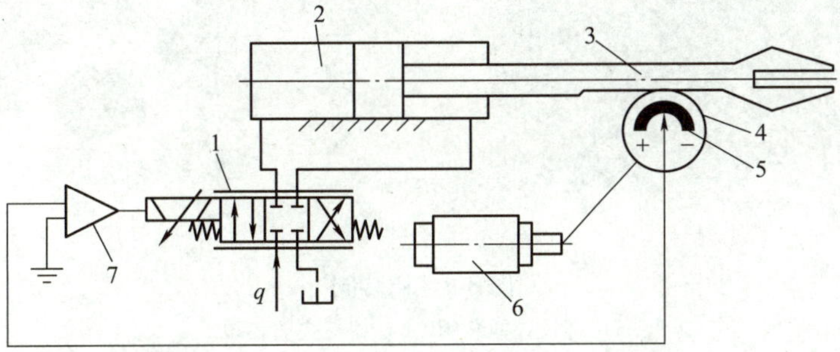

图 8-1　机械手手臂伸缩电液伺服系统原理图

1—电液伺服阀　2—液压缸　3—机械手手臂　4—齿轮齿条机构　5—电位器　6—步进电动机　7—放大器

机械手伸缩系统的工作原理：当数控装置发出一定数量的脉冲，使步进电动机带动电位器 5 的动触头转动一定的角度（顺时针）时，动触头偏离电位器中位，产生微弱电压，经放大器放大后输入电液伺服阀 1 的控制线圈，使伺服阀产生一定的开口量，这时液压油以一定的流量流经阀的开口进入缸的左腔，推动活塞连同机械手手臂一起向右移动，产生行程，缸右腔的油经伺服阀流回油箱。由于电位器的齿轮和机械手手臂上的齿条相啮合，手臂向右移动时，电位器跟着做顺时针方向转动。当电位器的中位和触头重合时，动触头输出电压为零，电液伺服阀失去信号，阀口关闭，手臂停止移动。手臂移动的行程取决于脉冲数量，速度取决于脉冲频率。当数控装置发出反向脉冲时，步进电动机逆时针反向转动，手臂缩回。

相关知识

液压控制阀按连接方式可分为管式连接、板式连接、叠加式连接、插装式连接；按控制方式可分为电液比例阀、伺服阀、数字控制阀。液压传动系统中常用的新型阀主要有插装阀、叠加阀、比例阀、伺服阀等。

8.1.1　插装阀的工作原理与应用

普通液压阀流量在小于 300L/min 的系统中性能良好，但不适用于大流量系统。插装阀又称为插装式锥阀或逻辑阀，是一种新型的液压元件，其特点是结构简单，标准化、通用化程度高，通油能力大，液阻小，密封性能和动态特性好，目前，在液压压力机、塑料成型机、压铸机等高压大流量系统中被广泛应用。

插装阀有二通和三通两种，但三通插装阀通用化程度不及二通插装阀，所以一般说的插装阀指的是二通插装阀。插装阀分螺纹式和盖板式两种，如图 8-2 所示。

1. 二通插装阀的结构和工作原理

图 8-3 所示为二通插装阀的外形图、结构原理和图形符号。二通插装阀主要由控制盖板 1、主阀组件（阀套 2、弹簧 3、阀芯 4 及密封件组成）、插装阀体 5 和先导控制元件（置于控制盖板上，图中未画出）组成。

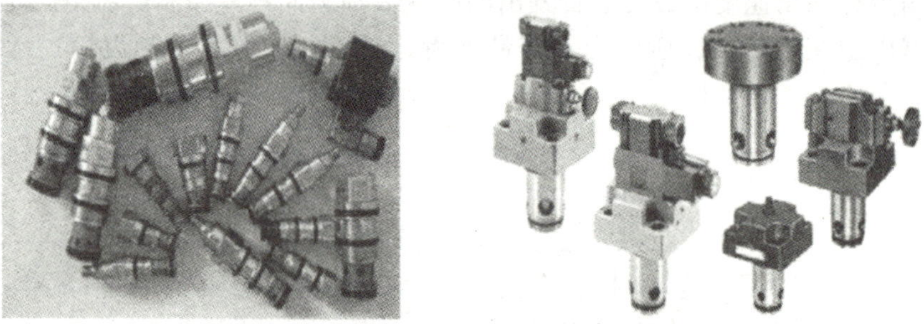

a)　　　　b)

图 8-2　插装阀

a）螺纹式插装阀　b）盖板式插装阀

二通插装阀的工作原理相当于一个液控单向阀。图中 A、B 为主油路两个仅有的工作油口（所以称为二通阀），C 为控制油口。通过控制油口的启闭和对压力大小的控制，即可控制主阀阀芯的启闭和油口 A、B 的流向及压力。设 A、B、C 油口所通油腔的压力及通流面积分别用p_A、p_B、p_C和A_A、A_B、A_C表示，弹簧力用 F_S 表示，若不计锥阀质量、液动力、摩擦力影响，则有 $A_C = A_A + A_B$；

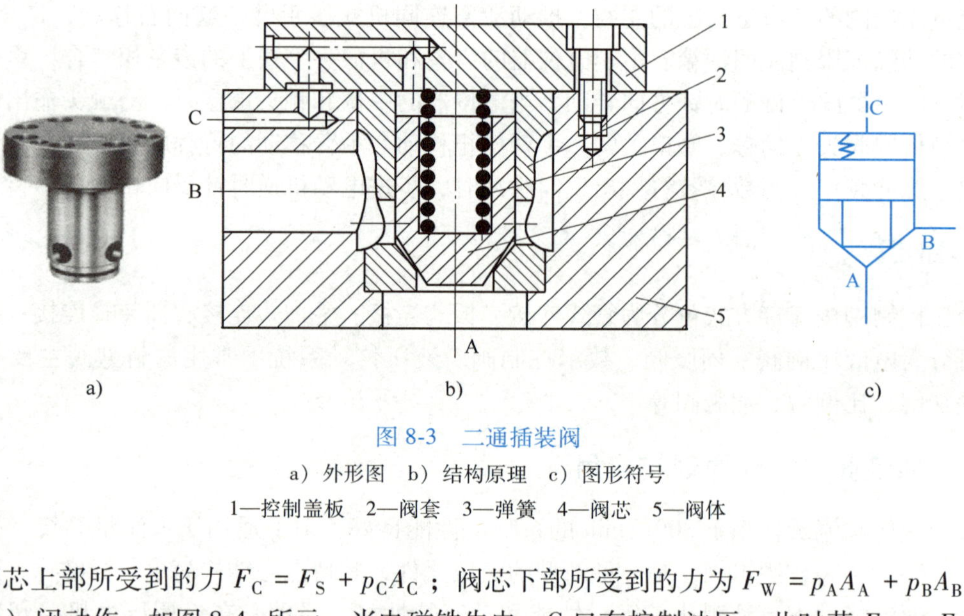

a)　　　　b)　　　　c)

图 8-3　二通插装阀

a）外形图　b）结构原理　c）图形符号

1—控制盖板　2—阀套　3—弹簧　4—阀芯　5—阀体

阀芯上部所受到的力 $F_C = F_S + p_CA_C$；阀芯下部所受到的力为 $F_W = p_AA_A + p_BA_B$。

（1）闭动作　如图 8-4a 所示，当电磁铁失电，C 口有控制油压，此时若 $F_C > F_W$，锥形阀关闭，A 口和 B 口通路被切断，阀闭合。

（2）开动作　如图 8-4b 所示，当电磁铁得电，C 口没有控制油压，此时 $F_C = F_S < F_W$，锥形阀上升打开，A 口和 B 口通路连通。

若 $p_C = 0$，则在 p_A 或 p_B 的作用下，使锥形阀芯打开的最小压力为锥形阀的开启压力。此时开启压力与A_A的大小及F_S有关，通常开启压力约为 0.03~0.4MPa。

锥阀打开后，液压油可以由 A 流向 B，也可以由 B 流向 A。如果 $A_C/A_A = 1$，则只能由 A 流向 B。

插装阀与各种先导阀（不同盖板）组合，便可以组成方向控制阀、压力控制阀和流量控制阀，并且同一阀体内可装入若干个不同机能的锥阀组件，加相应的盖板和控制元件即可组成所需要的液压回路，可使液压阀的结构很紧凑。

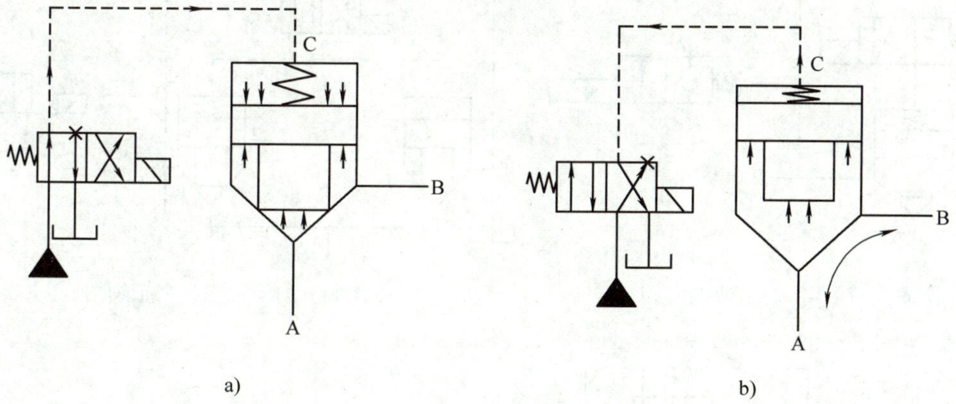

图 8-4　插装阀动作分析

a）闭动作　b）开动作

2. 插装阀的应用

（1）用作方向控制阀　图 8-5a 所示为二通插装阀用作单向阀。当$p_A>p_B$时，锥阀关闭，A 和 B 不通；当$p_A<p_B$，且p_B达到一定数值（开启压力）时，便打开锥阀，使油液从 B 流向 A；图 8-5b 所示为油液从 A 流向 B 的单向阀；如果在控制盖板上接一个二位三通液动阀变换 C 腔的压力，即可成为液控单向阀，如图 8-5c 所示。

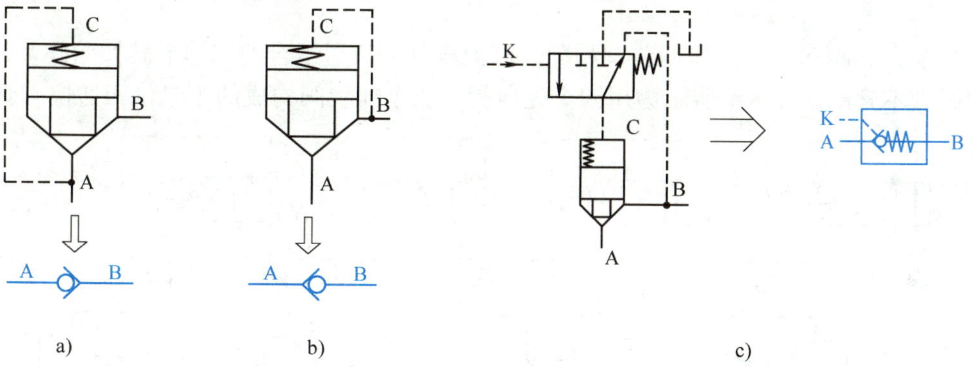

图 8-5　用作方向控制阀

图 8-6 所示为二通插装阀用作二位二通换向阀。用一个二位三通电磁阀来转换 C 腔的压力，就可以成为一个二位二通换向阀。当电磁铁断电时，油液不能从 B 流向 A，但可以从 A 流向 B；当电磁铁通电时，锥阀开启，A 和 B 连通。

图 8-7 所示为二通插装阀用作二位三通换向阀。用两个锥阀单元加上一个先导阀即可组成，用一个二位四通电磁阀（先导阀）来转换两个锥阀的控制油腔中的压力。在图示位置电磁铁断电时，油口 A 与 T 通，P 截止；当电磁铁通电时，油口 A 与 P 通，T 截止。

图 8-8 所示为二通插装阀用作二位四通换向阀。用一个二位四通电磁先导阀来对四个锥

阀的控制油腔中的压力进行控制。在图示状态下，主油路液压油口 P 与 B 通，A 与 T 通；当电磁铁通电时，油口 P 与 A 通，B 与 T 通。

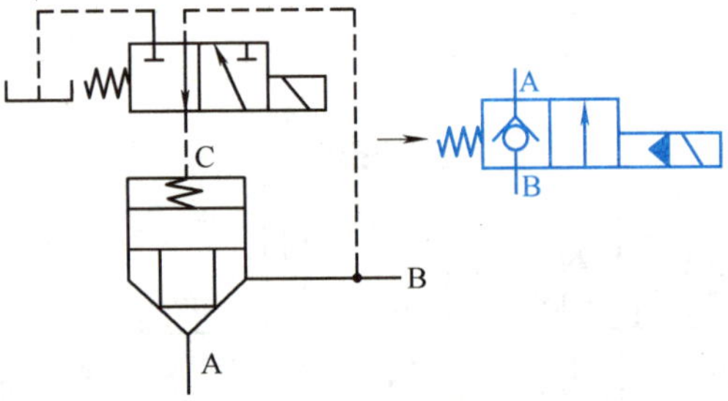

图 8-6　用作二位二通换向阀

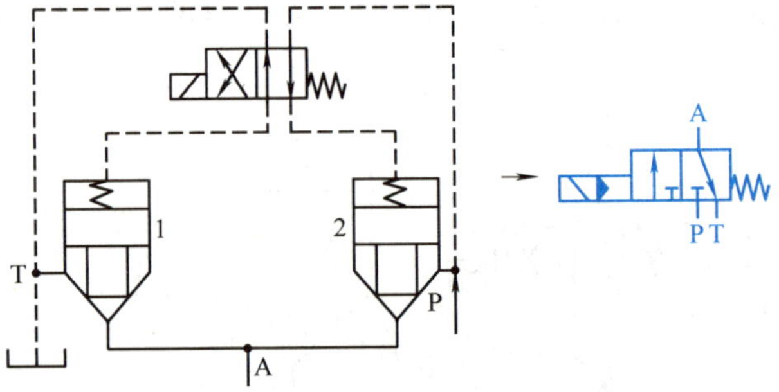

图 8-7　用作二位三通换向阀

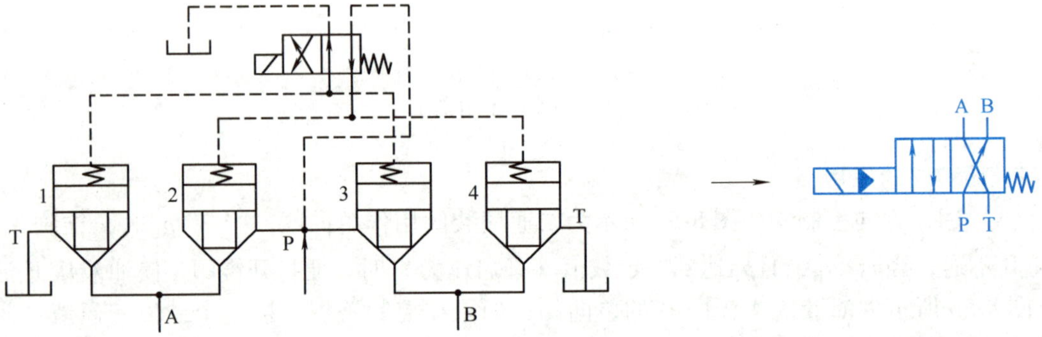

图 8-8　用作二位四通换向阀

用多个先导阀和多个二通插装阀相配，可构成复杂位通组合的二通插转换向阀，这是普通换向阀做不到的。图 8-9 所示为用四个先导阀、四个插装阀构成的十二位四通换向阀。

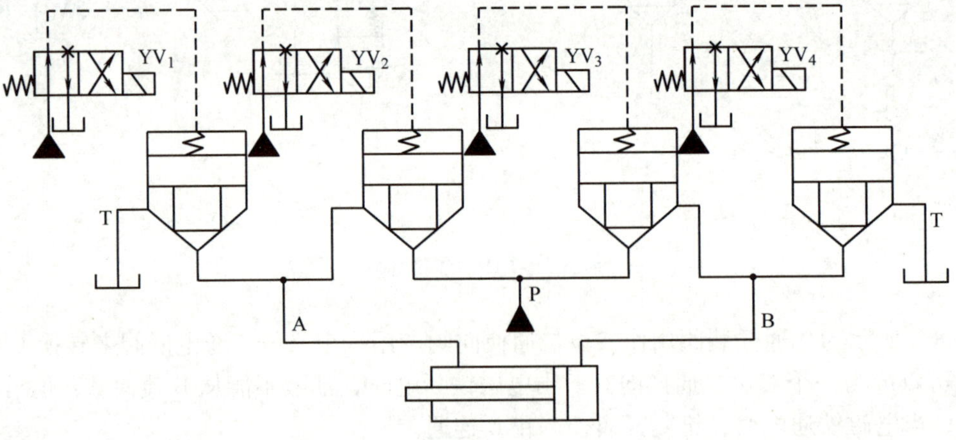

图 8-9　用作十二位四通换向阀

采用四个先导阀来控制四个插装阀的开闭，实际共有 16 种可能的状态，但其中有 5 种油路相同，实际只有 12 种油路，具体见表 8-1。

表 8-1　12 种实际油路（编号 8、12、14、15、16 共 5 种相同）

编号	1	2	3	4	5	6	7	8	9	10	11	12	13	14	15	16
YV1	−	−	+	+	−	−	+	+	−	−	+	+	−	+	−	+
YV2	−	−	−	−	+	+	+	+	−	−	−	+	+	−	+	+
YV3	−	−	−	−	−	−	−	+	+	+	+	−	+	+	+	+
YV4	−	+	−	+	−	+	−	−	−	+	−	+	−	+	+	+
油路	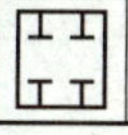	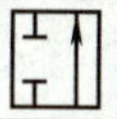			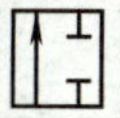	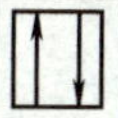				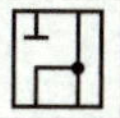		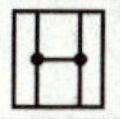	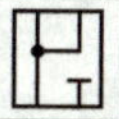	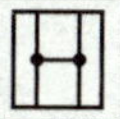	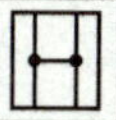	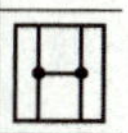

（2）用作压力控制阀　对 C 腔采用压力控制即可构成各种压力控制阀，其外形和结构原理如图 8-10a、b 所示。用直动式溢流阀作为先导阀来控制插装主阀，在不同的油路连接下便构成不同的压力阀。如图 8-10c 所示，B 腔通油箱，可用作溢流阀。当 A 腔油压升高到先导阀的调定压力时，先导阀打开，油液经过主阀阻尼孔时产生压差，使主阀芯克服弹簧阻力开启，A 腔液压油经 B 流回油箱，实现溢流稳压；当二位二通阀通电时，可作为卸荷阀用。如图 8-10d 所示，B 腔接液压油路时便可作为顺序阀。此外，若主阀采用阀口常开的锥阀阀芯，则可构成二通插装减压阀；若用比例溢流阀作为先导阀，代替图中直动式溢流阀，则可成为二通插装电液比例溢流阀。

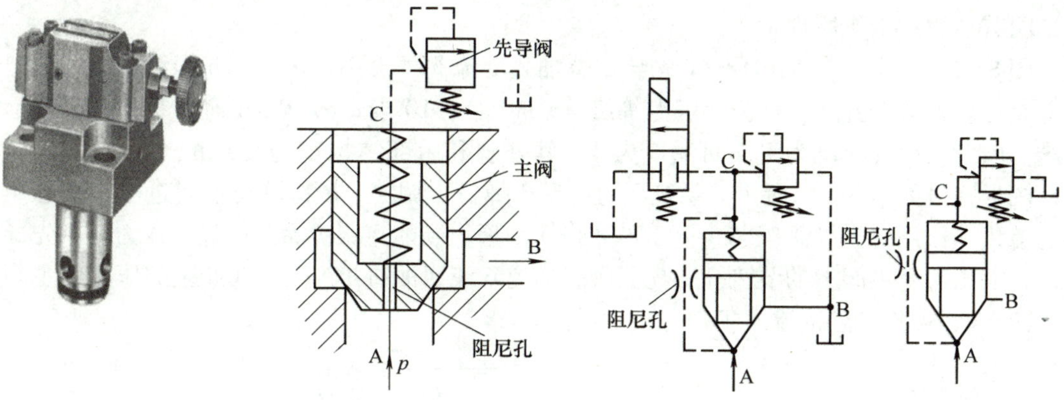

a)　　b)　　c)　　d)

图 8-10　用作压力控制阀

a）外形图　b）结构原理　c）用作溢流阀和卸荷阀　d）用作顺序阀

（3）用作流量控制阀　若用机械或电器的方式限制锥阀阀芯的行程，以改变阀口的通流面积的大小，则锥阀可起流量控制阀的作用，其外形如图 8-11a 所示。图 8-11b 所示为二通插装阀用作流量控制的节流阀；图 8-11c 所示为用作调速阀，在节流阀前串一个减压阀，减压阀阀芯两端分别与节流阀进出油口相通，利用减压阀的压力补偿功能来保证节流阀两端的压差不随负载的变化而变化。

8.1.2　叠加阀的工作原理与应用

叠加式液压阀简称为叠加阀，是近年来在板式阀集成化的基础上发展起来的新型液压元

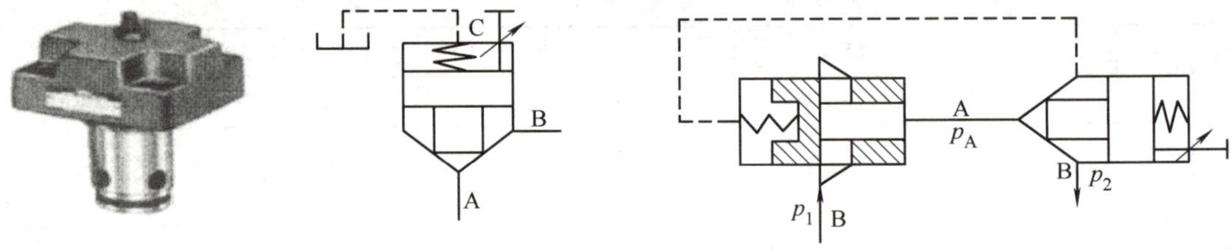

a)　　b)　　c)

图 8-11　用作流量控制阀

a）外形图　b）用作节流阀　c）用作调速阀

件。叠加阀既具有板式液压阀的功能，其阀体本身又起到管路通道的作用，从而能使其上、下安装面呈叠加式无管连接，组成集成化液压系统。

叠加阀现有五个通径系列：ϕ6mm、ϕ10mm、ϕ16mm、ϕ20mm、ϕ32mm，额定压力为20MPa，额定流量为10~200L/min。

叠加阀按功能不同可分为压力控制阀、流量控制阀和方向控制阀，其中方向控制阀只有单向阀类。主换向阀不属于叠加阀。

1. 叠加阀的结构和工作原理

叠加阀的工作原理与一般的液压阀相同，只是具体结构有所不同。现以叠加式溢流阀为例说明其结构和工作原理。

图 8-12a 所示为Y_1-F10D-P/T 先导型叠加式溢流阀外形图，图 8-12b 为结构图，其型号意义是：Y 表示溢流阀；F 表示压力等级（20MPa）；10 表示 ϕ 10mm 通径系列；D 表示叠加阀；P/T 表示进油口为 P，回油口为 T。其外观和内部结构都与传统的先导式溢流阀相似，图形符号如图 8-12c 所示。系统压力由调压螺钉 1 调定。P 口液压油通过主阀阀芯 4 中间的节流孔作用在先导阀阀芯 3 上，当 P 口压力增大到能克服弹簧 2 的设定压力时，先导阀打开，液压油经主阀上的节流孔、先导阀、通道 6 流回油口 T，阻尼孔产生的压降使主阀打开，液压油 从 P 口直接流入 T 口，产生溢流。

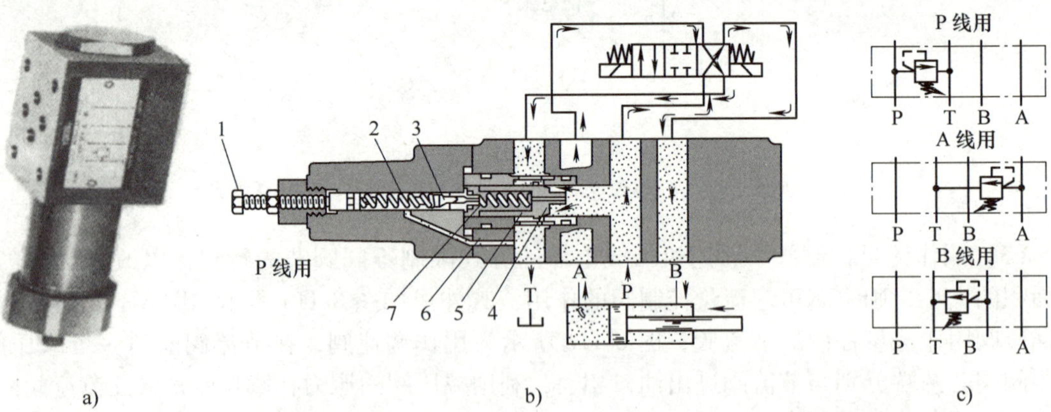

a)　　b)　　c)

图 8-12　Y_1-F10D-P/T 先导型叠加式溢流阀

a）外形图　b）结构图　c）图形符号

1—调压螺钉　2—弹簧　3—先导阀阀芯　4—主阀阀芯　5—阀体　6—通道　7—节流腔

2. 叠加系统的组成

叠加阀自成体系，每一种通径系列的叠加阀，其主油路通道和螺钉孔的大小、位置、数量都与相应通径的板式换向阀相同。因此，将同一通径系列的叠加阀互相叠加，可直接连接形成集成化液压系统。

图 8-13 所示为叠加式液压阀的外观和组装示意图，最下面的是基座板，基座板上有进油孔、回油孔和通向液压元件的油孔，基座板上面第一个元件一般是压力表，然后依次向上叠加各压力控制阀和流量控制阀，最上层是换向阀，用螺栓将它们紧固成一个叠加阀组。一般一个叠加阀组控制一个执行元件。如果液压系统有几个需要集中控制的液压元件，则用多联基座板，并排在上面组成相应的几个叠加阀组。

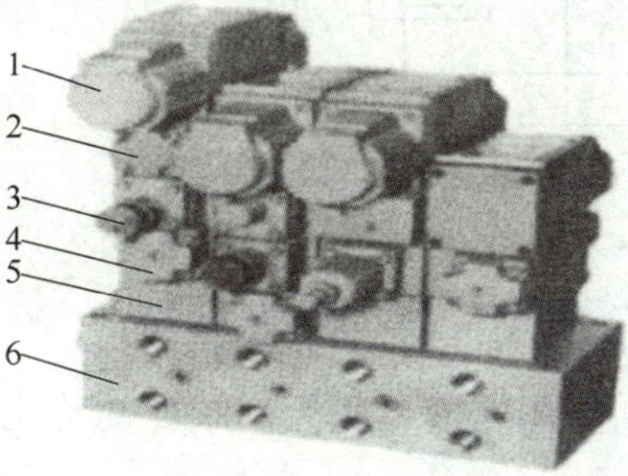

图 8-13　叠加式液压阀的外观和组装示意图

1—换向阀　2、3、4、5—叠加阀　6—基座板

3. 叠加回路图绘制

叠加阀组成的液压回路图的画法与常规画法有较大区别。工程上通常是先画出传统回路图，然后再将传统的回路图变为叠加阀组成的回路图。

图 8-14a 为以传统的液压回路，从电磁阀的符号引出一条中心线，如图中左侧所示，以此中心线为界将整个回路分成上下两部分，下部画在方向阀的左侧，上部画在方向阀的右侧，在绘制过程中，将回路中各接口之间的连线弯曲成颠倒的 U 形，形成回路，如图 8-14b 所示。

4. 叠加式液压系统的特点

1）结构紧凑，体积小，重量轻、安装及装配周期短。

2）元件之间无管连接，消除了因管件、油路、管接头等连接引起的泄漏、振动和噪声。

3）便于通过增减叠加阀实现液压系统的变化，系统重新组装方便迅速。

4）系统配置灵活，外观整齐，使用安全可靠，维护和保养容易。

5）标准化、通用化、集约化程度高。

叠加阀的主要缺点是回路形式较少，通径较小，品种规格不能满足较大功率的液压系统的需要。

8.1.3　电液比例控制阀的工作原理与应用

普通液压阀只能通过手动调节以预调的方式对液流的压力、流量进行定值控制，对液流的方向进行开关控制。而当工作机构的动作要求对其液压系统的压力、流量参数进行连续控

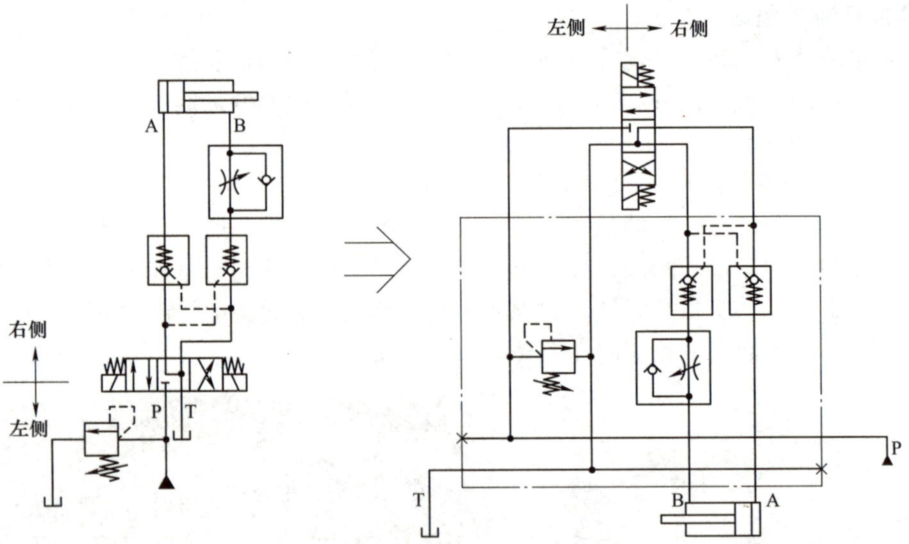

图 8-14　叠加回路图的绘制

制或控制精度要求较高时，则不能满足要求。这时就需要用电液比例控制阀（简称比例阀）进行控制，如图 8-15 所示。

a)　　b)　　c)

图 8-15　比例阀实物图

a）比例溢流阀　b）比例减压阀　c）比例换向阀

比例阀与普通液压阀的主要区别是阀芯的运动采用比例电磁铁控制，使输出的压力或流量与输入的电流成正比。所以，可以用改变电信号的方法对压力、流量进行连续控制。有的阀还兼有控制流量大小和方向的功能。这种阀在加工制造方面的要求接近于普通阀，但其性能却大为提高。

图 8-16 所示为比例阀系统信号流程图，由图可知，比例阀系统的组成如下。

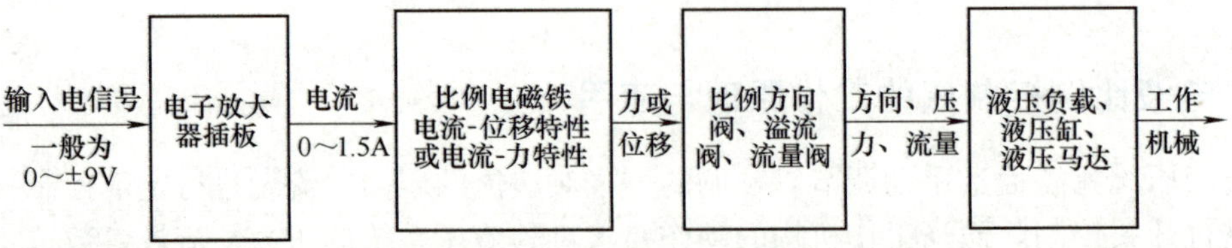

1）输入电信号为压力（多数为0~±9V），电信号放大器成比例地转化为电流，即输出变量，如1mV相当于1mA。

2）比例电磁铁产生一个与输入变量成比例的力或位移输出。

3）液压阀以这些输出变量（力或位移）作为输入信号就可成比例地输出流量或压力。

4）这些成比例输出的流量或压力，对于液压执行机构或机器动作单元而言，意味着不仅可进行方向控制，而且可进行速度和压力的无级调控。

5）同时，执行机构运行的加速或减速也实现了无级可调，如流量在某一时段内的连续性变化等。

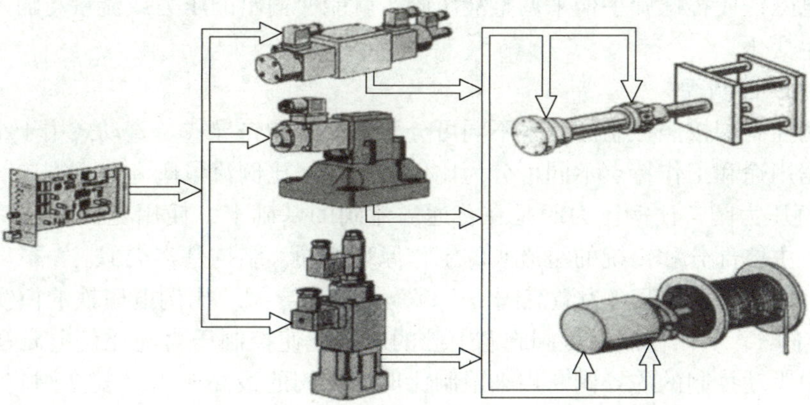

图8-16　比例阀系统信号流程图

比例阀的采用能使液压系统简化，所用液压元件数量大为减少，并可用计算机控制，自动化程度可明显提高。

1. 比例电磁铁

比例电磁铁是电液比例控制阀的重要组成部分，其作用是将比例控制放大器输出的电信号转换成与之成比例的力或位移。

比例电磁铁的结构如图8-17所示。

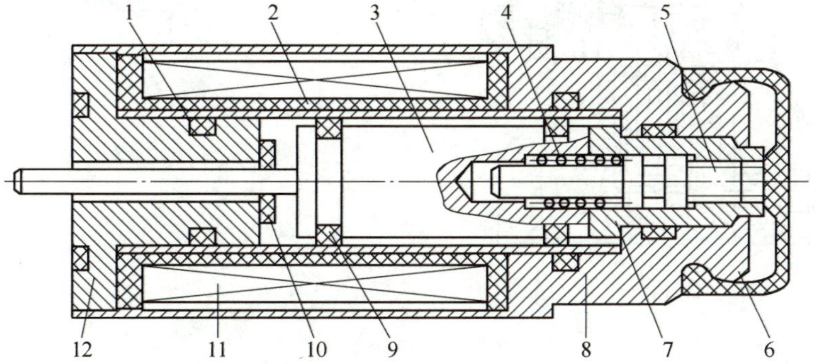

图8-17　比例电磁铁的结构

1—导向管　2—支撑环　3—衔铁　4—弹簧　5—调节螺钉　6—盖　7—内盖
8—壳体　9—隔磁环　10—限位环　11—线圈　12—极靴

比例电磁铁是一种直流电磁铁，它与普通换向阀用的电磁铁不同。普通换向阀使用的电磁铁只要求有吸合和断开两个位置，并且为了增加吸力，在吸合时磁路中几乎没有气隙。而比例电磁铁则要求吸力（或位移）与输入电流成正比，并在衔铁的全部行程上，磁路中保持一定的气隙。其结构主要由极靴12、线圈11、壳体8和衔铁3组成。线圈11中通电后产生磁场，因隔磁环9的存在，使磁力线主要部分通过衔铁3、气隙、极靴12形成回路。极靴对衔铁产生吸力。在线圈中电流一定时，吸力的大小因极靴与衔铁间的距离不同而变化，但衔铁在气隙适中的一段行程中，吸力随位置的改变而发生的变化很小，比例电磁铁的衔铁就在这段行程中工作。因此，改变线圈中的电流即可在衔铁上得到与其成正比的吸力。

用比例电磁铁代替螺旋手柄来调整液压阀，就能使输出的压力或流量与输入的电流对应成比例地发生变化。

2. 电液比例控制阀

电液比例控制阀按照控制的功率不同可分为直动式和先导式。直动式用于小流量系统的溢流阀。根据用途和工作特点不同可分为比例压力阀、比例流量阀和比例方向阀三大类。

（1）比例压力阀　比例压力阀是在普通溢流阀的基础上，使用比例电磁铁来代替传统的调压螺钉，主体部分和传统的溢流阀的工作原理相同，结构基本类似。

如图8-18a所示，其下部为溢流阀，上部为比例先导阀。比例电磁铁的衔铁4通过顶杆6控制先导锥阀2，从而控制溢流阀阀芯上腔的压力，使控制压力与比例电磁铁输入的电流成比例。其中手动控制的先导阀9用来限制比例压力阀的最高压力（安全阀）。远程控制口K可以用来进行远程控制。用同样的方式可以组成比例顺序阀和比例减压阀。图8-18b为其图形符号。

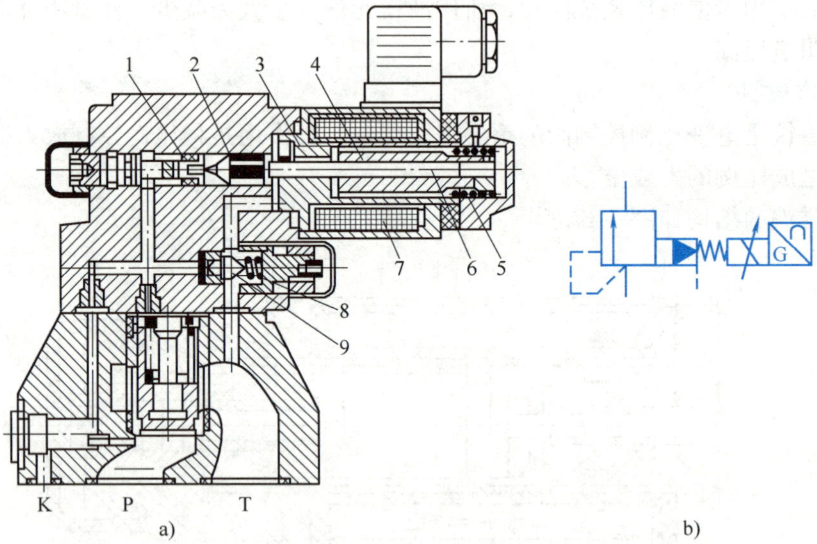

图8-18　比例溢流阀

a）结构原理　b）图形符号

1—先导阀座　2—先导锥阀　3—极靴　4—衔铁　5、8—弹簧　6—顶杆　7—线圈　9—手调先导阀

（2）比例流量阀　在普通流量阀的基础上，利用电磁铁来改变阀口的开度，即可成为比例流量阀。

用比例电磁铁来改变节流阀的开口，就成为比例节流阀，将此阀与定差减压阀组合在一起，就成为比例调速阀。实现用电信号控制阀口开度，从而控制油液流量。图 8-19 所示为比例调速阀的结构原理图。当比例电磁铁通电时，比例电磁铁的输出力作用在节流阀阀芯上，与弹簧力、液动力、摩擦力相平衡。一定的控制电流对应一定的节流开度。通过改变输入电流的大小，即可改变通过调速阀的流量。若输入的电流是连续按比例或按一定的程序变化，则比例调速阀所控制的流量也是连续按比例或按一定的程序变化。

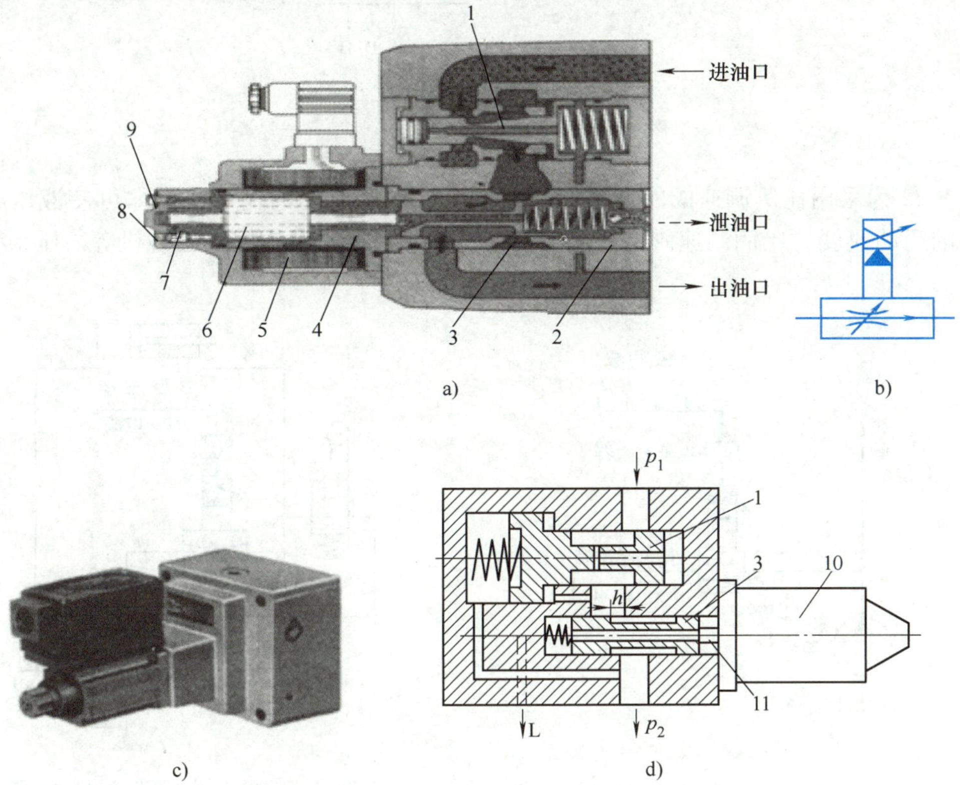

图 8-19　比例调速阀结构原理图

a）结构图　b）图形符号　c）外形图　d）剖面图

1—减压阀阀芯　2—节流套筒　3—节流阀阀芯　4—铁心　5—线圈　6—衔铁

7—滑动轴承　8—手动压力调节螺钉　9—排气口　10—比例电磁铁　11—推杆

（3）比例方向阀　将普通二位四通电磁换向阀中的电磁铁换成比例电磁铁，并在制造时严格控制阀芯和阀体上轴肩与凸肩的轴向尺寸，便可成为比例方向阀，如图 8-20 所示。其阀芯的行程可以与输入的电流相对应，连续地或按比例地改变。阀芯上的轴肩可以制作出三角形阀口，因而利用比例换向阀，不仅能改变执行元件的运动方向，还能通过控制换向阀阀芯的位置来调节阀口的开度，从而控制流量。因此，它同时兼有方向控制和流量控制两种功能。

3. 比例阀的应用

图 8-21 所示为采用比例溢流阀的多级调压回路。改变输入电流 I，即可控制系统的工作压力。与利用普通溢流阀的多级调压回路相比，所用液压元件少，回路简单，且能对系统压力进行连续控制。

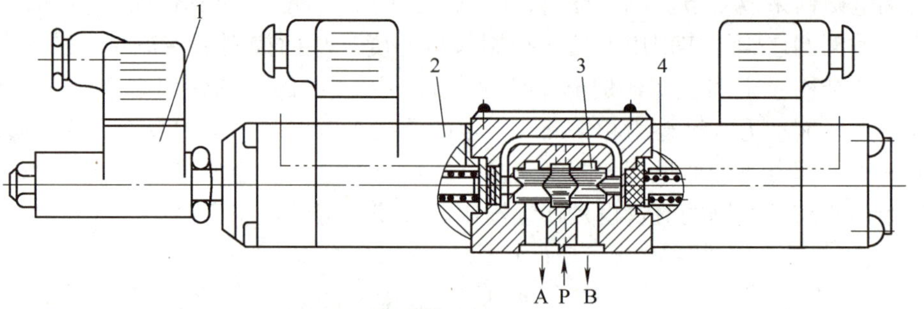

图 8-20　电反馈直动式比例方向阀

1—位移传感器　2—比例电磁铁　3—阀芯　4—弹簧

图 8-22 为采用比例调速阀的调速回路。改变比例调速阀的输入电流即可使液压缸获得所需要的运动速度。比例调速阀主要用于多工位加工机床、注塑机、刨砂机等液压系统的多速控制。

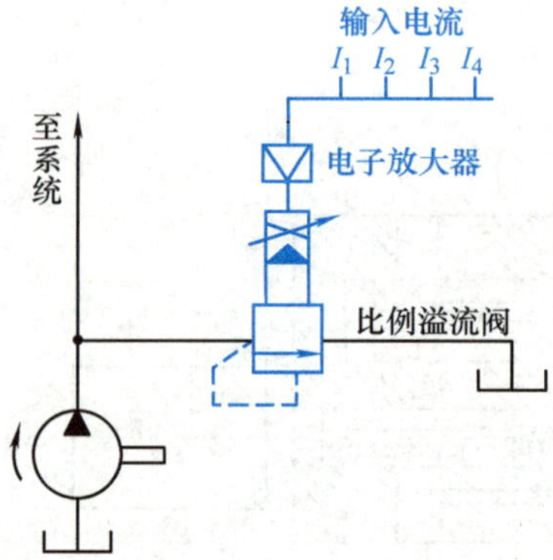

图 8-21　采用比例溢流阀的多级调压回路

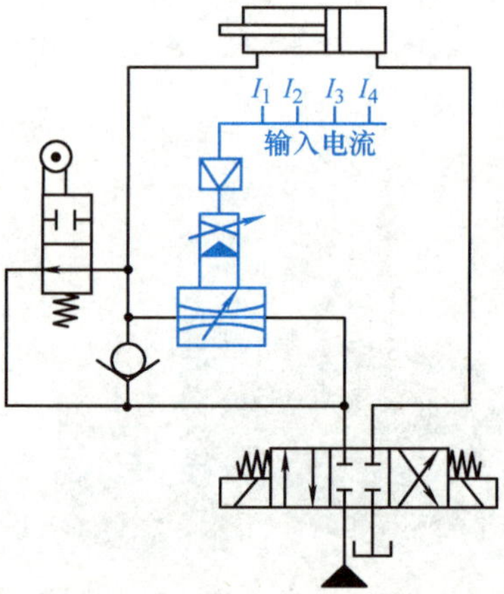

图 8-22　采用比例调速阀的调速回路

总之，采用比例阀能使液压系统简化，所用的液压元件数量大为减少，既能提高液压系统的性能参数及控制的适应性，又能明显地提高其控制的自动化程度，是一种很有发展前途的液压控制元件。

8.1.4　电液伺服阀的结构与工作原理

液压伺服阀是通过改变输入信号，连续、成比例地控制流量和压力进行液压控制的。根据输入信号的方式不同，可分为机液伺服阀、电液伺服阀和气液伺服阀。液压伺服阀的实物图如图 8-23 所示。机液伺服阀是将小功率的机械动作转变为液压输出量（流量或压力）的机液转换元件。电液伺服阀是将电量转换成液压输出量的电液转换元件，电液伺服阀具有动态响应快、控制精度高、使用寿命长等优点，已广泛应用于航空、航天、舰船、化工等领域的电液伺服控制系统中。

1. 电液伺服阀的结构和工作原理

电液伺服阀是电液联合控制的多级伺服元件，它能将微弱的电气输入信号放大成大功率

图 8-23 液压伺服阀实物图

a）喷嘴挡板伺服阀 b）三级电液伺服阀

的液压能量输出。电液伺服阀具有控制精度高和放大倍数大等优点，在液压控制系统中得到广泛应用。

电液伺服阀通常有力矩马达或力马达、液压前置放大级、反馈和平衡机构（功率放大级）三部分组成。

（1）力矩马达或力马达 力矩马达或力马达用来将输入的电气信号转换为转角（力矩马达）或直线位移（力马达）输出，它是一个电气-机械转换装置。

力矩马达主要由一对永久磁铁 1、导磁体 2 和 4、衔铁 3、线圈 5 和内部悬置挡板 7 的弹簧管 6 等组成，如图 8-24 所示。其工作原理为：永久磁铁把上下两块导磁体磁化成 N 极和 S 极，形成一个固定磁场。衔铁和挡板连在一起，由固定在阀座上的弹簧管支撑，使之位于上下导磁铁中间。挡板下端为一球头，嵌放在滑阀的中间凹槽内。

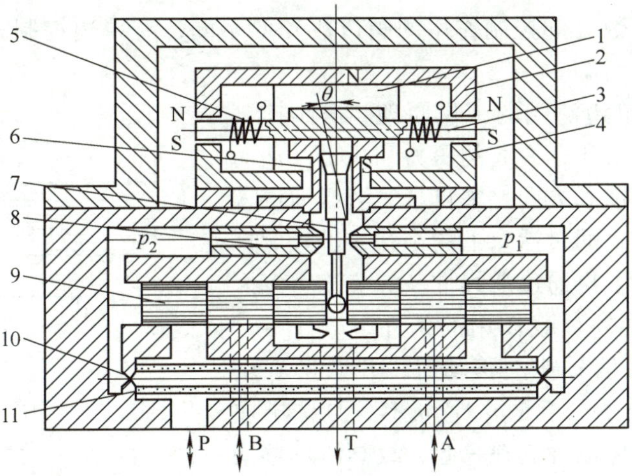

图 8-24 电液伺服阀的工作原理

1—永久磁铁 2、4—导磁体 3—衔铁 5—线圈 6—弹簧管

7—挡板 8—喷嘴 9—滑阀 10—固定节流孔 11—过滤器

当线圈无电流通过时，力矩马达无力矩输出，挡板处于两喷嘴中间位置。当输入信号电流通过线圈时，衔铁 3 被磁化，如果通入的电流使衔铁左端为 N 极，右端为 S 极，则根据

同性相斥、异性相吸的原理，衔铁向逆时针方向偏转，由于弹簧管弯曲变形，产生相应的反力矩，致使衔铁转过一定角度便停止下来，电流越大，转角就越大，两者成正比关系，这样力矩马达就把输入的电信号转换为力矩输出。

（2）液压前置放大级　力矩马达产生的力矩很小，无法操纵滑阀的启闭以产生足够的液压功率，所以要在液压放大器中进行两级放大，即前置放大和功率放大。

前置放大级是一个双喷嘴挡板阀，主要由挡板 7、喷嘴 8、固定节流孔 10 和过滤器 11 组成。挡板下端的小球嵌放在滑阀 9 的中间凹槽内，构成反馈杆。液压油经过滤器和两个固定节流孔流到滑阀左、右两端油腔及两个喷嘴腔，由喷嘴喷出，经滑阀 9 的中部油腔流回油箱。其工作原理为：当力矩马达无信号输出时，挡板不动，左右两腔压力相等，滑阀 9 也不动。若力矩马达有信号输出，即挡板偏转，使两喷嘴与挡板之间的间隙不等，造成滑阀两端的压力不等，便推动阀芯移动。

（3）反馈和平衡机构　反馈和平衡机构也称为功率放大器，由滑阀 9 和挡板下部的反馈弹簧片组成。其作用是将前置放大级输入的滑阀位移信号进一步放大，实现控制功率的转换和放大。其工作原理为：当前置放大级有信号输出时，滑阀阀芯移动，传递动力的液压主油路即被接通。因为滑阀位移后的开度是正比于力矩马达输入信号的，所以阀的输出流量也和输入电流成正比。输入电流反向时，输出流量也反向。与此同时，随着滑阀向左移动，使挡板在两喷嘴的偏移量减小，实现反馈作用，当这种反馈作用使挡板又趋于中位时，滑阀受力平衡而停止在一个新的位置停止不动，并有相应的流量输出。

由上述分析可知，滑阀位置是通过反馈杆变形力反馈到衔铁上，使诸力平衡而决定的，所以此阀也称为电液伺服阀。

2. 液压放大器的结构型式

液压放大器的形式有滑阀、射流管和喷嘴挡板三种。这里仅介绍滑阀式液压放大器的结构型式。

根据滑阀控制边数（起控制作用的阀口数）的不同，有单边控制式、双边控制式和四边控制式三种类型的滑阀。

图 8-25 所示为单边滑阀的工作原理。滑阀控制边的控制量X_s控制着液压缸右腔的压力和流量，从而控制液压缸运动的速度和方向。来自泵的液压油进入单杆液压缸的有杆腔，通过活塞上的小孔 a 进入无杆腔，压力由p_s降为p_1，再通过滑阀唯一的节流边流回油箱。在液压缸不受外负载作用的条件下 $p_1A_1=p_sA_2$。当阀芯根据输入信号往左移动时，开口量X_S增大，无杆腔压力p_1减小，于是$p_1A_1<p_sA_2$，缸体向左移动，因为缸体和阀体刚性连在一起，故阀体左移又使X_S减小（负反馈），直至平衡。

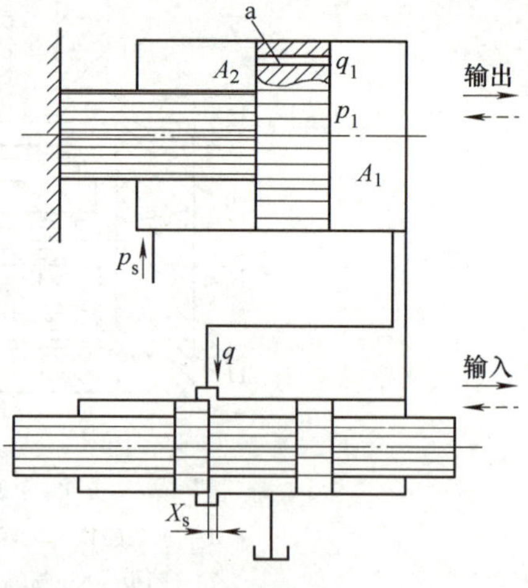

图 8-25　单边滑阀的工作原理

图 8-26 所示为双边滑阀的工作原理。液压油一路直接进入液压缸有杆腔，另一路经滑阀左控制边的开口X_{s1}和液压缸无杆腔相通，并经滑阀右控制边X_{s2}

流回油箱。当滑阀向左移动时，X_{s1}减小，X_{s2}增大，液压缸无杆腔压力p_1减小，两腔受力不平衡，缸体向左移动；反之，缸体向右移动。双边滑阀比单边滑阀的调节灵敏度高，工作精度高。

图 8-27 所示为四边滑阀的工作原理。滑阀有四个控制边，开口X_{s1}、X_{s2}分别控制进入液压缸两腔的液压油，开口X_{s3}、X_{s4}分别控制液压缸两腔的回油。当滑阀左移时，液压缸左腔的进油口X_{s1}减小，回油口X_{s3}增大，使p_2迅速减小；与此同时，液压缸右腔的控制油口X_{s2}增大，回油口X_{s4}减小，使p_1迅速增大，这样使活塞相对于缸筒迅速左移。与双边滑阀相比，四边滑阀能同时控制液压缸两腔的压力和流量，故调节灵敏度更高，工作精度也更高。

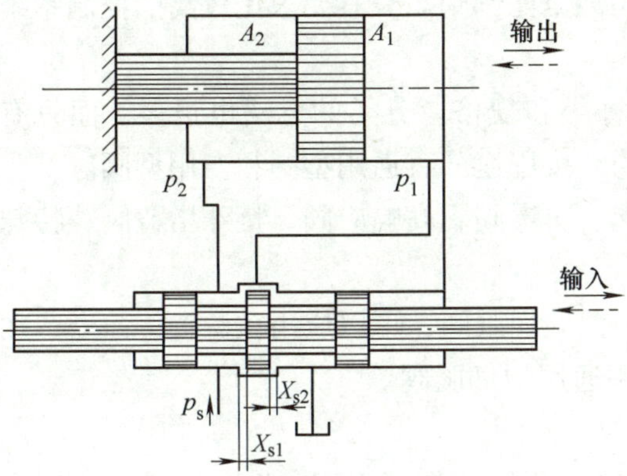

图 8-26 双边滑阀的工作原理

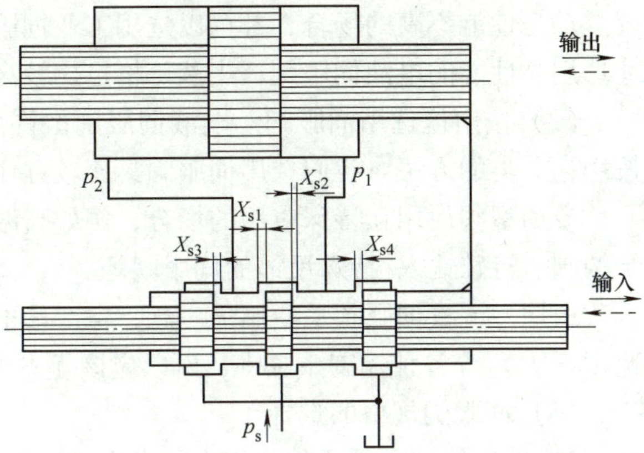

图 8-27 四边滑阀的工作原理

单边、双边和四边滑阀的控制作用是相同的，均能起到换向和节流作用。控制边数越多，控制质量越好，但其结构工艺性也越差。在通常情况下，四边滑阀多用于精度要求较高的系统，单边、双边滑阀用于一般精度系统。根据滑阀阀芯在中位时阀口的预开口量不同，滑阀又分为负开口（X_s<0）、零开口（X_s=0）、正开口（X_s>0）三种形式，如图 8-28 所示。具有零开口的滑阀，其工作精度最高；负开口有较大的不灵敏区，较少采用；具有正开口的滑阀，工作精度较负开口高，但功率损耗大，稳定性也差。

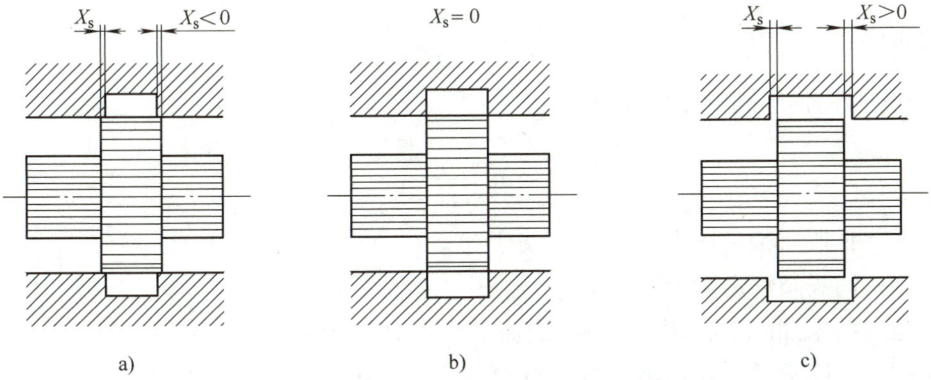

图 8-28 滑阀的三种开口形式

a）负开口 b）零开口 c）正开口

任务实施 8.1　电液伺服阀的选用

1. 电液伺服阀的选用原则与方法

电液伺服阀是电气-液压伺服系统中关键的精密控制元件，价格昂贵，所以选择、应用伺服阀时要谨慎。在伺服阀选择中常常考虑的因素有：阀的工作性能、规格；工作可靠、性能稳定、一定的抗污染能力；价格合理；工作液、油源；电气性能和放大器；安装结构、外形尺寸等。

（1）按控制精度等要求选用伺服阀　系统控制精度要求比较低时，以及在开环控制系统、动态性能不高的场合，都可以选用工业伺服阀甚至比例阀。只有要求比较高的控制系统才选用高性能的电液伺服阀，当然价格也比较高。

（2）按用途选用伺服阀　电液伺服阀由许多种类和规格，分类的方法也很多，而只有按用途分类的方法对我们选用伺服阀是比较方便的。按用途分有通用型阀和专用型阀。

专用型阀使用在特殊应用的场合，例如高温阀、防爆阀、高响应阀、特殊增益阀、特殊结构阀、特殊输入/特殊反馈的伺服阀等。

通用型流量伺服阀是使用最广泛，生产量也最大的伺服阀，可以应用在位置、速度、加速度（力）等各种控制系统中，所以应该优先选用通用型伺服阀。

（3）伺服阀规格的选择

1）首先估计所需要的作用力的大小，再来决定液压缸的作用面积：满足以最大速度推拉负载的力 F_G。如果系统还可能有不确定的力，那么最好将 F_G 放大 20%~40%。液压缸作用面积 A 如下

$$A=\frac{1.2F_G}{p_s}$$

式中　p_s——供油压力。

2）确定负载流量 q_L，负载运动的最大速度 v_L：

$$q_L=Av_L$$

同时可知负载压力

$$p_L=\frac{F_G}{A}$$

3）确定所需伺服阀的流量规格

$$q_N=q_L\sqrt{\frac{p_N}{p_s-p_L}}$$

式中　p_N——伺服阀额定压力；

q_N——伺服阀额定流量。

为补偿一些未知因素，建议选择额定流量时要增大 10%。

伺服阀的故障常常是在电液伺服系统调试或故障不正常情况下发现的，有时是系统问题，包括放大器、反馈机构、执行机构等故障，有时是伺服阀问题。伺服阀故障有的可自己排除，但许多故障需要将阀送到生产厂，放到试验台上返修调试，不要轻易自行拆阀，否则很容易损坏伺服阀零件。

2. 工作任务单

工作任务单

姓名		班级		组别		日期	
工作任务	电液伺服阀的选用						
任务描述	在教师指导下，在液压实训室完成电液伺服阀的选型和系统组装						
任务要求	1）正确进行伺服阀选型 2）正确使用相关工具 3）正确清洗管路，更换或清洗过滤器 4）实训结束后对使用工具进行整理并放回原处						
提交成果	伺服阀选型与管路维护报告						
考核评价	序号	考核内容	评分	评分标准	得分		
	1	安全文明操作	20	遵守安全规章、制度			
	2	正确使用工具	10	选用合适工具并正确使用			
	3	伺服阀选型	40	伺服阀选型合理，系统组装正确			
	4	液压油路清洗	20	管路清洗方法合理			
	5	团队协作	10	与他人合作有效			
指导教师			总分				

任务8.2 自动装配机控制回路的设计与应用

任务引入

图8-29所示为一工业自动装配机。液压缸A、B分别将两个工件压入基础工件的孔中，工件压入的速度还要求可调。首先液压缸A将第一个工件压入，当压力到达或超过2MPa（20bar）时，液压缸B才将另一个工件压入；液压缸B先缩回，然后液压缸A缩回。液压缸缩回的条件为：液压缸A压力达到3MPa（30bar）时，液压缸A必须缩回。设计一个模拟上述设备的液压回路，要求采用压力顺序阀控制油缸的工作顺序。

任务分析

要使工件压入的速度可以调节，可采用节流阀或调速阀。在工件的装配过程中，要使A缸先向下移动将一个工件压入，当压力达到某一值时，使液压缸B向左运动将另一个工件压入；完成后当压力达到一定值时，B缸先缩回，然后A缸缩回。要求采用顺序阀控制两缸运动顺序，完成上述动作。

相关知识

在液压系统中，一个油源往往驱动多个液压缸。按照系统要求，这些缸或顺序动作，或同步动作，多缸之间要求能避免在压力和流量上的相互干扰。

8.2.1 顺序动作回路的工作原理

在多缸的液压系统中，各执行元件严格按预定顺序运动的回路称为顺序动作回路，例如组合机床回转工作台的抬起和转位；定位夹紧机构的先定位、后夹紧、再加工等。

顺序动作回路按其控制方式不同分为压力控制、行程控制和时间控制三类。前两类用得较多。

1. 行程控制的顺序动作回路

行程控制的顺序动作回路利用工作部件到达一定位置时，发出信号来控制液压缸的先后动作顺序。可以利用行程开关、行程阀或顺序阀来实现。

（1）用行程阀控制　图8-30所示为用行程控制的顺序动作回路。图示位置时，A、B两缸的活塞均在左位。当手动换向阀C在左位工作时，缸A右行，实现动作①；在挡块压下行程阀D后，缸B右行，实现动作②；手动换向阀复位后，缸A先复位，实现动作③；随后挡块后移，阀D复位，缸B退回，实现动作④，至此，顺序动作完成一个循环。

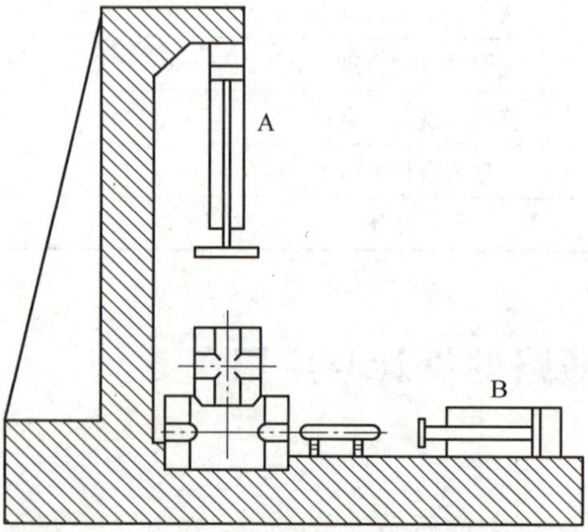

图8-29　工业自动装配机

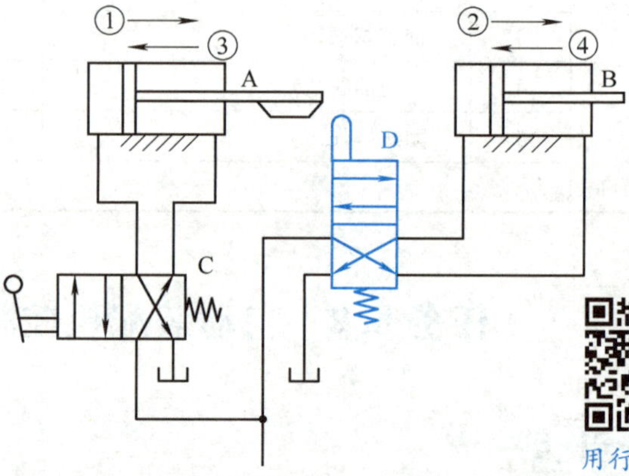

图8-30　用行程阀控制的顺序动作回路

用行程阀控制的顺序动作回路

这种回路工作可靠，动作顺序的换接平稳，但行程阀需布置在缸附近，要改变动作顺序较困难，且管路长，压力损失大，不易安装，主要用于专用机械的液压系统中。

（2）用行程开关控制　图8-31所示是利用行程开关发出信号来控制电磁阀先后换向的顺序动作回路。其动作顺序是：按起动按钮，电磁铁YA1通电，缸A右行，完成动作①后，触动行程开关ST1使YA2通电，缸B右行，实现动作②后，又触动ST2使YA1断电，缸A返回，实现动作③后，又触动ST3，使YA2断电，缸B返回，实现动作④，最后触动ST4使泵卸荷或引起其他动作，完成一个工作循环。

这种回路的优点是控制灵活方便，只需要改变电气线路即可改变动作顺序，调整行程大小和动作顺序均比较方便，液压系统简单，易实现自动控制，但顺序转换时有冲击，位置精度与工作部件的速度和质量有关，而可靠性则由电气元件的质量决定，可利用电气互锁使动作顺序可靠执行，故应用较为广泛。

2. 压力控制的顺序动作回路

压力控制的顺序动作回路是利用本身的压力变化来控制液压缸的先后动作顺序，主要利用压力继电器和顺序阀来控制顺序动作。

（1）用压力继电器控制　图 8-32 所示为用压力继电器控制的顺序动作回路。当电磁铁 YA1 通电时，液压油进入 A 缸左腔，推动活塞右移，实现动作①；碰上止挡块后，系统压力升高，安装在 A 缸进油腔附近的压力继电器发出信号，使电磁铁 YA2 通电，液压油进入 B 缸左腔，推动活塞右移，实现动作②；回路中的节流阀及和它并联的二通换向阀是用来改变 B 缸运动速度的。为了防止压力继电器乱发信号，其压力调整值一方面应比 A 缸动作时的最大压力高 0. 3~0. 5MPa，另一方面又要比溢流阀的调定压力低 0. 3~0. 5MPa。

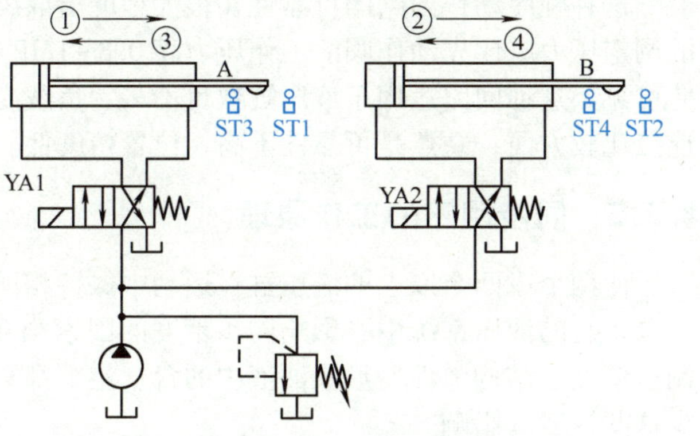

图 8-31　用行程开关控制的顺序动作回路

（2）用顺序阀控制　图 8-33 所示为用两个单向顺序阀控制的顺序动作回路，其中单向顺序阀 D 控制两液压缸前进时的先后顺序，单向顺序阀 C 控制两液压缸后退时的顺序。当电磁换向阀 YA1 通电时，液压油进入液压缸 A 的左腔，右腔经阀 C 中的单向阀回油，此时由于压力较低，顺序阀 D 关闭，缸 A 的活塞先动，实现动作①；当液压缸 A 的活塞运动至终点时，油压升高，达到单向阀 D 的调定压力时，顺序阀开启，液压油进入缸 B 的左腔，右腔直接回油，缸 B 的活塞向右运动，实现动作②；当液压缸 B 的活塞右移达到终点，电磁换向阀 YA1 断电后，YA2 通电，此时液压油进入液压缸 B 的右腔，左腔经阀 D 中的单向阀回油，使缸 B 的活塞向左返回，实现动作③；到达终点时，液压油升高，打开顺序阀 C，再使液压缸 A 的活塞返回，实现动作④。

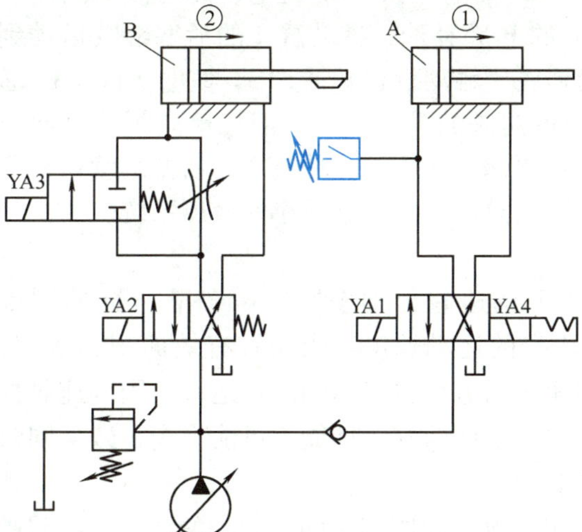

图 8-32　用压力继电器控制的顺序动作回路

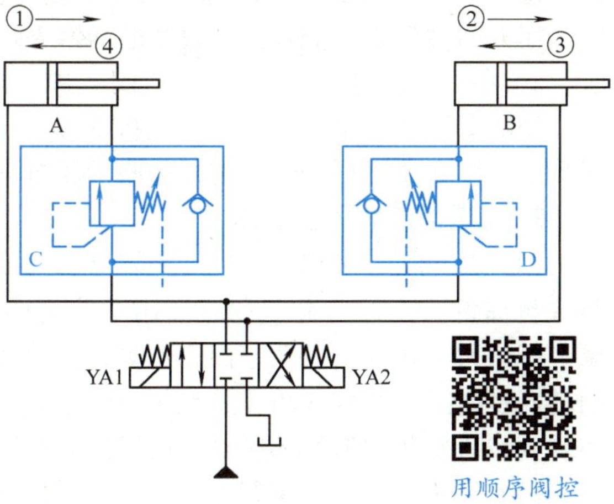

用顺序阀控制的顺序动作回路

图 8-33　用顺序阀控制的顺序动作回路

这种顺序动作回路的可靠性在很大程度上取决于顺序阀的性能及其压力调定值。顺序阀的调定压力应比先动作阀的工作压力高 0.8~1MPa，以免在系统压力波动时发生误动作。由此可见，这种回路适用于液压缸数目不多、负载变化不大的场合。其优点是控制灵敏，安装连接比较方便；缺点是可靠性不高、位置精度低。

8.2.2　同步回路的工作原理

使两个或两个以上的液压缸在运动中保持相同位移或相同速度的回路称为同步回路。在一泵多缸的液压系统中，影响同步精度的因素很多，如液压缸的外负载、泄漏、摩擦阻力、制造精度、结构弹性变形及油液中的含气量，都会使运动不同步。同步回路要尽量克服或减少这些因素的影响。

1. 串联液压缸的同步回路

图 8-34 所示为两个液压缸串联的同步回路，第一个液压缸回油腔排出的油液被送入第二个液压缸的进油腔，如果两缸的有效工作面积相等，两活塞必然有相同的位移，从而实现同步运动。这种回路两缸能承受不同的负载，但泵的供油压力要大于两缸工作压力之和。由于泄漏和制造误差等因素，影响了串联液压缸的同步精度，当活塞往复多次后，会产生严重的失调现象，为此要采取补偿措施。图 8-35 所示为两个单作用液压缸串联，并带有补偿装置的同步回路。为了达到同步运动，缸 1 有杆腔 A 的有效面积应与缸 2 无杆腔 B 的有效面积相等。而补偿措施使同步误差在每一次下行运动中都可以消除。如阀 6 在右位工作时，液压缸下降，若液压缸 1 的活塞先运动到底，它就触动电气开关 ST1 发出信号，使电磁铁 YA1 通电，此时液压油便经过二位三通电磁阀 3、液控单向阀 5，向液压缸 2 的 B 腔补油，推动缸 2 的活塞继续运动到底，误差即被消除；如果液压缸 2 的活塞先运动到底，触动行程开关 ST2，使电磁铁 YA2 通电，此时液压油便经二位三通电磁阀 4 进入液控单向阀的控制油口，液控单向阀 5 反向导通，使缸 1 的 A 腔能通过液控单向阀 5 和二位三通电磁阀 3 回油，使缸 1 的活塞继续运动到底，对失调现象进行补偿。这种串联液压缸同步回路只适用于负载较小的液压系统。

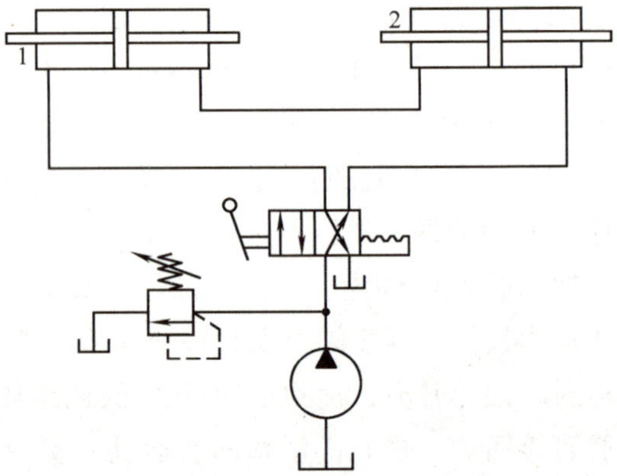

图 8-34　串联液压缸同步回路

2. 流量控制式同步回路

（1）用调速阀控制　如图 8-36 所示，用两个调速阀分别串联在两个液压缸的回油路（进油路）上，再并联起来，用于调节两缸活塞的运动速度。当两缸有效面积相等时，调节流量大小相同；若两缸面积不等，则改变调速阀的流量也能达到同步运动。用调速阀控制的同步回路，结构简单，并且可以调速，但因为两个调速阀的性能不可能完全一致，同时还受到载荷变化和泄漏的影响，所以同步精度较低。

（2）用电液比例调速阀控制　图 8-37 所示为用比例调速阀实现同步运动的回路，回路中使用了一个普通调速阀 1 和一个比例调速阀 2，它们各装在由多个单向阀组成的桥式整流油路中，并分别控制着液压缸 3 和 4 的运动。当两个活塞出现位置误差时，检测装置就会发出信号，调节比例调速阀的开度，修正误差，使缸 4 的活塞跟上缸 3 活塞的运动而实现同步。

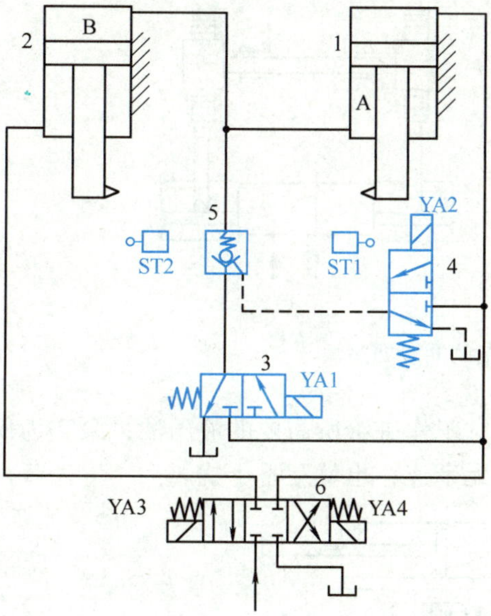

图 8-35 采用补偿措施的串联液压缸同步回路

1、2—液压缸 3、4、6—电磁阀 5—液控单向阀

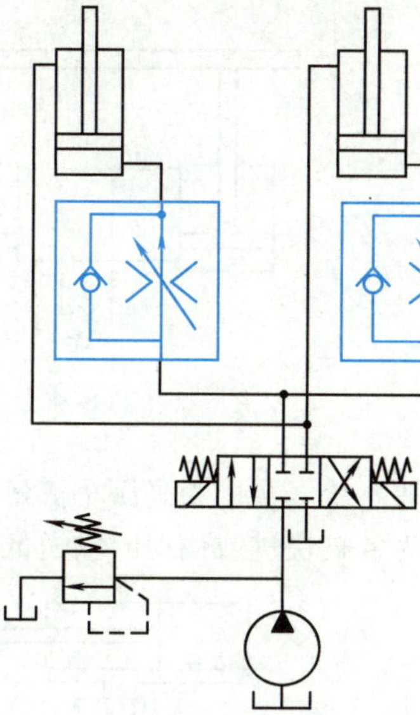

图 8-36 用调速阀控制的同步回路

这种回路的同步精度高，位置精度可达 0.5mm，已能满足大多数工作部件所需要的同步精度。比例阀的性能虽然比不上伺服阀，但成本费用较低，系统对环境的适应性强，因此，用它来实现同步控制被认为是一个新的发展方向。

3. 液压机械连接的同步回路

这种同步回路是用刚性梁、齿轮齿条等机械装置将两个（或若干个）液压缸（或液压马达）的活塞杆（或输出轴）连接在一起实现同步运动的。如图 8-38a、b 所示。这种同步方法比较简单、经济，但由于连接的机械装置的制造和安装误差，不易得到很高的同步精度。特别对于刚性梁连接的同步回路，如图 8-38a 所示，若两个液压缸上的负载差别较大，则有可能发生卡死现象。因此，这种回路适用于两液压缸的负载差别不大的场合。

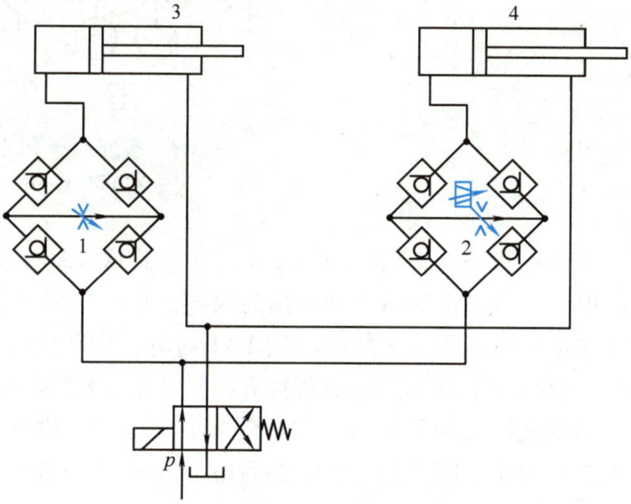

图 8-37 用电液比例调速阀控制的同步回路

1、2—电液比例调速阀 3、4—液压缸

8.2.3 互不干扰回路的工作原理

在一泵多缸的液压系统中，往往由于一个液压缸快速运动时吞进大量油液，造成整个系统的压力下降，影响其他液压缸工作进给的稳定性，因此，对于工作稳定性要求较高的多缸液压系统，必须采用互不干扰回路。

在图 8-39 所示的回路中，各液压缸分别要完成快进、工进和快退的自动循环。回路采

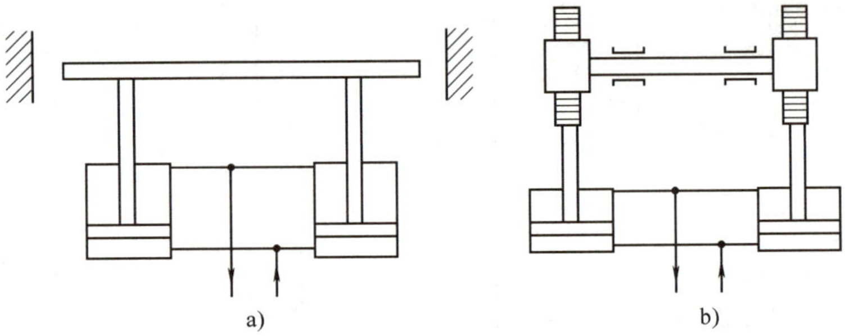

图 8-38 液压缸机械连接的同步回路

用双泵的供油系统，泵 1 为高压小流量泵，供给各缸工作进给所需要的液压油，泵 2 为低压大流量泵，为各缸快进或快退时输送低压油，彼此无牵连，也就互不干扰。

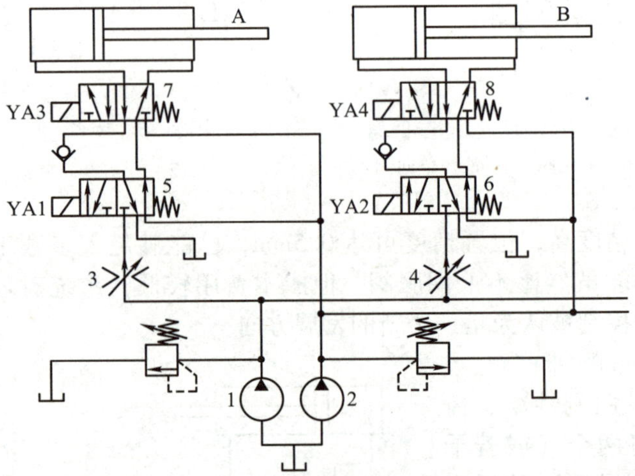

图 8-39 多缸互不干扰回路

1、2—泵 3、4—调速阀 5、6、7、8—换向阀

在图示状态下，各缸原位停止。当电磁铁 YA3、YA4 通电时，阀 7、阀 8 左位工作，两缸都由大流量泵供油做差动连接的快进，小流量泵 1 的供油在阀 5、阀 6 处被堵。若缸 A 先完成快进，由行程开关使电磁铁 YA1 通电，YA3 断电，此时大流量泵 2 对缸 A 的进油路被切断，而小流量泵 1 的进油路打开，缸 A 由调速阀 3 调速做工进，缸 B 仍做快进，互不影响。当各缸都转为工进后，它们全由小流量泵 1 供油。此后若缸 A 又率先完成工进，行程开关应使阀 5 和阀 7 的电磁铁都通电，缸 A 即由大流量泵 2 供油快退。当各电磁铁都断电时，各缸都停止运动，并被锁定于所在位置上。

8.2.4 其他基本回路的工作原理

1. 液压马达串并联回路

行走机械常使用液压马达来驱动车轮，依据行驶条件要有不同的转速：在平地行驶时为高速，上坡时需要有较大的扭矩输出，转速降低，因此可采用两个液压马达以串联或并联方式达到上述目的。

如图 8-40 所示，将两个液压马达的输出轴连接在一起，当电磁铁 YA2 通电，电磁铁 YA3 断电时，两液压马达并联，液压马达的输出扭矩大，转速较低；当电磁铁 YA3、YA2 都通电时，两液压马达串联，液压马达扭矩低，但转速较高。

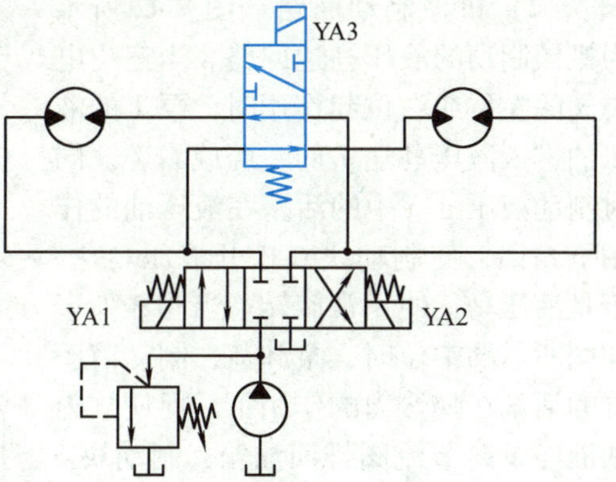

图 8-40　液压马达串并联回路

2. 液压马达制动回路

欲使液压马达停止运转，只要切断其供油即可，但由于液压马达本身的转动惯量及其驱动负荷所造成的惯性都会使液压马达在停止供油后继续再转动一会儿，因此，液压马达会像泵一样起到吸入作用，故必须设法避免液压马达把空气吸入液压系统中。为使液压马达迅速停转，需要采用制动回路。常用的方法有液压制动和机械制动。

（1）液压制动回路　如图 8-41a 所示，利用一个中位 O 形换向阀来控制液压马达的正转、反转和停止。只要将换向阀移到中间位置，液压马达即停止运转，但由于惯性的原因，液压马达出口到换向阀之间的背压增大，有可能将回油管路或阀件破坏，故必须装一个制动溢流阀，如图 8-41b 所示。因此，当出口压力增加到制动溢流阀所调定的压力时，阀就被打开，液压马达也被制动。

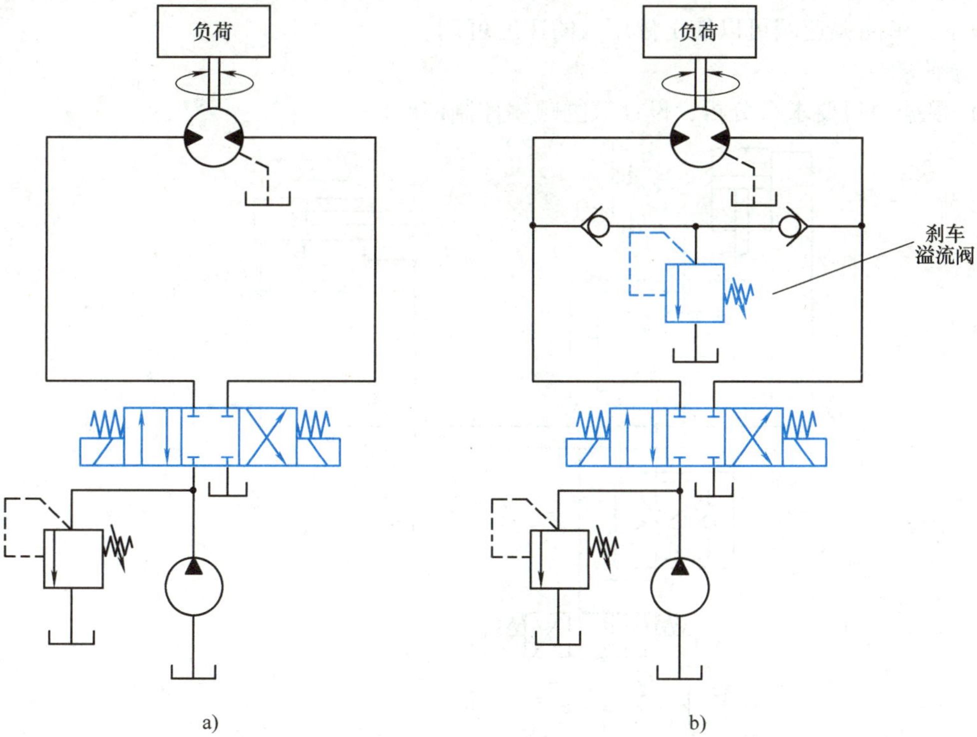

图 8-41　液压制动回路

（2）机械制动回路 图 8-42 所示为机械制动的液压马达回路。当三位电磁阀的左位或右位起作用时，泵 1 的液压油进入液压马达 7 的左腔或右腔，同时制动液压缸 5 中的活塞在液压油的作用下缩回，使制动块 6 松开液压马达，于是液压马达便正常旋转。当阀 3 处于如图所示的中位时，泵卸荷，制动液压缸的活塞在弹簧力的作用下，促使缸内油液经单向节流阀排回油箱，制动块 6 压下，液压马达迅速制动。其中节流阀的作用是控制制动块 6 的松开时间，使松闸较慢，以避免液压马达起动时的冲动。这种制动回路常用于起重运输机械的液压系统。

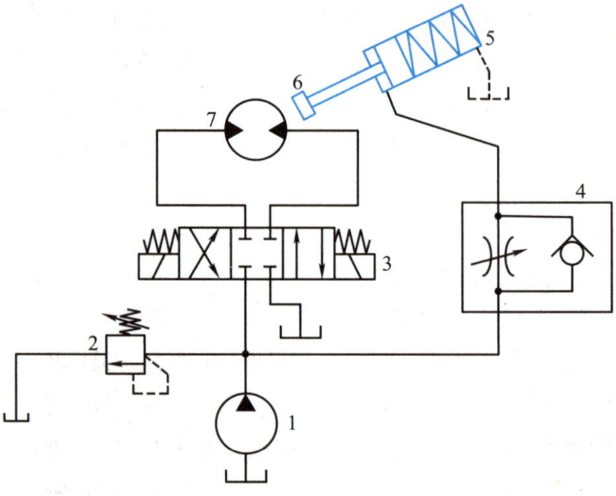

图 8-42 机械制动回路

1—液压泵 2—溢流阀；3—电磁阀 4—单向节流阀
5—制动液压缸 6—制动块 7—液压马达

任务实施 8.2 自动装配机控制回路的设计与安装运行

前面已经学习了有关顺序阀和压力控制回路的知识，下面就利用顺序阀来设计自动化装配机的液压回路。图 8-43 所示为采用两个单向顺序阀的压力控制顺序回路。其中单向顺序阀 D 控制两液压缸前进（压入工件）时的先后顺序，单向顺序阀 C 控制两液压缸缩回时的先后顺序，单向调速阀可以使工件压入的速度可调。

1. 操作步骤

1）根据项目要求，分析、设计双缸顺序控制回路。

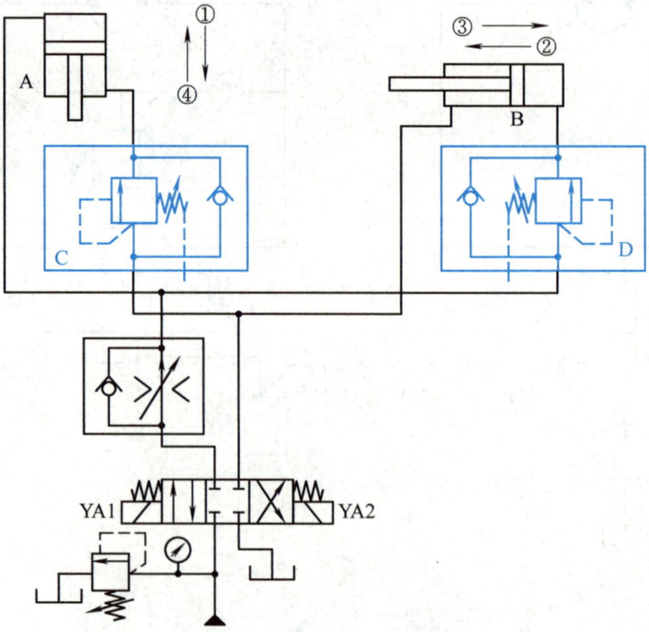

图 8-43 自动装配机控制回路

2）按照液压回路图，选用液压元件并组装回路。

3）检查各油口连接情况后，分组讲述其工作原理。

4）开机验证该回路动作是否符合要求。

5）观察运行情况，对使用中遇到的问题进行分析、解决。

6）先卸压，再关液压泵，拆下管线及元件并放回原位。

2. 工作任务单

<table>
<caption>工作任务单</caption>
<tr><th>姓名</th><th colspan="2"></th><th>班级</th><th></th><th>组别</th><th></th><th>日期</th><th></th></tr>
<tr><td>工作任务</td><td colspan="8">自动装配机控制回路的设计与安装运行</td></tr>
<tr><td>任务描述</td><td colspan="8">在液压实训室，根据自动装配机控制回路的工作原理，选用合理的液压元件，设计自动装配机控制回路，并在试验台上安装连接该回路，同时调试完成该回路功能</td></tr>
<tr><td>任务要求</td><td colspan="8">1）正确使用相关的工具，分析、设计出该液压回路图
2）该回路的连接、安装及运行
3）分析该回路的工作原理及进行油路分析
4）调节调速阀和顺序阀，观察速度变化情况及工作状况
5）实训结束后对液压试验台进行整理，对使用工具及液压元件进行整理并放回原处</td></tr>
<tr><td>提交成果（可口述）</td><td colspan="8">1）自动装配机控制回路图的设计与绘制
2）组成该回路的各液压元件的作用
3）该控制回路的工作原理及油路分析
4）正确连接各液压元件，调试运行该液压系统，完成系统功能（自动装配机回路连接实训报告）</td></tr>
<tr><td rowspan="7">考核评价</td><td>序号</td><td colspan="2">考核内容</td><td>评分</td><td colspan="3">评分标准</td><td>得分</td></tr>
<tr><td>1</td><td colspan="2">安全文明操作</td><td>10</td><td colspan="3">遵守安全规章、制度</td><td></td></tr>
<tr><td>2</td><td colspan="2">绘制该自动装配机控制回路，并讲述组成该回路的各液压元件的作用</td><td>20</td><td colspan="3">回路图绘制正确，各元件作用讲解正确</td><td></td></tr>
<tr><td>3</td><td colspan="2">选择各液压元件并在实验台上连接该回路</td><td>20</td><td colspan="3">各元件选择及连接正确</td><td></td></tr>
<tr><td>4</td><td colspan="2">分析其工作原理及油路运行情况</td><td>20</td><td colspan="3">工作原理及油路运行分析正确</td><td></td></tr>
<tr><td>5</td><td colspan="2">开机验证其工作原理及油路运行分析</td><td>20</td><td colspan="3">开机验证操作正确</td><td></td></tr>
<tr><td>6</td><td colspan="2">团队协作</td><td>10</td><td colspan="3">与他人合作有效</td><td></td></tr>
<tr><td>指导教师</td><td colspan="3"></td><td colspan="4">总分</td><td></td></tr>
</table>

知识拓展8　电液数字阀的工作原理

用计算机的数字信息直接控制的液压阀，称为电液数字阀，简称数字阀。数字阀可以直接与计算机接口，不需要数模转换器。这种阀具有结构简单、工艺好、制造成本低廉、输出量准确、重复精度高、抗干扰能力强、工作稳定可靠、对油液清洁度的要求比比例阀低等特点。由于它将计算机与液压技术紧密配合，因而其应用前景十分广阔。用数字量进行控制的方法很多，目前常用的是增量控制法和脉宽调制（PWM）控制法两种。相应地按控制方式，可将数字阀分为增量式数字阀和脉宽调制式数字阀两类。

1. 增量式数字阀

增量式数字阀由步进电动机（作为电-机械转换器）来驱动液压阀芯工作。步进电动机直接用数字量控制，它每得到一个数字信号，便沿着控制信号给定的方向转动一个固定的步距角。显然，步进电动机的转角与输入脉冲数成正比，而转速将随输入的脉冲频率而变化。当输入脉冲反向时，步进电动机就反向转动。步进电动机在脉冲数字信号的基础上，使每个采样周期的步数在前一采样周期基础上增加或减少一些步数，而达到需要的幅值。这就是所谓的增量控制方式。由于步进电动机采样这种控制方式工作，所以它所控制的阀称为增量式数字阀。按用途不同，增量式数字阀分为数字流量阀、数字压力阀和数字方向流量阀。

图 8-44 所示为直控式（由步进电动机直接控制）数字节流阀。图中，步进电动机 4 按计算机的指令而转动，通过滚珠丝杠 5 变为轴向位移，使节流阀阀芯 6 移动，控制阀口的开度，实现流量调节。阀套 1 上有两个通流孔口，左边一个为全周向开口，右边为非全周向开口。节流阀阀芯 6 和阀套 1 构成两个阀口。节流阀阀芯 6 移动时，先打开右边的节流阀口 8，由于是非全周向开口，故流量较小，继续移动时，则打开左边全周向开口的节流阀口 7，流量增大。这种阀的控制流量可达 3600L/min。

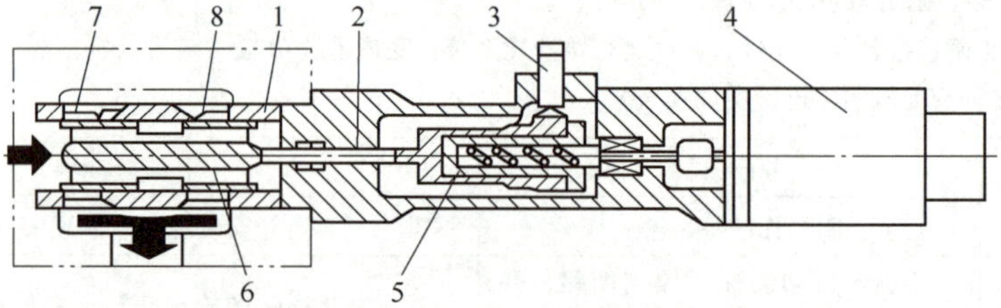

图 8-44　直控式数字节流阀

1—阀套　2—连杆　3—零位移传感器　4—步进电动机　5—滚珠丝杠　6—节流阀阀芯　7、8—节流阀口

液压油沿轴向流入，通过节流阀口从轴线垂直的方向流出，会产生压力损失，在这种情况下，阀开启时所引起的液动力可抵消一部分向右的液压力，并使结构紧凑。阀套 1、连杆 2 和节流阀阀芯 6 的相对热膨胀，可起温度补偿作用，减少温度变化引起的流量不稳定。零位移传感器 3 的作用是：在每个控制周期结束时，阀芯由零位移传感器检测，回到零位，使每个工作周期从零位开始，保证阀的重复精度。

将普通压力阀的手动调节机构改用步进电动机控制，即可构成数字压力阀。用凸轮、螺纹等机构将步进电动机的角位移变成直线位移，使调压弹簧压缩，从而控制压力。

图 8-45 为增量式数字阀控制系统组成的工作原理框图。计算机发出需要的控制脉冲序列，经驱动电源放大后使步进电动机工作。步进电动机的转角通过凸轮和螺纹等机械式转换器转换成直线运动，控制液压阀阀口开度，从而得到与输入脉冲数成比例的压力和流量值。

增量数字阀的突出优点是重复精度和控制精度高，但响应速度较慢。在要求快速响应的

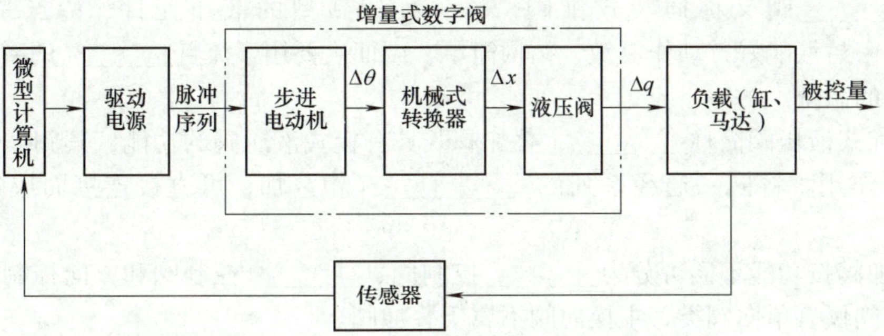

图 8-45 增量式数字阀控制系统组成的工作原理框图

高精度系统中不宜使用增量式数字阀，应使用模拟量控制方式的液压阀类。

2. 脉冲调制式数字阀

脉冲调制式数字阀也称为快速开关式数字阀。这种阀也可以直接用计算机控制。由于计算机是按二进制工作的，最普通的信号可量化为两个量级的信号，即“开”和“关”。控制这种阀的开与关以及开和关的长度（脉宽），即可达到控制液流的方向、流量或压力的目的。

由于这种阀的阀芯多为锥阀、球阀或喷嘴挡板阀，均可快速切换，而且只有开和关两个位置，故称为快速开关型数字阀，简称快速开关阀。

图 8-46 所示为二位二通锥阀型快速开关式数字阀。当螺管电磁铁有脉冲电信号通过时，电磁吸力使衔铁带动锥阀开启。液压油从 P 口经阀体流入 A 口。为防止开启时锥阀因稳态液动力而关闭和影响电磁力，阀套上有一阻尼孔，用以补偿液动力。断电时，弹簧使锥阀关闭。

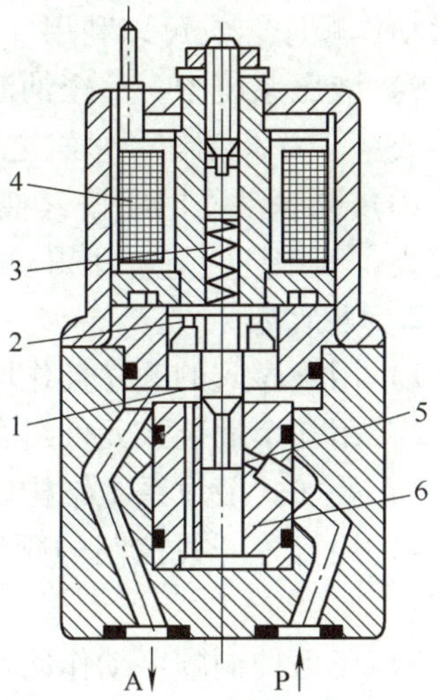

图 8-46 二位二通锥阀型快速开关式数字阀

1—锥阀芯 2—衔铁 3—弹簧 4—螺管电磁铁 5—阻尼孔 6—阀套

◇◇◇ 自我评价 8

1. 填空题

1）电液比例控制阀又称______，它是一种按输入的电气信号连接按比例地对油液的压力、流量或方向进行远距离控制的阀。与普通液压阀相比，其阀芯的运动用________控制，使输出的压力、流量等参数与输入的电流成________，所以可用改变输入电信号的方法对压力、流量、方向进行连续控制。

2）比例控制阀可分为________阀、比例________阀和比例方向阀三大类。

3）采用比例阀能使液压系统________，所用液压元件数大大减少，既能提高液压系统的性能参数及控制的适应性，又能明显地提高其控制的自动化程度，它是一种很有发展前途的液压控制元件。

4）________阀又称插装式锥阀，是一种较新型的液压元件，特点是通流能力________，密封性能好，动作灵敏，结构简单，因而主要用于流量________的系统或对密封性能要求高的系统。

5）叠加式液压阀简称________，叠加阀既具有板式液压阀的功能，其阀体本身又起到管路通道的作用。将同一通径系列的__________互相叠加，可直接连接而成集成化液压系统。

6）叠加阀按功能不同可分为________控制阀、________控制阀和方向控制阀三类，其中方向控制阀仅有单向阀类，主换向阀不属于叠加阀。

7）叠加阀的工作原理与一般液压阀相同，只是________有所不同。

8）行程控制顺序动作回路是利用工作部件达到一定位置时，发出信号来控制液压缸的先后动作顺序，它可以利用________、________阀或顺序阀来实现。

9）液压系统中，一个油源往往驱动多个液压缸。按照系统要求，这些缸或________动作，或________动作，多缸之间要求能避免压力和流量上的互相干扰。

10）顺序动作回路按其控制方式的不同，分为________控制、________控制和时间控制三类，其中________用得较多。

2. 判断题

1）用顺序阀的顺序动作回路适用于缸很多的液压系统。（　）

2）用几个插装式元件组合成的复合阀特别适用于小流量的场合。（　）

3）叠加式液压系统结构紧凑、体积小、重量轻，安装及装配周期短。（　）

4）用行程开关控制的顺序动作回路顺序转换时有冲击，可靠性则由电气元件的质量决定。（　）

5）压力控制顺序动作回路主要利用压力继电器或顺序阀来控制顺序动作。（　）

6）液压缸机械连接同步回路适用于两液压缸负载差别不大的场合。（　）

7）对于工作进给稳定性较高的多缸液压系统，不必采用互不干扰回路。（　）

8）凡液压系统中有顺序动作回路，则必定有顺序阀。（　）

3. 问答题

1）何为比例阀？比例阀有哪些功能？

2）何为插装阀？插装阀由哪些功能？

3）何为叠加阀？叠加阀有什么特点？

4）电液伺服阀由哪几部分组成？各部分的作用是什么？

项目9　液压系统的分析与组建

学习目标

通过本项目的学习，学生应掌握各液压元件的功能、作用，能具有应用基本回路分析、解决问题的能力和组建简单液压系统的能力，同时能进行液压系统的安装调试与故障的初步诊断。具体目标是：

1）认识液压系统原理图。

2）熟悉液压元件的作用及各种基本回路的构成，能进行简单液压系统的分析与组建。

3）了解液压系统的安装、调试和维护。

课外阅读：榜样人物——南仁东

任务 9.1　数控车床卡盘液压站的组建

任务引入

图 9-1 所示为数控车床卡盘的外形图。数控车床卡盘是利用一个液压站提供工作动力的，连接回转液压缸完成伸缩动作，从而控制液压卡盘的夹紧与松开。那么液压站由哪些部分组成，又是如何进行工作的？

图 9-1　数控车床卡盘

任务分析

液压站是独立的液压装置，一般由油箱、电动机、液压泵及一些液压辅件组成，它按主机要求提供动力，并控制油流的方向、压力和流量，它适用于主机与液压装置可分离的各种液压机械上。分析上述任务，需要选择合适的电动机、液压泵及相应的液压辅件，如油箱、过滤器等，以达到稳定的工作动力。

相关知识

9.1.1　液压站的分类及主要技术参数

液压站又称液压泵站，是独立的液压装置，它由泵装置、集成块或阀组合、油箱、电气控制箱组合而成。按驱动装置要求的流向、压力和流量供油，适用于驱动装置与液压站分离的各种机械，只要将液压站与驱动装置用油管相连，液压系统即可实现各种规定的动作和工作循环。图 9-2 所示为某液压站的外观图。

1. 液压站的组成与功用

（1）泵装置　装有电动机和液压泵，它是液压站的动力源，将机械能转化为液压油的动力能。

（2）集成块　由液压阀及通道体组合而成。它对液压油实行方向、压力、流量调节。

（3）阀组合　板式阀装在立板上，板后管连接，与集成块功能相同。

（4）油箱　钢板焊的半封闭容器，上面还装有滤油网、空气滤清器等，用来储油、实现油的冷却及过滤。

（5）电气控制箱　分两种形式，一种设置外接引线的端子板，另一种配置了全套控制电器。

图 9-2　液压站外观图

2. 液压站的分类

液压站主要以泵装置的结构型式、安装位置，站的冷却方式以及油箱材料来分类。

（1）按泵装置的结构型式、安装位置分类　液压站上泵组的布置方式分成上置式和非上置式。泵组置于油箱上的上置式液压站中，采用立式电动机并将液压泵置于油箱之内时，称为立式，如图 9-3a 所示。立式液压站主要用于定量泵系统。泵装置卧式安装在油箱盖板上时，称为卧式，如图 9-3b 所示。卧式液压站主要用于变量泵系统，以便于流量调节。非上置式液压站中，泵组与油箱并列布置的为旁置式，如图 9-3c 所示，旁置式液压站可装备备用泵，主要用于油箱容量大于 250L、电动机功率在 7.5kW 以上的系统。泵组置于油箱下面时为下置式，如图 9-3d 所示。

（2）按站的冷却方式分类

1）自然冷却。靠油箱本身与空气热交换冷却，一般用于油箱容量小于 250L 的系统。

2）强制冷却。采取冷却器进行强制冷却，一般用于油箱容量大于 250L 的系统。

（3）按油箱材料分类

1）普通钢板。箱体采用厚度为 5~6mm 的钢板焊接，面板采用厚度为 10~12mm 的钢板，若开孔过多，可适当加厚或增加加强筋。普通钢板油箱内部防锈处理较困难实现，铁锈进入油循环系统会造成很多故障，但成本低廉，现仍广泛得到使用。

2）不锈钢板。箱体用 304 不锈钢板制造，厚度为 2~3mm，面板采用 304 不锈钢板，厚度为 3~5mm，承重部位增加加强筋。其特点是油箱内部不用处理，无铁锈，但制造成本较高，因此受到一定限制。

3. 液压站的主要参数

液压站以油箱的有效储油量及电动机功率为主要技术参数。油箱容量共有 18 种规格：25/40/63/100/160/250/400/630/800/1000/1250/1600/2000/2500/3200/4000/5000/6000（单位：L）。

液压站可根据设备要求及使用条件进行灵活配置。

1）按设备要求可以配置集成块，也可以不带集成块。

2）可以根据系统需要调整液压系统工作压力和配备相应电动机。

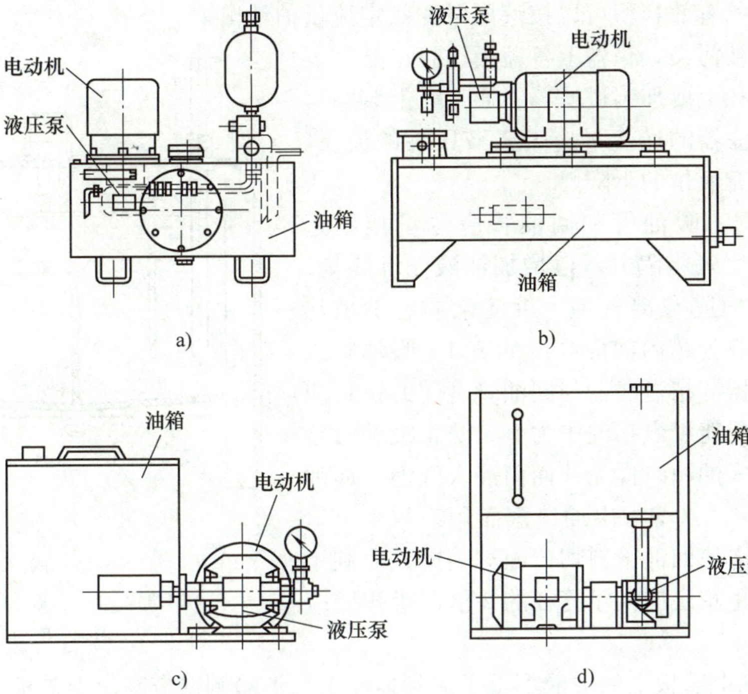

图 9-3　液压站按泵装置的结构型式、安装位置的分类

a）立式液压站　b）卧式液压站　c）旁置式液压站　d）下置式液压站

3）根据设备要求和液压系统需要设置冷却器、加热器和蓄能器。

4）可在液压站上设置电气控制装置，也可不带电气控制装置。

9.1.2　液压系统辅助元件

液压系统中的辅助元件如油箱、蓄能器、过滤器、油管和管接头等，对系统的动态性能、工作稳定性、工作寿命、噪声和温升等都有直接影响，必须给予重视。其中油箱需根据系统要求自行设计，其他辅助元件则做成标准件，供设计时选用。

1. 油箱

（1）油箱的功能　油箱的主要功能是储油、散热、分离油中的空气和沉淀油中的杂质。

（2）油箱的结构　液压系统中的油箱有整体式和分离式两种。整体式油箱就是主机的内腔，这种油箱结构紧凑，各处漏油容易回收，但增加了设计和制造的复杂性，维修不便，散热条件不好，且会使主机产生热变形。分离式油箱单独设置，与主机分开，减少了油箱发热和液压振动源对主机工作精度的影响，因此得到了普遍采用，特别是在精密机械上。

油箱的典型结构如图 9-4 所示。由图可见，油箱内部用隔板 7、9 将吸油管 1 和回油管 4 隔开，顶部、侧部和底部分别装有滤油网 2、液位计 6 和排放油污的放油阀 8，安装液压泵及其驱动电动机的上盖 5 则固定在油箱顶面上。

（3）设计油箱注意事项

1）油箱的有效容积（油面高度为油箱高度 80%时的容积）应根据液压系统发热、散热平衡的原则来计算，这项计算在系统负载较大、长期连续工作时是必不可少的。但对于一般情况来说，油箱的有效容积可以按液压泵的额定流量估计出来。

为防止油液被污染，箱盖上各盖板、管口处都要妥善密封，注油孔上要加装过滤器，通气孔上装空气过滤器，空气过滤器的通流量应大于液压泵的流量，以便空气及时补充液位的下降。

2）油管位置。吸油管和回油管应尽量相距远些，两管之间要用隔板隔开，以增加油液循环距离，使油液有足够的时间分离气泡、沉淀杂质、消散热量。隔板高度最好为箱内油面高度的3/4。吸油管入口处要装粗过滤器。精过滤器与回油管管端的位置应以在油面最低时仍能浸没在油中为宜，防止吸油时卷吸空气或回油冲入油箱时搅动油面而混入气泡。回油管管端应斜切45°，以增大出油口截面积，减小出口处流速。此外，应使回油管斜切口面对箱壁，以利于油液散热。管端距箱底应大于管径的2倍，距箱壁应大于管径的3倍。

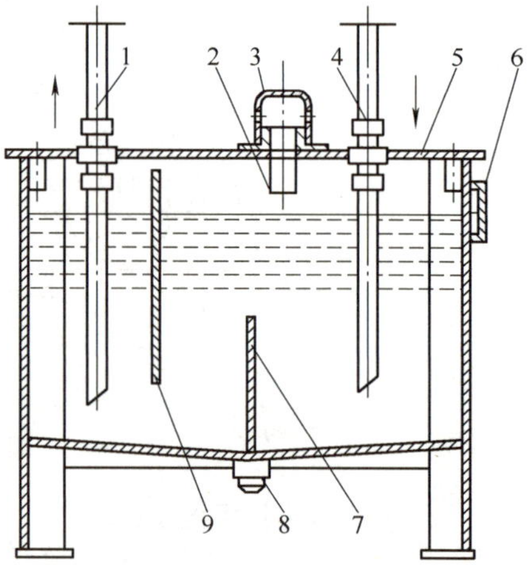

图9-4　油箱

1—吸油管　2—滤油网　3—注油器盖
4—回油管　5—上盖　6—液位计
7、9—隔板　8—放油阀

3）为使漏到上盖板上的油液不至于流到地面上，油箱侧壁应高出上盖板10~15mm。为了便于排净存油和清洗油箱，油箱底板应有适当的斜度，并在最低部安装放油阀或放油塞。油箱内部应喷涂防锈漆或与工作油液相容的塑料薄膜，以防生锈。油箱底部应设底脚，距离地面应在150mm以上，以便于通风散热和排出箱底油液。

4）箱体侧壁应设置油位指示装置，过滤器的安装位置应便于装拆，油箱内部应便于清洗。

5）对系统负载大并长期连续工作的系统来说，还应考虑系统发热和散热的平衡。油箱正常工作温度为15~65℃，如要安装加热器或散热器，必须考虑其在油箱中的安装位置。

2. 蓄能器

蓄能器是液压系统中的蓄能元件，它储存多余的液压油液，并在需要时释放出来供给系统。

（1）蓄能器的类型与结构　蓄能器有充气式、重力式、弹簧式三类。常用的是充气式蓄能器。

充气式蓄能器的工作原理是通过压缩气体完成能量转化，使用时首先向蓄能器充入预定压力的气体。当系统压力超过蓄能器的内部压力时，油液压缩气体，将油液中的压力转化为气体内能；当系统压力低于蓄能器内部压力时，蓄能器中的油液在高压气体的作用下流向外部系统，释放能量。选择适当的充气压力是充气式蓄能器的关键。充气式蓄能器按结构可分为活塞式、囊式、隔膜式三种。

活塞式蓄能器中用活塞把气体和油液隔开，其结构如图9-5a所示。这种蓄能器活塞上装有密封圈，活塞的凹部面向气体，以增加气体室的容积。这种蓄能器结构简单，维修方便，易安装；但活塞的密封问题不能完全解决，有压气体容易进入液压系统中，且因活塞的惯性和密封圈的摩擦力，使其反应不够灵敏。主要用于大体积、大流量的液压系统中。

囊式蓄能器用气囊把气体和油液隔开，其结构如图9-5b所示。气囊用耐油橡胶制成，固定在耐高压壳体的上部，气囊内充入惰性气体，壳体下端的提升阀由弹簧构成，液压油由此进入，并能在油液全部排出时防止气囊膨胀挤出油口。这种结构惯性小，反应灵敏，结构小、自重轻，故其广泛应用于液压系统中。其工作原理如图9-7所示。图9-5c为隔膜式蓄能器的结构示意图。

这三种蓄能器的图形符号如图9-6所示。

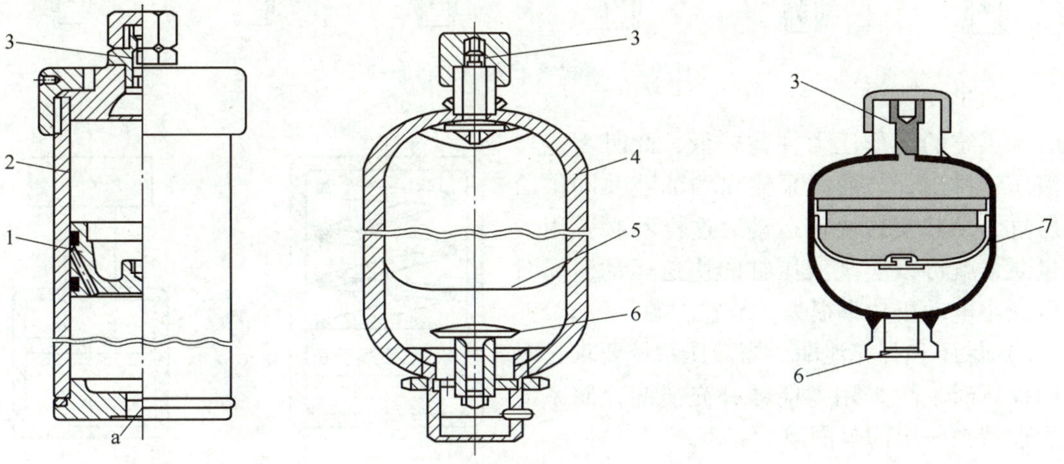

a)　　b)　　c)

图9-5　充气式蓄能器结构示意图

a）活塞式蓄能器　b）囊式蓄能器　c）隔膜式蓄能器

1—活塞　2—缸筒　3—充气阀　4—壳体　5—气囊　6—提升阀　7—隔膜

（2）弹簧式蓄能器和重锤式蓄能器　图9-8所示为弹簧式和重锤式蓄能器。弹簧式蓄能器结构简单，成本低，但因为弹簧的伸缩量有限，且对压力变化不敏感，消振功能差，所以只适合于小容量、低压系统中，或者用作缓冲装置。重锤式蓄能器结构简单，压力稳定，但只能垂直安装，不宜密封，反应不灵敏，仅供暂存能量使用。这两种蓄能器目前较少使用。

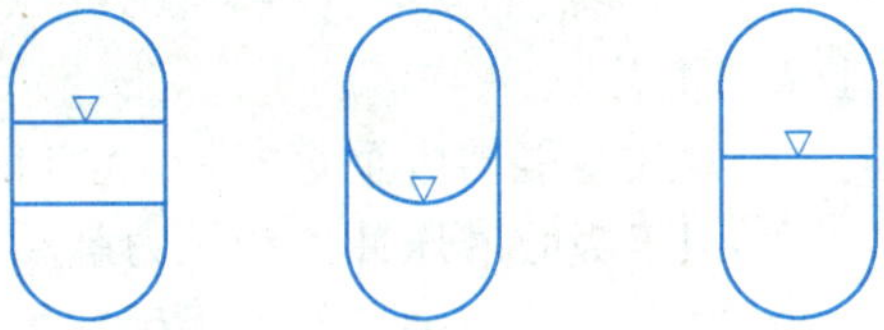

a)　　b)　　c)

图9-6　充气式蓄能器图形符号

a）活塞式充气蓄能器图形符号

b）囊式充气蓄能器图形符号

c）隔膜式充气蓄能器图形符号

（3）蓄能器的作用

1）作应急动力源。在间歇工作或周期性动作中，蓄能器可以把泵输出的多余的液压油储存起来，当系统需要时再释放出来。大型工程机械的转向和制动多采用液压助力，当转向或制动系统的液压源出现故障时，蓄能器可以帮助解决应急转向或制动的问题。工厂突然停电或发生故障，液压泵中断供油，蓄能器能提供一定的油量作为应急动力源，使执行元件完成必要的动作。

2）提高执行元件的运动速度。液压缸在慢速运动时，需要的流量较少，这时可用小流量泵供油，并将液压泵输出的多余液压油储存在蓄能器内。当液压缸需要大流量实现快速运

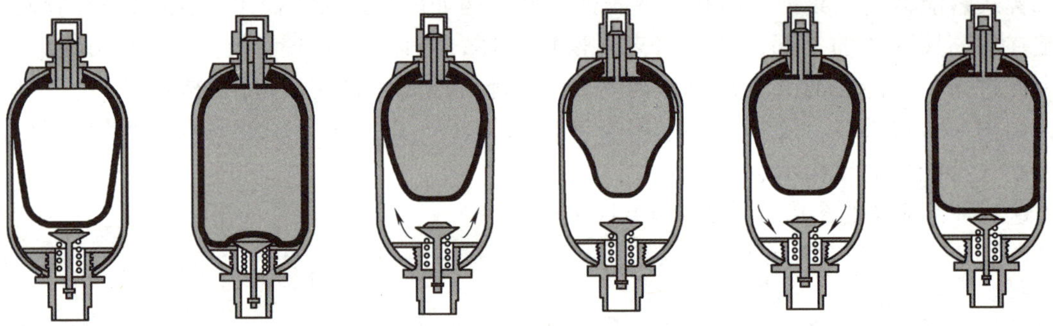

图 9-7　囊式蓄能器的工作原理

动时，系统的工作压力往往较低，此时蓄能器的液压油排出，与液压泵输出的油液共同供给液压缸，使其实现快速运动。这样不必采用大流量泵，就可以实现液压缸的快速运动，同时可以减小电动机功率损失，节省能源。

3）保压和补充泄漏。当液压系统要求长时间内保压时，可采用蓄能器补充泄漏，使系统压力保持在一定的范围内。

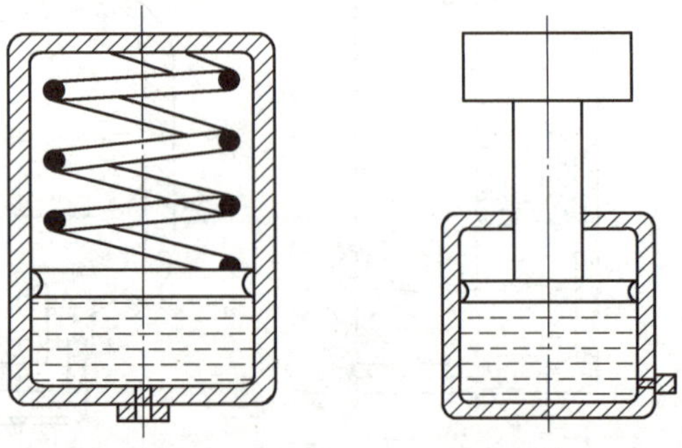

图 9-8　弹簧式和重锤式蓄能器

a）弹簧式蓄能器　b）重锤式蓄能器

4）缓和冲击，吸收压力脉动。当阀门突然关闭或换向时，系统中产生的冲击压力可由安装在冲击处的蓄能器来吸收，使液压冲击的峰值降低。若将蓄能器安装在液压泵的出口处，则可降低液压泵压力脉动的峰值。

（4）蓄能器的安装与维护检查　蓄能器在系统中的安装位置随其功能要求而定，主要应注意以下几点：

1）囊式蓄能器应垂直安装，油口向下。

2）用于吸收液压冲击和压力脉动的蓄能器应尽可能安装在动力源附近。

3）装在管路上的蓄能器需用支板或支架固定。

4）蓄能器和液压泵之间应安装单向阀，防止当液压泵停止工作时，由于蓄能器储存的液压油倒流而使泵反转；蓄能器和管路之间应安装截止阀，供充气和检修时使用。

（5）蓄能器的维护检查　蓄能器在使用过程中，应定期对气囊进行气密性检查。特别对于作为应急动力源的蓄能器，应经常进行检查与维护。

蓄能器充气后，各部分不允许再拆开，也不能松动，以免发生危险。需要拆开时应先释放气体，确认无气体后再拆卸。

在有高温、高辐射源环境中使用的蓄能器，可在蓄能器旁边装设两层铁板和一层石棉组成的隔热板，起隔热作用。

在长期停止使用后，应关闭蓄能器与系统管路间的截止阀，保护蓄能器油压在充气压力之上，使气囊不靠底。

3. 过滤器

（1）过滤器的功能和类型　过滤器的功能是过滤混在液压油液中的杂质，降低系统中油液的污染度，保证系统正常工作。

过滤器按滤芯材料的过滤机制分为表面型过滤器、深度过滤器、吸附型过滤器三种。

1）表面型过滤器。整个过滤作用是由一个几何面来完成的，过滤下来的杂质被截留在滤芯元件靠油液上游的一面。滤芯材料具有均匀的标定小孔，可以滤除比小孔尺寸大的杂质。由于污染杂质积聚在滤芯表面，因而很容易被堵塞。网式过滤器、线隙式过滤器属于这种类型。

2）深度型过滤器。滤芯材料为多孔可透性材料，内部具有曲折迂回的通道。大于表面孔径的杂质直接被截留在外表面，较小的污染杂质进入滤材内部，撞到通道壁上，由于吸附作用而被滤除。材料内部曲折的通道也有利于污染杂质的沉淀。纸芯式过滤器、毛毡式过滤器、烧结式过滤器、陶瓷式过滤器和各种纤维制品作为滤芯的过滤器都属于这种类型。

3）吸附型过滤器。这种滤芯材料把油液中的有关杂质吸附在其表面上。磁性过滤器就属于这种类型。

常见的过滤器及其特点见表9-1。

表9-1 常见的过滤器及其特点

类型	名称及结构简图	特点应用
表面型	网式滤油器 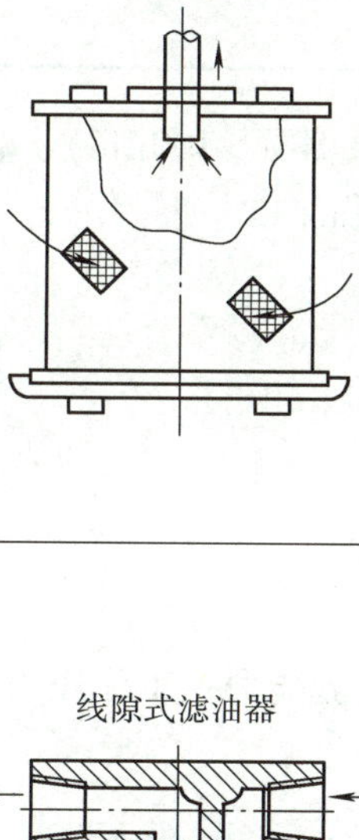	1）过滤精度与铜丝网层数及网孔大小有关。在压力管路上常用100目、150目和200目（每英寸长度上的孔数）的铜丝网，在液压泵吸油管路上常采用20~40目的铜丝网 2）压力损失不超过0.004MPa 3）结构简单，通流能力大，清洗方便，但过滤精度低
	线隙式滤油器 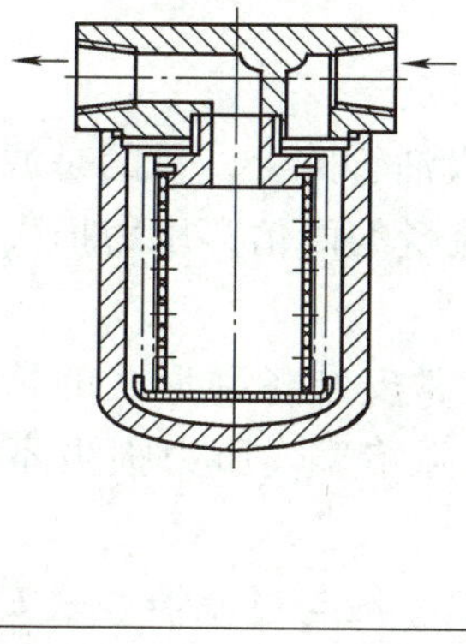	1）滤芯由绕在芯架上的一层金属线组成，依靠线间微小间隙来挡住油液中杂质的通过 2）压力损失约为0.03~0.06MPa 3）结构简单，通流能力大，过滤精度高，但滤芯材料强度低，不易清洗 4）用于低压管道中，当用在液压泵吸油管路上时，它的流量规格宜选得比泵大

（续）

类型	名称及结构简图	特 点 应 用
深度型	纸芯式滤油器 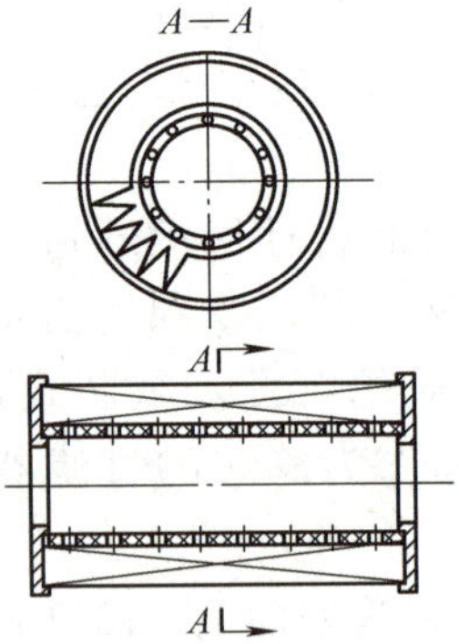	1）结构与线隙式相同，但滤芯为平纹或波纹的酚醛树脂或木浆微孔滤纸制成的纸芯。为了增大过滤面积，纸芯常制成折叠式 2）压力损失约为0.01~0.04MPa 3）过滤精度高，但堵塞后无法清洗，必须更换滤芯 4）通常用于精过滤
	烧结式滤油器 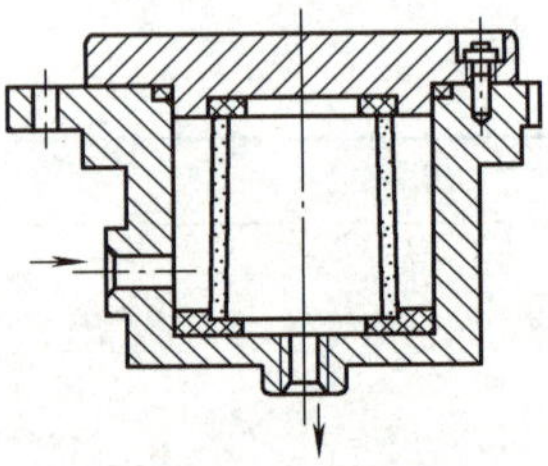	1）滤芯由金属粉末烧结而成，利用金属颗粒间的微孔来挡住油液中杂质的通过。改变金属粉末的颗粒大小，就可以制出不同过滤精度的滤芯 2）压力损失约为0.03~0.2MPa 3）过滤精度高，滤芯能承受高压，但金属颗粒易脱落，堵塞后不易清洗 4）适用于精过滤

（2）过滤器的选用　过滤器按其过滤精度的不同分粗过滤器（>100μm）、普通过滤器（10~100μm）、精密过滤器（5~10μm）、特精过滤器（1~5μm）。

选用过滤器时注意考虑以下几点：

1）过滤精度应满足预定要求。

2）能在较长时间内保持足够的通流能力。

3）滤芯具有足够的强度，不能因液压的作用而损坏。

4）滤芯耐蚀性好，能在规定的温度下持续工作。

5）滤芯易清洗或更换。

所以，滤芯应根据液压系统的技术要求、按照过滤精度、通流能力、工作压力、油液黏度和工作温度等条件来选择型号。

（3）过滤器的安装　过滤器可以安装在液压系统的不同部位。

1）安装在泵的吸油管路上。通常将粗过滤器安装在泵的吸油管路上，目的是滤去较大的杂质颗粒以保护液压泵，此时过滤器的通流能力应大于泵流量的两倍，压力损失不得超过0.02MPa。

2）安装在泵的压油管路上。在中低压系统的压油管路上常安装各种形式的精密过滤器，目的是保护液压泵以外的其他液压元件，防止小孔或缝隙堵塞，压力损失不得超过0.35MPa。同时应安装溢流阀以防过滤器堵塞。

3）安装在系统的回油管路上。这种安装起间接过滤作用。一般与过滤器并联安装一个背压阀，当过滤器堵塞达到一定的压力时，背压阀开启。

4）安装在系统的分支油路上。根据液压系统的工作特性和要求，可将过滤器安装在某些分支油路上。

5）单独过滤系统。大型液压系统可用一台液压泵和过滤器组成独立的过滤回路。

液压系统中除了整个系统所需要的过滤器外，还常常在一些重要的元件前安装一个专用的过滤器来确保它们的正常工作。

为便于滤芯清洗和过滤精度稳定，一般过滤器只能单向使用，即进出油口不能反接，不能安装在液流方向变换的油路上。必要时可增设单向阀和过滤器来保证双向过滤。

4. 油管

油管用于液压系统中液压元件之间工作介质的输送。常用的油管有钢管、纯铜管、尼龙管、橡胶软管、耐油塑料管等。

（1）钢管　能承受高压，刚性好，耐腐蚀，价格低廉，但弯曲和装配较困难，需要专门的工具或设备。常用于中、高压系统或低压系统中装配部位限制少的场合。

（2）纯铜管　装配时弯曲方便，内壁光滑，摩擦阻力小，但耐压力较大，抗振能力差，且易使油液氧化。一般用于中、低压系统中。

（3）尼龙管　弯曲方便、价格低廉，但寿命较短。可在中、低压系统中部分代替纯铜管。

（4）橡胶软管　安装方便，能缓冲、吸振，但制造困难，成本高，寿命短，刚性差。一般用于有相对运动部件之间的连接。

（5）耐油塑料管　价格低廉，装配方便，但耐压力小。一般用于泄漏油管。

5. 管接头

管接头主要用来连接油管与油管、油管和液压元件的。常用的有以下几种。

（1）金属管接头　图9-9所示为焊接式管接头。这种连接制造简单，工作可靠，适用于连接管壁较厚的钢管，常用在压力较高的液压系统中，但对焊接质量要求较高。

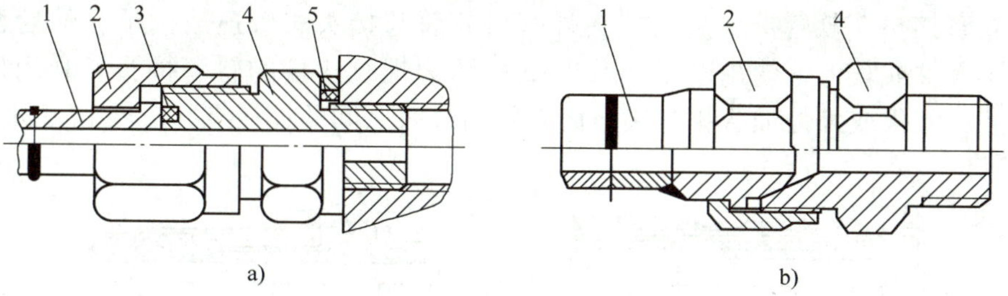

图9-9　焊接式管接头

1—连接管　2—螺母　3—密封圈　4—接头体　5—组合垫圈

图9-10所示为卡套式管接头。这种管接头的种类很多，但基本原理相同，都是利用卡套的变形卡住油管并进行密封。拧紧接头螺母2后，卡套3发生弹性变形便将金属液压油管4夹紧。卡套式管接头对轴向尺寸要求不严，装拆方便，但对卡套的制造工艺要求及连接所用管道外径的几何精度要求都较高。

图9-11所示为扩口式管接头。当旋紧螺母3时，通过套管2使被连接金属油管1端部

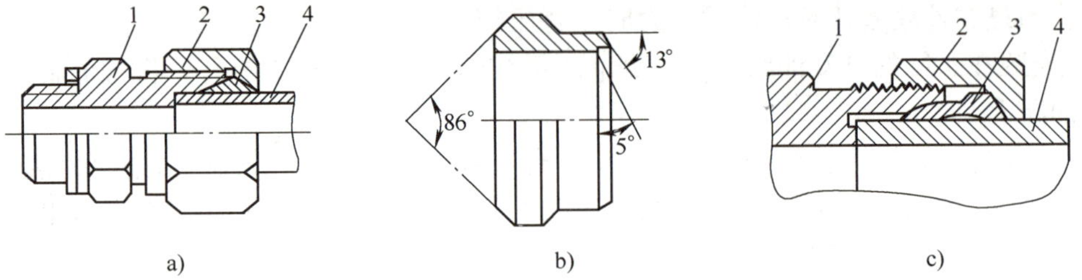

图 9-10　卡套式管接头

1—接头体　2—接头螺母　3—卡套　4—金属液压油管

的扩口压紧在接头体 4 的锥面上，其结构简单，制造安装方便。被扩口的管子是薄壁且塑性良好的管子。在压力不高的机床液压系统中，应用较为普遍。

图 9-12 所示为铰接式管接头。接头体 2 两侧各有一个组合密封圈 3，再有一中空并具有径向孔的连接螺栓 1 固定在液压元件上，接头体与管路可采用焊接式或卡套式连接。铰接式管接头的使用压力较高。

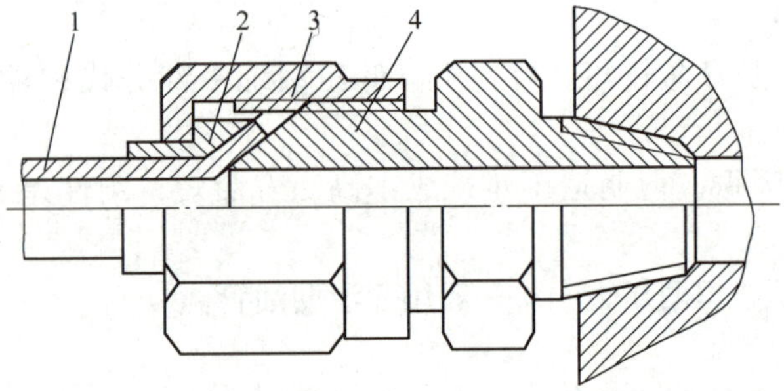

图 9-11　扩口式管接头

1—金属油管　2—套管　3—螺母　4—接头体

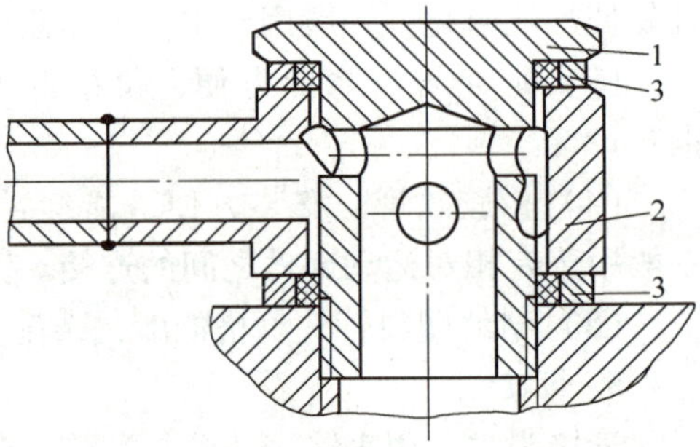

图 9-12　铰接式管接头

1—连接螺栓　2—接头体　3—组合密封圈

（2）软管接头　软管接头是用接头外套将软管与接头芯管连成一体，然后再用接头芯管与液压元件或其他油管相连接。图 9-13 所示为螺纹连接的软管接头。利用螺纹将接头芯管与液压元件或其他油管相连接，而软管与接头之间的连接有扣压式和可拆式两种。

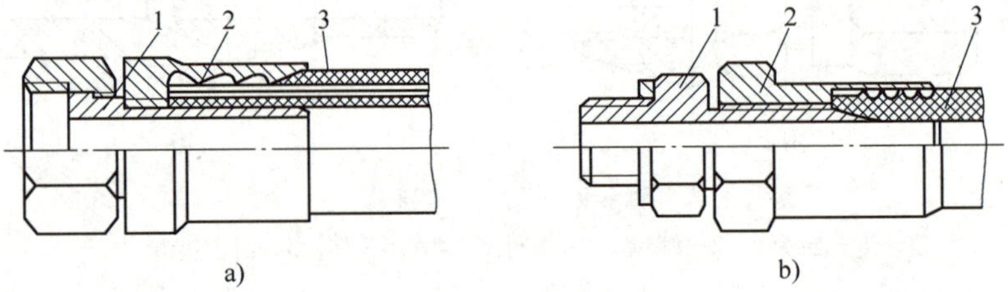

图 9-13　螺纹连接的软管接头

a）扣压式连接　b）可拆式连接

1—接头芯管　2—外套　3—软管

图 9-14 所示为快换接头，又称为快速装拆管接头，无须装拆工具，适用于经常装拆的场合。其结构复杂，压力损失较大。

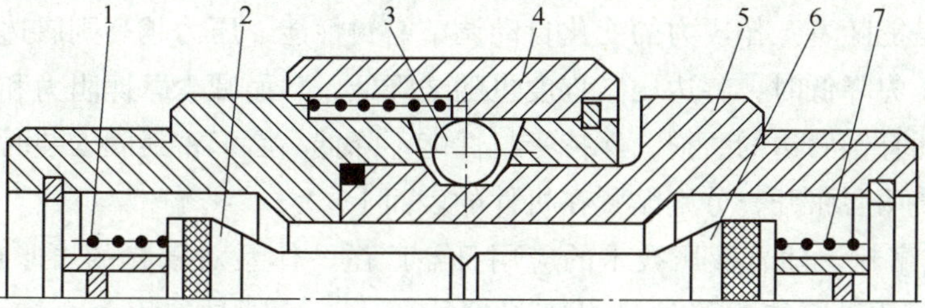

图 9-14　快换接头

1、7—弹簧　2、6—阀芯　3—钢球　4—外套　5—接头体

6. 密封装置

密封是解决液压系统泄漏问题最重要、最有效的手段。液压系统如果密封不良，可能出现不允许的外泄漏，外漏的油液将会污染环境，还可能使空气进入吸油腔，影响液压泵的工作性能和液压执行元件运动的平稳性（爬行），泄漏严重时，系统容积效率降低，甚至工作压力达不到要求值；但若密封过度，虽可防止泄漏，但会造成密封部件的严重磨损，缩短密封件的使用寿命，增大液压元件内的运动摩擦阻力，降低系统的机械效率。因此，合理地选用和设计密封装置，在液压系统的设计中十分重要。

（1）对密封装置的要求

1）在一定的压力和一定的温度范围内，应具有良好的密封性能，并随着压力的增加能自动提高密封性能。

2）密封装置和运动部件之间的摩擦力要小，摩擦系数要稳定。

3）耐蚀性强，不易老化，工作寿命长，耐磨性好，磨损后在一定程度上能自动补偿。

4）结构简单，使用维护方便，价格低廉。

（2）密封装置的类型和特点　密封按工作原理分为非接触式密封和接触式密封，具体主要有以下几种。

1）间隙密封。间隙密封是依靠相对运动部件配合面之间的微小间隙来进行密封的，常用于柱塞、活塞或阀的圆柱配合副中。一般阀芯的外表面开有几条等距离的均压槽，其主要作用是使径向压力分布均匀，减少液压卡紧力，同时使阀芯在孔中的对中性好，以减小间隙的方法来减少泄漏，同时槽所形成的阻力对减少泄漏也有一定的作用。这种密封的优点是摩擦力小，缺点是磨损后不能自动补偿，主要用于直径较小的圆柱面之间的密封，如液压泵内的柱塞和缸筒之间、滑阀的阀芯与阀体之间的密封。

2）O 形密封圈密封。O 形密封圈一般由耐油橡胶制成，其横截面呈圆形，它具有良好的密封性能，内外侧和端面都能起密封作用，结构紧凑，运动部件的摩擦阻力小，制造容易，装拆方便，成本低，高低压均可以使用，所以在液压系统中得到广泛应用。

O 形密封圈的安装沟槽有矩形、V 形、燕尾形、半圆形和三角形等。在实际应用中可查阅有关手册和国家标准。

3）唇形密封圈密封。唇形密封圈根据其截面形状分 Y 形、V 形、U 形、L 形等，其工作原理如图 9-15 所示。液压油将密封圈的两唇边压向形成间隙的两个零件的表面。这种密封作用的特点是能随着工作压力的变化自动调整密封性能，压力越高则唇边被压得越紧，密封性越好；当压力降低时，唇边压紧程度也随之降低，从而减少摩擦阻力和功率损耗。除此之外，还能自动补偿唇边的磨损，保持密封性能不降低。唇形密封圈安装时应使其唇边开口面对液压油，使两唇张开，分别贴紧在机件的表面上。

4）组合式密封。随着液压技术的应用日益广泛，体系对密封的要求越来越高，普通的密封圈单独使用已不能很好地满足密封性能要求，特别是使用寿命和可靠性等方面的要求，因此研究和开发了包括密封圈在内的两个以上元件组成的组合式密封，如图 9-16 所示。

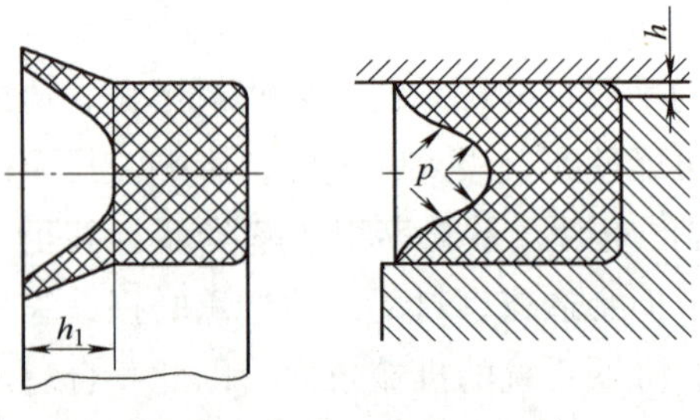

图 9-15　唇形密封圈工作原理

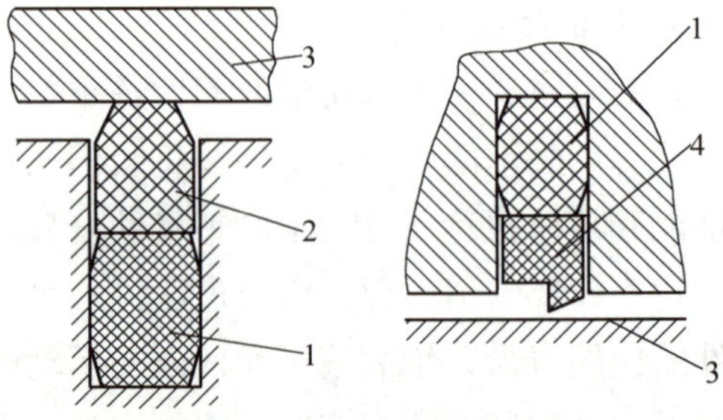

图 9-16　组合式密封

1—O 形密封圈　2—滑环　3—被密封件　4—支撑环

组合式密封装置由于充分发挥了橡胶密封圈和滑环的长处，因此不仅工作可靠，摩擦力降低而稳定，而且寿命比普通橡胶密封圈提高了近百倍，在工程上应用日益广泛。

5）回转轴的密封装置。其类型很多，图 9-17 所示为一种耐油橡胶制成的回转轴用密封圈，内部有直角形圆环铁骨架支撑，密封圈的内边围着一条螺旋弹簧，把内边收紧在轴上来进行密封。主要用于液压泵、液压马达和回转轴式液压缸的伸出轴的密封，以防止油液漏到壳体外部。

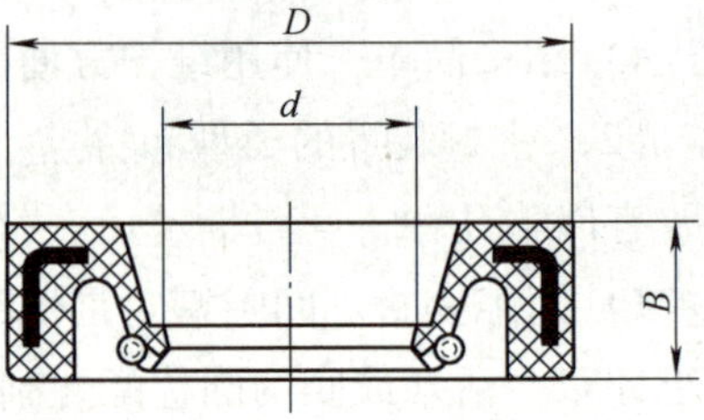

图 9-17　回转轴用密封圈

7. 压力表和压力表开关

（1）压力表的功用　压力表用于测量液压系统中各工作点的压力，以便工作人员把系统的压力调整到要求的工作压力，按照其是否防振分为普通压力表和防振压力表两种。普通压力表价格便宜，但寿命短，一般用于低压系统；防振压力表价格较贵，但寿命较长，压力波动的影响较小，读数较精确，广泛应用于各种液压系统中。

（2）压力表开关。压力表开关用于接通或断开压力表与测量点油路的通道，开关中过油通道很小，对压力波动和冲击起到阻尼作用，防止压力表指针的剧烈摆动，防止损坏。在设备正常工作时，应利用压力表开关将压力表与液压系统断开，防止其精度和寿命由于使用中的压力波动而造成影响。

任务实施 9.1 数控车床卡盘液压站液压元件的选用

工作任务单

<table>
<tr><td>姓名</td><td></td><td>班级</td><td></td><td>组别</td><td></td><td>日期</td><td></td></tr>
<tr><td>工作任务</td><td colspan="7">数控车床卡盘液压站液压元件的选用</td></tr>
<tr><td>任务描述</td><td colspan="7">根据数控车床卡盘对液压系统的要求和液压原理图，确定使用的液压元件的规格型号</td></tr>
<tr><td>任务要求</td><td colspan="7">1）分析数控车床卡盘对液压系统的要求
2）根据液压系统原理图，查阅相关液压手册，确定使用的液压泵、液压阀、油箱、过滤器、液压管道等规格型号
3）制作液压元件选用清单</td></tr>
<tr><td>提交成果</td><td colspan="7">液压元件选用清单</td></tr>
<tr><td rowspan="5">考核评价</td><td>序号</td><td colspan="2">考核内容</td><td>评分</td><td colspan="2">评分标准</td><td>得分</td></tr>
<tr><td>1</td><td colspan="2">安全意识</td><td>20</td><td colspan="2">遵守安全规章、制度</td><td></td></tr>
<tr><td>2</td><td colspan="2">液压元件选用清单</td><td>50</td><td colspan="2">液压元件选用清单符合液压系统要求</td><td></td></tr>
<tr><td>3</td><td colspan="2">设计手册的正确使用</td><td>20</td><td colspan="2">能正确使用有关液压手册</td><td></td></tr>
<tr><td>4</td><td colspan="2">团队协作</td><td>10</td><td colspan="2">与他人合作有效</td><td></td></tr>
<tr><td>指导教师</td><td colspan="3"></td><td colspan="3">总分</td><td></td></tr>
</table>

任务 9.2 组合机床动力滑台液压系统分析

任务引入

组合机床动力滑台是组合机床用以实现进给运动的一种通用部件。它要求系统完成的进给动作是快进→一工进→二工进→止挡块停留→快退→原位停止。那么，液压动力滑台的液压系统是如何工作的呢？

任务分析

组合机床一般为多刀加工，切削负荷变化大，快慢速差异大；要求切削时的速度低而平稳；空行程时的进、退速度快；快、慢速的换接平稳；系统效率高，发热少，功率利用合理。动力滑台的液压系统要满足这些要求，就必须将各液压元件有机地组合，形成完整有效的液压回路。在动力滑台中，其进给运动是由液压缸驱动的，所以，其核心问题是如何来控制液压缸的动作。

相关知识

9.2.1 液压系统的分析方法

由若干液压元件（动力元件、执行元件、控制元件、辅助元件）组成，并能完成一定动作的整体或能完成一定动作的各液压基本回路的组合，称为液压系统。

液压系统图表示了系统内所有元件及其连接、控制情况，表示执行元件所实现动作的工作原理。图中各液压元件及其连接或控制方式均按规定的职能符号或结构符号画出。

分析和阅读液压系统图一般可按下面的步骤进行。

1）了解设备的功用及其对液压系统动作和性能的要求。

2）先浏览整个系统，了解系统由哪些元件组成，以各执行元件为中心将系统分解为若干个子系统。

3）对每个子系统进行分析，主要分析此子系统由哪些基本回路组成，然后按执行元件的工作循环分析实现这些动作的进油和回油路线。

4）根据设备对液压系统中各子系统之间的顺序、同步、互锁（互不干扰）等要求，分析各子系统之间的关系，进一步读懂整个系统的工作原理（怎么实现所要求的动作的）。

5）归纳总结整个系统的特点和使设备正常工作的要领，加深对整个液压系统的理解。

9.2.2　组合机床动力滑台液压系统的工作原理

组合机床是由一些通用和专用零部件组合而成的专用机床，滑台台面上可以安装动力箱、多轴箱及各种专用切削头等工作部件。滑台配以不同用途的主轴即可实现钻、扩、铰、镗、铣、车、刮端面、攻螺纹、倒角等工序的加工及工件的转位、定位、夹紧、输送等工作。

组合机床对动力滑台的动作要求是：切削负荷变化大，快慢速差异大；要求切削时的速度低而平稳；空行程时的进、退速度快；快、慢速的换接平稳；系统效率高，发热少，功率利用合理。现以YT4543型液压动力滑台为例分析组合机床动力滑台液压系统的工作原理。

1. YT4543型液压动力滑台液压系统的工作原理

液压动力滑台是系列化产品，不同规格的滑台，其液压系统的组成和工作原理基本相同。

如图9-18所示，液压动力滑台实现的工作循环为快进→一工进→二工进→止挡块停留→快退→原位停止。该滑台的工作台面尺寸为450mm×800mm，进给速度范围是6.6~600mm/min，最大进给力为45kN。该系统采用限压式变量叶片泵供油，用电液换向阀换向，用液压缸差动连接实现实现快进，用行程阀实现快进与工进的换接，用串联调速阀实现两次工进速度的换接，用止挡块停留限位（保证进给的尺寸精度），是只有一个单杆活塞缸的中压系统，其最高工作压力不大于6.3MPa。

在阅读和分析液压系统图时，可参阅电磁铁和行程阀动作顺序表，见表9-2。

表9-2　电磁铁和行程阀动作顺序表

电磁铁、行程阀 动作	电磁铁			行程阀11	动作/转换信号
	1YA	2YA	3YA		
快进	+	−	−	−	起动按钮
一工进	+	−	−	+	行程阀11发信号
二工进	+	−	+	+	行程开关1
止挡块停留	+	−	+	+	时间继电器延时
快退	−	+	−	+ −	压力继电器
原位停止	−	−	−	−	行程开关

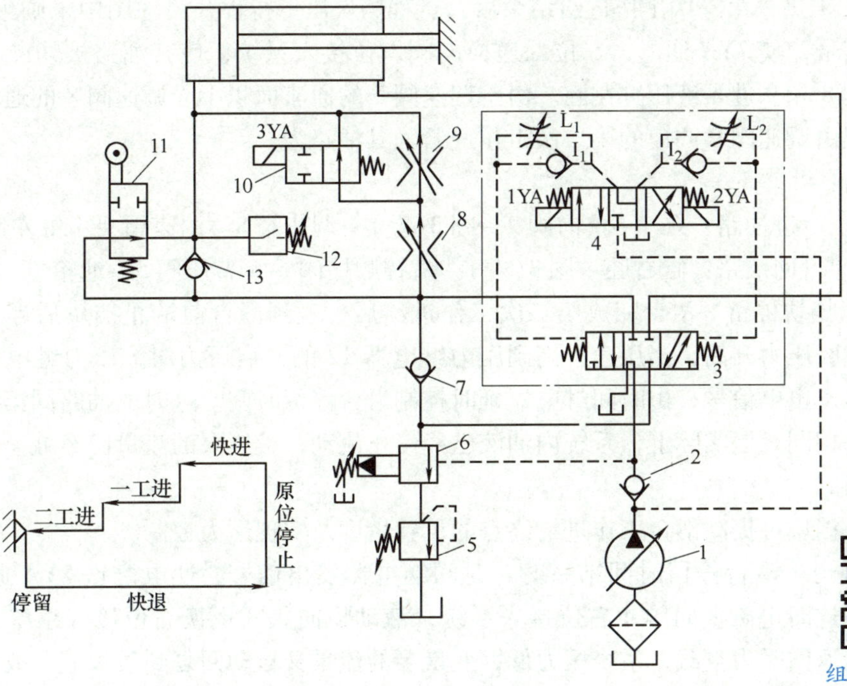

图 9-18　动力滑台液压系统图

1—泵　2、7、13—单向阀　3—液动换向阀　4、10—电磁换向阀　5—背压阀　6—液控顺序阀　8、9—调速阀　11—行程阀　12—压力继电器

组合机床动力滑台液压系统工作原理

(1) 快进　按下起动按钮，电磁铁 1YA 得电，电磁换向阀 4 的左位接入系统，液动换向阀 3 在液压油的作用下左位也接入系统。其油路为

控制油路：

进油路：泵 1→阀 4(左)→I_1→阀 3 左端（使阀 3 换为左位）
回油路：阀 3 右端→L_2→阀 4(左)→油箱（换向时间由L_2调节）

主油路：

进油路：泵 1→单向阀 2→阀 3(左)→行程阀 11→缸左腔
回油路：缸右腔→阀 3(左)→单向阀 7→行程阀 11→缸左腔
（差动连接）

快进时压力较低，液控顺序阀 6 关闭，变量泵 1 输出最大流量，液压缸差动连接实现快进，节流阀 L_2 可用以调节液动换向阀 3 阀芯移动的速度，即调节主换向阀的换向时间，以减小压力冲击。

(2) 一工进　当滑台快进到预定位置时，滑台上的挡块压下行程阀 11，切断快速运动的进油路。此时，控制油路未变，而主油路中，液压油只能通过调速阀 8 和二位二通电磁换向阀 10（右位）进入液压缸左腔。由于油液流经调速阀而使系统压力升高，液控顺序阀 6 开启，单向阀 7 关闭，液压缸右腔的油经液控顺序阀 6 和背压阀 5 流回油箱。同时泵的流量也自动减小。滑台实现由调速阀 8 调节的第一次工作进给。其油路为

主油路：

进油路：泵 1→单向阀 2→阀 3(左)→调速阀 8→阀 10(右)→ 缸左腔
回油路：缸右腔→阀 3(左)→液控顺序阀 6→ 背压阀 5→油箱

（3）二工进　第一次工作进给结束后，行程挡块压下行程开关（图中未画出），行程开关发出电信号，使3YA通电，二位二通换向阀左位接入系统，使其油路被切断，进油只能通过调速阀8和9进入液压缸左腔。由于调速阀9的通流面积小于调速阀8的通流面积，所以滑台实现由调速阀9调速的第二次工作进给。其油路为

主油路：

进油路：泵1→单向阀2→阀3(左)→调速阀8→调速阀9→缸左腔
回油路：缸右腔→阀3(左)→液控顺序阀6→背压阀5→油箱

（4）止挡块停留　滑台完成第二次工作进给后，碰到滑台前端止挡块后停止运动。此时液压缸左腔压力升高，当压力升高到压力继电器12的开启压力时，压力继电器动作，向时间继电器发出电信号，由时间继电器延时控制滑台停留时间。这时的油路同第二次工作进给时的油路相同，但实际上，系统内油液已经停止流动，液压泵的流量已经减至很小，仅用于补充泄漏。

设置止挡块可提高滑台工作进给终点的位置精度及实现压力控制。

（5）快退　滑台停留时间结束时，时间继电器发出信号，使电磁铁2YA通电，1YA、3YA断电。这时电磁换向阀4右位接入系统，液动换向阀3也换右位接入系统，主油路换向。因滑台返回时为空载，系统压力低，变量泵的流量又自动回复到最大值，故滑台快速返回。其油路为

控制油路：

进油路：泵1→阀4(右)→I_2→阀3右端（→使阀3换为右位）
回油路：阀3左端→L_1→阀4(右)→油箱（换向时间由L_2调节）

主油路：

进油路：泵1→单向阀2→阀3(右)→缸右腔
回油路：缸左腔→阀13→阀3(右)→油箱
}快退

当滑台推至第一次工进起点位置时，行程阀11复位。由于液压缸无杆腔有效面积为有杆腔的2倍，故快退速度与快进速度基本相等。

（6）原位停止　当滑台快速退回到原始位置时，挡块压下原位行程开关（图中未画出），使电磁铁2YA断电，电磁换向阀4回复中位，液动换向阀3也回复中位，液压缸两腔油液被封闭，滑台被锁紧在起始位置上。这时液压泵则经单向阀2及阀3的中位卸荷。其油路为

控制油路：

进油路截止

回油路：
阀3左端→L_1→阀4(中)→油箱
阀3右端→L_2→阀4(中)→油箱

主油路：

进油路：泵1→单向阀2→液动换向阀3(中)→油箱
回油路：{液压缸左腔→阀13；液压缸右腔}→{阀3中位堵塞、液压缸停止并被锁住}

单向阀2的作用是使滑台在原位停止时，卡在油路仍保持一定的控制压力（低压），以便能迅速起动。

2. 动力滑台液压系统的特点

动力滑台液压系统是能完成较复杂工作循环的典型的单缸中压系统。其主要特点是：

（1）采用了容积节流调速回路　该系统采用了“限压式变量叶片泵+调速阀+背压阀”式的容积节流调速回路。用变量泵供油可使空载时获得快速（泵的流量最大），工进时，负载增加，泵的流量会自动减小，且无溢流损失，功率利用合理。用调速阀调速可保证工进时获得稳定的低速，有较好的速度刚性。调速阀设置在进油路上，便于利用压力继电器发信号实现动作顺序的自动控制。回油路上加背压阀能防止负载突然减小时产生前冲现象，并能使工作速度平稳。

（2）采用液压缸差动连接的快速运动回路　系统采用限压式变量泵和差动连接的液压缸来实现快进，能源利用合理。当滑台停止运动时，换向阀使液压泵在低压下卸荷，减少了能量损耗。

（3）采用电液换向阀的换向回路　系统采用反应灵敏的小规格电磁换向阀作为先导阀控制，能通过大流量的液动换向阀实现主油路的换向，发挥了电、液联合控制的优点，能使流量较大、速度较快的主油路换向平稳。

（4）采用行程阀控制的快、慢速的换接回路　系统采用了行程阀和液控顺序阀配合动作实现快进和一工进间的换接，使速度换接平稳、可靠且位置准确。至于两个工进之间的换接，由于二者的速度都比较低，采用电磁阀控制行程开关的两个串联调速阀的控制回路也可以达到要求。

（5）采用压力继电器控制的顺序动作回路　滑台工进结束时碰到止挡块停留，缸内压力升高，因而采用压力继电器发出信号，使滑台反向退回，方便可靠。止挡块的使用还能提高滑台工进结束时的位置精度及进行刮端面、镗台阶孔、锪孔等工序的加工。

任务实施9.2　动力滑台液压系统分析

1. 液压系统的组建步骤

1）按照液压回路图的要求，找出所用的液压元件。

2）将性能完好的液压元件安装在试验台面板合理位置，通过快换接头和液压软管按回路要求连接。

3）进行电气线路连接，并把选择开关拨至所要求的位置。

4）安装完毕，放松溢流阀，起动液压泵，调节溢流阀压力，按动起动按钮，按照顺序动作表中的顺序动作要求操作阀即可实现动作。

5）对系统压力、速度进行调节。

6）观察运行情况，对使用中遇到的问题进行分析和解决。

7）先卸压再关闭液压泵，拆下管线，整理好所有元器件并放回原位。

2. 工作任务单

工作任务单

<table>
<tr><th>姓名</th><th></th><th>班级</th><th></th><th>组别</th><th></th><th>日期</th><th></th></tr>
<tr><td>工作任务</td><td colspan="7">动力滑台液压系统分析</td></tr>
<tr><td>任务描述</td><td colspan="7">根据动力滑台液压系统要求和液压原理图，进行液压系统分析，展示并进行讨论，提出完善方案</td></tr>
<tr><td>任务要求</td><td colspan="7">1）分析动力滑台液压系统，明确组建液压系统的要求
2）分组组建液压系统，展示并展开讨论
3）完善组建的液压系统图</td></tr>
<tr><td>提交成果</td><td colspan="7">液压系统原理图和电磁铁动作顺序表</td></tr>
<tr><td rowspan="5">考核评价</td><td>序号</td><td colspan="2">考核内容</td><td>评分</td><td colspan="2">评分标准</td><td>得分</td></tr>
<tr><td>1</td><td colspan="2">安全意识</td><td>20</td><td colspan="2">遵守安全规章、制度</td><td></td></tr>
<tr><td>2</td><td colspan="2">组建液压系统</td><td>40</td><td colspan="2">正确的液压系统工作回路</td><td></td></tr>
<tr><td>3</td><td colspan="2">按要求在实验台上展示操作</td><td>30</td><td colspan="2">操作台操作正确，电磁铁动作顺序正确</td><td></td></tr>
<tr><td>4</td><td colspan="2">团队协作</td><td>10</td><td colspan="2">与他人合作有效</td><td></td></tr>
<tr><td>指导教师</td><td colspan="3"></td><td colspan="3">总分</td><td></td></tr>
</table>

任务9.3　数控车床液压系统的安装调试与故障诊断

任务引入

CK6140数控车床（如图9-19所示），随着工作时间的增加及环境的影响，液压传动系统会出现一些工作上的异常现象，如产生噪声和振动、油温过高等。出现这些故障后，怎么检查和维修液压系统呢？

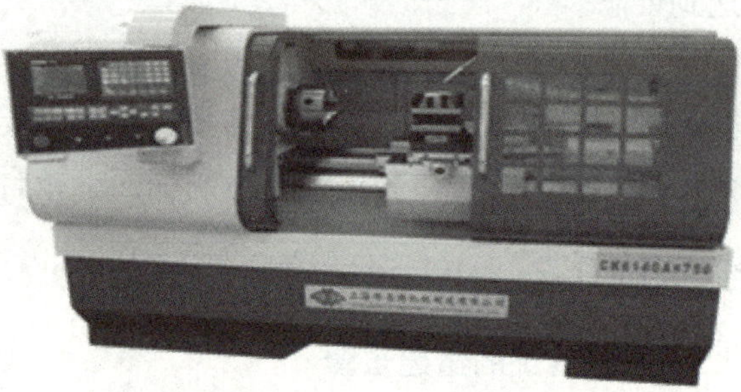

图9-19　CK6140数控车床

任务分析

正确地维护和保养液压传动系统是延长液压传动系统正常使用寿命的重要措施。当数控车床出现上述症状时，需要检查和修理液压传动系统。我们要通过学习数控车床液压传动系统的故障分析和检修方法，使自己能够检修普通液压系统工作中常见的几种故障。

图9-20所示为数控车床液压系统图。该系统能完成卡盘的松开与夹紧、尾座套筒的伸出与缩回。当卡盘处于夹紧状态时，夹紧力的大小由减压阀7来调整；当尾座套筒处于伸出状态时，伸出的预紧力的大小由减压阀11来调整，伸缩速度的大小由单向节流阀13来控制，可以适应不同工件的需要且操作方便。

相关知识

9.3.1　液压系统的安装

液压系统由各种液压元件组合而成，这些元件安装得是否正确、合理美观，系统的调试是否符合要求，对液压系统的顺利使用和工作性能的正常发挥都有很大的影响，必须认真做好。

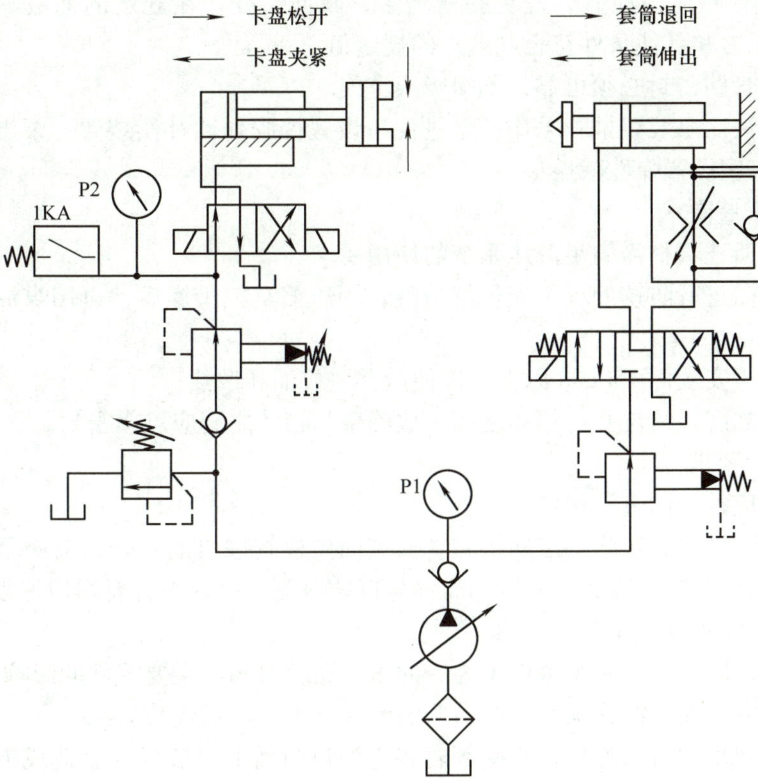

图 9-20　数控车床液压系统

1. 安装前的准备工作和要求

1）认真分析液压系统工作原理图、电气原理图及有关液压元件使用说明书，并准备好需要的元件、部件、辅件、专用和通用工具及材料等。

2）仔细检查所用油管是否完好无损。在正式装配前要进行配管安装，试装合适后拆下油管，用质量分数为20%硫酸或盐酸清洗 30～40min，清洗液的温度为 30～40℃，然后用温度为 30～40℃ 的质量分数为 10% 的苏打水中和 15min，最后用温水清洗，待干燥后涂油待装。

3）各种液压元件在安装前用煤油清洗干净并认真校验其性能，必要时进行密封和压力试验。

4）对系统中所用的仪器、仪表进行严格的调试，确保其灵敏、可靠、准确。

5）注意安装场地的清洁，保障有足够的安装空间。

2. 液压元件的安装

安装时一般按先内后外、先难后易、先精密后一般的原则进行，安装过程中必须注意以下要求。

（1）液压泵装置的安装要求

1）液压泵与原动机之间的联轴器的形式及安装要求必须符合制造厂的规定。

2）外露的旋转轴、联轴器必须安装防护罩。

3）液压泵与原动机安装的底座必须有足够的刚性，以保证运转时始终同轴。

4）液压泵的进油管路应短而直，避免拐弯增多，断面突变。在规定的油液黏度范围内，必须使泵的进油压力和其他条件符合制造厂的规定值。

5）液压泵的进油管路密封必须可靠，不得吸入空气。

6）高压大流量的液压泵装置推荐采用：泵进油口设置橡胶弹性补偿装置；泵出油口连接高压软管；泵装置底座设置弹性减振垫。

（2）油箱装置的安装要求

1）油箱的大小和所选板材需满足液压系统的使用要求。

2）油箱的内表面需进行防锈处理，应仔细清洗，用压缩空气干燥后，再用煤油检查焊缝质量。

3）油箱底部应高于安装面150mm以上，以便搬移、放油和散热。

4）油箱盖与箱体之间、清洗孔与箱体之间、放油塞与箱体之间应可靠密封。

（3）液压阀的安装要求

1）阀的安装方式应符合制造厂规定。

2）板式阀或插装阀必须有正确的定向措施。安装前要检查进出油口处密封圈是否符合要求，要凸出安装平面，保持安装后有一定的压缩量以防泄漏。固定螺钉要均匀拧紧，最后使元件的安装平面与元件底板平面全面接触。

3）为了保证安全，阀的安装必须考虑重力、冲击、振动对阀内主要零件的影响。

4）阀用连接螺钉的性能等级必须符合制造厂的要求，不得随意代替。

5）应注意进油口与出油口的方位，某些阀若将进油口与回油口装反，会造成事故。有些阀为了安装方便，往往开有同作用的两个孔，安装后不用的一个要堵死。

6）为了避免空气渗入阀内，连接处应保证密封良好。用法兰安装的阀件，螺钉不能拧得过紧，有时过紧反而会造成密封不良。必须拧紧时，原来的密封件及材料若不能满足密封，应更换密封件的形式及材料。

7）方向控制阀的安装，一般应使轴线安装在水平位置上。压力阀一般应保持阀芯与轴线垂直安装。

8）阀类元件安装完毕后，应使调压阀的调节螺钉处于放松状态，而流量阀的调节手柄处于使阀关闭的状态，换向阀的阀芯位置应尽量处于原理图所示位置。

（4）热交换器的安装要求

1）安装在油箱上的加热器的位置必须低于油箱底极限液面位置，加热器的表面耗散功率不得超过$0.7W/cm^2$。

2）使用热交换器时，应有液压油和冷却介质的测温点。

3）采用空气冷却器时，应防止进排气通路被遮蔽或堵塞气阀。

4）加热器的安装位置、冷却器的回油口必须远离测温点。

（5）密封件的安装要求

1）密封件的材料必须与相接触的介质相容。

2）密封件的使用压力、温度及安装应符合相关标准规定。

3）随机附带的密封件，在制造厂规定的使用条件下使用，不得使用超过有效期的密封件。

（6）蓄能器的安装要求

1）蓄能器一般应保持轴线垂直，油口向下安装，管路之间要设置溢流阀。

2）过滤器安装在吸油管路时，应渗没在油箱液面以下。安装在回油路和压油路时，为使过滤器堵塞时油液仍然顺利回到油箱，应并联一个溢流阀。

3）各种仪表的安装位置应考虑便于观察和维修。

（7）液压执行元件的安装要求

1）安装液压缸时，如果结果允许，进、出油口的位置应在最上面，应装有放气方便的排气装置。没有设置排气装置的液压缸，进出油口应尽量安装在向上的位置，以便于利用进、出口排气。

2）液压缸的安装应牢固可靠，为了防止热膨胀的影响，在行程大和工作条件热的场合下，缸的一端必须保持浮动。

3）液压缸的安装面和活塞杆的滑动面应保持足够的平行度和垂直度。

4）密封圈不要装得太紧，特别是U形密封圈不可装得太紧。

5）液压马达与被驱动装置之间的联轴器形式及安装要求应符合制造厂的规定。

6）液压执行元件的安装底座必须有足够的刚性，保证执行机构正常工作。

7）液压马达的壳体回油管与油箱连接，禁止通过系统回油管回油。

（8）配装管路的安装要求

1）管路的布置要整齐，长度应尽量短，直角转弯应尽量少，同时应便于装拆、检修、不妨碍生产人员行走和设备运转。

2）管路外壁与相邻管件轮廓边缘的距离应大于10mm，长管道应用支架固定。

3）管道与设备、液压元件连接，不应使设备和液压元件承受附加外力。

4）管道连接时，不得用加热管道、加偏心垫或多层垫等强力对正方法来消除接口端面的空隙、偏差、错口或不同心等缺陷。

5）软管连接时，应避免急弯（最小弯曲半径应在10倍管径以上）；软管不应处于受拉状态，一般应有4%左右的长度余量；与管接头的连接处应有一段过渡部分，其长度不应小于管道外径的2倍；在静止或随机移动时，管道本身不得扭曲变形。

6）吸油管与液压泵吸油口处应密封良好，液压泵的吸油高度一般不应大于500mm；在吸油管口上应设置过滤器。

7）回油管口应尽量远离吸油管口而伸至距油箱底面2倍管径处；回油管口应切成45°，且斜口向箱壁一侧；溢流阀的回油管不得和液压泵的吸油口相通，要单独接回油箱；凡外部有泄油口的阀（减压阀、顺序阀、液控单向阀等），其泄油口与回油管相通时，不允许在总回油管上有背压，否则应单独设置泄油管通油箱。

8）管道安装间歇期间，管接头要紧固、密封、不得漏气，各管口应严密封闭。吸油管下要安装过滤器，以保证油液清洁；回油管应插入油面之下，以防止产生气泡。

9.3.2　液压系统的调试

新设备及修理后的设备，在安装、清洗和精度检验合格后必须进行调试，使其液压系统的性能达到预定的要求。其调试步骤如下。

（1）调试前的检查

1）根据系统原理图、装配图及配管图检查并确认每个液压缸是由哪几个支路的电磁阀操纵的。

2）电磁阀分别进行空载换向，确认电气动作是否正确、灵活，符合动作顺序要求。

3）将泵吸油管、回油管路上的截止阀开启，泵出口溢流阀及系统中溢流阀手柄全部松开；将减压阀置于最低压力位置。

4）流量控制阀置于小开口位置。

5）按照使用说明书要求，向蓄能器内充氮气。

（2）起动液压泵检查

1）检查过滤器的过滤精度和过滤能力。

2）选择符合液压泵使用要求的液压油，要参照液压泵的使用说明书上提供的型号。

3）进油管的通径要满足要求，不能太小，否则会使进油管流速太大，真空度过高，易造成吸空现象而产生气蚀，缩短设备使用寿命。

4）应注意液压泵的进、出油口不要接反，驱动设备的旋向一定要符合液压泵的旋向要求，否则液压泵不能工作。

5）起动液压泵之前，先向泵体内灌入液压油，防止在初始起动时，由于润滑不良而损坏液压泵内部精密零件。

6）用手盘动电动机和液压泵之间的联轴器，确认无干涉并转动灵活。

7）点动电动机，检查判定电动机转向是否与液压泵转向标志一致，确认后连接点动几次，无异常情况后按下电动机起动按钮，液压泵开始工作。

（3）系统排气　起动液压泵后，将系统压力调至1.0MPa左右，分别控制电磁阀换向，使油液分别循环到各支路中，拧动管道上设置的排气阀，将管道中的气体排出；当油液连续溢出时，关闭排气阀。液压缸排气时可将液压缸活塞杆伸出侧的排气阀打开，电磁阀动作，活塞杆运动，将空气挤出，升到上止点时，关闭排气阀。打开另一侧排气阀，使液压缸下行，排出无杆腔中的空气。重复上述排气方法，直到液压缸中的空气排干净为止。

（4）系统耐压试验　系统耐压试验主要是指现场管路，液压设备的耐压试验应在制造厂进行。对于液压管路，耐压试验的压力应为最高工作压力的1.5倍。工作压力≥21MPa的高压系统，耐压试验的压力应为最高压力的1.25倍。若系统自身液压泵可以达到耐压值时，可不必使用电动试压泵。升压过程中应逐渐分段进行，不可一次达到峰值，每升高一级时，应保持几分钟，并观察管路是否正常。试压过程中严禁操纵换向阀。

（5）空载调试　空载调试的目的是全面检查液压系统各回路、各液压元件工作是否正常，工作循环或各种动作的自动转换是否符合要求。

1）起动液压泵，检查泵在卸荷状态下的运转。正常后，即可在工作状态下运转。

2）调整系统压力，在调整溢流阀压力时，从零压力开始，逐步提高压力使之达到规定压力值。

3）调整流量控制阀，先逐步关小流量阀，检查执行元件能否达到规定的最低速度及其平稳性，然后按其工作要求的速度来调整。

4）调整自动工作循环和顺序动作，检查各动作的协调性和顺序动作的正确性。

5）各工作部件在空载条件下，按预定的工作循环或工作顺序连续运转 2~4h 后，应检查油温及液压系统所要求的各项精度，一切正常后，方可继续进行负载调试。

（6）负载调试　负载调试是在规定负载条件下运转，进一步检查系统的运行质量和存在的问题，检查机器的工作情况，安全保护装置的工作效果，有无噪声、振动和外泄漏现象，系统的功率损耗和油液温升等。

负载调试时，一般应先在低于最大负载和速度的情况下试车。若系统工作正常，即可交付使用。

9.3.3　液压系统的维护

在液压设备中，很多设备会受到不同程度的外界伤害，如风吹、雨淋、烟尘、高热等。为了充分保障和发挥这些设备的工作效能，减少故障，延长使用寿命，必须加强设备的定期检查和维护，使设备始终保持在良好的工作状态下。

液压系统的维护应分为日常维护、定期检查和综合检查三个阶段进行。

（1）日常维护　日常维护通常是指用目视、耳听及手感等较简单的方法，在泵起动前、后和停止运转前检查油量、油温、压力、漏油、噪声及振动等情况，并随之进行维护和保养。对重要的设备应填写“日常维护卡”。

（2）定期检查　定期检查包括调查日常维护中发现异常现象的原因并排除；对需要维护的部位，必要时进行分解检修。定期检查的时间间隔，一般与过滤器的检修期相同，通常为 2 ~ 3 个月。

（3）综合检查　综合检查主要是检查液压装置的各元件和部件，判断其性能和寿命，并对产生故障的部位进行检修，对经常发生故障的部位提出改进意见。综合检查的方法主要是分解检查，大约一年一次，要重点排除一年内可能产生故障的因素。

定期检查和综合检查都要做好记录，用来作为设备出现故障查找原因和设备大修的依据。

1. 液压系统在使用时的注意事项

1）使用者应明白设备的工作原理，熟悉各种操作和调整手柄的位置、功用及旋向。

2）开车前应检查系统中的各调节手柄、手轮是否被非工作人员动过，电气开关和行程开关的位置是否正确和牢固，对外露部位应先擦拭以保证清洁无污物，然后才能开车。

3）工作中应随时注意油液温度，正常工作时，油箱中油温应不超过 60℃，油温过高时应设法冷却，并使用黏度较高的液压油；温度较低时，应进行预热，或在连续运转前进行间歇运转，使油温逐步升高后，再进入正式工作状态。异常升温时应停车检查。

4）正式工作之前应先对系统进行排气。

5）油箱要加盖密封并经常检查其通气孔是否通畅；要经常检查油面高度，以保证系统有足够的排量；液压油要定期检查和更换；过滤器中的滤芯应定期清理和更换。

6）流量控制阀要从小流量调到大流量，并逐步调整。

7）设备若长期不用，应将各调节旋钮全部放松，防止弹簧产生永久变形而影响元件的性能。

2. 液压系统在检修时的注意事项

1）系统工作时及停机未卸压时或未切断控制电源时，禁止对系统进行检修，以防止发生人身伤亡事故。

2）检修现场一定要保持清洁，拆除元件或松开管件前应清除其外表面污物，检修过程中要及时用清洁的护盖把所有暴露的通道口封好，防止污物渗入系统，不允许在检修现场进行打磨、施工及焊接作业。

3）检修或更换元器件时必须保持清洁，不得有砂粒、污垢、焊渣等，可以先清洗一下，再进行安装。

4）更换密封件时，不允许用锐利的工具，注意不得碰伤密封件或工作表面。

5）拆卸、分解液压元件时，要注意零部件拆卸时的方向和顺序并妥善保存，不得丢失，不要将其精加工表面碰伤。元件装配时，各零部件必须清洗干净。

6）安装元件时，拧紧力要均匀适当，防止造成阀体变形、阀芯卡死或接合部位漏油。

7）油箱内工作液在更换或补充时，必须将新油通过高精度过滤器过滤后再注入油箱。工作液牌号必须符合要求。

8）不允许在蓄能器壳体上进行焊接和加工，维修不当可能造成严重事故。若发现问题应及时送回制造厂修理。

9）检修完成后，需对检修部位进行确认。无误后，按液压系统调试内容进行调整并观察检修部位，确认正常后，方可投入运行。

3. 液压系统的清洗

液压传动系统中的元件、液压油随着使用时间的增加，会受到各种因素的影响而被污染，被污染的液压元件或液压油会严重影响系统工作的稳定性。为保证系统可靠工作，延长系统使用寿命，必须对液压系统进行清洗，清除污染物。

在实际生产中，对液压系统进行清洗通常有主系统清洗和全系统清洗两种。

全系统清洗是指对液压装置的整个回路进行清洗。在清洗前，应将系统回复到实际运转状态。清洗的介质一般可用液压油，清洗的标准以回路过滤网上无杂质为准。

清洗时应注意以下几个方面：

1）清洗时一般可用液压油或试车油，千万不可用煤油、汽油、酒精或其他液体。

2）在清洗过程中，液压泵运转和清洗介质加热同时进行。

3）在清洗过程中，也可以用非金属锤击打油管，以利于清除管内的附着物。

4）在清洗油路的回油路上，应安装过滤器或过滤网。

5）为防止外界湿气引起锈蚀，在清洗结束时，液压泵应继续运转一段时间，直到温度恢复正常。

9.3.4　液压系统的故障诊断

液压系统由于其独特的性能，系统中各元件和工作液体都是在封闭油路内工作，不像机械设备那样直观，也不像电气设备那样可利用各种检测仪器方便地检测各种参数。在液压设备中，仅靠有限的几个压力表、流量计等来指示系统某些部位的工作参数，而其他参数难以测量，而且一般的故障根源有许多种可能，这给液压系统的使用、维护及保养带来一定困难。

在生产现场，由于受生产计划和技术条件的制约，要求使用、维护人员准确、简便和高效地诊断出液压设备的故障。要求维修人员利用现有的信息和现场的技术条件，尽可能减少拆装工作量，节省工时和费用，用最简便的技术手段，在尽可能短的时间内，准确地找出故障部位和发生故障的原因并加以修理，使系统恢复正常运行，并力求今后不再发生同样的故障。

正确分析故障是排除故障的前提，系统故障大部分并非突然发生，发生前总有预兆出现，当预兆发展到一定程度即产生故障。引起故障的原因是多种多样的，并无固定规律可循。统计表明，液压系统发生的故障约90%是由于使用管理不善所致。为了快速、准确、方便地诊断故障，必须充分认识液压故障的特征和规律，这是故障诊断的基础。

目前查找液压系统故障的传统方法是逻辑分析逐步逼近诊断。这种方法的基本思路是综合分析、条件判断。即维修人员通过观察、听、触摸和简单的测试以及对液压系统的理解，凭经验来判断故障发生的原因。当液压系统出现故障时，故障根源有很多种可能。采用逻辑代数方法，将可能的故障原因列表，然后根据先易后难原则逐一进行逻辑判断，逐项逼近，最终找出故障原因和引起故障的具体条件。

这种方法要求维修人员具有液压传动系统基础知识和较强的分析能力，方可保证诊断的效率和准确性，但诊断过程较烦琐，须经过大量的检查、验证工作，而且只能是定性的分析，诊断出的故障原因不够准确。

液压传动系统的故障是各种各样的，产生的原因也是多种多样的，当系统产生故障的时候，多根据四觉诊断法，分析故障产生的部位和原因，从而决定排除故障的措施。

四觉诊断法是指检修人员运用触觉、视觉、听觉、嗅觉来分析判断液压传动系统的故障。

触觉：检修人员根据触觉来判断油温的高低、元件及管道振动的位置。

视觉：检修人员观察运动是否平稳，系统中是否存在泄漏和油液变色的现象。

听觉：检修人员根据液压泵和液压马达的异常响声、溢流阀的尖叫声及油管的振动等来判断噪声和振动的大小。

嗅觉：检修人员通过嗅觉来判断油液变质和液压泵发热烧结等故障。

液压传动系统故障分析步骤如图9-21所示 。

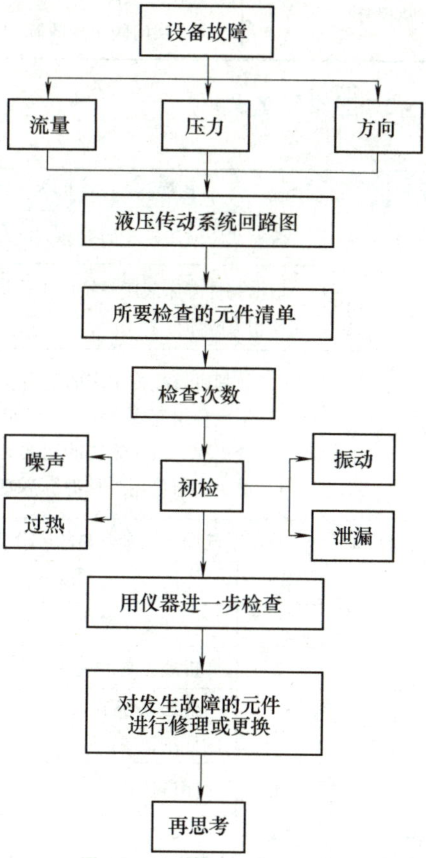

图9-21　液压传动系统故障分析步骤

任务实施 9.3　数控车床液压系统的安装调试与故障诊断

1. 数控车床液压系统的常见故障诊断及排除

数控车床液压系统常见故障诊断及排除方法见表 9-3。

表 9-3　数控车床液压系统的常见故障诊断及排除方法

故障现象	故障原因	排除方法
系统无压力或压力不足	1）油箱油液不足 2）溢流阀阀芯被卡死 3）液压泵出现故障 4）其他阀类和部件及油管严重泄漏	1）添加油液至油窗所显示的正常量 2）根据溢流阀阀芯卡死原因检修或更换溢流阀 3）检修或更换液压泵 4）检修阀类及管件使其减小泄漏
系统流量不足	1）油箱油液过少 2）油液黏度大，过滤器堵塞 3）液压元件或密封件损坏造成泄漏 4）变量泵出现故障	1）添加油液至规定值 2）压入低号液压油或更换液压油 3）检修液压元件或及时更换密封元件 4）检修变量泵，使其压力和流量能正常工作
数控车床因液压问题报警	1）卡盘没有卡紧，其直接原因是压力继电器出现故障 2）换向阀出现故障	1）拆检压力继电器，使其恢复正常并调出合适夹紧力的正常压力 2）拆检换向阀，使其换向正常

2. 工作任务单

工作任务单

<table>
<tr><td>姓名</td><td></td><td>班级</td><td></td><td>组别</td><td></td><td>日期</td><td></td></tr>
<tr><td>工作任务</td><td colspan="7">数控车床液压系统的安装调试与故障诊断</td></tr>
<tr><td>任务描述</td><td colspan="7">根据数控车床液压系统的工作原理图，在数控车床中找到液压系统部分，对液压系统部分进行安装调试及相关故障分析</td></tr>
<tr><td>任务要求</td><td colspan="7">1）教师讲解数控车床的结构及液压系统的工作原理、调试步骤及注意事项
2）学生分组完成液压系统的组装并做好记录
3）分组完成液压系统的调试工作并做好记录
4）结束后对使用工具进行整理并放回原处</td></tr>
<tr><td>提交成果</td><td colspan="7">液压系统调试记录表与故障分析报告</td></tr>
<tr><td rowspan="5">考核评价</td><td>序号</td><td colspan="2">考核内容</td><td>评分</td><td colspan="2">评分标准</td><td>得分</td></tr>
<tr><td>1</td><td colspan="2">安全文明操作</td><td>20</td><td colspan="2">遵守安全规章、制度</td><td></td></tr>
<tr><td>2</td><td colspan="2">拆装工具的使用</td><td>20</td><td colspan="2">工具使用正确</td><td></td></tr>
<tr><td>3</td><td colspan="2">液压系统调试、维护及故障分析的详细记录</td><td>50</td><td colspan="2">调试步骤正确方法得当</td><td></td></tr>
<tr><td>4</td><td colspan="2">团队协作</td><td>10</td><td colspan="2">与他人合作有效</td><td></td></tr>
<tr><td>指导教师</td><td colspan="3"></td><td colspan="3">总分</td><td></td></tr>
</table>

知识拓展9 液压系统常见故障的产生原因与排除

液压系统在工作中发生故障的原因是多方面的，要对液压系统故障进行分析，须做到：

1）熟悉设备的液压系统图，弄清各液压回路和液压元件的工作原理、功用等。

2）到现场了解并掌握液压系统故障的起因情况及设备的使用和维修情况。

3）必须有液压系统故障产生原因与排除方法的基本知识。

液压系统常见故障、产生原因及其排除方法见表9-4。

表9-4 液压系统常见故障、产生原因及其排除方法

故障现象	故障原因	排除方法
系统无压力或压力不足	1）油箱油液不足 2）溢流阀阀芯被卡死 3）液压泵出现故障 4）严重泄漏 5）电动机转向不对	1）添加油液至油窗所显示的正常量 2）根据溢流阀阀芯卡死原因检修或更换溢流阀 3）检修或更换液压泵 4）检修液压元件易损情况和系统各处的密封情况，使其减小泄漏 5）检查电动机转向
系统流量不足	1）油箱油液过少 2）油液黏度大，过滤器堵塞 3）液压元件或密封件损坏造成泄漏 4）变量泵出现故障 5）控制阀出现故障 6）内泄漏增加 7）回油管在油面之上，空气进入 8）液压系统 吸油不良	1）添加油液至规定值 2）更换合适黏度的液压油 3）检修液压元件或及时更换密封元件 4）检修变量泵，使其压力和流量能正常工作 5）根据控制阀故障原因检修阀 6）检修有关元件 7）检查管理连接并纠正，使之连接正确 8）加大吸油管直径，增加吸油过滤器的通油能力，清洗滤网，检查是否由空气进入
系统有振动和噪声	1）电动机振动、轴承磨损严重 2）电动机和泵联轴器不同心或松动 3）泵内连接卡死或损坏 4）泵本身或其进油管路密封不良，漏气 5）泵吸空 6）阀类零件损坏 7）液压缸缓冲装置失灵或造成液压冲击	1）更换轴承 2）调整同轴度，使其符合要求或重新紧固 3）修复或更换 4）更换有关密封件 5）查找泵吸空原因并排除之 6）检查各控制阀并检修或更换有关零件 7）检修缓冲装置或排除液压冲击
系统发热油温升高	1）油箱容量小或散热性能差 2）系统管路细长、增加压力损失 3）油液黏度过低或过高 4）选用的阀类元件规格小，压力调整不当，造成压力损失增大 5）液压元件内部磨损严重、内泄漏大 6）背压过高，使其在非工作循环中压力损失过大 7）电控调温系统失灵	1）调整油箱容量或更换（增设）冷却装置 2）适当增加管径缩短管路、减少弯曲 3）更换为黏度适合的液压油 4）选用符合要求的阀类元件，将压力调整至规定值 5）检修或更换已磨损零件 6）改进系统设计，重新选择回路或泵 7）检修有关元件

（续）

故障现象	故障原因	排除方法
运动部件换向有冲击	1）泄漏增加，进入空气 2）油温高，黏度下降 3）电液换向阀的节流螺钉松动、单向阀卡住或密封不良 4）节流口有污物，运动部件速度不匀 5）活塞杆与运动部件连接不牢固	1）检修泄漏处，排出空气 2）检查并排除油温升高因素 3）检查紧固节流螺钉，检查并排除单向阀卡住因素或更换密封装置 4）清洗节流阀节流口，更换液压油 5）检查并紧固其连接件

◇◇◇ 自我评价9

1. 填空题

1）蓄能器是液压系统的储能元件，它__________多余的液压油液，并在需要的时候__________出来供给系统。根据其结构分为________式、________式、________式三类。常用的是________式。其功能是________、________和缓和冲击，吸收压力脉动。

2）过滤器的功能是过滤混在液压油中的________，降低进入系统中油液的______度，保证系统正常工作。

3）油箱的主要供用是________油液，此外还起着________油液中的热量、________混在油液中的气体、沉淀油液中的污物等作用。

4）在液压传动系统中，常用的油管有________管、________管、尼龙管、塑料管、橡胶软管等。

2. 判断题

1）在液压系统中油箱唯一的作用是储存油。（　　）

2）过滤器的作用是清除油液中的空气和水分。（　　）

3）液压泵进油管路堵塞使液压泵的温度升高。（　　）

4）防止液压系统油液污染的唯一方法是使用高质量的液压油。（　　）

5）液压泵进油管路密封不好（有一个小孔），液压泵可能吸不上油。（　　）

6）过滤器只能安装在进油路上。（　　）

7）过滤器只能单向使用，即按规定的油流方向安装。（　　）

8）气囊式蓄能器应垂直安装，油口向下。（　　）

3. 填表题

1）自动钻床液压系统如图9-22所示，能实现“A进（送料）→A退回→B进（夹紧）→C快进→C工进（钻削）→C快退→B退（松开）→停止”。试列出此工作循环时电磁铁的状态于表9-5中。

2）如图9-23所示的液压传动系统，液压缸能够实现图中所示的动作循环，试填写表9-6中所列控制元件的动作顺序。

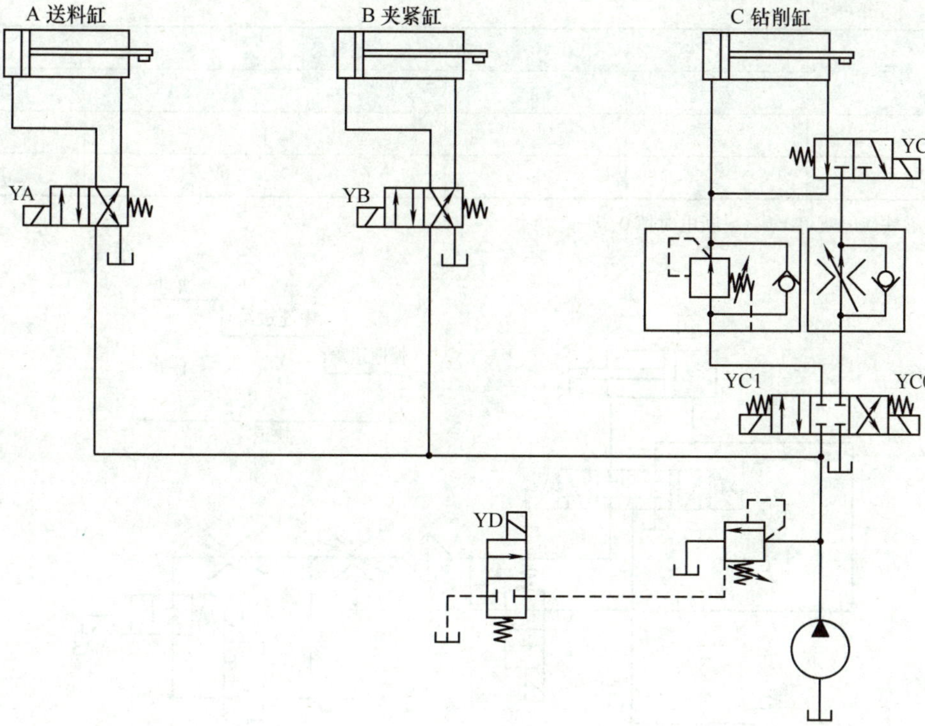

图 9-22 自动钻床液压系统

表 9-5

工作过程	电磁铁状态					
	YA	YB	YC0	YC1	YC2	YD
A 进（送料）						
A 退回						
B 进（夹紧）						
C 快进						
C 工进（钻削）						
C 快退						
B 退（松开）						
停止						

注：电磁铁通电时填 1 或+，断电时填 0 或-。

表 9-6

动作循环	电磁铁状态				
	YA1	YA2	YA3	YA4	YA5
快进					
中速进给					
慢速进给					

（续）

动作循环	电磁铁状态				
	YA1	YA2	YA3	YA4	YA5
快退					
停止					

注：电磁铁通电时填 1 或+，断电时填 0 或-。

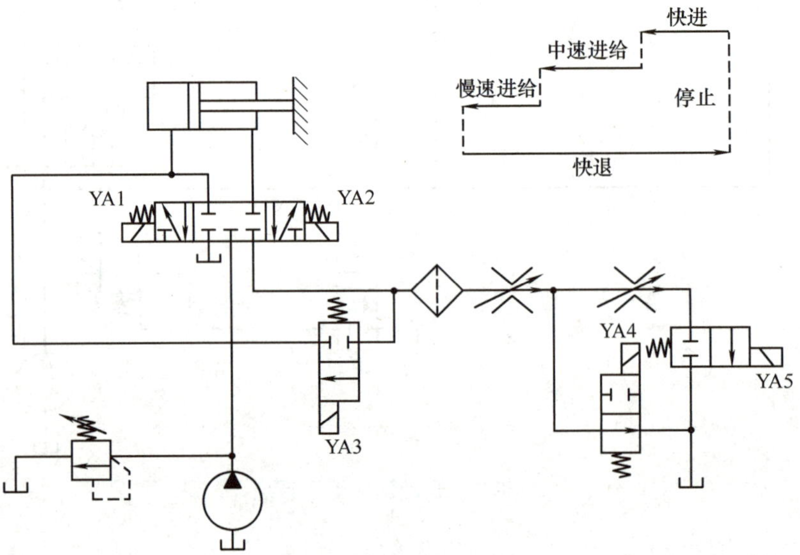

图 9-23　液压传动系统

4. 简答题

1）过滤器有哪些功能？一般安装在什么位置？

2）简述油箱及油箱隔板的功能。

3）密封装置有哪些类型？

4）简述造成数控车床在工作时油温过高的原因及检修方法。

5）为何要对液压系统进行清洗？怎样清洗？

项目10　气源装置与执行元件的应用

学习目标

通过本项目的学习，学生应掌握气源装置的工作原理、气动辅助元件的作用、气动执行元件的选用等。具体目标是：

1）掌握气压传动系统的基本组成和特点。

2）掌握空气压缩机的工作原理。

3）掌握各气源净化装置的作用。

4）掌握气动辅助元件的作用。

5）熟悉气缸和气马达的工作原理。

课外阅读：榜样人物——钱学森

气压传动是以压缩空气为工作介质，进行能量传递或信号传递的工程技术，是实现生产自动化的重要手段之一。气源装置是气压传动系统的动力部分，这部分元件性能的好坏直接关系到气压传动系统能否正常工作。气压辅助元件是气压传动系统比不可少的组成部分。气缸和气马达是气动系统的执行元件，它们的工作原理与液压缸和液压马达类似。

任务 10.1　认识气压系统

任务引入

近年来随着气动技术的飞速发展，气压传动在工业中得到了越来越广泛的应用，已经成为当今工业科技的重要组成部分。图 10-1 所示为气动技术在各方面的应用实例。本任务以气动剪切机为例，使读者对气压系统有一个基础的认识。

任务分析

图 10-2 所示为气动剪切机的工作原理图，图示状态为剪切前的情况。空气压缩机 1 产生的压缩空气经后冷却器 2、油水分离器 3、储气罐 4、空气过滤器 5、减压阀 6、油雾器 7 到达气控换向阀 9。部分气体经节流阀通路进入气控换向阀 9 的下腔，使上腔弹簧压缩，气控换向阀 9 的阀芯位于上端。大部分压缩空气经气控换向阀 9 进入气缸 10 的上腔，而气缸的下腔经换向阀与大气相通，故气缸活塞处于最下端位置。

当上料装置把工料 11 送入剪切机并到达规定位置时，工料压下行程阀 8，此时气控换向阀 9 的阀芯下腔压缩空气经行程阀 8 排入大气，在弹簧的推动下，气控换向阀 9 的阀芯向

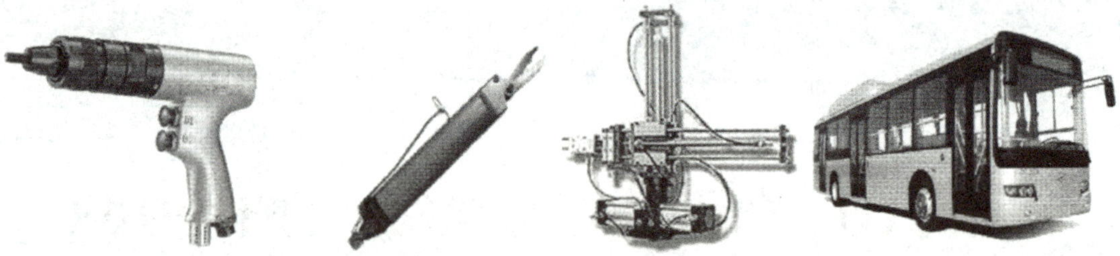

a)　　b)　　c)　　d)

图 10-1　气动技术的应用实例

a）气动枪　b）气动剪刀　c）气动机械手　d）气动门

下运动至下端，压缩空气经换向阀 9 进入气缸下腔，上腔经气控换向阀 9 与大气相通，气缸活塞向上运动，带动剪刀上行。工料剪下后，即与行程阀脱开，行程阀 8 的阀芯在弹簧力作用下复位，出路堵死，气控换向阀 9 阀芯上移，气缸活塞向下运动，又回复到剪切前的状态。

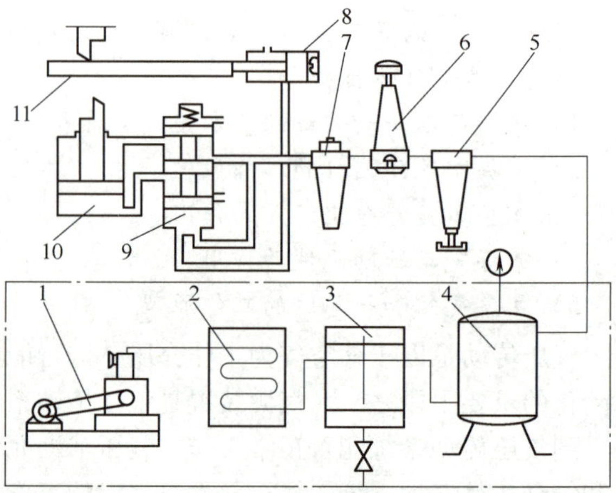

图 10-2　气动剪切机工作原理图

1—空气压缩机　2—后冷却器　3—油水分离器　4—储气罐　5—空气过滤器　6—减压阀　7—油雾器　8—行程阀　9—气控换向阀　10—气缸　11—工料

相关知识

10.1.1　气压传动系统的组成

由上面的实例可以看出，一个完整的液压系统主要由以下几部分组成。

（1）气源装置　气源装置是气压传动系统的动力元件，其主要部分是空气压缩机，它将原动机输入的机械能转换成空气的压缩能，为各类气压设备提供洁净的压缩空气。

（2）执行元件　执行元件是气压传动系统的能量输出装置，它将压缩空气的压力能转换为机械能，驱动工作机构做直线运动或旋转运动，主要包括气缸和气马达。

（3）控制元件　控制元件控制和调节压缩空气的压力、流量和流动方向，以保证系统各执行机构具有一定的输出动力和速度，主要包括各类压力阀、方向阀和逻辑阀。

（4）辅助元件　辅助元件指除以上三种以外的其他装置，主要包括油雾器、消声器和转换器等。它们对保持系统正常、可靠、稳定、持久地工作起着十分重要的作用。

（5）传动介质　传动介质是气压传动系统中传递能量的气体。常用的传动介质是压缩空气。

气压传动以压缩空气为传动介质。理论上把完全不含有蒸汽的空气称为干空气。而实际上自然界中的空气都含有一定的蒸汽，这种由干空气和蒸汽组成的气体称为湿空气。空气的干湿程度对系统的工作稳定性和使用寿命都有一定的影响。若空气的湿度较大，在一定的温度和压力条件下，在系统的局部管道和气动元件中将凝结出水滴，使管道和气动元件锈蚀，严重时还可导致整个系统工作失灵。因此，必须采用有效措施，减少压缩空气中所含的水分。

单位体积空气的质量称为空气的密度。气体密度与气体压力和温度有关，压力增加、空气密度增大；温度升高，空气密度减小。气体体积随压力增大而减小的性质称为压缩性，气体体积随温度升高而增大的性质称为膨胀性。气体的压缩性和膨胀性都大于液体的压缩性和膨胀性，故在研究气压传动时应予以考虑。

10.1.2　气压传动的优缺点

1. 气压传动主要优点

气压传动与其他传动相比，主要优点如下：

1）气动装置简单、轻便，安装维护简便，压力等级低，使用安全。

2）以空气作为工作介质，排气处理简单，不会污染环境，成本低。

3）调节速度快。

4）可靠性高，寿命长，电气元件的有效动作次数约为数百万次，而新型电磁阀的寿命大于3000万次，小型阀寿命超过2亿次。

5）适于标准化、系列化和通用化。

6）利用空气的可压缩性，可储存能量，实现集中供气；可短时间释放能量，以获得间歇运动中的高速响应；可实现缓冲；对冲击负载和过负载有较强的适应能力；在一定条件下可使气动装置有自保能力。

7）具有防火、防爆、耐潮湿的能力。与液压传动相比，气动方式可在恶劣的环境下正常工作。

8）由于空气的黏性很小，流动的能量损失远小于液压传动，易于远距离输送和控制，压缩空气可集中供应。

2. 气压传动的主要缺点

气压传动与其他的传动方式相比，主要缺点如下：

1）空气具有压缩性，气缸的动作速度易受负载的影响，平稳性不好。

2）目前气动系统的压力级较低，系统输出力较小，传动效率低。

3）气压传动装置的信号传递限制在声速范围内，所以其工作频率和响应速度远不如电子装置，并且信号会产生较大的失真和延滞，也不便于构成较复杂的回路。

4）工作介质没有润滑性，系统中必须采用措施进行油润滑。

5）噪声大，尤其在超声速排气时需要加装消声器。

任务实施 10.1　认识机电设备气压系统的组成部分

工作任务单

姓名		班级		组别		日期	
工作任务	认识机电设备气压系统的组成部分						
任务描述	在教师指导下，在实训室或生产车间对机电设备的气压系统进行观察，找出所用气压系统的各个组成部分						

（续）

任务要求	1）了解实训室或生产车间安全知识 2）认识气压元件实物并记录其型号 3）对气压元件进行分类 4）掌握危险化学物品的安全使用与存放				
提交成果	气压传动系统组成部分清单				
考核评价	序号	考核内容	评分	评分标准	得分
	1	安全文明操作	20	遵守安全规章、制度	
	2	工具的使用	10	工具使用正确	
	3	危险因素清单	10	危险因素查找全面准确	
	4	气压元件清单	50	气压元件无遗漏，归类准确	
	5	团队协作	10	与他人合作有效	
指导教师			总分		

任务 10.2　气源装置的组建

任务引入

气源装置和气动辅助元件是气动系统的两个不可缺少的重要组成部分。气源装置给系统提供清洁、干燥且具有一定压力和流量的压缩空气，其主体部分是空气压缩机，但空气压缩机输出的空气常含有灰尘、蒸汽及油分等各种杂质，不能直接为系统所用，所以气源装置中还应包括净化装置，用以除去空气中的杂质。气动辅助元件具有提高系统元件连接可靠性、提高寿命及改善工作环境等作用，对保持系统正常工作能起到重要作用。

气源装置一般由气压发生装置、净化及储存压缩空气的装置和设备、气动三联件和传输压缩空气的管道系统四部分组成，如图 10-3 所示。

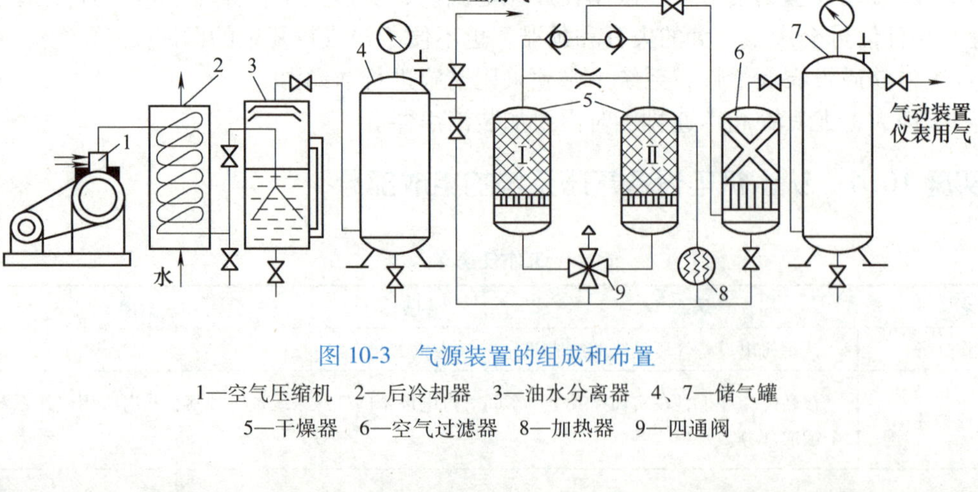

图 10-3　气源装置的组成和布置

1—空气压缩机　2—后冷却器　3—油水分离器　4、7—储气罐　5—干燥器　6—空气过滤器　8—加热器　9—四通阀

任务分析

常用的净化装置主要有后冷却器、油水分离器、储气罐、干燥器、过滤器等。常用的辅助元件主要有油雾器、消声器、转换器等。

如图10-3所示，1为空气压缩机，用以产生压缩空气，一般由电动机带动。其吸油口装有空气过滤器，以减少进入空气压缩机内气体的杂质量；2为后冷却器，用以降温冷却压缩空气，使汽化的水、油凝结起来；3为油水分离器，用以分离并排出降温冷却凝结的水滴、油滴、杂质等；4为储气罐，用以储存压缩空气，稳定压缩空气的压力，并除去部分油分和水分；5为干燥器，用以进一步吸收和排除压缩空气中的水分和油分，使之变成干燥空气；6为空气过滤器，用以进一步过滤压缩空气中的灰尘、杂质颗粒；7为储气罐。储气罐4输出的压缩空气可用于一般要求的气压传动系统，储气罐7输出的压缩空气可用于要求较高的气动系统；8为加热器，可将空气加热，使热空气吹入闲置的干燥器中进行再生，以备干燥器Ⅰ、Ⅱ交替使用；9为四通阀，用于转换两个干燥器的工作。

相关知识

10.2.1　空气压缩机的工作原理与选用

1. 空气压缩机的分类

空气压缩机简称空压机，是气源装置的核心，用于将原动机输出的机械能转换为气体的压力能。空气压缩机的种类很多，按工作原理分为容积式和速度式（叶片式）两类。

在容积式压缩机中，气体压力的提高是由于压缩机内部的工作容积被缩小，使单位体积内的气体的分子密度增加而形成的。其按结构不同可分为活塞式、膜片式和螺杆式等。速度式压缩机中，气体压力的升高是由于气体分子在高速流动时突然受阻而停滞下来，使动能转化为压力能而达到的。其按结构不同可分为离心式和轴流式等。常用的是容积式压缩机。具体分类见表10-1。

表10-1　空气压缩机的分类

按压力高低分		按工作原理分		
低压型	0.2~1MPa	容积式	往复式	活塞式、膜片式
中压型	1~10MPa		旋转式	滑片式、螺杆式
高压型	>10MPa	速度式	离心式、轴流式	

2. 空气压缩机的工作原理

目前使用最广泛的是活塞式压缩机，它是通过曲柄连杆机构使活塞往复运动而实现吸、压气体，并达到提高气体压力的目的。图10-4所示为其工作原理图。

3. 空气压缩机的选择和使用

选择空气压缩机的根据是气压传动系统所需要的工作压力和流量两个主要参数，压力根据表10-1选取。

输出流量的选择要根据整个气动系统对压缩空气的需要量再加一定的备用余量，作为选择空气压缩机流量的依据。空气压缩机铭牌上的流量是自由空气流量。

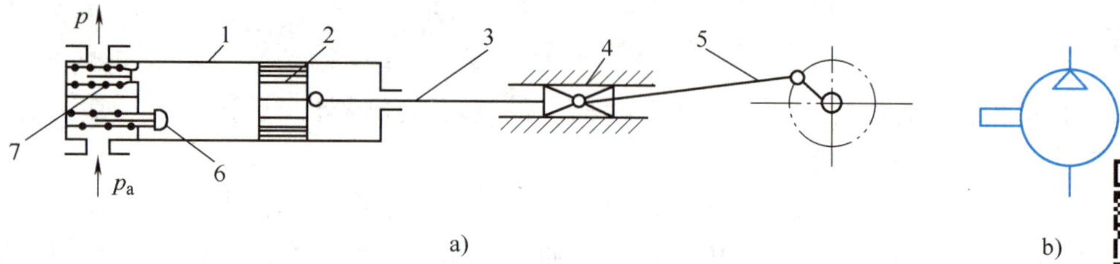

图 10-4　活塞式压缩机工作原理图

a）工作原理　b）图形符号

1—气缸　2—活塞　3—活塞杆　4—滑块　5—曲柄连杆机构　6—吸气阀　7—排气阀

活塞式压缩机工作原理

使用空气压缩机时应注意的事项为：

1）往复式空气压缩机所用的润滑油一定要定期更换，必须使用不易老化和不易变质的压缩机油，防止出现“油泥”。

2）空气压缩机的周围环境必须清洁，确保粉尘少、湿度低、通风好，以保证吸入空气的质量。

3）空气压缩机在起动前应将小气罐中的冷凝水放掉，并定期检查过滤器的阻塞情况。

10. 2. 2　气源净化装置的工作原理

直接由空气压缩机排出的压缩空气，如果不进行净化处理，不除去混在压缩空气中的水分、油分等杂质，是不能为气源装置所用的，因此必须设置一些除油、除水、除尘、使压缩空气干燥的辅助设备，来提高压缩空气的质量，对气源进行净化处理。

1. 后冷却器

后冷却器安装在空气压缩机出口管道上，空气压缩机排出的压缩空气经过后冷却器降温至 40~50℃。这样可使压缩空气中的油雾和水汽达到饱和，使其大部分凝结成滴而析出。后冷却器的结构型式有：蛇形管式、列管式、散热片式和套管式等，冷却方式有水冷和风冷两种。蛇形管式和列管式后冷却器的结构如图 10-5 所示。

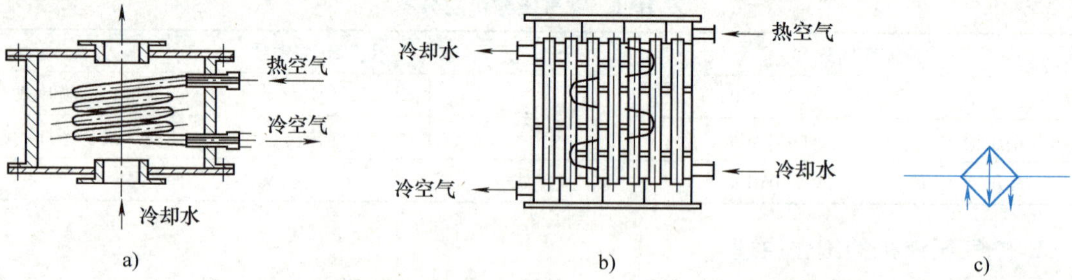

图 10-5　后冷却器

a）蛇形管式　b）列管式　c）图形符号

2. 油水分离器

油水分离器安装在后冷却器后面，作用是分离压缩空气中所含的水分、油分等杂质，使压缩空气得到初步净化。其结构型式有环形回转式、撞击折回式、离心旋转式、水浴式及这几种形式的组合等。撞击折回式油水分离器的结构型式如图 10-6 所示。

3. 储气罐

储气罐的主要作用是储存一定数量的压缩空气，减少气源输出气流的脉动，增加气流连续性，减弱空气压缩机排出气流脉动引起的管道震动；进一步分离压缩空气中的水分和油分；当出现突然停机或停电等意外情况时，维持短时间供气，以便采取紧急措施保证气动设备的安全。其结构型式如图 10-7 所示。

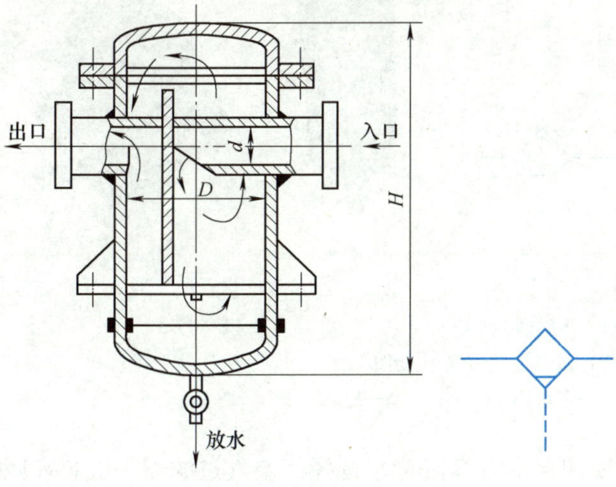

a)　　b)

图 10-6　撞击折回式油水分离器

a）结构原理　b）图形符号

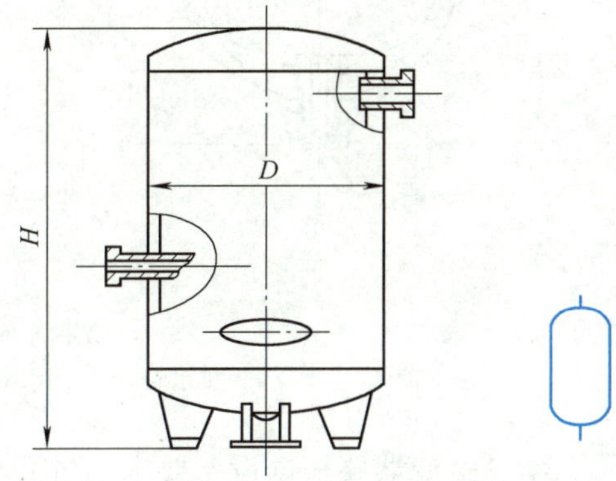

a)　　b)

图 10-7　储气罐

a）结构原理　b）图形符号

4. 干燥器

干燥器的作用是进一步除去压缩空气中所含的水分、油分和颗粒杂质等，使压缩空气干燥。它提供的压缩空气，用于对气源质量要求较高的气动装置、气动仪表等。压缩空气的干燥方法主要采用吸附、离心、机械降水及冷冻等方法。其结构型式如图 10-8 所示。

5. 过滤器

空气过滤器又称为水分过滤器、空气滤清器，其作用是滤除压缩空气中的水分、油滴及杂质，以达到气动系统所要求的净化程度。它属于二级过滤器，大多与减压阀、油雾器一起构成气动三联件，安装在气动系统的入口处。图 10-9 所示为普通的空气过滤器结构图。

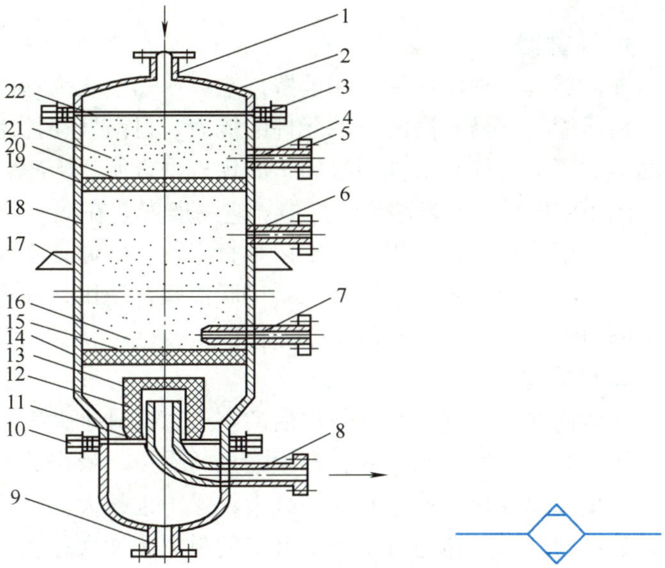

a)　　b)

图 10-8　干燥器

1—湿空气进气管　2—顶盖　3、5、10—法兰　4、6—再生空气排气管　7—再生空气进气管　8—干燥空气输出管　9—排气管　11、22—密封垫　12、15、20—钢丝过滤器　13—毛毡　14—下栅板　16、21—吸附剂层　17—支撑板　18—筒体　19—上栅板

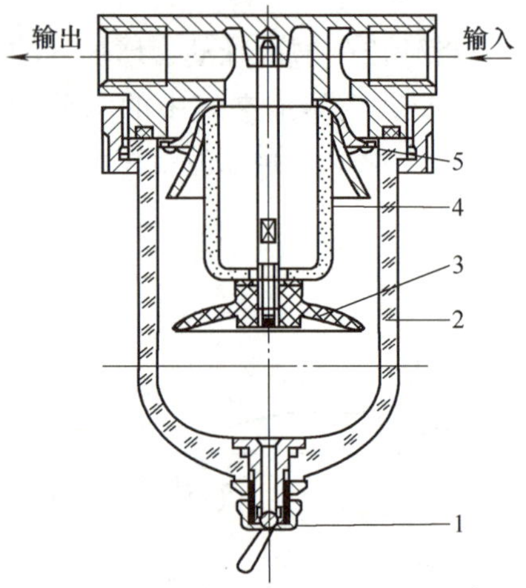

a)

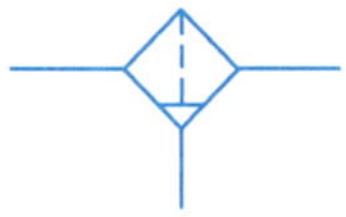
b)

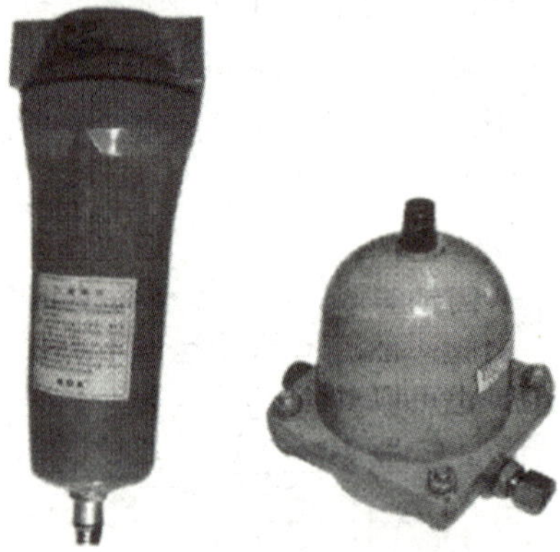
c)

图 10-9 空气过滤器

a）结构原理 b）图形符号 c）实物图

1—排水阀 2—挡水板 3—存水杯 4—滤芯 5—旋风叶子

空气过滤器要根据设备要求的过滤精度和自由空气流量来选择。空气过滤器一般装在减压阀之前，也可单独使用；要按壳体上的箭头方向正确连接进、出口，不可将进、出口接反，也不可将存水杯朝上倒装。

10.2.3 气动辅助元件

1. 油雾器

油雾器是一种特殊的注油装置，它以压缩空气为动力，将润滑油呈雾状混合于压缩空气中，使压缩空气具有润滑气动元件的能力。目前气动控制阀、气缸、气马达主要是依靠这种有油雾的压缩空气来实现润滑的，其优点是方便、干净、润滑质量高。

图 10-10 所示为普通型油雾器。它一般安装在减压阀之后，尽量靠近换向阀。油雾器的进出油口不能接反，使用中一定要垂直安装，储油杯不能倒置。它可以单独使用，也可以与空气过滤器、减压阀一起构成气动三联件联合使用。油雾器的供给流量应根据需要调节。一般 $10m^3$ 的自由空气供给 10mL 的油量。

2. 消声器

一般情况下，气动系统使用后的空气直接排进大气。当气缸、气阀等元件的排气速度与余压较高时，空气急剧膨胀，产生强烈的噪声。噪声的大小随排气速度、排气量和排气通道形状的变化而变化，速度和功率越大，噪声也越大。为降低噪声，通常在气动系统的排气口装设消声器。消声器通过增加对气流的阻尼或增大排气面积等措施来降低排气速度和功率，从而降低噪声。

常用的消声器有吸收型消声器、膨胀干涉型消声器、膨胀干涉吸收型消声器。

3. 转换器

将空气压力转换成相等压力的液压力的元件称为气液转换器。在具有压缩气源的地方，采用气液转换器和空气压力驱动气液联动缸的方式，既不用配备液压泵装置，又避免了空气

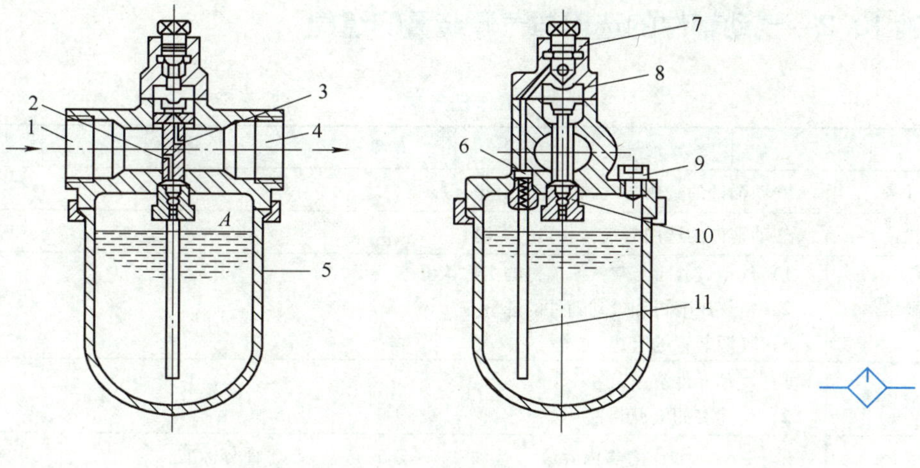

a)　　b)

图 10-10　普通型油雾器

a）结构原理　b）图形符号

1—输入口　2—小孔　3—喷嘴小孔　4—输出口　5—储油杯　6—单向阀Ⅱ
7—可调节流阀　8—视油器　9—油塞　10—单向阀Ⅰ　11—吸油管

可压缩的缺陷，发挥了液压系统的优势，使控制速度和位置更平稳、更精确。系统结构简单、经济、可靠，适用于对运动要求较高的场合。

10.2.4　气动三联件

空气过滤器、减压阀、油雾器三件依次无管化连接而成的组件称为气动三联件，是多数气源装置中必不可少的组成部分。如图 10-11 所示。在大多数情况下三件组合使用，其安装次序按照进气方向为空气过滤器、减压阀、油雾器，如图 10-12 所示。气动三联件应安装在用气设备的近处，压缩空气经过三联件的最后处理，将进入各气动元件及气动系统，所以，三联件是系统元件及气动系统使用压缩空气质量的最后保证。其组成及规格须由气动系统具体的用气要求确定，可以少于三件，只用一件或两件，也可以多于三件。

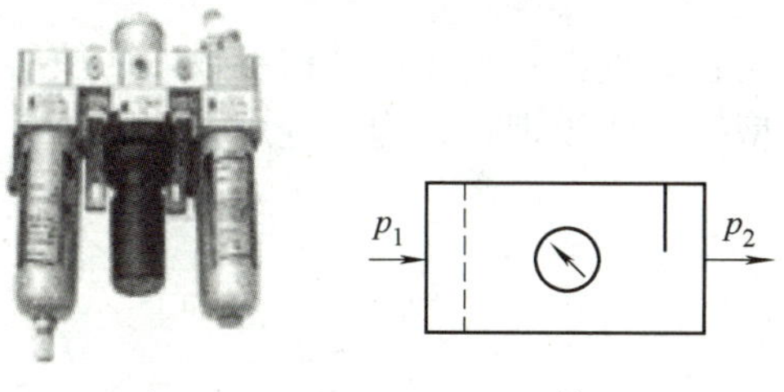

a)　　b)

图 10-11　气动三联件

a）实物图　b）简化图形符号

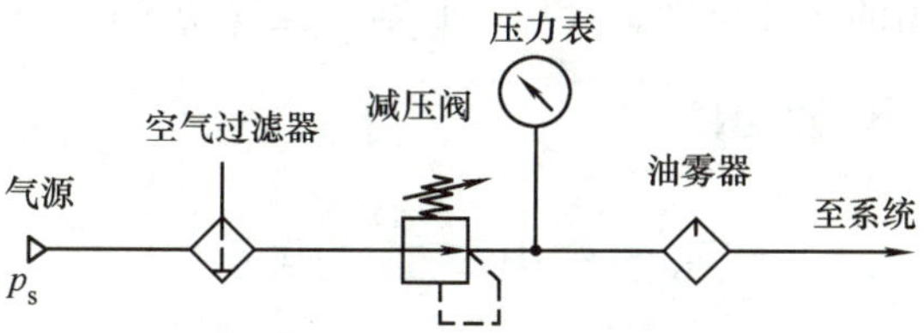

图 10-12　气动三联件的安装次序

任务实施 10.2 气动辅件的选用与气源装置的组建

工作任务单

姓名		班级		组别		日期	
工作任务	气动辅件的选用与气源装置的组建						
任务描述	气动辅件的选用与气源装置的组建						
任务要求	1）气动试验台与空气压缩机的实物认识 2）空气压缩机和气动辅件的选型 3）气源装置的组建						
提交成果	1）气动元件清单 2）组建好的气源装置						
考核评价	序号	考核内容	评分	评分标准	得分		
	1	安全意识	20	遵守安全规章、制度			
	2	工具的使用	10	工具使用正确			
	3	空气压缩机和气动辅件清单	20	气动元件无遗漏，选用合理			
	4	气源装置的组建	40	组建正确			
	5	团队协作	10	与他人合作有效			
指导教师		总分					

任务 10.3 气动夹紧机构执行元件的应用

任务引入

图 10-13 所示为机床上的气动夹紧机构示意图，该机构采用气动执行元件来实现工件的夹紧与松开，试确定该选用哪种类型的执行元件。如所需要的夹紧力为 4600N，供气压力为 0.7MPa，行程为 600mm，试确定该执行机构的种类和主要参数。

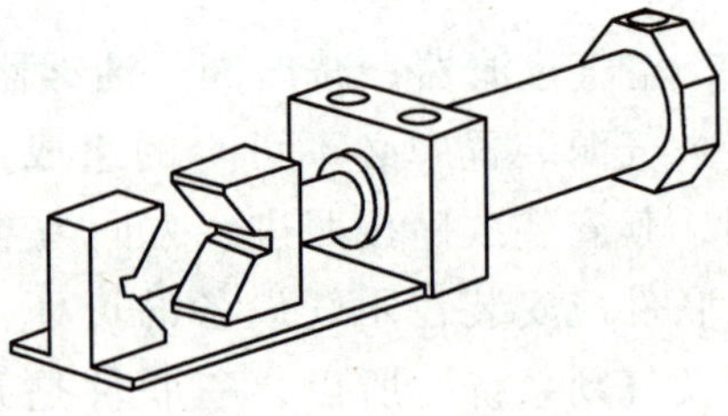

图 10-13 气动夹紧机构

任务分析

选择气动执行元件时一般先确定它的类型，再确定它的种类及具体的结构参数。为使所选用的元件正确、合理，必须掌握气动执行元件的类型、工作原理、结构及选用方法。

相关知识

10.3.1 气缸的分类与工作原理

气动执行元件是将压缩空气的压力能转换为机械能，驱动机构做直线往复运动、摆动或旋转运动的装置，主要有气缸和气马达两大类，其中气缸用于实现直线运动或摆动；气马达用于实现连续的回转运动。

气缸与液压缸相比，具有结构简单、制造容易、工作压力低和动作迅速等优点，故应用十分广泛。

1. 气缸的分类

气缸的种类很多，结构各异，分类方法也很多，常用的有以下几种。

1）按压缩空气在活塞端面作用力的方向不同，分为单作用气缸和双作用气缸。

2）按结构特点不同，分为活塞式气缸、薄膜式气缸、柱塞式气缸和摆动式气缸等。

3）按安装方式不同，分为耳座式气缸、法兰式气缸、轴销式气缸、凸缘式气缸、嵌入式气缸和回转式气缸等。

4）按功能分为普通式气缸、缓冲式气缸、气-液阻尼式气缸、冲击气缸和步进气缸等。

常见普通气缸的图形符号见表10-2。

表10-2　常见普通气缸的图形符号

符号名称或用途	图形符号	符号名称或用途	图形符号
单作用单杆缸	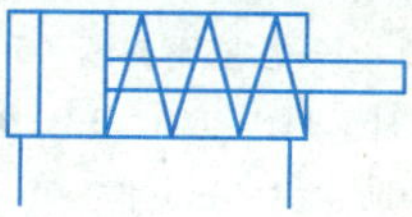	活塞杆终端带缓冲的单作用膜片缸，排气不连接	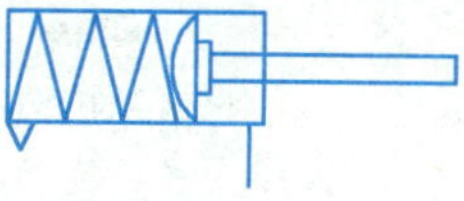
双作用单杆缸	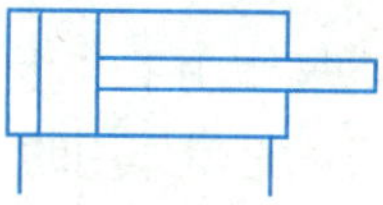	行程两端定位的双作用缸	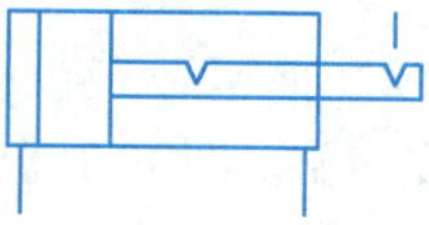
双杆双作用缸，左终点带内部限位开关，内部机械控制，右终点有外部限位开关，由活塞杆触发	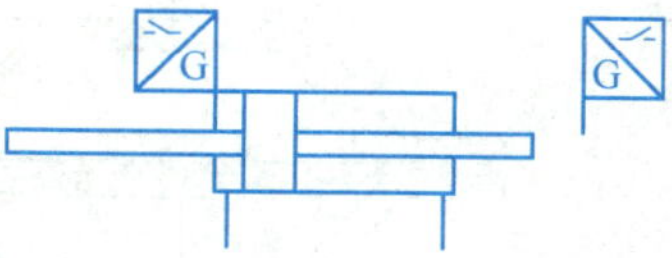	双作用双杆缸，活塞杆直径不同，双侧缓冲，右侧带调节	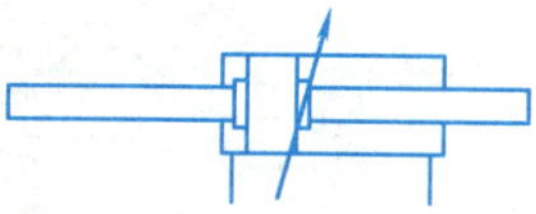
永磁活塞双作用夹具		双作用磁性无杆缸，仅在右边终端位置切换	

2. 常用气缸的工作原理

（1）普通气缸　图10-14所示为双作用气缸。双作用气缸是指活塞的往复运动均由压缩空气来推动，其工作原理与双作用液压缸类似。一般用于包装机械、食品机械和加工机械等设备上。

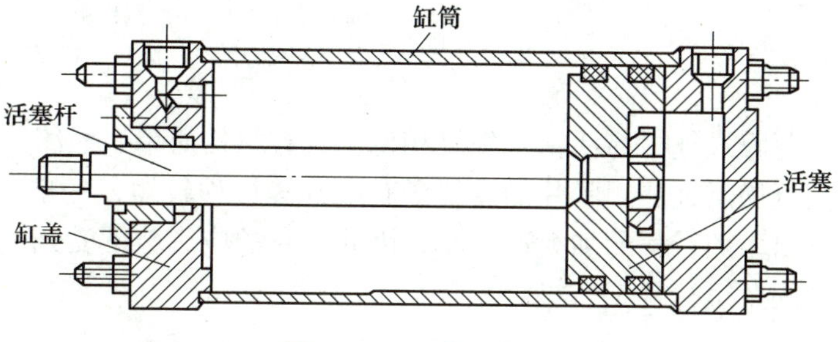

图10-14　双作用气缸

图10-15所示为普通型单活塞杆双作用气缸的基本结构，气缸由缸筒11，前后缸盖13、1，活塞8，活塞杆10，密封件和紧固件等零件组成。缸筒在前后缸盖之间由四根拉杆和螺母将其连接锁紧（图中未画

出）。活塞与活塞杆相连，活塞上装有活塞密封圈 4、导向环 5 及磁性环 6。为防止漏气和外部粉尘的侵入，前缸盖上装有防尘组合密封圈 15。磁性环用来产生磁场，使活塞接近磁性开关时发出电信号，即在普通气缸上安装磁性开关就成为可以检测气缸活塞位置的开关气缸。

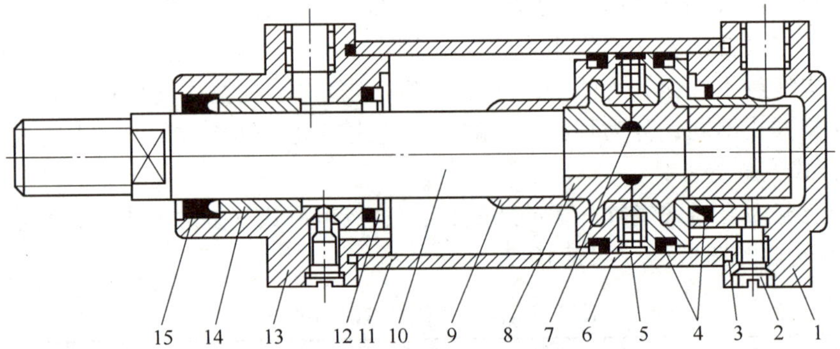

图 10-15　普通型单活塞杆双作用缸

1—后缸盖　2—缓冲节流针阀　3、7—密封圈　4—活塞密封圈　5—导向环
6—磁性环　8—活塞　9—缓冲柱塞　10—活塞杆　11—缸筒　12—缓冲密封圈
13—前缸盖　14—导向套　15—防尘组合密封圈

（2）薄膜式气缸　薄膜式气缸是利用膜片在压缩空气作用下产生变形来推动活塞杆做直线运动的气缸。图 10-16 所示为薄膜式气缸结构简图，它可以是单作用的，也可以是双作用的。

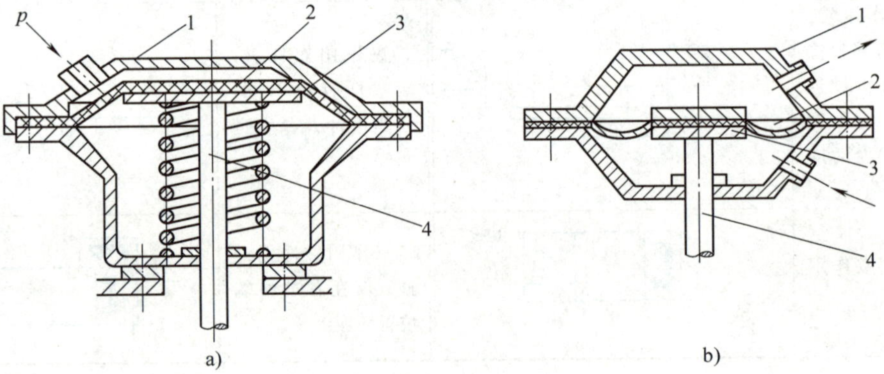

图 10-16　薄膜式气缸

a）单作用式　b）双作用式
1—缸体　2—膜片　3—膜盘　4—活塞杆

薄膜式气缸与活塞式气缸相比，具有结构简单、紧凑、成本低、维修方便、寿命长和效率高等优点，但因膜片的变形量有限，其行程较短，一般不超过 40～50mm，且气缸活塞上的输出力随行程的加大而减小，因此，它的应用范围受到一定限制，适用于气动夹具、自动调节阀及短行程工作场合。

10.3.2　气马达的特点与工作原理

1. 气马达的特点

气马达是将压缩空气的压力能转换为旋转运动的机械能的装置。按结构型式可以分为叶片式、活塞式和齿轮式等，与电动机相比，气马达具有以下优点。

1）工作安全。能在易燃、易爆、振动、潮湿、粉尘等恶劣条件下正常工作。

2）有过载保护作用，不会因过载而发生烧毁。过载时气马达只会降低速度或停机，一旦负载减小即能重新正常工作。

3）能快速实现正反转。气马达回转部分惯性矩小，所以能快速起动和停止。只要通过换向阀改变进排气方向，就能实现输出轴的正反转。

4）连续满载运转。由于压缩空气绝热膨胀的冷却作用，能降低滑动摩擦部分的发热，因此气马达可长时间在高温环境中满载运转，且升温较小。

5）功率范围及转速范围较宽。气马达功率小到几百瓦，大到几万瓦，转速可以从0~2500r/min或更高。

气马达的缺点有输出功率小、耗气量大、效率低、噪声大和易产生振动等。

2. 气马达的工作原理

图10-17a所示为双向旋转叶片式气马达的结构原理。当压缩空气从进气口入室后即喷向叶片，作用在叶片的外伸部分，产生转矩带动转子做逆时针转动，输出机械能。若进气、出气互换，则转子反转，输出相反方向的机械能。转子转动的离心力和叶片底部的气压力、弹簧力（图中未画出）使得叶片紧贴在定子的内表面，以保证密封，提高容积效率。图10-17b为双向旋转叶片式气马达的图形符号。

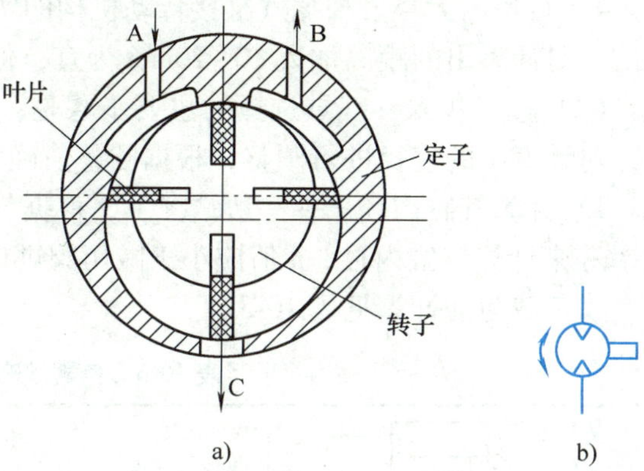

图10-17　双向旋转叶片式气马达的结构原理

a）结构原理　b）图形符号

叶片式气马达主要用于风动工具、高速旋转机械及矿山机械等。

10.3.3　气马达和气缸的选用

1. 气马达的选用

选择气马达主要从负载状态出发。在变负载的场合使用时，主要考虑的因素是速度的范围及满足工作机构所需要的转矩；在均衡负载下使用时，工作速度则是重要的因素。叶片式气马达比活塞式气马达转速高，当工作速度低于空载最大转速的25%时，最好选用活塞式气马达。至于所选气马达的具体型号、技术规格、外形尺寸等，可参考有关手册及产品样本。

2. 气缸的选用

（1）选用原则　气缸的合理选用，是保证气动系统正常工作的前提。合理选用气缸，是要根据各生产厂家要求的选用原则，使气缸符合正常的工作条件，这些条件包括工作压力范围、负载要求、工作行程、工作介质温度、环境条件、润滑条件及安装要求等。

我国目前已生产出五种标准化气缸供用户优先选用。这种气缸从结构到参数都已经标准化、系列化，在生产过程中应尽可能使用标准化气缸，这样可使产品具有互换性，给设备的使用和维修带来方便。选用时的要求如下：

1）安装形式的选择。安装形式的选择由安装位置、使用目的等因素决定。在一般场合下，多用固定式气缸；在需要随同工作机构连续回转时，应选用回转气缸；在除要求活塞杆做直线运动外，又要求气缸做较大的圆弧摆动时，则选用轴销式气缸；仅需要往复摆动时，应选用单叶片或双叶片摆动气缸。

2）作用力的大小。根据工作机构所需力的大小来确定活塞杆上的推力和拉力。一般应根据工作条件的不同，按力平衡原理计算出气缸作用力再乘以 1.15~2 倍的备用系数，以此来选择和确定气缸内径。气缸的运动速度主要取决于气缸进、排气口及导管内径，选取时以气缸进排气口连接螺纹尺寸为基准。为获得缓慢而平稳的运动，可采用气-液阻尼缸。普通气缸的运动速度为 0.5~1m/s，对高速运动的气缸应选用缓冲气缸或在回路中加缓冲装置。

3）负载的情况。根据气缸的负载状态和负载运动状态确定负载力和负载率，再根据使用压力应小于气源压力的 85%的原理，按气源压力确定使用压力 p。

4）行程的大小。根据气缸接传动机构的实际运行距离来预选气缸的行程，以便于安装调试，对计算出的距离加大 10~20mm 为宜，但不能太长，以免增大耗气量。

（2）选择步骤　气缸选择的主要步骤是：确定气缸的类型，计算气缸内径及活塞杆直径，对计算出的直径进行圆整，根据圆整值确定气缸型号。

1）计算气缸内径。在一般情况下，根据气缸所使用的压力 p、轴向负载 F 和气缸的负载率 η 来计算气缸内径，p 值应小于减压阀进口压力的 85%。

①负载力的计算见表 10-3。

表 10-3　负载状态与负载力的关系

负载状态	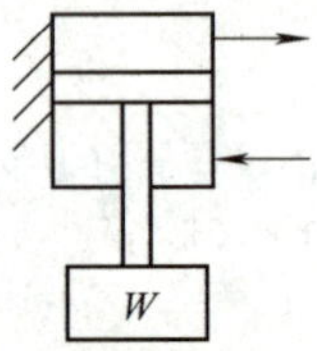	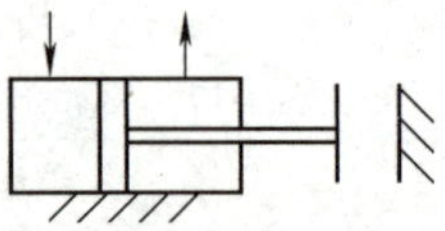	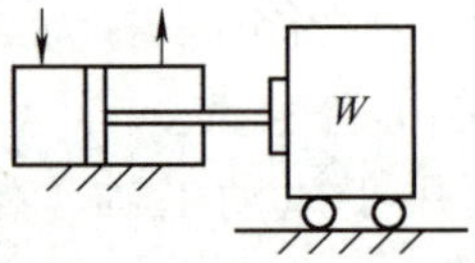	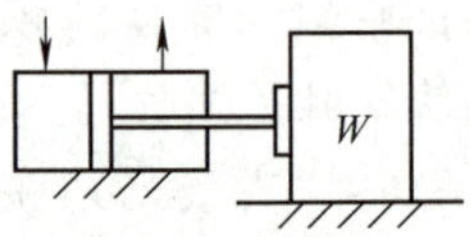
负载力	$F=W$（重力）	$F=K$（夹紧力）	$F=\mu W$ $\mu=0.1\sim0.4$	$F=\mu W$ $\mu=0.2\sim0.3$

②负载率的计算。负载率计算公式为

$$\eta=\frac{F}{F_0}\times100\%$$

式中　F_0——气缸的理论输出力。

负载率可以根据气缸的工作压力选取，见表 10-4。

表 10-4　气缸工作压力与负载率的关系

p/MPa	0.06	0.20	0.24	0.30	0.40	0.50	0.60	0.70~1
η	10%~30%	15%~40%	20%~50%	25%~60%	30%~65%	35%~70%	40%~75%	45%~75%

③气缸内径的计算。单出杆、双作用气缸的内径的计算公式为

活塞杆伸出时：

$$D=\sqrt{\frac{4F}{\pi p\eta}}$$

活塞杆返回时：

$$D=\sqrt{\frac{4F}{\pi p\eta}+d^2}$$

计算出直径 D 后，再按标准的缸径进行圆整。缸筒内径的圆整值见表 10-5。

表 10-5 缸筒内径的圆整值

8	10	12	16	20	25	32	40	50	63	80	(90)	100
125	(140)	160	(180)	200	(220)	250	(280)	320	(360)	400	450	—

2）活塞杆直径的确定　确定活塞杆直径时，一般按 $d/D=0.2\sim0.3$ 进行计算，然后按照标准进行圆整。活塞杆直径的圆整值见表 10-6。

表 10-6 活塞杆直径的圆整值

4	5	6	8	10	12	14	16	18	20	22	25
28	32	36	40	45	50	56	63	70	80	90	100
110	125	140	160	180	200	220	250	280	320	360	—

选好气缸内径和活塞杆直径后，还要选用密封件、缓冲装置，确定防尘罩。

任务实施 10.3 执行元件的选择与参数计算

1. 操作步骤

选择夹紧机构的执行元件的步骤为：确定气动执行元件类型→计算气缸内径及活塞杆直径→对计算出的直径进行圆整→根据圆整值确定气缸型号。

因为该夹紧机构实行往复直线运动，所以选择气缸作为夹紧装置的气动执行元件。

2. 工作任务单

工作任务单

<table>
<tr><td>姓名</td><td></td><td>班级</td><td></td><td>组别</td><td></td><td>日期</td><td></td></tr>
<tr><td>工作任务</td><td colspan="7">执行元件的选择、参数的计算</td></tr>
<tr><td>任务描述</td><td colspan="7">在教师指导下，根据具体的任务要求，选择正确的执行元件，并计算该执行元件的主要参数</td></tr>
<tr><td>任务要求</td><td colspan="7">1）了解实训室或生产车间安全知识
2）选择执行元件的类型和种类
3）计算执行元件的主要参数</td></tr>
<tr><td>提交成果</td><td colspan="7">1）选择的执行元件
2）计算得出的缸径和活塞杆直径</td></tr>
<tr><td rowspan="6">考核评价</td><td>序号</td><td>考核内容</td><td>评分</td><td colspan="2">评分标准</td><td colspan="2">得分</td></tr>
<tr><td>1</td><td>安全意识</td><td>20</td><td colspan="2">遵守安全规章、制度</td><td colspan="2"></td></tr>
<tr><td>2</td><td>工具的使用</td><td>10</td><td colspan="2">工具使用正确</td><td colspan="2"></td></tr>
<tr><td>3</td><td>执行元件选择</td><td>20</td><td colspan="2">执行元件选择正确</td><td colspan="2"></td></tr>
<tr><td>4</td><td>参数计算</td><td>40</td><td colspan="2">计算完整准确</td><td colspan="2"></td></tr>
<tr><td>5</td><td>团队协作</td><td>10</td><td colspan="2">与他人合作有效</td><td colspan="2"></td></tr>
<tr><td>指导教师</td><td colspan="2"></td><td colspan="3">总分</td><td colspan="2"></td></tr>
</table>

知识拓展10　其他常用气缸

1. 气-液阻尼气缸

通常气缸采用的工作介质是压缩空气，其特点是动作快，但速度不易控制，当载荷变化较大时，容易产生“爬行”或“自走”现象。而液压缸采用的工作介质是通常认为的不可压缩的液压油，其特点是动作不如气缸快，但速度易于控制，当载荷变化大时，采用措施得当，一般不会产生“爬行”或“自走”现象。把气缸和液压缸巧妙地组合起来，取长补短，即可成为气动系统中普遍采用的气-液阻尼气缸。按气缸与液压缸的连接形式，可分为串联型与并联型两种。

图10-18所示为串联型气-液阻尼气缸，由气缸与液压缸串联而成，两活塞固定在同一个活塞杆上。液压缸不用泵供油，只要充满油即可，其进出口间装有液压单向阀、节流阀及补油杯。当气缸右端供气时，气缸克服载荷带动液压缸活塞向左运动（气缸左端排气），此时液压缸左端排油，单向阀关闭，油只能通过节流阀流入液压缸右腔及油杯内，这时若将节流阀阀口开大，则液压缸左腔排油畅通，两活塞运动速度就快；反之，若将节流阀阀口关小，液压缸左腔排油受阻，两活塞运动速度就会减慢。这样，调节节流阀阀口大小，就能控制活塞的运动速度。可以看出，气-液阻尼缸的输出力应是气缸中由压缩空气产生的力（推力或拉力）与液压缸中油的阻尼力之差。串联型缸体较长，加工及安装时对同轴度要求较高，有时两缸间会产生窜气、窜油现象。

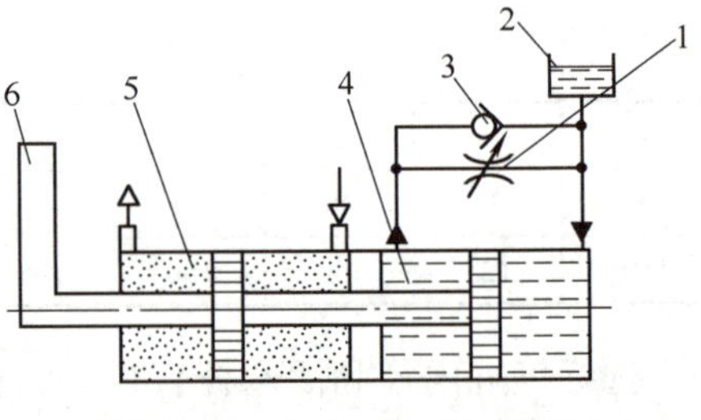

图10-18　串联型气-液阻尼缸

1—节流阀　2—油杯　3—单向阀
4—液压缸　5—气缸　6—外载荷

图10-19所示为并联型气-液阻尼缸，由气缸与液压缸并联而成。并联型缸体较短，结构紧凑。气、液缸分置，不会产生窜气窜油现象。因为液压缸的工作压力可以相当高，所以液压缸可制成相当小的直径（不必与气缸等直径）。但气、液两缸安装在不同轴线上，会产生附加力矩，会增加导轨装置磨损，也可能产生“爬行”。

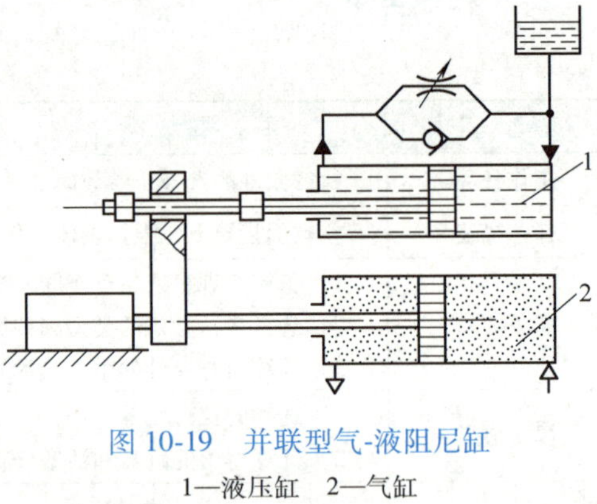

图10-19　并联型气-液阻尼缸

1—液压缸　2—气缸

2. 冲击式气缸

冲击式气缸是一种体积小巧、结构简单、易于制造、耗气功率小但能产生相当大的冲击力的特殊气缸。与普通气缸相比，冲击式气缸的结构特点是增加了一个具有一定容积的蓄能腔和喷嘴。其工作原理如图10-20所示。

冲击式气缸的工作过程可简单地分为三个阶段。

第一阶段如图10-20a所示。压缩空气由孔口A输入冲击缸的下腔，蓄能腔经孔口B排气，活塞上升并用密封垫封住喷嘴，中盖和活塞间的环形空间经排气孔与大气相通。

第二阶段如图10-20b所示。压缩空气改由孔口B进气输入蓄能腔中，冲击缸下腔经孔口A排气。由于活塞上端气压作用在面积较小的喷嘴上，而活塞下端受力面积较大，一般

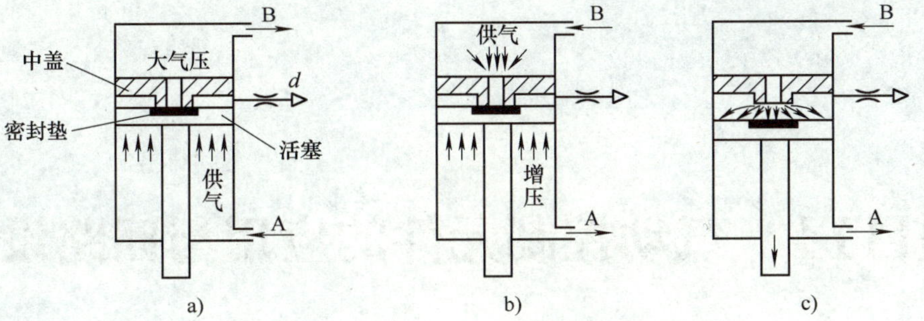

图 10-20　冲击气缸工作原理图

为喷嘴面积的 9 倍。冲击缸下腔的压力虽因排气而下降，但此时活塞下端向上的作用力仍然大于活塞上端向下的作用力。

第三阶段如图 10-20c 所示。蓄能腔的压力继续增大，冲击缸下腔的压力继续降低，当蓄能腔内压力高于活塞下腔压力的 9 倍时，活塞开始向下运动，活塞一旦离开喷嘴，蓄能腔内的高压气体迅速充入到活塞与中盖间的空腔，使活塞上端受力面积突然增加 9 倍，于是活塞将以极大的加速度向下运动，气体的压力能转换成活塞的动能。在冲程达到一定时，获得最大冲击速度和能量，利用这个能量对工作进行冲击做功，可产生很大的冲击力。

3. 摆动式气缸

摆动式气缸将压缩空气的压力能转变成气缸输出轴的有限回转的机械能，多用于安置位置受到限制，或转动角度小于 360°的回转工作部件，如夹具的回转、阀门的开启、转塔车床的转位以及自动上料装置的转位等场合。

图 10-21 所示为单叶片式摆动气缸的工作原理图，定子 3 与缸体 4 固定在一起，叶片 1 和转子 2（输出轴）连接在一起。当左腔进气时转子顺时针转动，反之则逆时针转动。转子可做成图示的单叶片式，也可以做成双叶片式。这种气缸的耗气量一般都较大。

摆动式气缸的输出转矩和角速度的计算与摆动式液压缸相同。

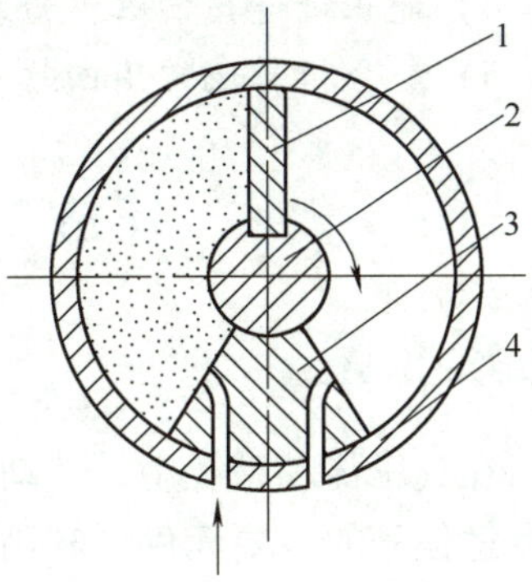

图 10-21　单叶片摆动式气缸

1—叶片　2—转子

3—定子　4—缸体

◇◇◇ 自我评价 10

简答题

1. 一个典型的气动系统由哪几部分组成？
2. 气动系统对压缩空气有哪些质量要求？气源装置一般由哪几部分组成？
3. 空气压缩机有哪些类型？如何选用空气压缩机？
4. 什么是气动三联件？气动三联件的安装次序如何？
5. 空气压缩机在使用中要注意哪些事项？
6. 气缸选择的主要步骤有哪些？

项目11　气动控制元件的应用与回路设计

学习目标

通过本项目的学习，学生应掌握气动控制元件的工作原理、结构特点和气动传动系统基本回路的工作原理及应用特点。具体目标是：

1）掌握气动控制元件的结构、原理、职能符号、表示方法及应用。

2）掌握气动控制基本回路的分析方法。

3）能根据具体的工作要求设计出回路图。

4）能正确连接回路，检验回路。

5）会分析其他常用回路。

任务11.1　气动控制阀的识别与选用

任务引入

在气压传动系统中，气动控制元件是用来控制和调节压缩空气的压力、流量、流动方向和发送信号的重要元件，利用它们可以组成各种气动控制回路，以保证气动执行元件或工作机构按设计的程序正常工作。那么这些气动控制元件的结构、工作原理是什么？

任务分析

气动控制元件的结构、工作原理是分析、使用和维护气动控制系统的基础。气动控制阀按作用不同可分为压力控制阀、流量控制阀和方向控制阀三大类，除这三种阀外，还有能实现一定逻辑功能的逻辑元件。

图11-1所示为各种气动控制阀的外形图。

相关知识

和液压传动类似，气动控制系统中的方向控制阀用于控制压缩空气的流动方向和气路的通断，以控制执行元件的起动、停止及运动方向；压力控制阀用来控制气动系统中压缩空气的压力，满足各种压力需求或用于节能；流量控制阀用来控制压缩空气的流量，进而控制执行元件的运动速度、阀的切换时间和气动信号的传递速度；而气动逻辑元件用于实现一定的逻辑功能。

a)　b)　c)　d)　e)　f)　g)　h)　i)　j)　k)

图 11-1　各种气动控制阀的外形图

a）单向阀　b）梭阀　c）快速排气阀　d）电磁换向阀　e）气控换向阀　f）减压阀　g）安全阀　h）顺序阀　i）节流阀　j）单向节流阀　k）排气节流阀

11.1.1　方向控制阀的工作原理

气动方向控制阀和液压方向控制阀类似，分类方法也大致相同，按其作用特点可分为单向型控制阀和换向型控制阀两种，其阀芯结构型式有截止式和滑阀式。

1. 单向型控制阀

单向型控制阀包括单向阀、或门型梭阀、与门型梭阀和快速排气阀。

（1）单向阀　图 11-2a 所示为单向阀的典型结构，其工作原理与液压单向阀类似，即气体只能沿一个方向流动，反向截止。只不过在气动单向阀中，阀芯与阀座之间有一层胶垫。图 11-2b 所示为单向阀的图形符号。

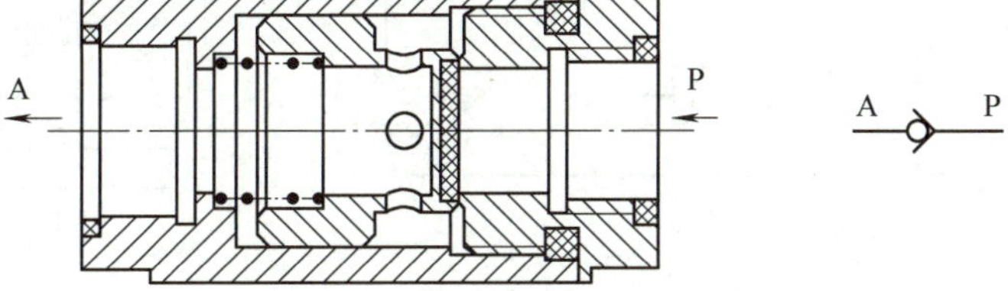

a)　b)

图 11-2　单向阀

a）结构图　b）图形符号

（2）或门型梭阀　在气压传动系统中，当两个通路 P_1 和 P_2 均与另一通路 A 相通，而不允许 P_1 和 P_2 相通时，就要用或门型梭阀。其结构和工作原理如图 11-3 和图 11-4 所示。由于阀芯像织布梭子一样来回运动，因而称为梭阀。该阀相当于两个单向阀的组合。在逻辑回路中，它起到或门的作用。

如图 11-4a 所示，当 P_1 进气时，将阀芯推向右端，通路 P_2 被关闭，于是气流从 P_1 通入 A；反之，气流从 P_2 流入 A。如图 11-4b 所示，当 P_1 和 P_2 同时进气时，哪端压力高，哪端就与 A 相通，另一端自动关闭。图 11-4c 为该阀的图形符号。

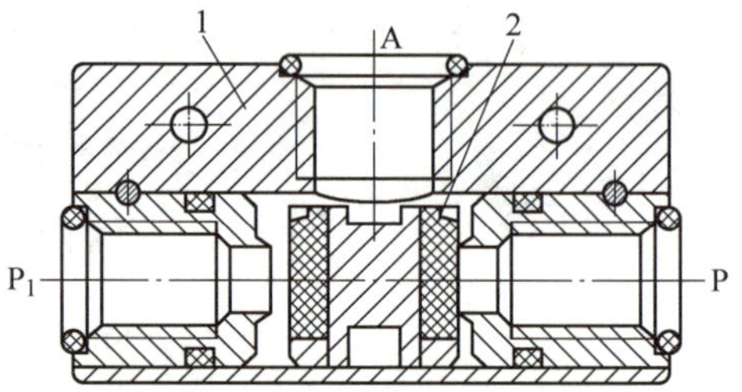

图 11-3　或门型梭阀的结构

1—阀体　2—阀芯

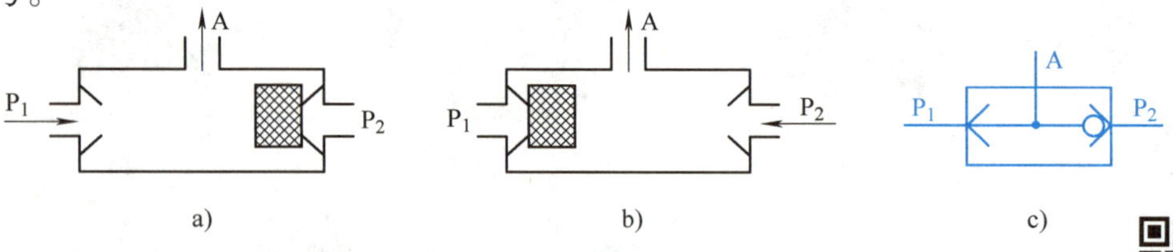

图 11-4　或门型梭阀的工作原理

a）P_1 进气　b）P_2 进气　c）图形符号

或门型梭阀的结构及工作原理

图 11-5 是或门型梭阀的应用实例，可实现手动和点动操作方式的转换。

（3）与门型梭阀　与门型梭阀又称双压阀，该阀只有当两个输入口 P_1 和 P_2 同时进气时，A 口才能输出。与门型梭阀的结构和工作原理如图 11-6 和图 11-7 所示。P_1 或 P_2 单独输入时（如图 11-7a、b 所示），A 口无油输出。只有当 P_1 和 P_2 同时有输入时，A 口才有输出（如图 11-7c 所示）。当 P_1 和 P_2 气体压力不等时，则气压低的通过 A 口输出。图 11-7d 所示为其图形符号。

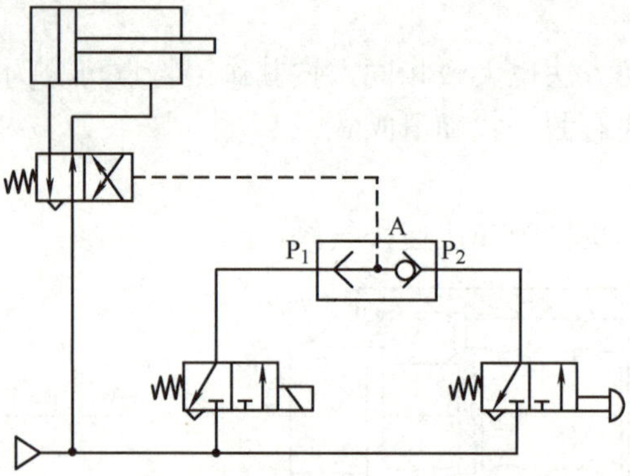

图 11-5　或门型梭阀的应用实例

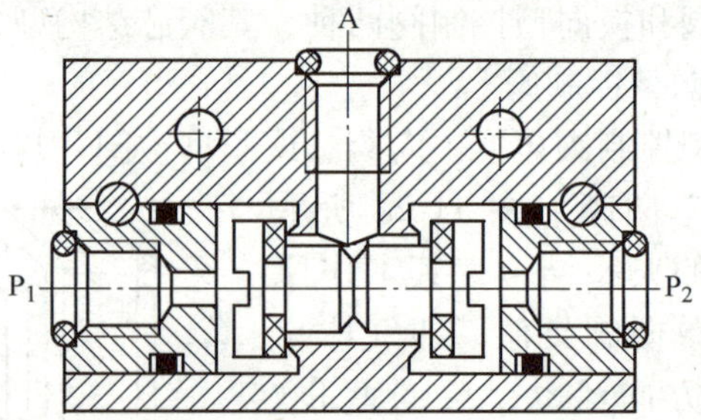

图 11-6　与门型梭阀的结构

与门型梭阀的结构及工作原理

图 11-8 所示为与门型梭阀的应用实例。当阀 1 和阀 2 都有信号时，阀 3 才有信号给阀 4，使缸 5 换向。

（4）快速排气阀　快速排气阀又称快排阀，它是为加快气缸运动作快速排气用的。膜片式快速排气阀的结构和工作原理如图 11-9 和图 11-10 所示。当进气腔 P 进入压缩空气时，将密封活塞迅速上推，开启阀口，同时关闭排气口，使进气腔 P 与工作腔相通，如

图 11-10a 所示；当 P 腔没有压缩空气进入时，在 A 腔和 P 腔压差作用下，密封活塞迅速下降，关闭 P 腔，使 A 腔通过阀口经 O 腔快速排气，如图 11-10b 所示。图 11-10c 所示为其图形符号。

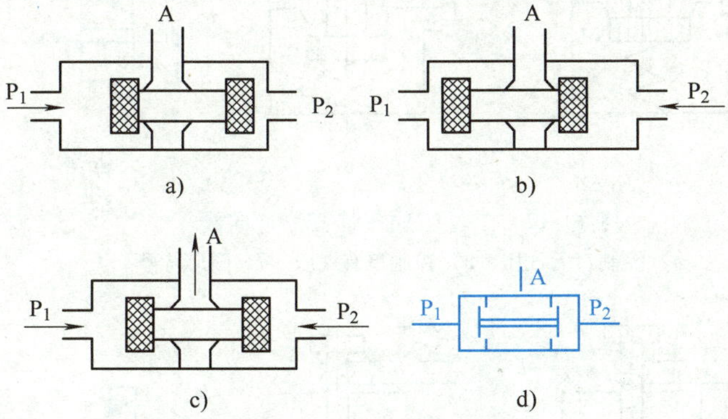

图 11-7　与门型梭阀的工作原理

a）P_1 进气　b）P_2 进气　c）P_1、P_2 同时进气　d）图形符号

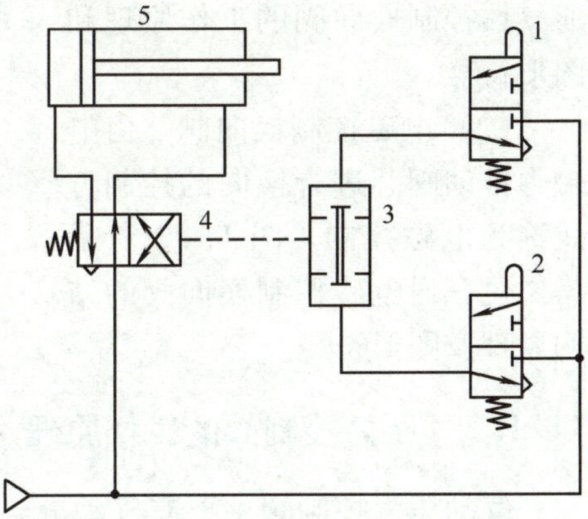

图 11-8　与门型梭阀的应用实例

1~4 阀　5—气缸

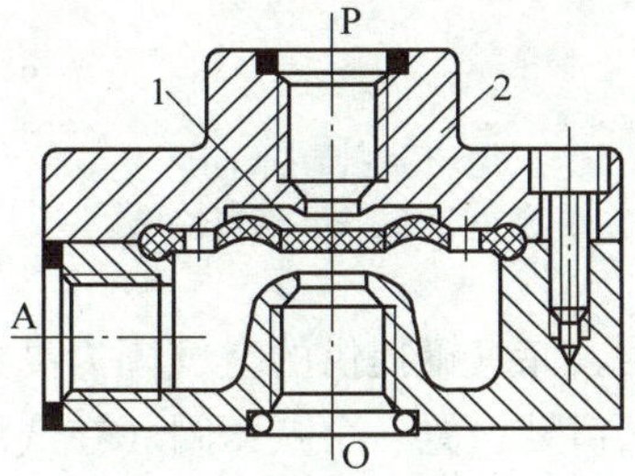

图 11-9　膜片式快速排气阀的结构图

1—膜片　2—阀体

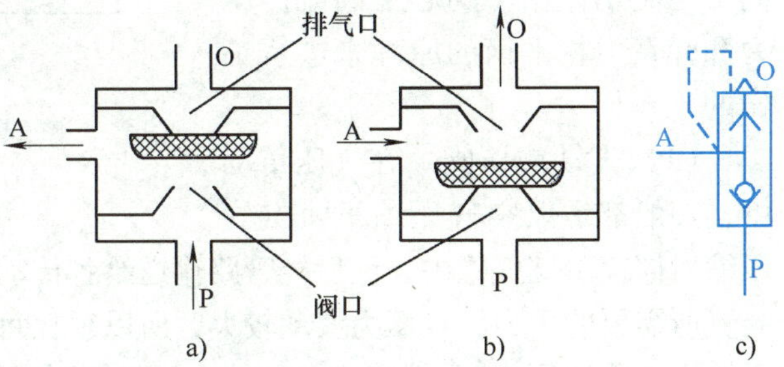

图 11-10　膜片式快速排气阀的工作原理图

a）P 与 A 相通　b）A 与 O 相通　c）图形符号

图 11-11 所示为快速排气阀的应用实例。当按下定位手动换向阀 1 时，气体经节流阀 2、快速排气阀 3 进入单作用缸 4，使缸 4 缓慢前进。当定位手动换向阀回复原位时，气源切断，此时，气缸中的气体经快速排气阀 3 快速排空，使气缸在弹簧作用下迅速复位，节省了气缸回程时间。

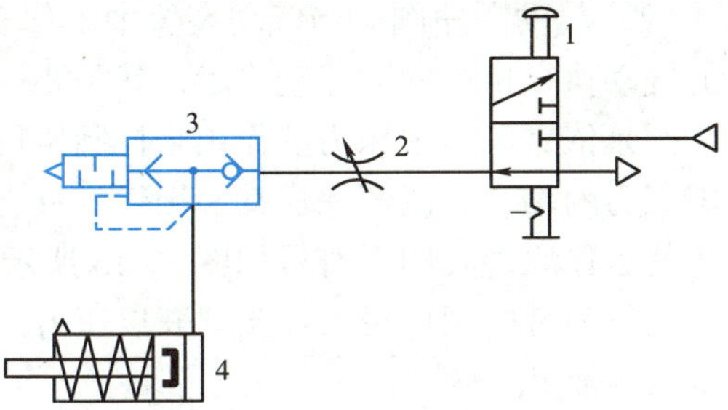

图 11-11　快速排气阀的应用实例

1—手动换向阀　2—节流阀　3—快速排气阀　4—单作用缸

2. 换向型控制阀

换向型控制阀（简称换向阀）的功能与液压的同类阀类似，操作方式、切换位置和图形符号也基本相同。

（1）气压控制换向阀　用气体压力来使阀芯移动的操作方式称为气压控制。常用的多为加压控制和差压控制。加压控制是指施加在阀芯控制端的压力升高到一定值时，使阀芯迅速移动换向的控制。差压控制是指阀芯采用气压复位或弹簧复位的情况下，利用阀芯两端受气压作用的面积不等而产生的轴向力之差，使阀芯迅速移动换向的控制。图 11-12 所示为二位三通气体控制换向阀的工作原理和图形符号。

（2）电磁控制换向阀　由电磁力推动阀芯进行换向的控制方式称为电磁控制。图 11-13 所示为二位三通电磁控制换向阀的结构原理及图形符号。

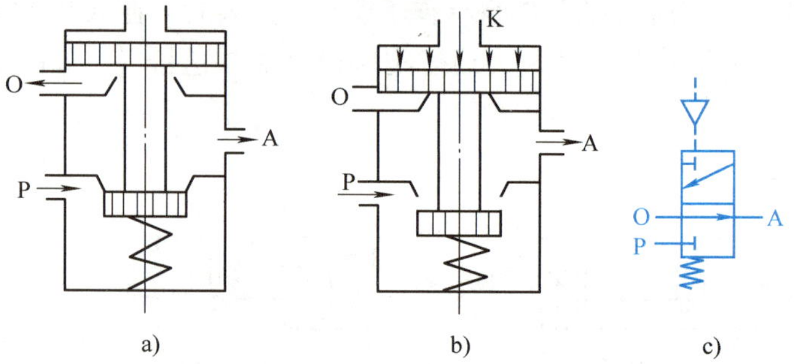

图 11-12　二位三通气体控制换向阀
a）控制口无气压　b）控制口有气压　c）图形符号

11.1.2　压力控制阀的工作原理

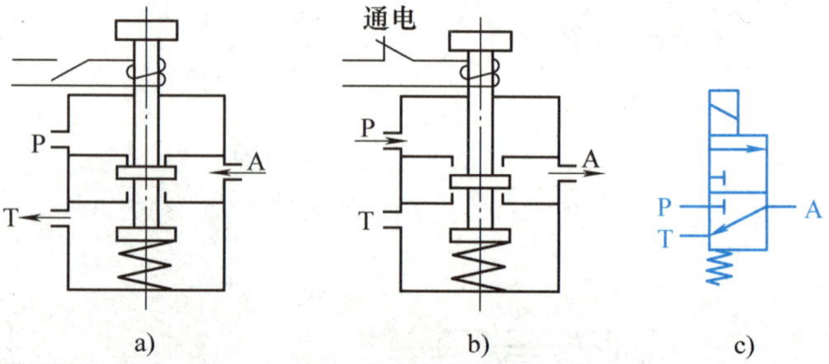

图 11-13　二位三通电磁控制换向阀
a）原始状态　b）通电状态　c）图形符号

气动压力控制阀主要有气动减压阀、气动顺序阀和溢流阀。按调压方式可分为直动式和先导式，它们都是利用作用于阀芯上的流体压力和弹簧力相平衡的原理来进行工作的。

（1）气动减压阀　在气压传动中，一般都是以空气压缩机将空气压缩后储存于储气罐中，然后经管路输送给各传动装置使用，储气罐提供的空气压力高于每台装置所需要的压力，且压力波动较大，所以须在每台装置入口处设置一个减压阀（在气压传动系统中也称调压阀），以将入口处的空气降低到所需的压力，并保持该压力值的稳定。

气动减压阀的工作原理与同类液压阀类似。图 11-14 所示为 QTA 型直动式减压阀的结构原理。调节手柄 1 以控制阀口开度的大小，即可控制输出压力的大小。

（2）气动顺序阀　当气动装置中不便安装行程阀，而要依据气缸的大小来控制两个以上的气动执行机构的顺序动作时，就需要气动顺序阀。其工作原理与同类液压阀类似。气动顺序阀是依靠气路中压力的作用来控制执行机构按顺序动作的压力阀，通常安装在需要某一特定压力的场合，以便完成某一操作，只有达到需要的操作压力后，气动顺序阀才有信号输出。其工作原理及图形符号如图 11-15 所示。

依靠弹簧的预压量来控制器开启压力，压力达到某一值时，顶开弹簧，P 到 A 有输出，否则 A 无输出。

气动顺序阀很少单独使用，往往与单向阀组合在一起使用，成为单向顺序阀。其工作原理及图形符号如图 11-16 所示。

（3）溢流阀　当气压系统中的压力超过允许压力时，为了保证系统的工作安全，往往用溢流阀来实现自动排气，使系统的压力下降，如储气罐必须安装溢流阀，它在系统中起安全保护作用。溢流阀与减压阀类似，以控制方式分，有直动式和先导式；从结构分，有活塞式和膜片式两种。直动式溢流阀的工作原理及图形符号如图 11-17 所示。

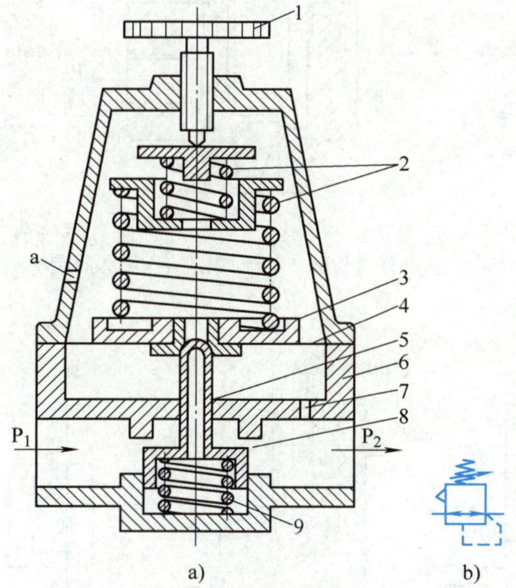

图 11-14　QTA 型直动式减压阀

a）结构图　b）图形符号

1—手柄　2—调压弹簧　3—下弹簧座　4—膜片　5—阀芯　6—阀套　7—阻尼孔　8—阀口　9—复位弹簧

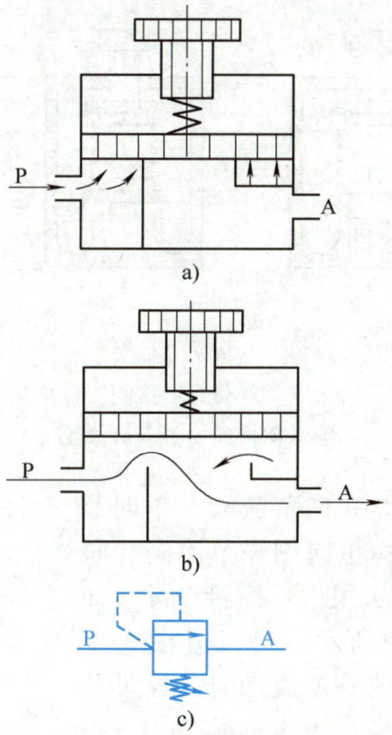

图 11-15　气动顺序阀工作原理及图形符号

a）关闭状态　b）开启状态　c）图形符号

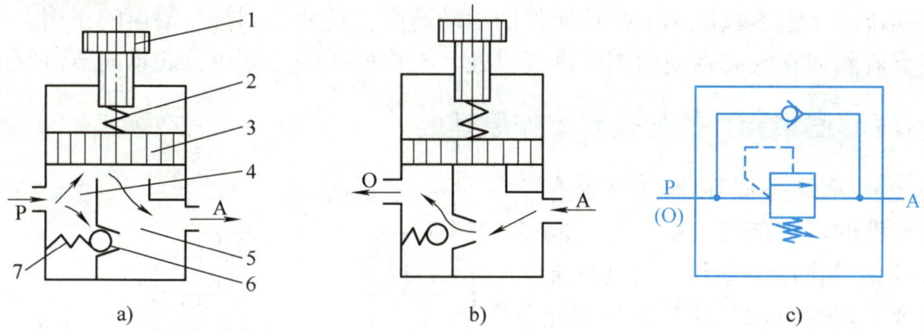

图 11-16　单向顺序阀工作原理及图形符号

a）关闭状态　b）开启状态　c）图形符号

1—旋钮　2、7—弹簧　3—活塞　4、5—工作腔　6—单向阀

11.1.3　流量控制阀的工作原理

气动流量控制阀和液压流量控制阀类似，都是通过改变控制阀的通流面积来实现流量控制的元件。

（1）节流阀　对节流阀调节特性的要求是：调节流量范围要大，调节精度要高，调节杆的位移与通过的流量呈线性关系。

图 11-18 所示为节流阀的结构图及图形符号。

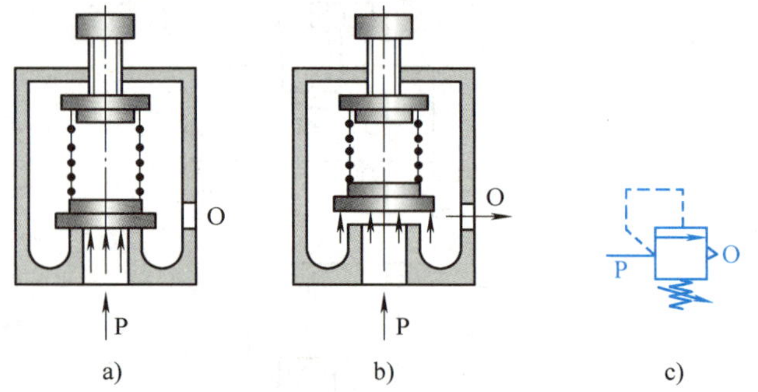

图 11-17　直动式溢流阀工作原理及图形符号

a）关闭状态　b）开启状态　c）图形符号

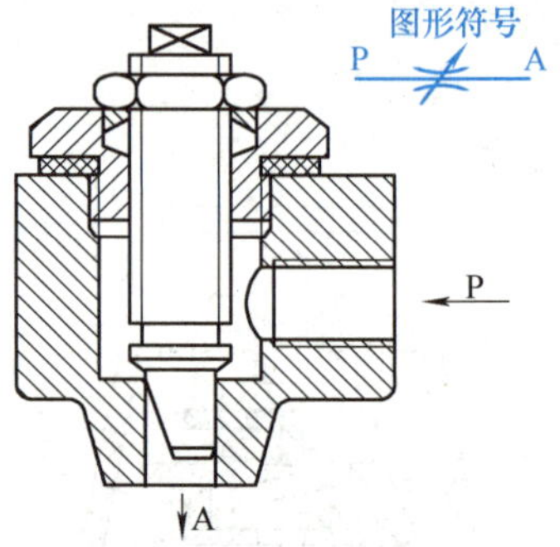

图 11-18　节流阀的结构图及图形符号

（2）单向节流阀　单向节流阀是由单向阀和节流阀并联而成的组合控制阀，如图 11-19 所示，当气流沿一个方向如 P→A 流动时，经过节流阀节流；反方向流动（A→P）时，单向阀打开，不节流。

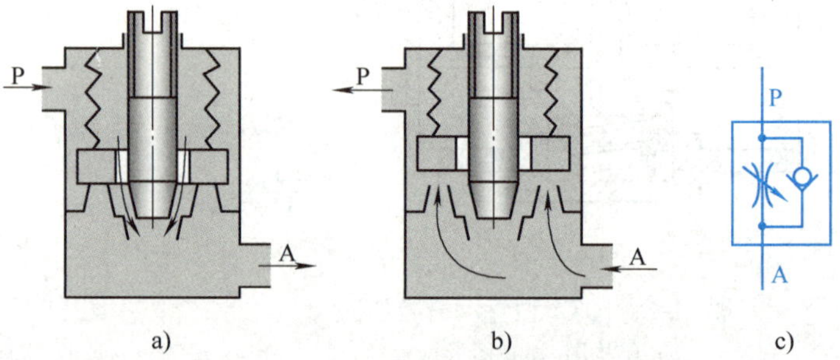

图 11-19　单向节流阀工作原理及图形符号

a）P→A　b）A→P　c）图形符号

（3）排气节流阀　图 11-20 所示为排气节流阀，当气流从 A 口进入阀内，由节流口节流后经消声套排出。它不仅能调节执行元件的运动速度，还能起到排气消声的作用。

排气节流阀通常安装在换向阀的排气口处，与换向阀联合使用，起单向节流阀的作用。

11.1.4　气动逻辑元件的分类与工作原理

气动逻辑元件是以压缩空气为介质，通过元件的可动部件（如膜片、阀芯）在气控信号作用下动作，改变气流方向以实现一定逻辑功能的气体控制元件。实际上气动方向控制阀也具有逻辑元件的各种功能，所不同的是它的输出功率较大，尺寸大。而气动逻辑元件的尺寸较小，因此在气动控制系统中广泛采用各种形式的气动逻辑元件（又称逻辑阀）。

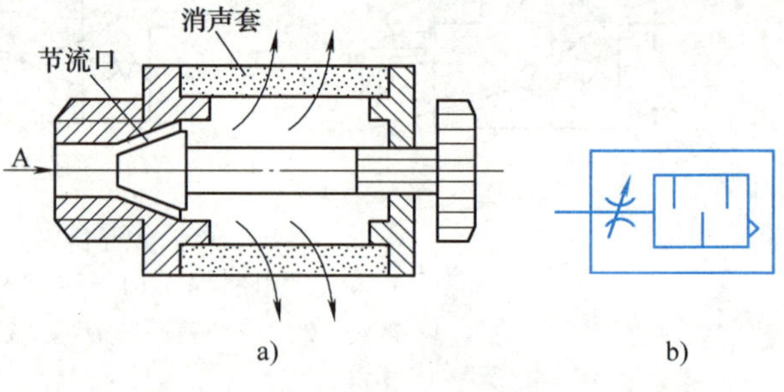

图 11-20　排气节流阀结构原理及图形符号

a）结构原理　b）图形符号

1. 气动逻辑元件的分类

（1）按工作压力分类　气动逻辑元件按工作压力可分为高压型（0.2~0.8MPa）、低压型（0.05~0.2MPa）、微压型（0.005~0.05MPa ）。

（2）按结构型式分类　逻辑元件的结构是由开关部分和控制部分组成的。开关部分在控制气压信号作用下来回动作，改变气流通路，完成逻辑功能。根据组成原理，气动逻辑元件按其结构可分为截止型（气路的通断依靠可动件的端面与气嘴构成的气口的开启或关闭来实现）、滑柱型（依靠滑柱的移动，实现气口的开启或关闭）和膜片式（气路的通断依靠弹性膜片的变形开启或关闭气口）三种。

（3）按逻辑功能分类　对二进制逻辑功能的元件，按逻辑功能的性质分单功能元件（每个元件只具有一种逻辑功能，如或、非、与、双稳等）和多功能元件（每个元件具有多种逻辑功能，各种逻辑功能由不同的连接方式获得）两种。

2. 高压截止式逻辑元件

现以高压截止式逻辑元件为例，介绍气动逻辑元件的工作原理。高压截止式逻辑元件是依靠控制气压信号推动阀芯或通过膜片的变形推动阀芯动作，改变气流的流动方向，以实现一定逻辑功能的逻辑元件。气压逻辑系统中广泛采用高压截止式逻辑元件，它具有行程小、流量大、工作压力高、对气源净化要求低、便于实现集成安装和实现集中控制等优点，其拆卸也方便。

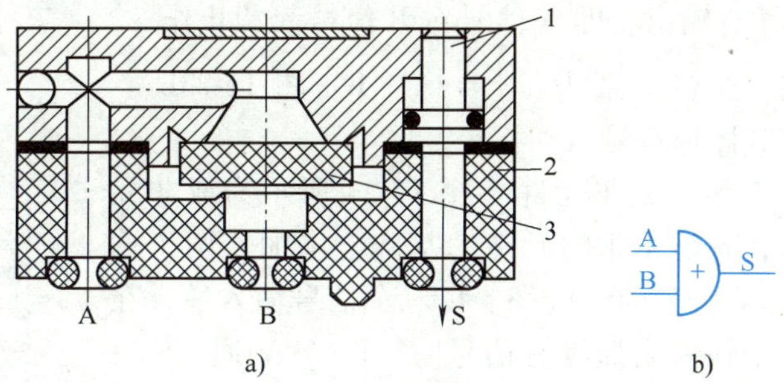

图 11-21　气动或门元件的结构原理及图形符号

a）结构原理　b）图形符号

1—指示活塞　2—下阀座　3—阀芯

（1）或门元件　图 11-21a 所示为或门元件的结构原理图，A、B 为元件的信号输入口，S 为信号的输出口。气流的流通关系是：A、B 口任意一个有信号或同时有信号，S 口就有信号输出。逻辑关系式为：S=A+B。图 11-21b 为其图形符号。

（2）是门和与门元件　图 11-22a 所示为是门和与门元件的结构原理图，在 A 口接信号，S 为输出口，中间孔接气源 P 的情况下，元件为是门。在 A 口没有信号的情况下，由于弹簧力的作用，阀口处在关闭状态。当 A 口接入控制信号后，气流的压力作用在膜片上，压下阀芯导通 P、S 通道，S 有输出。指示活塞 2 可以显示 S 有无输出，手动按钮 1 用于手动发信号。元件的逻辑关系为：S=A。若中间孔不接气源 A 而接信号 B，则元件为与门，即：只有 A、B 同时有信号时，S 口才有输出。逻辑关系为：S=A · B。图 11-22b 为其图形符号。

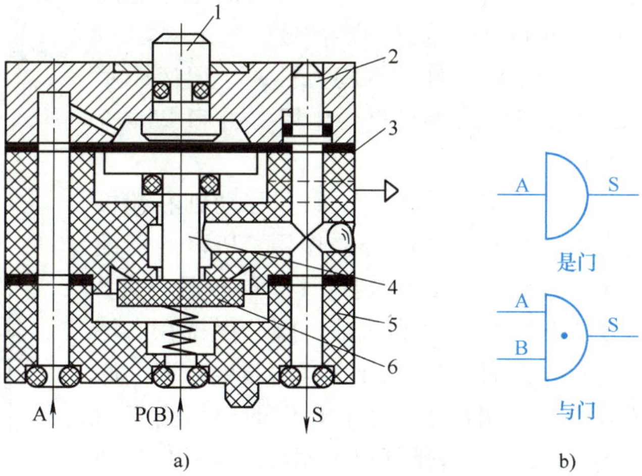

图 11-22　气动是门和与门元件的结构原理及图形符号

a）结构原理　b）图形符号

1—手动按钮　2—指示活塞　3—膜片　4—阀芯　5—阀体　6—阀片

（3）非门和禁门元件　图 11-23a 所示为非门和禁门元件的结构原理图，当 P 口接气源，

A 口接信号，S 为输出口的情况下，元件为非门。当输入端 A 没有信号输入时，阀芯 3 在气源压力 P 的作用下紧压在上阀座上，输出端 S 有输出信号；当输入端 A 有信号输入时，作用在膜片 2 上的气压力使阀芯 3 下移，关闭气源通路，S 没有输出。其逻辑关系为：$S=\overline{A}$。若中间气孔不接气源 P 而接信号 B，则元件为禁门。只要 A 口有信号，不论 B 口有无信号，S 均无输出。只有在 A 口无信号而 B 口有信号时，S 才有输出。即 A 信号对 B 信号起禁止作用。逻辑关系为：$S = \overline{A} \cdot B$。图 11-23b 为其图形符号。

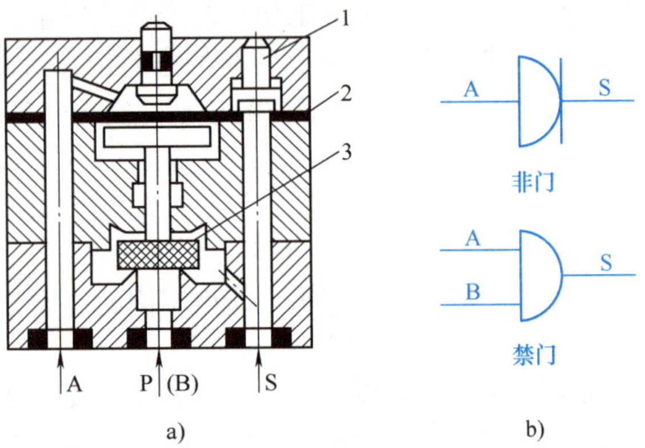

图 11-23 气动非门和禁门元件的结构原理及图形符号

a）结构原理 b）图形符号

1—指示活塞 2—膜片 3—阀芯

（4）或非元件 图 11-24 所示为或非元件，它是在非门元件的基础上增加了两个输入端，即具有 A、B、C 三个信号输入端，在三个输入端都没有信号时，P、S 导通，S 有信号输出。当存在任何一个输入信号时，元件都没有输出。元件的逻辑关系为：$S = \overline{(A+B+C)}$。

或非元件是一种多功能逻辑元件，可以实现是门、或门、与门、非门或记忆等连接功能。图 11-24b 为其图形符号。

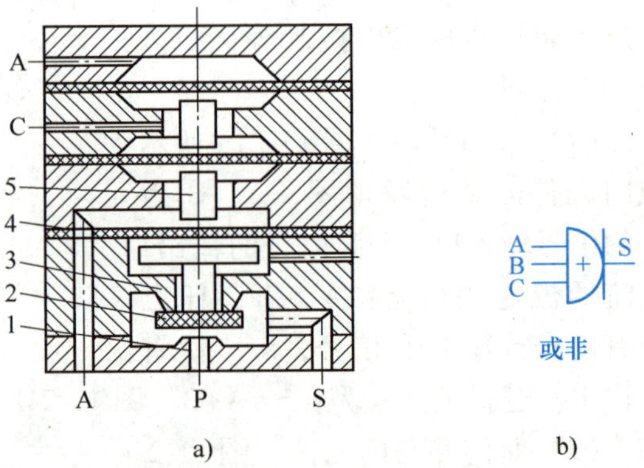

图 11-24 气动或非元件的结构原理及图形符号

a）结构原理 b）图形符号

1—下截止阀座 2—密封阀芯

3—上截止阀座 4—膜片 5—阀柱

（5）双稳元件 双稳元件属于记忆性元件，在逻辑线路中起重要作用，图 11-25a 所示为其工作原理。

当 A 有信号输入时，阀芯移动到右端极限位置，由于滑块的分隔作用，P 口的压缩空气通过 S_1 输出，S_2 与排气口 O 相通。在 A 信号消失后 B 信号到来前，阀芯保持在右端位置，S_1 总有输出。当 B 有信号输入时，阀芯移动到左端极限位置，P 口的压缩空气通过 S_2 输出，S_1 与排气口 T 相通。在 B 信号消失后 A 信号到来前，阀芯保持在右端位置，S_2 总有输出。这里两个输入信号不能同时存在。元件的逻辑关系为：$S_1 = K_B^A$；$S_2 = K_A^B$。图 11-25b 为双稳元件的图形符号。

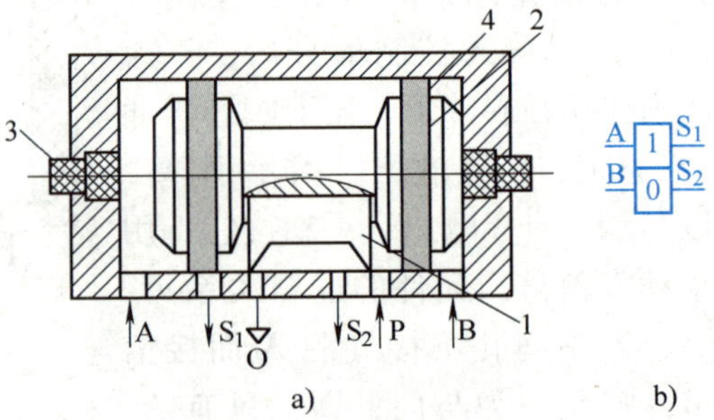

图 11-25 双稳元件的结构原理及图形符号

a）结构原理图 b）图形符号

1—滑块 2—阀芯 3—手动按钮 4—密封圈

11.1.5　气动控制阀的选用

正确合理地选用各种气动控制阀，是设计气动控制系统的重要环节。它可使管路简化，减少阀的品种和数量，降低压缩空气的消耗量，提高系统的可靠性，降低成本。

1）首先要考虑阀的技术规格能否满足使用环境的要求。例如，使用现场的气源压力大小、电源条件（交、直流、电压大小等）、介质温度、环境温度、湿度、粉尘情况等。

2）根据气动系统运作要求选用阀的功能及操控方式，包括元件的位置数、通路数、记忆功能、静置时通断状态。应尽量选用与所需要机能相一致的阀，如选不到，可用其他阀或用几个阀组合使用，如用二位五通代替二位三通或二位二通，只要将不用的阀口堵上即可。

3）根据流量选用阀的通径。对于直接控制气动执行元件的主阀，必须根据执行元件的流量来选择阀的通径，所选阀的流量应略大于所需要的流量。信号阀是根据它距离所操控阀的远近、数量和响应时间要求来选用的。

4）根据使用条件、使用要求来选择阀的结构型式。如果密封是主要的，一般应选用橡胶密封的阀；如果要求换向力小，有记忆性能时，应选滑阀；气源过滤条件差的地方，则采用截止阀较好。

5）应根据实际情况选用阀的安装方式。从安装维修方面考虑板式连接较好，特别是对集中控制的自动、半自动控制系统优越性更突出。

6）阀的种类选择。在设计控制系统时，应尽量减少阀的种类，尽量选择标准化系列的阀，以利于专业化生产、降低成本和便于维修。

任务实施 11.1　气动控制阀的识别与选用

工作任务单

<table>
<tr><td>姓名</td><td></td><td>班级</td><td></td><td>组别</td><td></td><td>日期</td><td></td></tr>
<tr><td>工作任务</td><td colspan="7">气动控制阀的识别与选用</td></tr>
<tr><td>任务描述</td><td colspan="7">在教师指导下，能识别各种气动控制阀，并能根据具体的工作要求正确选用气动控制阀</td></tr>
<tr><td>任务要求</td><td colspan="7">1）了解实训室或生产车间安全知识
2）认识气动控制阀实物
3）正确选择气动控制阀
4）掌握危险化学物品的安全使用与存放</td></tr>
<tr><td>提交成果</td><td colspan="7">1）气动控制阀清单
2）清单控制阀原理分析</td></tr>
<tr><td rowspan="6">考核评价</td><td>序号</td><td>考核内容</td><td>评分</td><td colspan="2">评分标准</td><td colspan="2">得分</td></tr>
<tr><td>1</td><td>安全意识</td><td>20</td><td colspan="2">遵守安全规章、制度</td><td colspan="2"></td></tr>
<tr><td>2</td><td>工具的使用</td><td>10</td><td colspan="2">工具使用正确</td><td colspan="2"></td></tr>
<tr><td>3</td><td>气动控制阀清单</td><td>20</td><td colspan="2">清单罗列正确</td><td colspan="2"></td></tr>
<tr><td>4</td><td>气动控制阀的选用</td><td>40</td><td colspan="2">选择正确，能满足要求</td><td colspan="2"></td></tr>
<tr><td>5</td><td>团队协作</td><td>10</td><td colspan="2">与他人合作有效</td><td colspan="2"></td></tr>
<tr><td>指导教师</td><td colspan="3"></td><td colspan="2">总分</td><td colspan="2"></td></tr>
</table>

任务 11.2 送料装置的控制回路设计与应用

任务引入

图 11-26 所示为送料装置的工作过程示意图。其要求为：当工件加工完毕后，按下按钮，送料气缸活塞杆伸出，把已加工完成的工件送出装箱；松开按钮，送料气缸收回，以待把下一个未加工工件送到加工位置。根据上述工作要求，设计送料装置的控制系统。

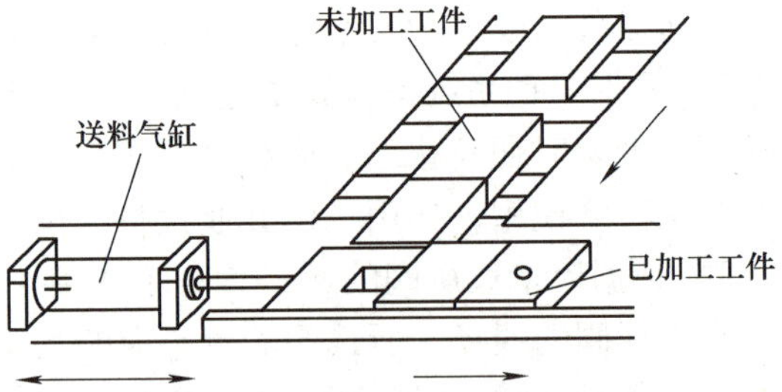

图 11-26 送料装置的工作过程

任务分析

要完成对送料装置系统回路的设计，需要主要解决好以下三点问题：气缸伸出、收回的控制，系统压力的调节与控制，气缸运行速度的控制。在气动系统中常采用方向控制回路、压力控制回路、速度控制回路来解决上述问题。而无论任何一个气动系统多么复杂，其均由一些基本回路组成。因此气动基本回路是分析、设计气动回路系统的基础。

相关知识

11.2.1 换向回路的工作原理

1. 单作用气缸换向回路

图 11-27a 所示为由二位三通电磁阀控制的换向回路，通电时，活塞杆伸出；断电时，在弹簧力的作用下活塞杆缩回。图 11-27b 所示为由三位五通电磁阀控制的换向回路，该阀具有自动对中功能，可使气缸停在任意位置，但定位精度不高，定位时间不长。

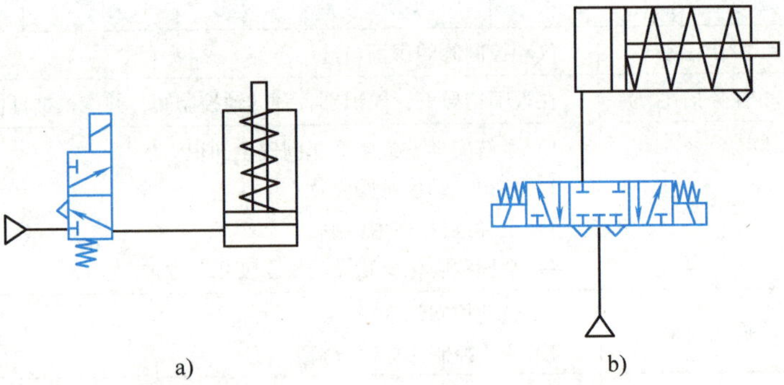

图 11-27 单作用气缸换向回路
a）二位三通电磁阀控制 b）三位五通电磁阀控制

2. 双作用气缸换向回路

图 11-28a 所示为小通径的手动换向阀控制二位五通主阀操纵气缸换向；图 11-28b 所示为二位五通双电磁阀控制气缸换向；图 11-28c 所示为两个小通径的手动换向阀控制二位五通主阀操纵气缸换向；图 11-28d 所示为三位五通电磁阀控制气缸换向。该回路可使气缸停在任意位置，但定位精度不高。

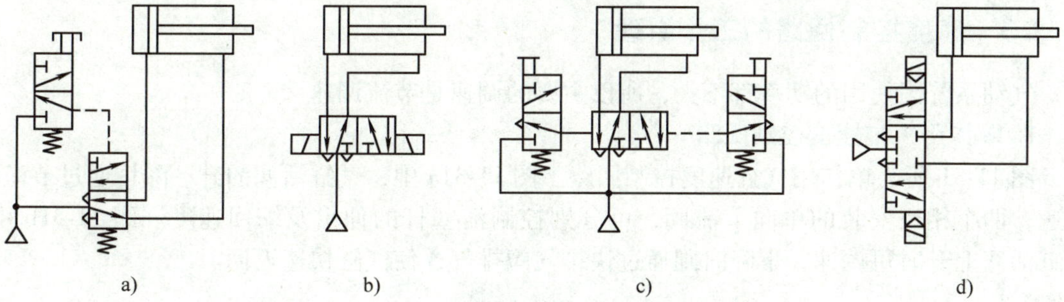

图 11-28 双作用气缸换向回路

11.2.2 压力控制回路的工作原理

压力控制回路的功能是使系统保持在某一规定的压力范围内。常用的有一次压力控制回路、二次压力控制回路和高低压转换回路。

1. 一次压力控制回路

图 11-29 所示为一次压力控制回路，此回路用于控制储气罐的压力，使之不超过规定的压力值。常用外控溢流阀或电接点压力表来控制空气压缩机的转、停，使储气罐的压力保持在规定范围内。采用溢流阀时，结构简单，工作可靠，但气量浪费大；采用电接点压力表时，对电动机及控制要求较高，常用于小型空气压缩机的控制。

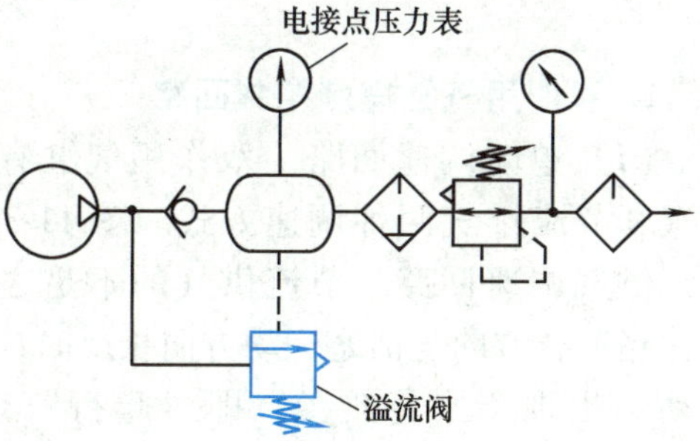

图 11-29 一次压力控制回路

2. 二次压力控制回路

图 11-30 所示为二次压力控制回路。图11-30a 回路由气动三联件组成，主要由溢流减压阀来实现压力控制；图 11-30b 回路由减压阀和换向阀构成，对同一系统实现输出高低压力p_1、p_2 的控制；图 11-30c 回路由减压阀来实现对不同系统输出不同压力 p_1、p_2 的控制。为保证气动系统使用的气体压力为一稳定值，多用空气过滤器、减压阀、油雾器（气动三联件）组成二次减压回路。但要注意，供给逻辑元件的压缩空气不要加入润滑油。

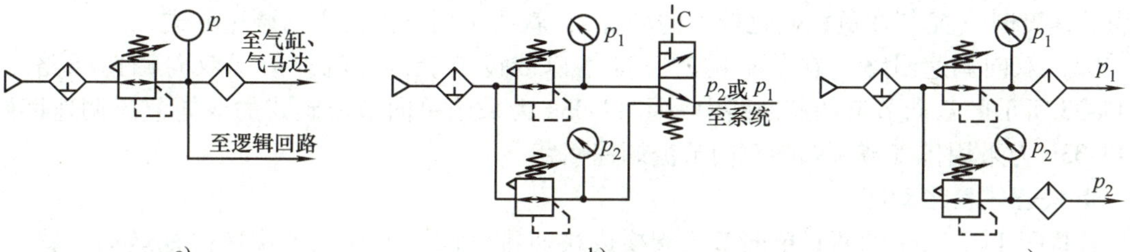

图 11-30 二次压力控制回路

a）由溢流减压阀控制压力 b）由换向阀控制高低压力 c）由减压阀控制高低压力

11.2.3　速度控制回路的工作原理

气动系统因使用的功率都不大，所以主要的调速是节流调速。

1. 单作用气缸速度控制回路

图 11-31 所为单作用气缸速度控制回路。图 11-31a 中，气缸活塞的升、降均通过节流阀调速，两个相反安装的单向节流阀，可分别控制活塞杆的伸出及缩回速度。图 11-31b 中，气缸活塞上升时可调速，下降时则通过快排气阀排气，使气缸快速返回。

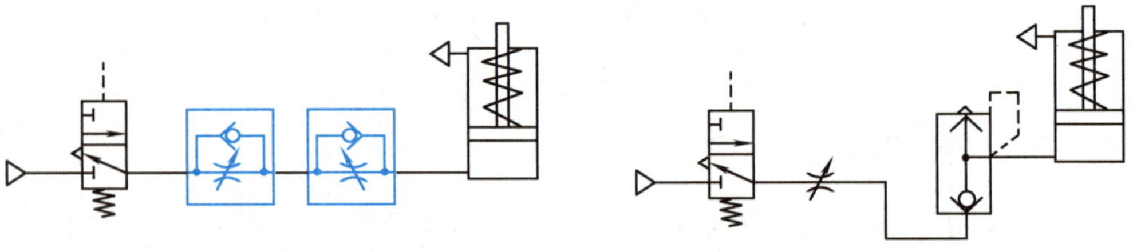

图 11-31　单作用气缸速度控制回路

2. 双作用气缸速度控制回路

（1）单向调速回路　双作用气缸有节流供气和节流排气两种调速方式。图 11-32a 为节流供气调速回路。节流供气的不足之处在于：当负载方向与活塞运动方向相反时，活塞运动会出现不平稳现象，即“爬行”现象。当负载方向与活塞运动方向一致时，由于排气经换向阀快速排气，几乎没有阻尼，负载易产生“跑空”现象，使气缸失去控制。节流供气多用于垂直安装的气缸供气回路中。

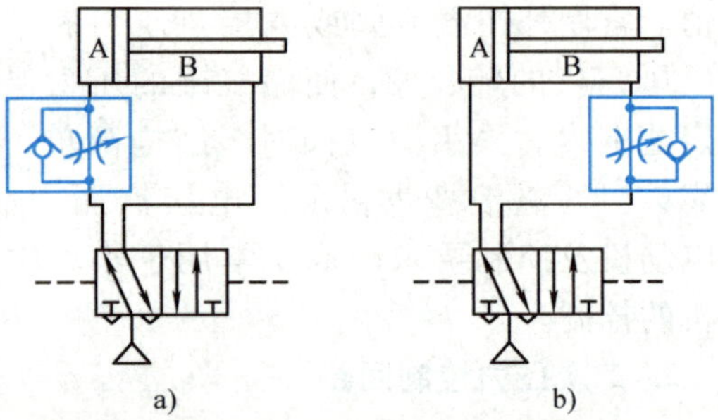

图 11-32　双作用气缸速度控制回路

在水平安装的气缸供气回路中一般采用图 11-32b 所示的节流排气回路，其特点是气缸速度随负载的变化较小，运动平稳；能承受与活塞运动方向相同的负载。

以上讨论适用于负载变化不大的情况。当负载突然增大时，由于气体的可压缩性，将迫使气缸内的气体压缩，使气缸速度减慢；反之，当负载突然减小时，气缸内被压缩的空气，必然膨胀，使活塞运动加快，这称为气缸的“自走”现象。因此，当要求气缸具有准确而平稳的速度时（尤其在负载变化较大的场合），就要采用气液组合的调速方式。

（2）双向调速回路　在气缸的进、排气口装设节流阀，就组成了双向调速回路。如图 11-33 所示的双向节流调速回路中，图 11-33a 为采用单向节流阀式的双向节流调速回路，图 11-33b 为采用排气节流阀的双向节流调速回路。

3. 快速往复运动回路

若将图 11-33a 中的两只单向节流阀换成快速排气阀，就构成了快速往复运动回路。若实现单向快速运动，可只用一只快速排气阀即可。

4. 速度换接回路

图 11-34 所示为速度换接回路，利用两个二位二通阀与单向节流阀并联实现。当撞块压

下行程开关时，发出电信号，使二位二通换向阀改变排气通路，从而使气缸速度改变。行程开关的位置可根据需要选定，图中二位二通阀也可以改用行程阀。

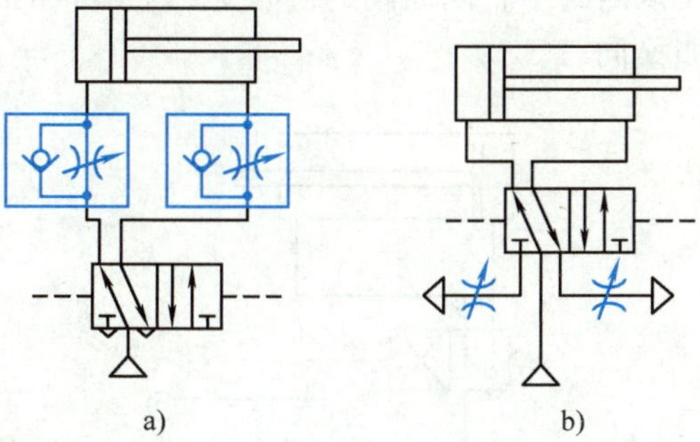

图 11-33　双向节流调速回路

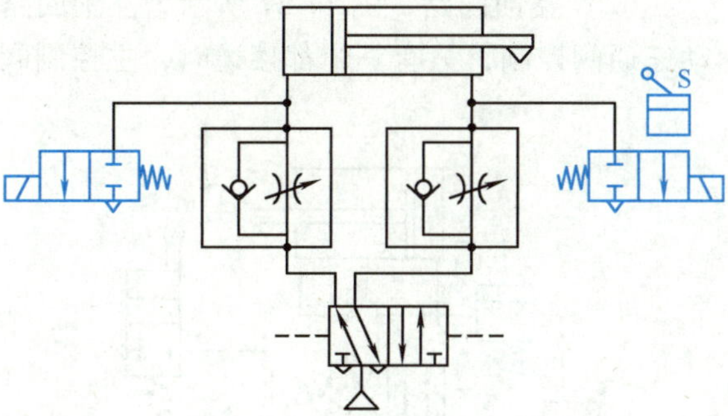

图 11-34　速度换接回路

5. 缓冲回路

要获得气缸行程末端的缓冲，除采用带缓冲的气缸外，特别在行程长、速度快、惯性大的情况下，往往需要采用缓冲回路来控制气缸运动速度，常用的方法如图 11-35 所示。图 11-35a 能实现快进→慢速缓冲→停止→快退的循环，行程阀可根据需要调整缓冲开始位置，这种回路常用于惯性力大的场合。图 11-35b 的特点是，当活塞返回到行程末端时，其左腔压力已降到打不开顺序阀 2 的程度，余气只能经节流阀 1 排出，因此活塞得以缓冲。这种回路常用于行程长、速度快的场合。

图 11-35 所示的回路，都只能实现一个运动方向上的缓冲，若两侧均安装此回路，则可达到双向缓冲的目的。

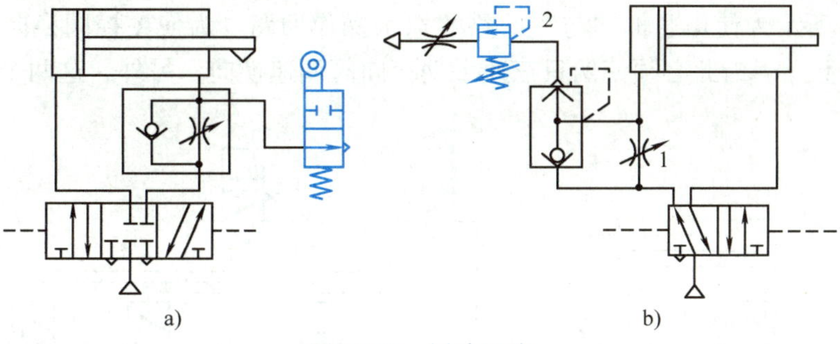

图 11-35　缓冲回路

1—节流阀　2—顺序阀

11.2.4　其他基本回路

1. 安全保护回路

由于气动机构负载的过载、气压的突然降低，以及气动执行机构的快速动作等原因，都可能危及操作人员或设备的安全，因此在气动回路中，常常要加入安全回路。需要指出的是，在设计任何气动回路，特别是安全回路时，都不可缺少过滤装置和油雾器，这是因为污染空气中的杂物，可能堵塞阀中的小孔与通路，使气路发生故障；缺乏润滑油，很可能使阀产生卡死或磨损，致使整个系统的安全都发生问题。下面是几种常用的安全保护回路。

（1）过载保护回路　图 11-36 所示为过载保护回路，活塞杆在伸出过程中，若遇到偶然故障障碍或其他原因使气缸过载时，活塞就立即缩回。

（2）互锁回路　图 11-37 所示为互锁回路，在该回路中，四通阀的换向受三个串联的机动三通阀控制，只有三个都接通时，主控制阀才能换向。

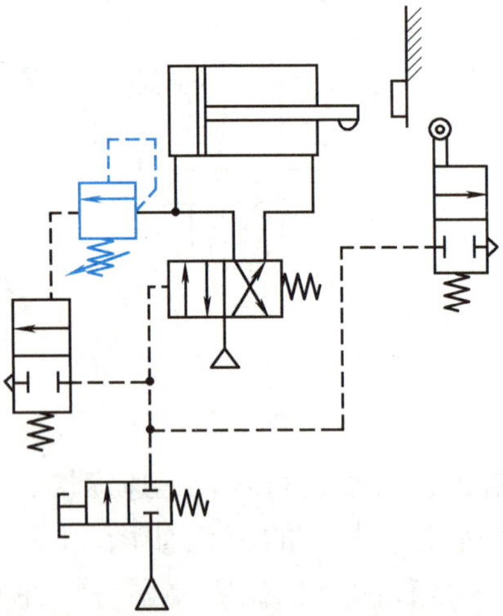

图 11-36　过载保护回路

过载保护回路

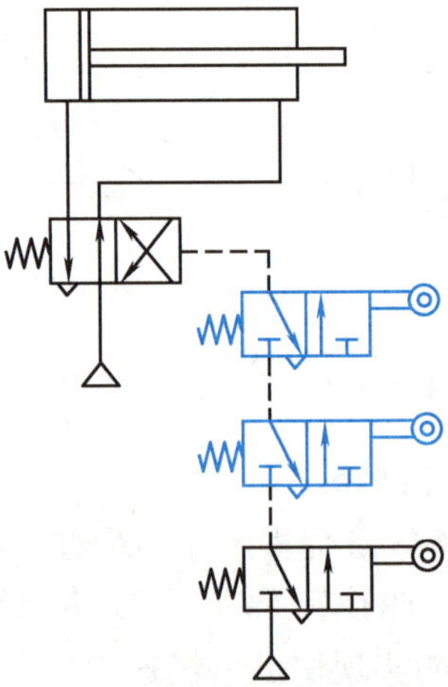

图 11-37　互锁回路

2. 双手同时操作回路

双手同时操作回路是使用两个起动用的手动阀，只有同时按动两个阀才动作的回路。这种回路主要是为了安全。这在锻造、冲压机械上常用来避免误动作，以保护操作者的安全。

图 11-38a 所示为使用逻辑“与”回路的双手操作回路。为使主控阀换向，必须使压缩空气循环进入上方，为此必须使两只三通手动换向阀调速换向。另外，这两个阀必须安装在

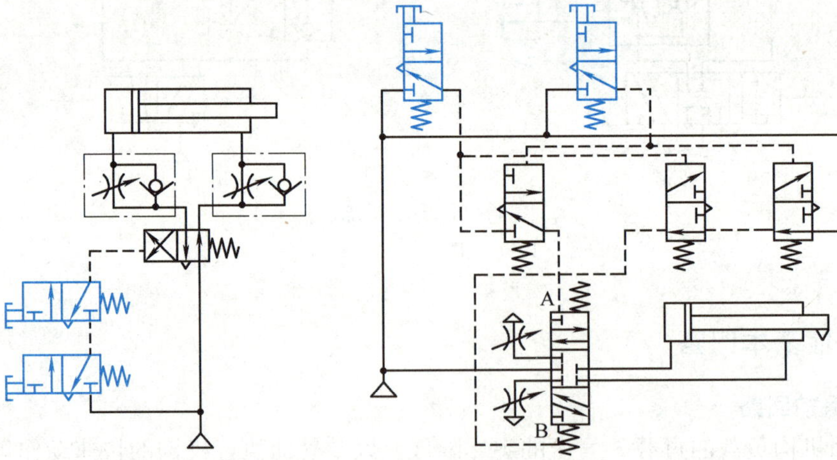

a)　　b)

图 11-38　双手操作回路

a）使用逻辑“与”回路　b）使用三位主控阀

单手不能同时操作的距离上，在操作时若有任何一只手离开，控制信号就消失，主控阀复位，则活塞杆后退。图 11-38b 所示为使用三位主控阀的双手操作回路。把主控阀 1 的信号 A 作为手动阀 2 和 3 的逻辑“与”回路，即只有手动阀 2 和 3 同时动作时，主控阀 1 换向到上位，活塞杆伸出；把信号 B 作为手动阀 2 和 3 的逻辑“或非”回路，即当手动阀 2 和 3 同时松开时，主控阀 1 换向到下位，活塞杆返回；若手动阀 2 或 3 任何一个动作，将使主控阀复位到中位，活塞杆处于停止状态。

3. 顺序动作回路

顺序动作回路是指在气动回路中，各个气缸按一定的顺序完成各自的动作，如单缸有单往复动作、二次往复动作、连续往复动作等；多缸有单往复及多往复顺序动作等。

（1）单缸往复动作回路　单缸往复动作回路可分为单缸单往复动作回路和单缸连续往复动作回路。单缸单往复动作回路是指输入一个信号后，气缸只完成 A_1A_0 一次往复动作（A 表示气缸，下标 1 表示活塞杆伸出动作、下标 0 表示活塞杆缩回动作）。而单缸连续往复动作回路是指输入一个信号后，气缸可连续进行 $A_1A_0A_1A_0$…动作。

图 11-39 所示为三种单缸往复动作回路。图 11-39a 为行程阀控制的单往复动作回路，图 11-39b 为压力控制的单往复动作回路，图 11-39c 是利用阻容回路形成的时间控制单往复动作回路。在单缸往复回路中，每按下一次按钮，气缸可完成一个 A_1A_0 循环。

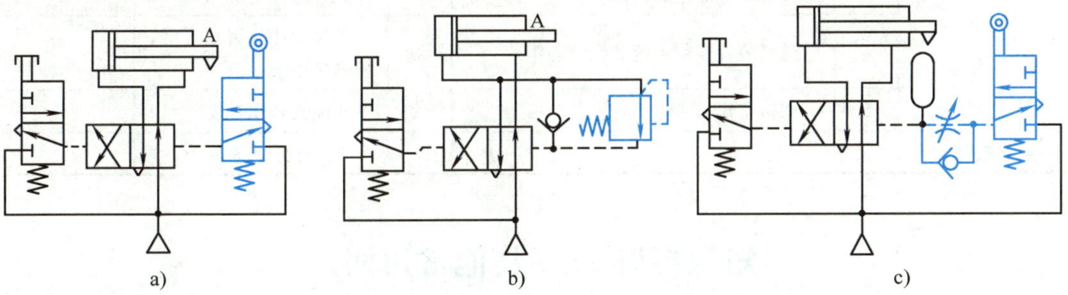

图 11-39　单缸往复动作回路

图 11-40 所示为一个连续往复动作回路，能完成连续的动作循环。

（2）多缸顺序动作回路　两只、三只或多只气缸按一定顺序动作的回路，称为多缸顺序动作回路，分为单往复顺序和多往复顺序两种。两只气缸的基本顺序动作有 $A_1B_0A_0B_1$、$A_1B_1A_0B_0$、$A_1A_0B_1B_0$ 三种。而三只气缸的基本动作有 15 种之多。这些顺序动作回路都属于单往复顺序，即在每一个程序里，气缸只做一次往复，多往复顺序动作回路的顺序的形成方式比单往复顺序多得多。

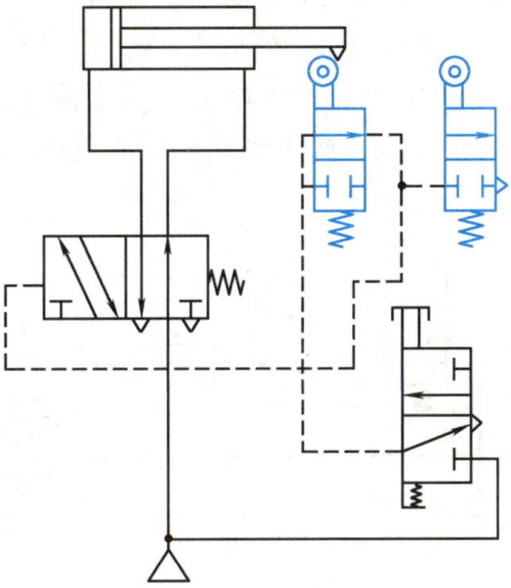

图 11-40　连续往复动作回路

任务实施 11.2　送料装置的控制回路设计与应用

工作任务单

姓名		班级		组别		日期	

工作任务	设计并组建送料装置控制系统			
任务描述	在教师指导下，在实训室设计并组建一个送料装置控制系统，说明所选用的各气动元件的作用和原理，并能对组建好的控制系统进行分析			
任务要求	1）了解实训室或生产车间安全知识 2）正确选用气动元件 3）送料装置控制系统的设计与组建 4）掌握危险化学物品的安全使用与存放			
提交成果	1）气动元件清单 2）组建好的送料装置控制系统图			

考核评价	序号	考核内容	评分	评分标准	得分
	1	安全意识	20	遵守安全规章、制度	
	2	工具的使用	10	工具使用正确	
	3	气动元件的正确选用	20	元件选择正确	
	4	送料装置控制系统的设计与组建	40	系统设计与组建正确，能满足要求	
	5	团队协作	10	与他人合作有效	
指导教师			总分		

知识拓展 11　其他常用回路

1. 延时回路

图 11-41 所示为延时回路。图 11-41a 为延时输出回路，当控制信号切换阀 4 后，压缩空气经单向节流阀 3 向储气罐 2 充气，当充气压力经延时升高到使阀 1 换位时，阀 1 就有输出。图 11-41b 所示的回路中，按下阀 8，则气缸向外伸出，当气缸在伸出行程中压下阀 5 后，压缩空气经节流阀到储气罐 6 延时后才将阀 7 切换，气缸退回。

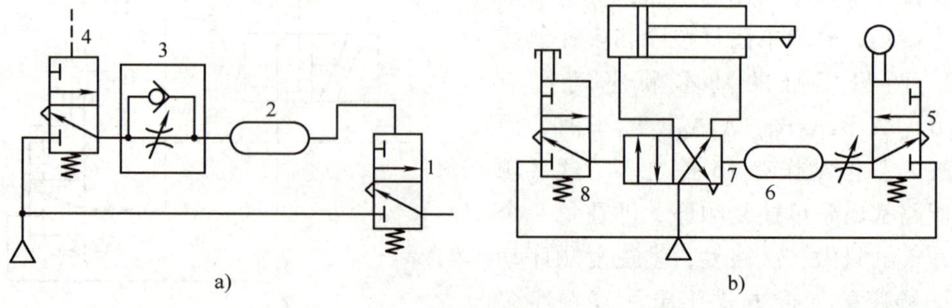

图 11-41　延时回路

1、4、5、7、8—换向阀　2、6—储气罐　3—单向节流阀

2. 计数回路

计数回路可以组成二进制计数器。在图11-42a所示的回路中，按下阀1按钮，则气信号经阀2至阀4的左或右控制端使气缸活塞伸出或退回。阀4换位取决于阀2的位置，而阀2的换位又取决于阀3和阀5。如图所示，当按下阀1时，气信号经阀2至阀4的左端，使阀4换至左位，同时使阀5切断气路，此时活塞向外伸出；当阀1复位后，原通入阀4左控制端的气信号经阀1排空，阀5复位，于是气缸无杆腔的气经阀5至阀2左端，使阀2换至左位等待阀1的下一次信号输入。当阀1第二次按下后，气信号经阀2的左位至阀4的右端，使阀4换至右位，活塞退回，同时阀3将气路切断。待阀1复位后，阀4右控制端的气信号经阀2、阀1排空，阀3复位，并将气导致阀2左端使其换位至右位，又等待阀1下一次信号输入。这样，第1、3、5…次（奇数）按压阀1，则活塞伸出；第2、4、6…次（偶数）按压阀1，则使活塞退回。

图11-42b所示的计数压力与图11-42a相同，不同的是按压阀1的时间不能过长，只要使阀4切换后就放开，否则气信号将经阀5或阀3通至阀2左或右控制端，使阀2换位，气缸反行，从而使气缸来回振荡。

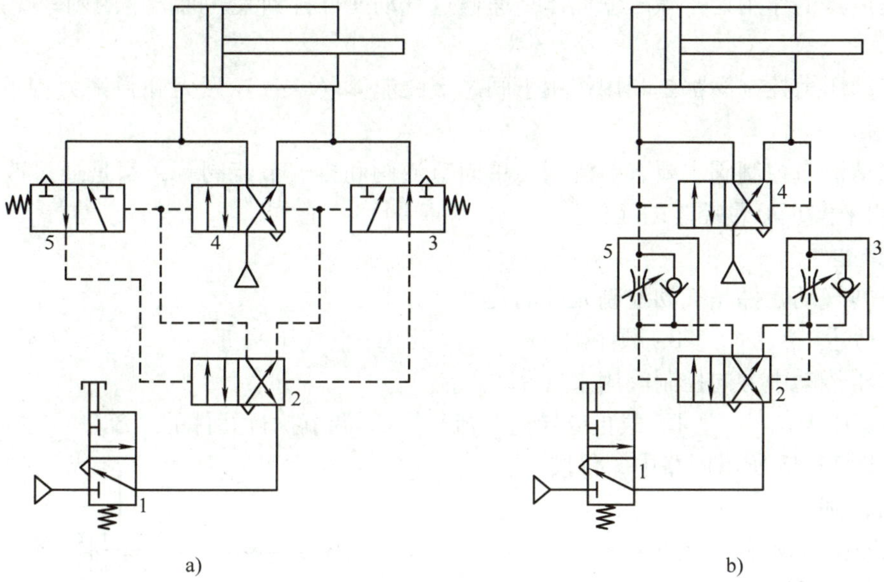

图11-42　计数回路

◇◇◇ 自我评价11

1. 填空题

1）与门型梭阀又称________。

2）气动控制元件按其功能和作用分为________控制阀、________控制阀和________控制阀三类。

3）气动单向型控制阀包括________、________、________和快速排气阀。其中

________与液压单向阀类似。

4）气动压力控制阀主要有________、________和________。

5）气动流量控制阀主要有________、________、________等，都是通过改变控制阀的通流面积来实现流量控制的元件。

6）气动系统因使用的功率都不大，所以主要的调速方法是________。

7）在设计任何气动回路，特别是安全回路时，都不可缺少________和________。

2. 判断题

1）快速排气阀的作用是将气缸中的气体经过管路由换向阀的排气口排出。（　　）

2）每台气动装置的供气压力都需要减压阀来减压，并保证供气压力的稳定。（　　）

3）在气动系统中，与门型梭阀的连接功能相当于“或”元件。（　　）

4）快排阀使执行元件的运动速度达到最快而使排气时间最短，因此需要将快排阀安装在方向控制阀的排气口。（　　）

5）双气控及双电控二位五通方向控制阀具有保持功能。（　　）

6）气压控制换向阀是利用气体压力来使主阀运动而使气体改变方向的。（　　）

7）消声器的作用是排除压缩气体高速通过气动元件排到大气时产生的刺耳噪声污染。（　　）

8）气动压力控制阀都是利用作用于阀芯上的流体（空气）压力和弹簧力相平衡的原理进行工作的。（　　）

9）气动流量控制阀主要有节流阀、单向节流阀和排气节流阀等，都是通过改变控制阀的通流面积来实现流量控制的元件。

3. 选择题

1）下列气动元件是气动控制元件的是（　　）。

A. 气马达　　B. 顺序阀　　C. 空气压缩机

2）气压传动中方向控制阀用来（　　）。

A. 调节压力　　B. 截止或导通气流　　C. 调节执行元件的气流量

3）在图11-43所示回路中，仅按下P_{S3}按钮，则（　　）。

A. 压缩空气从S_1口流出

B. 没有气流从S_1口流出

C. 如果P_{S2}按钮也按下，气流从S_1流出

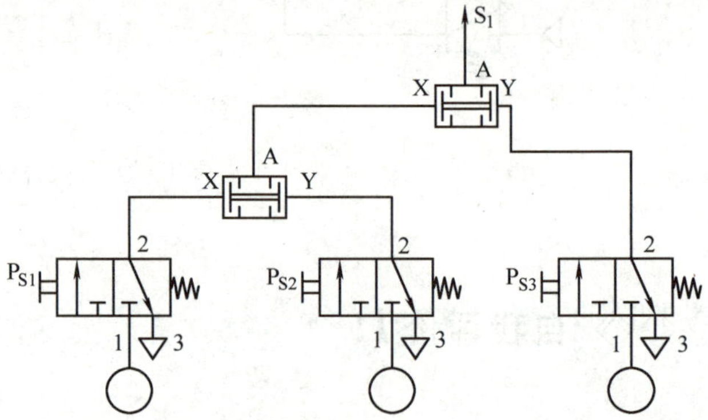

图　11-43

4. 简答题

1）气动系统中常用的压力控制回路有哪些？

2）延时回路相当于电气元件中的什么元件？

3）比较双作用缸的节流供气和节流排气两种调速方式的优缺点和应用场合。

4）为何在安全回路中都不可缺少过滤装置和油雾器？

项目12　气动系统的构建与应用

学习目标

通过本项目的学习，学生应掌握气压传动系统中各元件的功能、作用，形成应用基本回路分析、解决问题的能力和组建简单气动系统的能力。具体目标是：

1）能识读气压传动系统图，能正确识别气压基本回路。

2）掌握典型气压回路中各元件的作用和相互联系。

3）能运用气压传动基本知识，正确分析与操作典型的气压系统。

4）能正确分析和总结典型的气压传动系统的特点。

5）能正确组装并调试气压系统，能运用工作机构相关技术资料设计简单气压回路。

任务12.1　机床工件夹紧气动系统的控制回路

任务引入

在现代化的生产中，工件的夹紧固定装置主要采用液压或气压两种。在切削机床中工件夹紧过程的精度和重复性就直接影响着机械运动的精确度。

本任务就是通过观察与分析机床工件夹紧工作过程，了解气压技术在机械加工机床中的应用，熟悉工件夹紧工作过程，正确分析其气动系统并掌握气动基本回路，正确操作机床工件夹紧系统，为机床日常维护打好基础。

任务分析

图12-1为机床夹具的工件夹紧工作流程。其动作循环是：垂直气缸A活塞杆下降将工件夹紧，两侧的气缸B和C活塞杆再同时前进，对工件进行两侧夹紧，然后进行钻削加

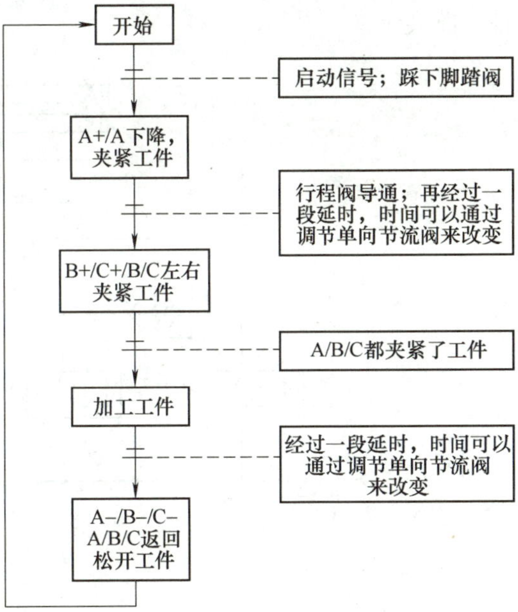

图12-1　机床夹具的工件夹紧工作流程

A—气缸A　B—气缸B　C—气缸C

+—脚踏阀踩下　–—脚踏阀抬起

工，最后夹紧缸退回，松开工件。通过分析工件夹紧气动系统回路，掌握单向节流阀及双向节流调速回路控制。通过气动行程阀、手动换向阀 、减压阀等元器件设计相关回路，对系统进行控制。

相关知识

12.1.1　气动回路的符号表示方法

1. 气动系统回路图表示法

在实际工程中，气动系统回路图是用气动元件图形符号绘制而成的，故应熟悉和了解前述所有气动元件的功能、符号与特性。用气动符号绘制的回路图可分为定位和不定位两种表示法。

定位回路图以系统中元件实际的安装位置绘制，这种方法使工程技术人员容易看出阀的安装位置，便于维修保养，如图 12-2 所示。

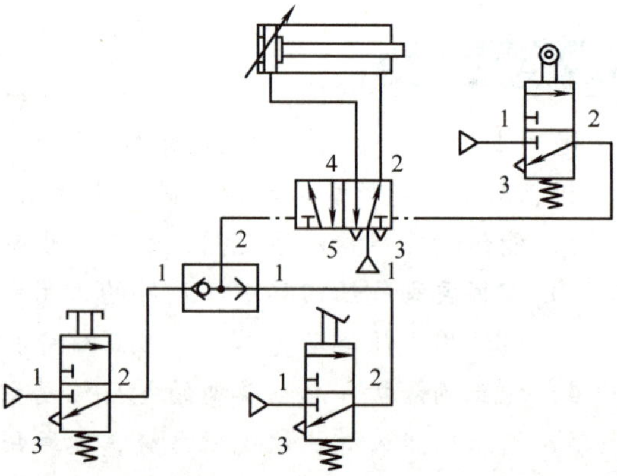

图 12-2　定位回路图

不定位回路图不按元件的实际位置绘制，而且根据回路信号的流动方向，从下向上绘制，各元件按功能分类排列，依次顺序为气源系统、信号输入元件、信号处理元件、控制元件和执行元件，如图 12-3 所示。一般采用这种回路表示法。

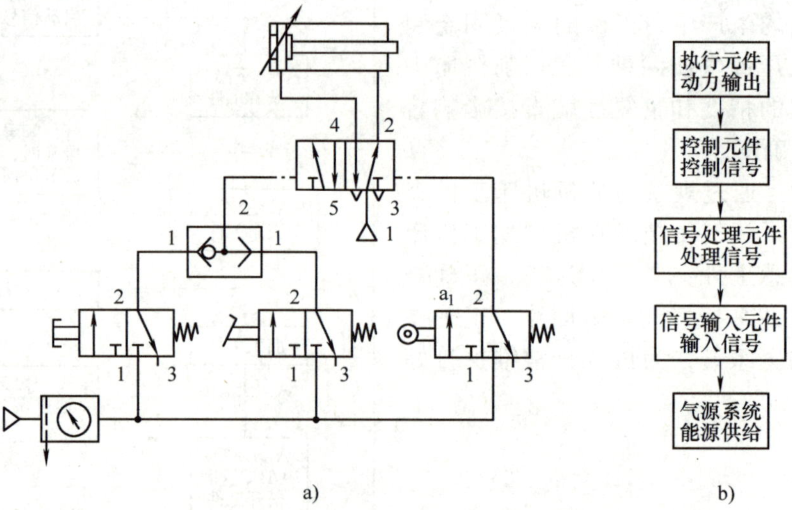

图 12-3　不定位回路图

a）示例　b）气动元件信号流

为了分清气动元件与和气动回路的对应关系，需要给出全系统控制链中信号流和元件之间的对应关系，如图 12-4 所示，掌握这些关系，对于分析和设计气动程序控制系统非常重要。

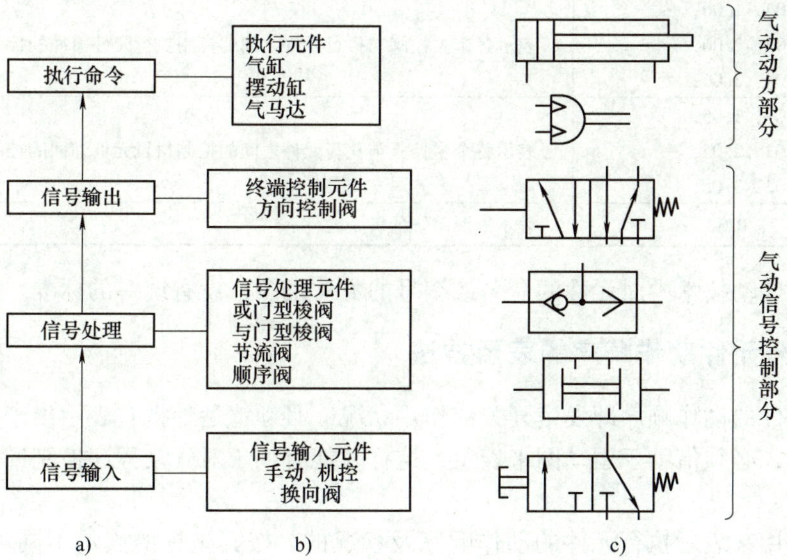

图 12-4　全气动系统中信号流和气动元件之间的关系

a）信号流　b）气动元件　c）图形符号

2. 气动元件的命名和编号

（1）数字命名　元件按控制链分成几组，每一个执行元件连同相关的阀称为一个控制链，0 组表示能源控制元件，1、2 组代表独立的控制链。

A—执行元件；V—控制元件；S—输入元件；Z—气源系统。

（2）英文字母命名　英文字母常用于气动系统的设计，大写字母表示执行元件，小写字母表示信号元件。如：A、B、C 等代表执行元件；a_1、b_1、c_1 等代表执行元件在伸出位置时的行程开关；a_0、b_0、c_0 等代表执行元件在缩回位置时的行程开关。

（3）数字表示　一些企业用数字对元件进行编号，表 12-1 列出气动系统回路中元件的数字编号规定，从中不但能清楚地表示各个元件，而且能表示出各个元件在系统中的作用及对应关系。

表 12-1　气动系统回路中元件的数字编号规定

数字符号	表示含义及规定
1.0，2.0，3.0，…	表示各个执行元件
1.1，2.1，3.1，…	表示各个执行元件的末级控制元件（主控制）
1.2，1.4，1.6，… 2.2，2.4，2.6，… 3.2，3.4，3.6，…	表示控制各个执行元件前冲的控制元件
1.3，1.5，1.7，… 2.3，2.5，2.7，… 3.3，3.5，3.7，…	表示各个执行元件回缩的控制元件

（续）

数字符号	表示含义及规定
1.02，1.04，1.06，… 2.02，2.04，2.06，… 3.02，3.04，3.06，…	表示各个主控阀与执行元件之间的控制执行元件前冲的控制元件
1.01，1.03，1.05，… 2.01，2.03，2.05，… 3.01，3.03，3.05，…	表示各个主控阀与执行元件之间的控制执行元件缩回的控制元件
0.1，0.2，0.3，…	表示气源系统的各个元件

目前，在气动技术中对元件的命名或编号的方法很多，没有统一的标准。

12.1.2　执行元件动作顺序的表示方法

对执行元件的动作顺序即发信开关的作用状况，必须清楚地把它表示出来，尤其是对复杂顺序及状况，必须借助于运动图来表示，这样才能有助于对气动程序控制回路图的分析与设计。

运动图是用来表示执行元件的动作顺序及状况的，按其坐标的表示不同可分为位移-步骤图和位移-时间图。

1. 位移-步骤图

位移-步骤图描述了控制系统中执行元件的状态随控制步骤的变化规律。图中的横坐标表示步骤，纵坐标表示位移（气缸的动作）。如，A、B两个气缸的动作顺序为A+B+A-B-（A+表示A气缸伸出，B-表示B气缸缩回），则气位移-步骤图如图12-5所示。

2. 位移-时间图

位移-步骤图仅表示执行元件的动作顺序，而执行元件动作的快慢则无法表示出来。位移-时间图是描述控制系统中的执行元件的状态随时间的变化规律的。如图12-6所示，图中的横坐标表示时间，纵坐标表示位移，从该图中可以清楚地看出执行元件动作的快慢。

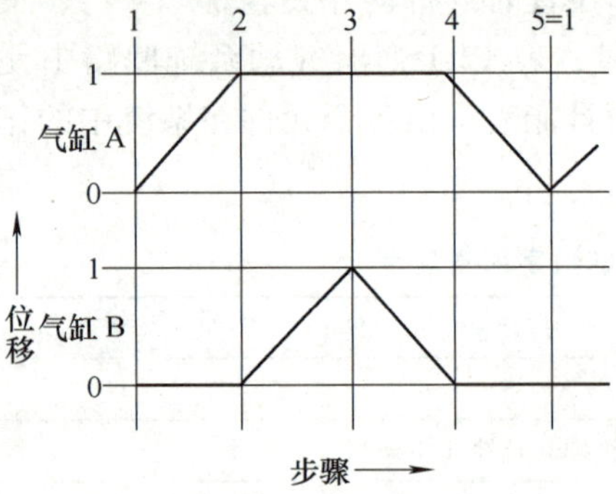

图12-5　位移-步骤图

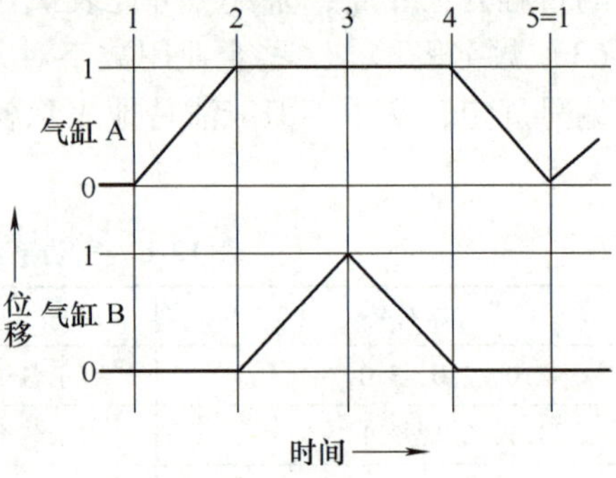

图12-6　位移-时间图

12.1.3　机床工件夹紧气动系统的控制

图12-7所示为机床夹具的工件夹紧气动系统。当工件运行到指定位置后，气缸A的活塞杆伸出，将工件定位锁紧后，再将两侧的气缸B和C的活塞杆同时伸出，从两侧面夹紧

工件，实现夹紧，而后进行机械加工。加工任务完成后，通过换向阀使各夹紧缸活塞退回原位。

其工作原理是：当用脚踏下脚踏换向阀1后，压缩空气经单向节流阀进入气缸A的无杆腔，夹紧头下降到锁紧位置后使机动行程阀2换向，压缩空气经单向节流阀5进入阀6的右侧，使阀6换向，压缩空气经阀6通过主控阀4的左位进入气缸B和C的无杆腔，两气缸同时伸出。与此同时，压缩空气的一部分经单向节流阀3调定延时后使主控阀换向到右侧，则两气缸B和C返回。在两气缸返回的过程中，有杆腔的压缩空气使脚踏换向阀1复位，则气缸A返回，此时由于机动行程阀2复位（右位），所以中继阀6也复位。由于阀6复位，气缸B和C的无杆腔通大气，主控阀4自动复位，由此完成一个缸A压下（A_1）→夹紧缸B和C伸出夹紧（B_1、C_1）→夹紧缸B和C缩回（B_0、C_0）→缸A返回（A_0）的动作循环。此回路只有再踏下换向阀1，才能开始下一个工作循环。

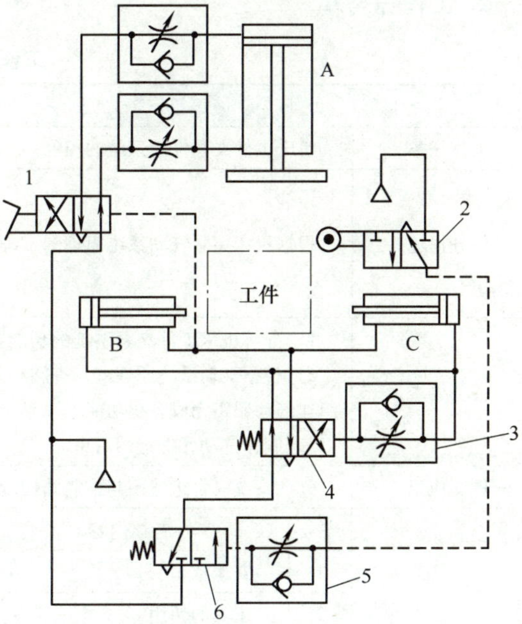

图12-7 机床夹具的工件夹紧气动系统

1—脚踏换向阀 2—机动行程阀 3、5—单向节流阀 4—主控阀 6—中继阀

气动夹紧系统回路还可用于压力加工和剪断加工。

气动夹紧系统回路控制阀动作顺序见表12-2。

表12-2 气动夹紧系统回路控制阀动作顺序表

动作		脚踏阀1	机动行程阀2	主控阀4	气控换向阀6
气缸A	夹紧头伸出	踏下+（左位）			
	夹紧头缩回	-（右位）			
气缸B	伸出（夹紧工件）	踏下+（左位）	+	-（左位）	+
	缩回	-（右位）	+	+（右位）	+
气缸C	伸出（夹紧工件）	踏下+（左位）	+	-（左位）	+
	缩回	-（右位）	+	+（右位）	+

任务实施12.1 机床工件夹紧气动系统的控制

1. 气压传动系统组装与运行

机床工件夹紧气动系统基本回路主要有换向回路、调速回路、双缸同时操作回路等。在教师指导下可以进行如下气压基本回路的实训。

1）减压回路：组装一级减压回路或二级减压回路，观察系统压力的变化情况。

2）节流调速回路：采用节流阀、调速阀和单向调速阀控制气缸活塞的移动速度。

3）换向回路：观察换向回路的功能。

4）多缸控制回路：用两个气缸组装气缸控制回路，进行多缸回路的操作与控制实训。

2. 工作任务单

工作任务单

姓名		班级		组别		日期	
工作任务	机床工件夹紧气动系统的控制						
任务描述	根据机床夹紧气动系统原理图，确定使用的气动元件的规格型号，组建气动回路完成系统功能						
任务要求	1）分析机床工件夹紧系统的功能要求 2）根据气动系统原理图，查阅相关设计手册，确定使用气动控制元件与执行元件等规格型号，组建气动回路完成系统功能 3）制作气动元件选用清单						
提交成果	气动系统实物组建图与控制阀控制顺序表						
考核评价	序号	考核内容	评分	评分标准	得分		
	1	安全意识	20	遵守安全规章、制度			
	2	工具的使用	10	工具使用正确			
	3	气动系统的组建	30	完成气动系统组建			
	4	控制阀顺序动作表	30	控制阀顺序动作正确			
	5	团队协作	10	与他人合作有效			
指导教师			总分				

任务 12.2　气-液动力滑台气动系统的控制

任务引入

在液压传动部分已经介绍过机床液压动力滑台，本任务主要分析气-液动力滑台。气-液动力滑台是采用气-液阻尼缸作为执行元件，由于在它的上面可安装单轴头、动力箱或工件，因而在机械设备中常用来作为实现进给运动的部件。该气-液动力滑台能完成两种工作循环。

任务分析

气-液动力滑台气动系统是主要使用气液增压缸的增压回路。它一方面完成快进→慢进（工进）→快退→停止，另一方面完成快进→慢进（工进）→慢退→快退→停止。图 12-8 所示为气液增压缸外形图。

图 12-8　气液增压缸外形图

相关知识

12.2.1　气-液联动回路的工作原理

气-液联动是以气压为动力，利用气-液转换器把气压传动变为液压传动，或采用气-液阻尼缸更平稳和有效地控制运动速度的气压传动，或使用气-液增压器来使动力增大等。气-液联动回路的装置简单，经济实用，可靠性高。

1. 气-液转换速度控制回路

图 12-9 所示为气-液转换速度控制回路，它利用气-液转换器Ⅰ、Ⅱ将气压变成液压，利用液压油驱动液压缸，从而得到平稳易控制的活塞运动速度，调节节流阀的开度，就可以改变活塞的运动速度。这种回路充分发挥了气动供气方便和液压速度容易控制的特点。

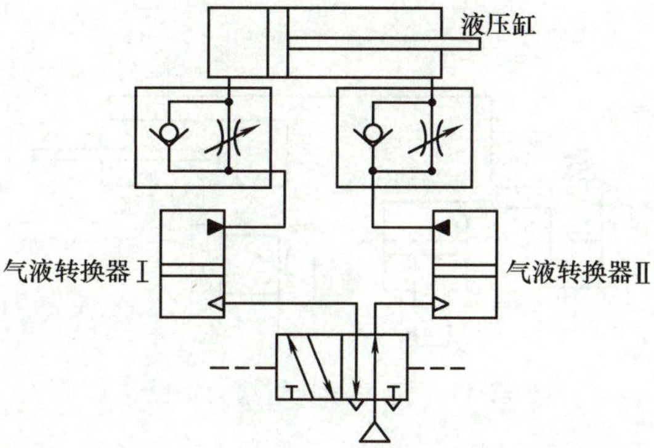

图 12-9　气-液转换速度控制回路

2. 气-液阻尼缸速度控制回路

图 12-10 所示为气-液阻尼缸速度控制回路。图 12-10a 为慢进快退回路，改变单向节流阀的开度，即可控制活塞前进速度。活塞返回时，气-液阻尼缸中液压缸的无杆腔的油液通过单向阀快速流入有杆腔，故返回速度较快，高位油箱起补充泄漏油液的作用。图 12-10b 所示为能实现机床工作循环中常用的快进→工进→快退的动作。当有 K_2 输出信号时，五通阀换向，活塞向左运动，液压缸无杆腔中的油液通过 a 口进入有杆腔，气缸快速向左前进；当活塞的 a 口关闭时，液压缸无杆腔中的油液被迫从 b 口经节流阀进入有杆腔，活塞工作进给；当 K_1 信号消失，有 K_2 输入信号时，五通阀换向，活塞向右快速返回。

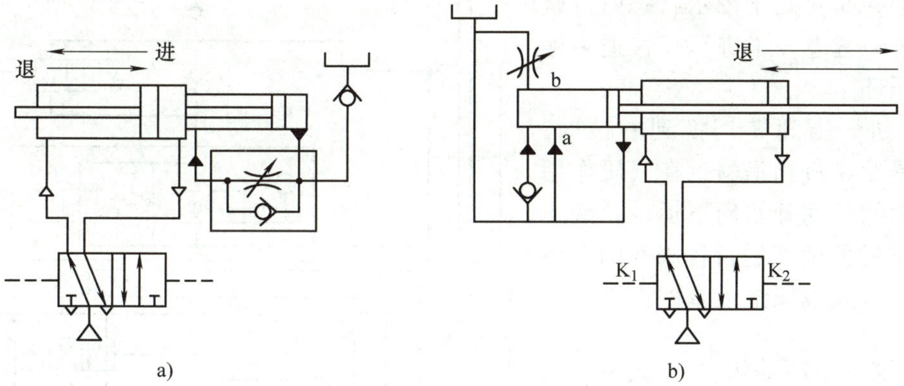

图 12-10　气-液阻尼缸速度控制回路

3. 气-液增压缸增力回路

图 12-11 所示为利用气-液增压缸把较低的气压变为较高的液压力，以提高气-液缸的输出力的回路。

4. 气-液缸同步动作回路

图 12-12 所示为气-液缸同步动作回路。该回路的特点是将油液密封在回路之中，油路和气路串接，同时驱动 1、2 两个缸，使两者的运动速度相同，但这种回路要求缸 1 无杆腔的有效面积必须和缸 2 的有杆腔面积相等。在设计和制造中，要保证活塞与缸体之间的密

封，回路中的截止阀 3 与放气口相接，用于放掉混入油液中的空气。

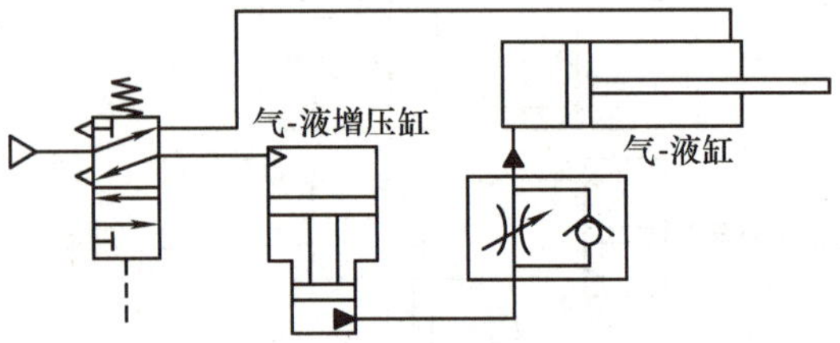

图 12-11　气-液增压缸增力回路

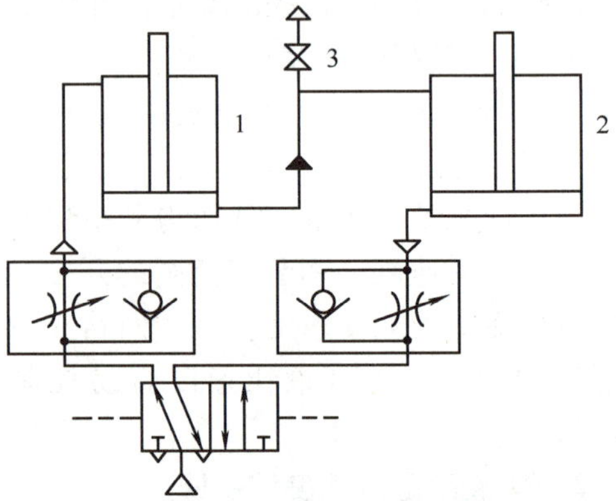

图 12-12　气-液缸同步动作回路

1、2—气-液缸　3—截止阀

12.2.2　气-液动力滑台气动系统的控制

图 12-13 所示为气-液动力滑台气压传动系统的工作原理，图中带定位机构的手动阀 1、行程阀 2 和手动阀 3 组合成一个组合阀块，阀 4、5 和 6 为一个组合阀，补油箱 10 是为了补偿系统中的漏油而设置的，一般可用油杯来代替。

该气-液动力滑台能完成两种工作循环，下面对其做简单介绍。

1. 快进→慢进（工进）→快退→停止

当图中的阀 4 处于图示状态时，就可实现快进→慢进（工进）→快退→停止的动作循环。

1）快进。当阀 3 切换到右位时，实际上就是给予进给信号，在气压作用下，气缸中的活塞开始向下运动，液压缸中活塞下腔的油液经行程阀 6 的左位和单向阀 7 进入液压缸活塞的上腔，实现快进。

2）慢进（工作进给）。当快进到活塞杆上的挡铁 B 切换行程阀 6（使之处于右位）后，油液只能经节流阀 5 进入活塞上腔，调节节流阀的开度，即可调节气-液阻尼缸运动速度，所以活塞开始慢进。

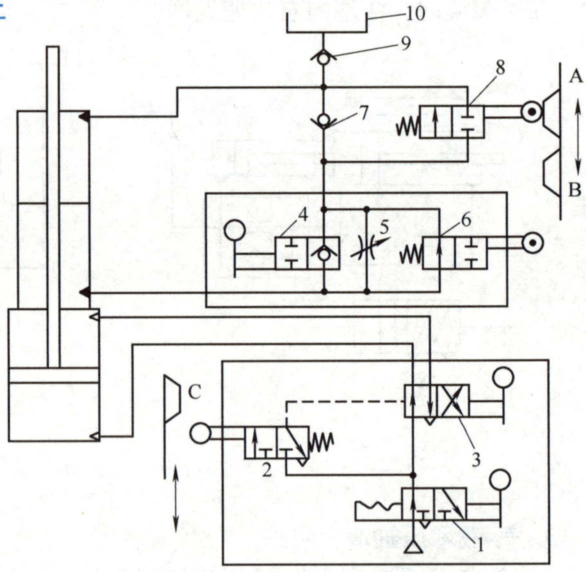

图 12-13　气-液动力滑台气压传动系统

1、2、3、4—手动阀　5—节流阀　6、8—行程阀　7、9—单向阀　10—补油箱

3）快退。当慢进到挡铁 C 使行程阀 2 复位时，输出气信号使阀 3 切换到左位，这时，气缸活塞开始向上运动，液压缸活塞上腔的油液经阀 8 的左位和手动阀 4 中的单向阀进入液压缸下腔，实现快退。

4）停止。当快退到挡铁 A 切换阀 8 而使油液通道被切断时，活塞便停止运动。所以改变挡铁 A 的位置，就能改变“停”的位置。

2. 快进→慢进→慢退→快退→停止

当手动阀 4 关闭（处于左位）时，就可以实现快进→慢进→慢退→快退→停止的双向进给程序，其动作循环中的快进→慢进的动作原理与上述相同。

1）慢退（反向进给）。当慢进至挡铁 C 切换行程阀 2 至左位时，输出气信号使阀 3 切换到左位，气缸活塞开始向上运动，这时液压缸活塞上腔的油液经行程阀 8 的左位和节流阀 5 进入活塞下腔，实现慢退。

2）快退。慢退到挡铁 B 离开阀 6 的顶杆而使其复位（处于左位）后，液压缸活塞上腔的油液就经阀 6 左位而进入活塞下腔，开始快退。

3）停止。快退到挡铁 A 切换阀 8 而使油液通路被切断时，活塞就停止运动。

任务实施 12.2　气-液动力滑台气动系统的组装与运行

1. 气压系统的组装与运行

1）气-液动力滑台气压传动系统基本回路主要有气-液增压回路、调速回路、换向回路等。在教师指导下可以进行气压基本回路的实训。

2）组装并运行气-液增压回路。

3）观察运行情况，对使用中遇到的问题进行分析和解决。

2. 工作任务单

工作任务单

<table>
<tr><th>姓名</th><th></th><th>班级</th><th></th><th>组别</th><th></th><th>日期</th><th></th></tr>
<tr><td>工作任务</td><td colspan="7">气-液动力滑台气动系统的组装与运行</td></tr>
<tr><td>任务描述</td><td colspan="7">分析气-液动力滑台气动系统要求和系统原理图，设计气动回路，并组建气动系统</td></tr>
<tr><td>任务要求</td><td colspan="7">1）分析气-液动力滑台气动系统的功能要求，明确组建气动系统的要求
2）根据气动系统原理图，查阅相关设计手册，确定使用气动控制元件与执行元件等规格型号
3）分组组建气动系统，展示并展开讨论，最后完善组建气动系统</td></tr>
<tr><td>提交成果</td><td colspan="7">气动系统实物组建图与控制阀控制顺序表</td></tr>
<tr><td rowspan="6">考核评价</td><td>序号</td><td colspan="2">考核内容</td><td>评分</td><td colspan="2">评分标准</td><td>得分</td></tr>
<tr><td>1</td><td colspan="2">安全意识</td><td>20</td><td colspan="2">遵守安全规章、制度</td><td></td></tr>
<tr><td>2</td><td colspan="2">工具的使用</td><td>10</td><td colspan="2">工具使用正确</td><td></td></tr>
<tr><td>3</td><td colspan="2">气动系统的组建</td><td>30</td><td colspan="2">完成气动系统组建</td><td></td></tr>
<tr><td>4</td><td colspan="2">控制阀顺序动作表</td><td>30</td><td colspan="2">控制阀顺序动作正确</td><td></td></tr>
<tr><td>5</td><td colspan="2">团队协作</td><td>10</td><td colspan="2">与他人合作有效</td><td></td></tr>
<tr><td>指导教师</td><td colspan="3"></td><td colspan="3">总分</td><td></td></tr>
</table>

任务 12.3　气动钻床程序设计与控制

任务引入

全气动钻床是一种用气动钻削头完成主体运动（主轴的旋转）、再由气动滑台实现进给运动的自动钻床，如图 12-14 所示。根据需要，机床上还可以安装由摆动气缸驱动的回转工作台，这样，一个工位在加工时，另一个工位则装卸工件，使辅助时间与切削加工时间重合，从而提高生产率。

通过观察与分析全气动钻床的工作过程，进一步了解气动钻床在生产中的应用，熟悉气动钻床的操作与工作过程，掌握气动钻床系统控制与操作，为全气动钻床的日常使用和维护打好基础。

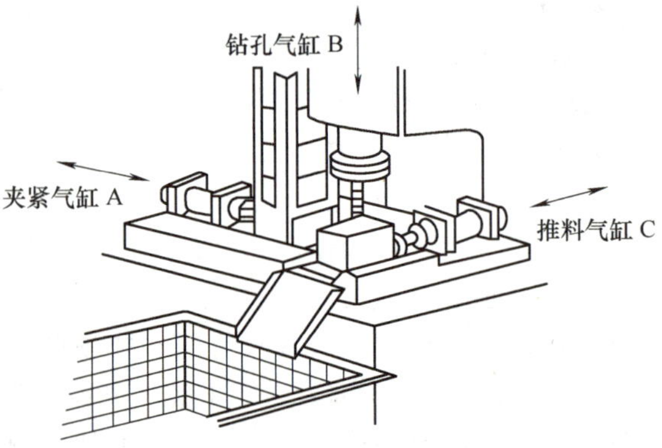

图 12-14　全气动钻床

任务分析

气动钻床气压传动系统是利用气压传动来实现进给运动和送料、夹紧等辅助动作。它共有三个气缸，即送料缸、夹紧缸、钻削缸。全气动钻床控制系统属于多缸单往复行程控制回路，也就是在一个循环程序中，所有的气缸都只做一次往复运动。在设计这样的多缸回路时，一般都是用位移-步骤图、行程程序图引导出信号-动作（X-D 图），通过对信号-动作图的分析，画出逻辑原理图，最终画出气动控制回路图。

相关知识

12.3.1　行程程序控制系统的分类与设计步骤

1. 程序控制的分类

各种自动机械或自动生产线，大多是按程序工作的。所谓程序控制，就是根据生产过程中位移、压力、时间、温度和液位等物理量的变化，使被控制的执行元件按预定规定的顺序协调动作的一种自动控制方式。根据控制方式的不同，程序控制可分为时间程序控制、行程程序控制和混合程序控制三种。

1）时间程序控制是指各执行元件的动作顺序按时间顺序进行的一种自动控制方式。时间信号通过控制线路，按一定的时间间隔分配给相应的执行元件，令其产生有顺序的动作，它是一种开环的控制系统。

2）行程程序控制一般是一个闭环程序控制系统，它是前一个执行元件动作完成并发出信号后，才允许下一个动作进行的一种自动控制方式。行程程序控制系统包括行程发信装置、执行元件、程序控制回路和动力源等部分。

行程发信装置是一种位置传感器，常用的有行程阀、逻辑“非”等，此外，液面、压力、流量、温度等传感器也可看作行程发信装置；常用的执行元件有气缸、气液缸、气马达、气动阀门、气电转换器等；程序控制回路可以是利用各种气动控制元件组成的回路，也可以是各种逻辑元件组成的各种逻辑控制回路；动力源主要是由产生压缩空气的压缩机、净化空气的空气过滤器、干燥器、积蓄压缩空气的储气罐、稳压装置的调压阀、给油系统的油雾器等组成。

行程程序控制的优点是结构简单、维修容易、动作稳定，特别是当程序中某节拍出现故障时，整个程序就停止进行而实现自动保护。为此，行程程序控制方式在气动系统中被广泛采用。

3）混合程序控制通常都是在行程程序控制系统中包含了一些时间信号，若将时间信号也作为行程信号的一种，它实际上也属于一种行程程序控制。

2. 行程程序控制系统设计步骤

行程程序控制系统在气压作用中被广泛采用，其设计步骤如下：

（1）明确工作任务和环境要求

1）工作环境的要求，如湿度、粉尘、易燃、易爆、冲击及振动情况。

2）动力要求输出力和转矩的情况。

3）运动状态要求，执行元件的运动速度、行程和回转角速度等。

4）工作要求，即完成工艺或生产过程的具体程序。

5）控制方式要求，即手动、自动等控制方式。

（2）回路设计　回路的设计是整个气动控制系统的核心，其设计步骤如下：

1）根据工作任务要求列出工作程序，包括用几个执行元件、动作顺序及执行元件的形式。

2）根据程序画出信号-动作（X-D）状态图或卡诺图等。

3）找出障碍并排除障碍。

4）画出逻辑原理图和气动回路图。

（3）选择和计算执行元件

1）确定执行元件的类型和数目。

2）计算和选定各运动和结构参数，即运动速度、行程、角速度、输出力、转矩、气缸的缸径等。

3）计算耗气量。

（4）选择控制元件

1）确定控制元件的类型及数目。

2）确定控制方式及安全保护回路。

（5）选择气动辅助元件

1）选择过滤器、油雾器、储气罐、干燥器等的形式及容量。

2）确定管径及管长、管接头的形式。

3）验算各种阻力损失。

（6）根据执行元件的耗气量，定出压缩机的容量及台数

按上述步骤进行，即可设计出比较完整的气动控制系统。

12.3.2　行程程序回路设计

多缸单往复行程程序控制回路是指在一个循环程序中，所有的气缸都只做一次往复运动。常用的行程程序回路设计方法有信号-动作（X-D）状态图法和卡诺图法。这里只介绍X-D状态图法。用这种方法设计行程程序控制回路控制准确、回路简单、使用和维护方便。

1. 行程程序回路设计步骤

行程程序设计主要是为了解决信号和执行元件动作之间的协调和连接问题。下面介绍用

X-D 状态图法设计行程程序控制回路的步骤。

1）根据生产自动化的要求列出工作程序或工作程序图。

2）绘制 X-D 状态图。

3）寻找障碍信号并排除，列出所有执行元件控制信号的逻辑表达式。

4）绘制逻辑原理图。

5）绘制气动回路原理图。

2. X-D 状态图法中的规定符号

为了准确描述气动程序动作、信号及相位间的关系，必须用规定的符号、数字来表示。

1）把所用的气缸排成次序用 A、B、C、D…字母表示，字母下标为“1”或“0”，“1”表示气缸活塞杆伸出，“0”表示活塞杆缩回。

2）用与各气缸对应的小写字母 a、b、c、d…表示相应的行程阀发出的信号，其下标“1”表示活塞杆伸出时发出的信号，下标“0”表示活塞杆退回时发出的信号。

3）控制气缸换向的主控制阀，也用与其控制的缸所相应的文字符号表示。如 A 气缸的主控制阀也用 A 表示。

4）经过逻辑处理而排除障碍后的执行信号在右上角加“ * ”，如a_1^*、a_0^* 等，而不带“ * ”号的信号则为原始信号，如a_1、a_0 等。

3. X-D 状态图的画法

X-D 状态图是一种图解法，它可以把各个控制信号的存在状态和气动执行元件的工作状态清楚地用图线表示出来，从图中还能分析出障碍信号的存在状态，以及消除信号障碍的各种可能。

（1）画方格图　从左至右画方格，并在方格的顶上依次填上程序序号 1、2、3、4 等，在序号下面填上相应的动作状态 A_1、B_1、B_0、A_0，在最右边留一栏填写“执行信号”。在方格图最左边纵栏由上至下填上控制信号及控制动作专题组的序号（简称 X-D 组）1、2、3 等。每个 X-D 组包括上下两行，上行为行程信号行，下行为该信号控制的动作状态，如 a_0（A_1）表示控制 A_1 的动作信号是 a_0。下面的备用格可根据具体情况填入中间记忆元件（辅助阀）的输出信号、障碍信号及连锁信号等。

（2）画动作状态线（D 线）　用横向粗实线画出各执行元件的动作状态线，动作状态线的起点是该动作程序的开始处，用符号“○”画出，动作状态线的终点用符号“×”画出。动作状态线的终点是该动作状态变化的开始处，例如，缸 A 伸出状态 A_1，变换成缩回状态 A_0，此时 A_1 的动作线的终点必须是在 A_0 的开始处。

（3）画信号线（X 线）　用细实线画各行程信号线，信号线的起点是与同一组中动作状态线的起点相同，用符号“○”画出；信号线的终点是和上一组中产生该信号的动作线终点相同。

（4）分析有无故障信号并排除故障　在 X-D 状态图中，若各信号线均比所控制的动作线短（或等长），则各信号均为无障碍信号；若有某信号线比所控制的动作线长，则该信号为障碍信号，长出的那部分线段就是障碍段，用波浪线表示。

为了使各执行元件能按规定的动作顺序正常工作，设计时必须把有障碍信号的障碍段去掉，使其变成无障碍信号，再由它去控制主控制阀。在 X-D 状态图中，障碍信号表现为控制信号线长于其所控制的动作状态存在时间，所以常用的排除障碍的办法就是缩短信号线长度，使其短于此信号所控制的动作线长度，其实质就是要使障碍段失效或消失。常用的方法有脉冲信号法、逻辑回路法和辅助阀法。

（5）绘制逻辑原理图　气控逻辑原理图是根据 X-D 状态图的执行信号表达式及考虑手动、启动、复位等所画出的连接方框图。画图步骤为：

1）把系统中每个执行元件的两种状态与主控制阀相连后，自上而下一个个地画在图的右侧。

2）把发信器（如行程阀）大致对应其所控制的元件，一个个地列于图的左侧。

3）在图上要反映出执行信号逻辑表达式中的逻辑符号之间的关系，并画出为操作需要而增加的阀（如启动阀）。

（6）气动回路的绘制　根据逻辑原理图可知气动回路所需要的启动阀、行程阀和记忆元件等，并据此画出气动回路图。画气动回路图时，特别要注意的是哪个行程阀为有源元件（即直接与气源相连），哪个行程阀为无源元件（即不能与气源相连），其一般规律是无障碍的原始信号为有源元件，而有障碍的原始信号，若用逻辑回路法排除，则为无源元件；若用辅助法排除，则只需使它们与辅助阀、气源串接即可。

12.3.3　气动钻床气动回路设计

1. 工作程序图

气动钻床气压传动系统要求的动作顺序为

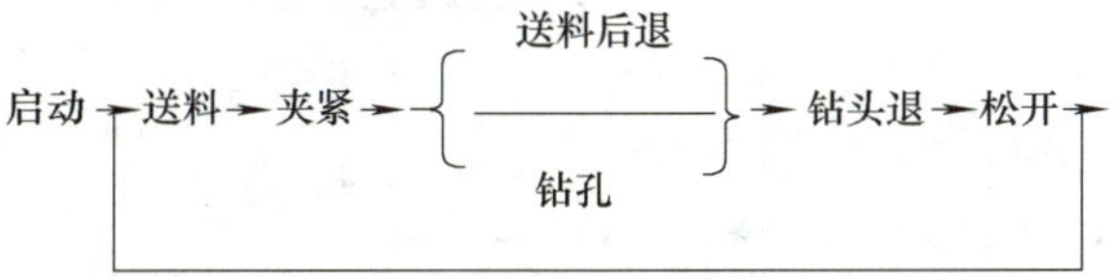

写成工作程序图为

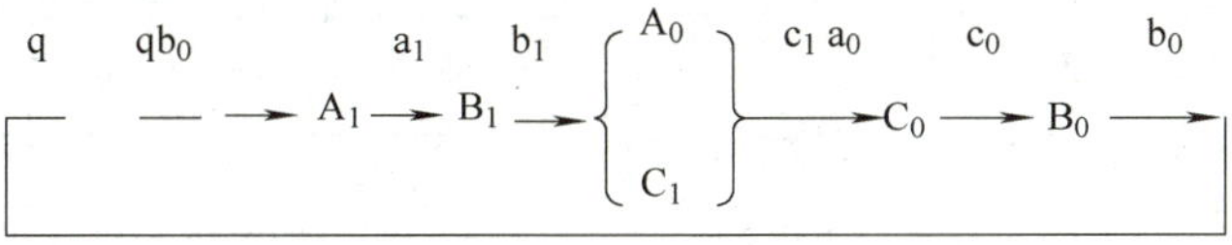

由于送料缸后退（A_0）与钻削缸前进（C_1）同时进行，考虑到 A_0 动作对下一个程序执行没有影响，因而可不设连锁信号，即省去一个发信元件 a_0，这样可克服若 C_1 动作先完成，而动作 A_0 尚未结束时，C_1 等待造成钻头与孔壁相互摩擦，降低钻头寿命的缺点。在工作时只要 C_1 动作完成，立即发信执行下一个动作，而此时动作 A_0 运动尚未结束，但由于控制 A_0 运动的主控阀所具有的记忆功能，A_0 仍可继续动作。

该动作程序可写成简化为

$$A_1B_1\begin{Bmatrix}A_0\\C_1\end{Bmatrix}C_0B_0$$

2. X-D 状态图

按上述的工作程序，可以绘出如图 12-15 所示的 X-D 状态图。由图可知，图中有两个障碍信号 $b_1(C_1)$ 和 $c_0(B_0)$，分别用逻辑线图法和辅助法来排除障碍，消障后的执行信号表达式为：$b_1^*(C_1)=b_1a_1$ 和 $c_0^*(B_0)=c_0K_{b_0}^{c_1}$。

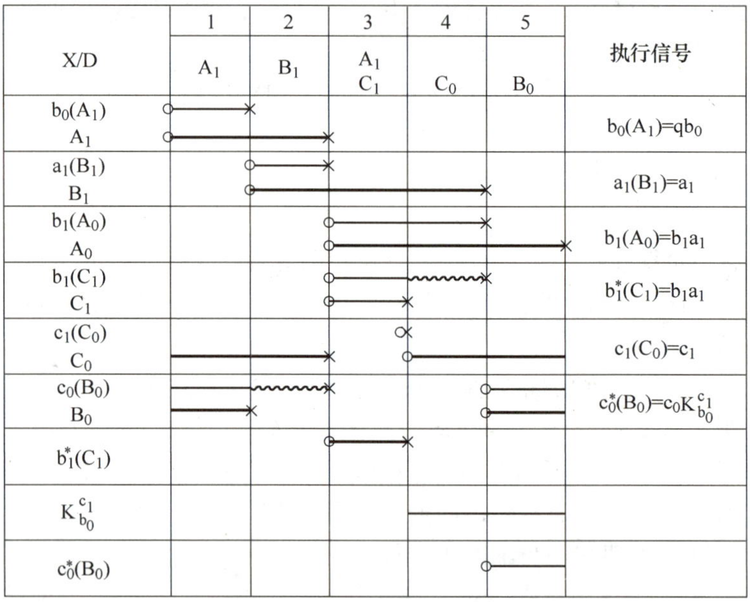

图 12-15　气动钻床 X-D 状态图

3. 逻辑原理图

按照图 12-15 的 X-D 状态图，可以绘出如图 12-16 所示的逻辑原理图，图中右侧列出了三个气缸的六个状态，中间部分用了三个与门元件和一个记忆元件（辅助阀），图中左侧列出的由行程阀、启动阀等发出的原始信号。

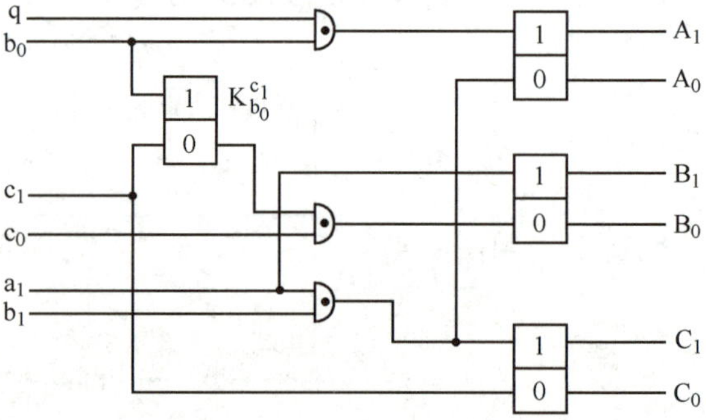

图 12-16　气动钻床逻辑原理图

4. 气动系统原理图

根据图 12-16 的气动钻床逻辑原理图即可绘出该钻床的气压传动系统图，如图 12-17 所示。从图 12-15 的 X-D 状态图中可以看出，a_1、b_0、c_1 均为无障碍信号，因而它们是有源元件，在气动回路图中直接与气源相连接，而 b_1、c_0 为有障碍的原始信号，按照其消除障碍后的执行信号表达式 $b_1^*(C_1)=b_1a_1$ 和 $c_0^*(B_0)=c_0K_{b_0}^{c_1}$可知，原始信号 b_1 为无源元件，应通过 a_1 与气源相接；原始信号 c_0 只需与辅助阀（单记忆元件）、气源串接即可。另外，在设计中省略了 a_0 信号，即 A 缸活塞杆缩回（A_0）结束时它不发信号。

任务实施 12.3　气动钻床程序设计与控制

1. 气动钻床气动操作与控制

1）按下启动阀 q，控制气体启动阀使主阀处于左位，控制气体使 A 缸主控阀左侧有控制信号，并使阀处于左位，A 缸活塞杆伸出，实现动作 A_1（送料）。

2）当 A 缸活塞杆伸出其上的挡铁压下 a_1 时，控制气体使 B 缸的主控阀 b 左侧有控制

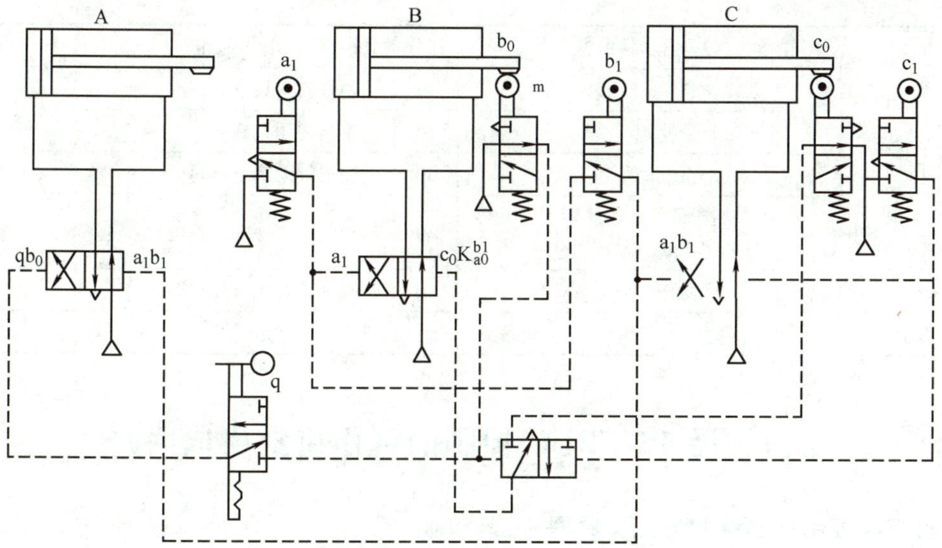

图 12-17 气动钻床气压传动系统图

信号，并使阀处于左位，B 缸活塞杆伸出，实现动作 B_1(夹紧)。

3) 当 B 缸活塞杆伸出其上的挡铁压下 b_1 时（此时 b_0 复位，A 缸主控阀左侧信号消失），控制气体使 A 缸的主控阀 a 右侧有控制信号，并使阀处于右位，A 缸活塞杆缩回，实现动作 A_0(送料后退)。

同时，控制气体也使 C 缸主控阀 c 左侧有控制信号，并使阀处于左位，C 缸活塞杆伸出，实现动作 C_1(钻孔)。

4) 当 C 缸活塞杆伸出其上的挡铁压下 c_1 时（此时 c_0 复位），控制气体使缸 C 的主控阀 c 右侧有控制信号并使阀处于右位，C 缸活塞杆缩回，实现动作 C_0(钻头后退)。

5) 当 C 缸活塞杆缩回其上的挡铁压下 c_0 时，控制气体使 B 缸的主控阀 b 右侧有控制信号，并使阀处于右位，B 缸活塞杆缩回，实现动作 B_0(松开)。

6) 当 B 缸活塞杆缩回其上的挡铁再次压下 b_0 时，控制气体经主阀使 A 缸的主控阀左侧产生控制信号，并使阀处于左位，A 缸活塞杆再次伸出，实现动作 A_1，于是重新开始下一个工作循环。

2. 工作任务单

工作任务单

姓名		班级		组别		日期	
工作任务	气动钻床程序设计与控制						
任务描述	分析气动钻床系统功能要求，结合气动基本回路组建气动系统						
任务要求	1）明确气动钻床系统的功能要求，明确组建气动系统的要求 2）分组组建气动系统方案设计，并查阅相关设计手册，确定使用气动控制元件与执行元件等规格型号 3）各组展示组建的气动系统并展开讨论，最后完善组建气动系统，调试系统功能						
提交成果	气动系统实物组建图与控制阀动作顺序表						

（续）

	序号	考核内容	评分	评分标准	得分
考核评价	1	安全意识	20	遵守安全规章、制度	
	2	工具的使用	10	工具使用正确	
	3	气动系统的组建	30	完成气动系统组建	
	4	动作顺序条理清晰，各元器件的工作状态描述清楚	30	控制阀顺序动作正确	
	5	团队协作	10	与他人合作有效	
指导教师				总分	

知识拓展 12　PLC 控制的单作用缸换向回路

1. 可编程控制器的结构与工作原理

可编程序控制器，简称 PLC，是近年来发展迅速、应用十分广泛的控制装置。由于 PLC 价格低廉、功能齐全、操作简单、适用性强，因此广泛地应用于自动化系统的各个领域。PLC 可直接与液压、气动、机电设备和自动化仪表等组成控制系统，加速了机电液一体化技术的发展。

（1）PLC 的结构及各部分作用　PLC 的类型很多，功能和指令系统也不尽相同，但结构和工作原理大同小异，通常由主机、输入/输出接口、电源、编程器扩展器接口和外部设备接口等几个主要部分组成。

（2）PLC 的工作原理　PLC 是采用“顺序扫描，不断循环”的方式进行工作的，即在 PLC 运行时，CPU 根据用户按控制要求编制好并存于用户存储器中的程序，按指令步序号（或地址号）做周期性循环扫描，若无跳转指令，则从第一条指令开始逐条执行用户程序，直至程序结束。然后重新返回第一条指令，开始下一轮新的扫描。在每次扫描过程中，还要完成对输入信号的采样和对输出状态的刷新工作。

PLC 扫描一个周期必经输入采样、程序执行和输出刷新三个阶段。

1）PLC 在输入采样阶段：首先以扫描方式按顺序将所有暂存在输入锁存器中的输入端子的通断状态或输入数据读入，并将其写入各对应的输入状态寄存器中，即刷新输入。随即关闭输入端口，进入程序执行阶段。

2）PLC 在程序执行阶段：按用户程序指令存放的先后顺序扫描执行每条指令，执行的结构再写入输出状态寄存器中，输出状态寄存器中所有的内容随着程序的执行而改变。

3）输出刷新阶段：当所有指令执行完毕，输出状态寄存器的通断状态在输出刷新段送至输出锁存器中，并通过一定的方式（继电器、晶体管或晶闸管）输出，驱动相应输出设备工作。

2. 常规控制

采用 PLC 控制的单作用气缸电磁换向回路，是一个启动、保持、停止电路，简称启保停电路。该电路应用非常广泛，电磁阀换向回路如图 12-18 所示，电气控制如图 12-19 所示。

由于单电控三通电磁阀本身没有记忆功能，阀芯的切换需要连续脉冲信号，因而控制电路上必须有自保电路，2 号线上的继电器常开触点 K 为自保电路。

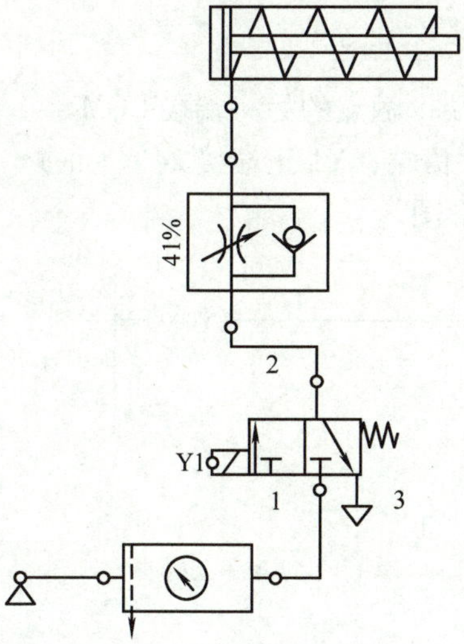

图 12-18 单作用气缸电磁阀换向回路

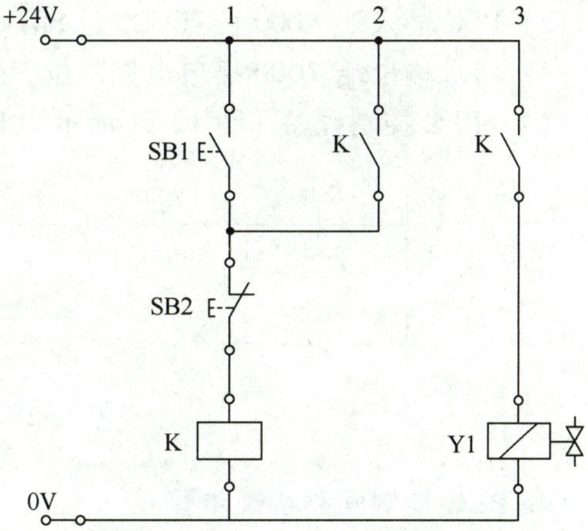

图 12-19 电气控制回路

3. PLC 程序控制

PLC 的程序控制与常规电气控制电路相似，是一个具有启保停控制功能的程序，程序控制接线图如图 12-20 所示。图中 Y000 连接电磁阀 Y1，用以驱动气缸活塞杆的运动与停止。X000 和 X001 分别连接启动按钮 SB1 和停止按钮 SB2。按下 SB1，X000 常开触点接通，Y000 得电并自保；按下停止按钮 SB2，X001 常闭触点断开，Y000 失电。

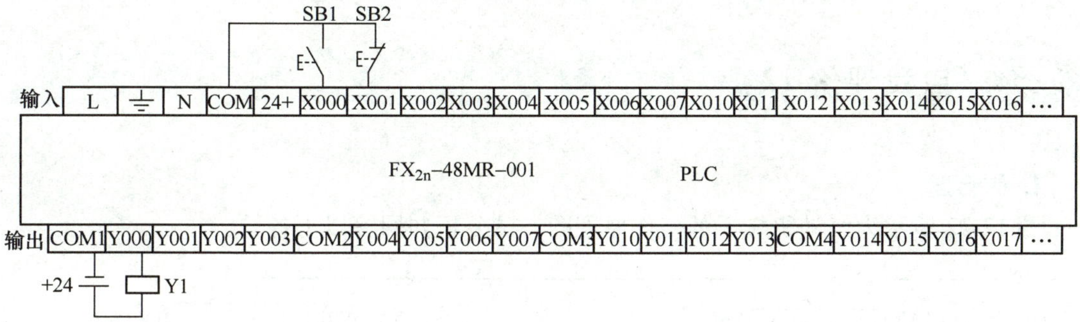

图 12-20 PLC 程序控制接线图

（1）控制要求

1）按下按钮 X000(SB1)，Y000（电磁阀线圈 Y1）通电，电磁阀换向，活塞杆伸出。

2）按下按钮 X001(SB2)，Y000 断电，气缸弹簧使活塞杆复位，活塞杆退回。

（2）端子分配表（见表 12-3）

表 12-3 PLC 输入/输出端子分配表

PLC 地址		功能说明
输入	X000	启动按钮 SB1，控制活塞杆伸出
	X001	停止按钮 SB2，控制活塞杆缩回
输出	Y000	单电控两位三通电磁阀线圈 Y1

(3) 外部接线图

1) PLC 的 COM1 接 24V (负)。

2) PLC 输入端 X000 接点动按钮 SB1 常开触点一端，触点的另一端接 COM。

3) PLC 输出端 Y000 接单电控二位三通电磁阀 Y1 负端，Y1 正端接 24V (正)。

(4) PLC 控制程序　图 12-21 所示为 PLC 控制梯形图。

图 12-21　PLC 控制梯形图

4. PLC 控制回路实现步骤

1) 按照图 12-17 所示选择元件：单出杆单作用气缸、单向节流阀、单电控二位三通换向阀、三联件和连接软管。接好气管，检查气源。

2) 按照图 12-18 和图 12-19 所示，连接 PLC 电路。再按图 12-20 所示，编写 PLC 程序，并下载到 PLC 里。

3) 确认电路连接正确无误，再把三联件的调压旋钮放松，开空压机。

4) 待空压机工作正常后，再次调节三联件的调压旋钮，使回路中的压力在 0.3～0.5MPa 工作压力范围内。

◇◇◇ 自我评价 12

1. 综合题

图 12-22 所示为气动机械手的工作原理图，试分析并回答以下各题。

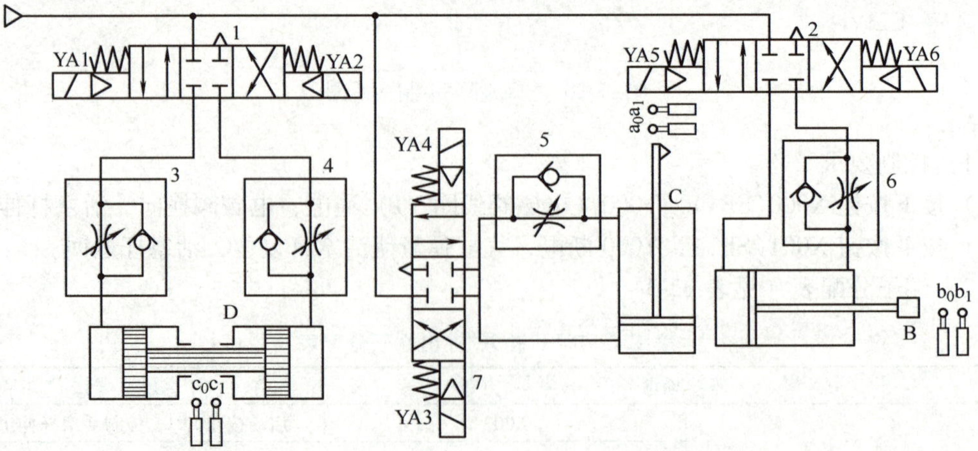

图 12-22　气动机械手的工作原理图

1）写出元件 1、3 的名称及 b_0 的作用。

2）填写电磁铁动作顺序于表 12-4 中。

表 12-4　电磁铁动作顺序表

电磁铁	垂直缸 C 上升	水平缸 B 伸出	回转缸 D 转位	回转缸 D 复位	水平缸 B 退回	垂直缸 C 下降
YA1						
YA2						
YA3						
YA4						
YA5						
YA6						

2. 简答题

1）在图 12-23 所示的客车车门气压传动系统中，可否不用梭阀 1、2？

2）在图 12-24 所示折弯机的控制系统回路中，如果错将梭阀替代为双压阀，回路运行时，会出现什么结果？

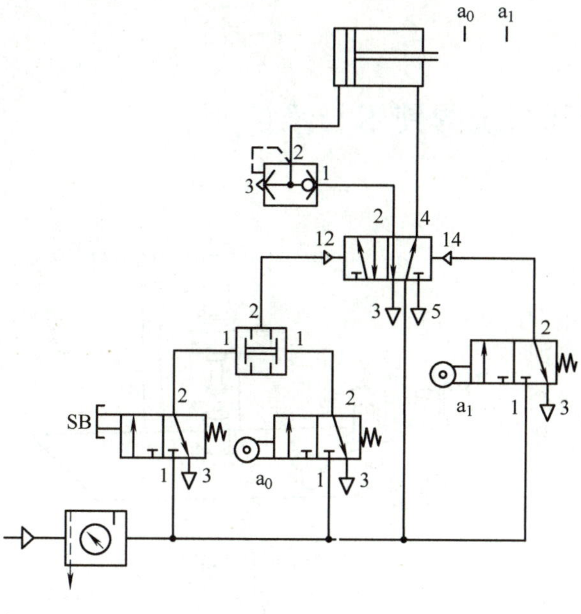

图 12-23　客车车门气压控制系统

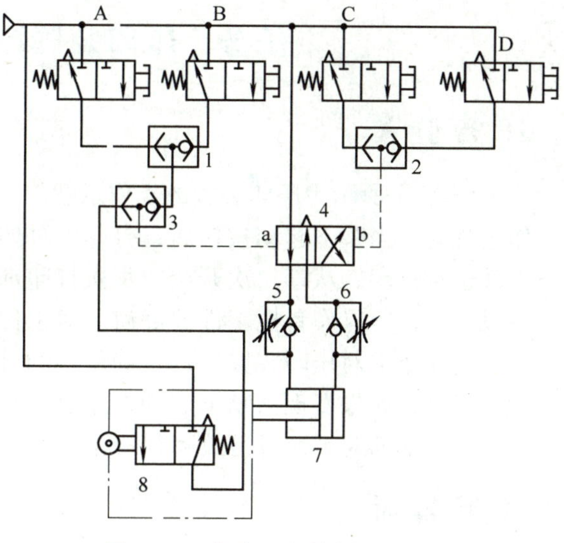

图 12-24　折弯机的控制系统回路

项目13　气动系统的安装、调试、使用与维修

学习目标

本项目主要介绍气动系统的安装与调试方法和气动系统的使用、维护过程中要注意的问题，并通过压印装置控制系统维护实例，学习气动系统故障的分析和维护的方法。具体目标是：

1）熟悉气动系统的安装、调试、使用和维护方法。

2）掌握气动系统的故障诊断与排除。

3）掌握气动系统的日常维护方法。

任务　压印装置控制系统的使用与维护

任务引入

图13-1所示为压印装置的工作示意图。其工作过程为：当踏下起动按钮后，打印气缸伸出对工件进行打印，从第二次开始，每次打印都延时一段时间，等操作者把工件放好后才对工件进行打印。现要求对压印装置进行正确使用和日常维护。另外，如果发现当踏下起动按钮后气缸不工作，应当如何对系统进行故障判断呢？

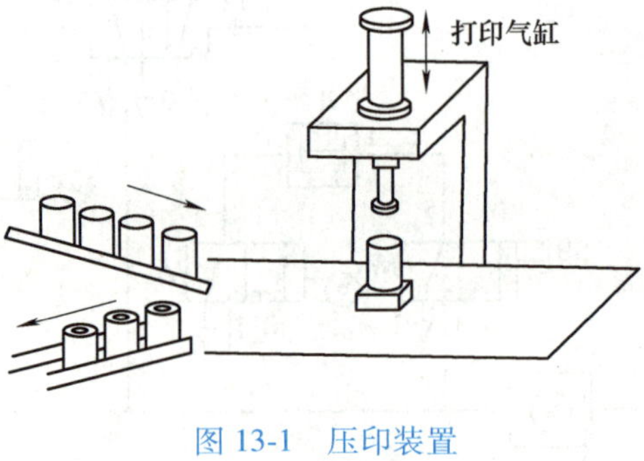

图13-1　压印装置

任务分析

要对压印装置进行日常维护，必须掌握气动控制系统的日常维护方法，要知晓日常维护的内容有哪些？各有什么样的要求。要对系统进行故障诊断，应在使用中熟悉和掌握故障诊断的经验方法、推理分析方法及故障排除方法。

相关知识

13.1.1　气动系统的安装与调试

1. 气动系统的安装

气动系统的安装主要包括管道和气动元件的安装，下面分别介绍管道和元件安装的注意

事项。

（1）管道的安装　安装前要彻底清理管道内的粉尘及杂物；管子支架要牢固，工作时不得产生振动；安装管道时要充分注意密封性，防止漏气，尤其要注意接头处及焊接处；管路尽量平行布置，减少交叉，力求最短，转弯最少，并考虑到能自由拆装；安装软管要有一定的弯曲半径，不允许有拧扭现象，且应远离热源或加装隔热板。

（2）元件的安装　阀应按推荐的安装位置和标明的安装方向安装；逻辑元件应按控制回路的需要，将其成组地安装在底板上，并在底板上开出气路，用软管接出；移动缸的中心线与负载作用力的中心线要同心，否则易引起侧向力，使密封件加速磨损，活塞杆弯曲；各种自动控制仪表、自动控制器、压力继电器等，在安装前应进行校验。

2. 气动系统的调试

气动系统调试前要做如下准备：要熟悉说明书等有关技术资料，力求全面了解系统的原理、结构、性能和操作方法；了解元件在设备上的实际位置，需要调整的元件的操作方法及调节旋钮的旋向；准备好调试工具等。

空载运行一般不少于2h，并注意观察压力、流量、温度的变化，若发现异常应立即停车检查，待故障排除后才能继续运转。负载试运行应分段加载，运行一般不少于4h，分别测出有关数据并记入试运行记录。

13.1.2　气动系统的使用和维护

1. 气动系统使用的注意事项

开机前要放掉系统中的冷凝水；定期给油雾器注油；开机前检查各调节手柄是否在正确位置，机控阀、行程开关、挡块的位置是否正确、牢固，对导轨、活塞杆等外露部分的配合表面进行擦拭；随时注意压缩空气的清洁度，对空气过滤器的滤芯要定期清洗；设备长期不用时，应将各手柄放松，防止弹簧永久变形而影响元件的调节性能。

2. 压缩空气的污染及防止措施

压缩空气的质量对气动系统性能的影响极大，压缩空气若被污染，将使管道和元件锈蚀、密封件变形、堵塞喷嘴等，使系统不能正常工作。压缩空气的污染主要来自水分污染、油分污染和粉尘污染三方面。

（1）水分污染　空气压缩机吸入的是含水分的湿空气，经压缩后提高了压力，当再度冷却时就会析出冷凝水，侵入到压缩空气中致使管道和元件锈蚀，影响其性能。

防止措施：及时排除系统各排水阀中积存的冷凝水，经常注意排水器、干燥器的工作是否正常，定期清洗空气过滤器、自动排水器的内部元件等。

（2）油分污染　这里的油分是指使用过的因受热而变质的润滑油。压缩机使用的一部分润滑油变成雾状混入到压缩空气中，受热后引起汽化随压缩空气一起进入系统，将使密封件变形造成空气泄漏，摩擦阻力增大，阀和执行元件动作不良，而且还会污染环境。

防止措施：对较大的油分颗粒，可通过除油器和空气过滤器使其与空气分开，经设备底部排污阀排出。对较小的油分颗粒，可通过活性炭吸附排除。

（3）粉尘污染　如果大气中含有的粉尘、管道中的锈粉及密封件材料的碎屑等侵入到压缩空气中，将导致喷嘴堵塞及元件中的运行部件卡死、动作失灵等，加速元件的磨损，降低使用寿命，甚至导致故障产生，严重影响系统性能。

防止措施：经常清洗空气压缩机前的预过滤器，定期清洗空气过滤器的滤芯，及时更换滤清元件等。

3. 气动系统的日常维护

气动系统日常维护的主要内容是冷凝水的管理和系统润滑的管理。对冷凝水的管理前面已经介绍过，这里仅介绍对系统润滑的管理。

气动系统中从控制元件到执行元件，凡有相对运动的表面都需要润滑。若润滑不当，会使摩擦力增大，导致元件动作不良，因密封面磨损还会导致系统泄漏等危害。

润滑油的性质直接影响润滑效果。通常，高温环境下用高黏度润滑油，低温环境下用低黏度润滑油。如果油温特别低，为克服起雾困难，可在油杯内加装加热器。供油量是随润滑部位的形状、运动状态及负载大小而变化。供油量总是大于实际需要量。一般以每 $10m^3$ 自由空气供给 1mL 的油量为基准。

同时还要注意油雾器的工作是否正常，如果发现油量没有减少，则应及时检修或更换油雾器。

4. 气动系统的定期检修

定期检修的时间间隔通常为 3 个月，其主要检修内容如下：

1）查明系统各泄漏处，并设法予以修复。

2）通过对方向控制阀排气口的检查，判断润滑油是否适度，空气中是否有冷凝水。如果润滑不良，应考虑油雾器规格是否合适，安装位置是否恰当，滴油量是否正常等。如果有大量冷凝水排出，应考虑过滤器的安装位置是否恰当，排出冷凝水的位置是否合适，冷凝水的排出是否彻底。如果方向控制阀排气口关闭时，仍有少量泄漏，往往是元件损伤的初级阶段，检查后，可更换受损元件，以防止发生动作不良。

3）检查溢流阀、紧急安全开关动作是否可靠。定期检修时，必须确认它们动作的可靠性，以确保设备和人身安全。

4）观察换向阀的动作是否可靠。根据换向时的声音是否异常，判断铁心和衔铁配合处是否有杂质。检查铁心是否有磨损、密封件是否老化。

5）反复开关换向阀，观察气缸动作，判断活塞上的密封是否良好。检查活塞杆外露部分，判断前盖的配合处是否有泄漏。

上述各项检查和修复的结果应记录在案，以备设备出现故障查找原因和设备大修时参考。

气动系统的大修间隔期一般为一年或几年。大修的主要内容是检查系统各元件和部件，判断其性能和寿命，并对平时产生故障的部位进行检修或更换元件，排除修理间隔期内一切可能产生故障的因素。

13.1.3　气动系统故障的诊断方法

气动系统故障的诊断方法通常有推理分析法和经验法。

1. 推理分析法

推理分析法是利用逻辑推理、步步逼近，寻找出故障的真实原因的方法。

（1）推理步骤　从故障的症状，推理出产生故障的本质原因；从其本质原因，推理出故障可能存在的原因；从各种可能的常见原因中，找出故障的真实原因。

（2）推理方法

1）推理的原则。由简到繁、由易到难、由表及里逐一进行分析，排除掉不可能的和非主要的故障原因；故障发生前曾调整或更换过的元件先查；优先查故障概率高的常见原因。

2）具体方法。推理的具体方法有仪表分析法、部分停止法、试探反正法和比较法。

①仪表分析法。利用检测仪器仪表，如压力表、压差计、电压表、温度计、电秒表及其他仪器等，检测系统或元件的技术参数是否合乎要求。

②部分停止法。暂时停止气动系统某部分的工作，观察其对故障征兆的影响。

③试探反正法。试探性地改变气动系统中部分工作条件，观察其对故障征兆的影响。

④比较法。用标准或合格的元件代替系统中相同的元件，通过工作状况的对比来判断被更换的元件是否失效。

2. 经验法

经验法是指依靠实际经验，并借助简单的仪器、仪表诊断故障发生的部位，并找出故障原因的方法。经验法和液压系统的故障诊断四觉方法类似，可按中医诊断病人的四字“望、闻、问、切”进行。

经验法简单易行，但由于每个人的感觉、实践经验和判断能力的差异，诊断故障会存在一定的局限性。

任务实施　压印装置控制系统的使用与维护

在实际应用中，要灵活地运用上述方法，才能快速、准确地找出故障的真实原因。

1. 压印装置气动控制系统原理图的分析

在进行故障诊断分析时，首先要对气动控制原理图进行仔细分析，分析压缩空气的工作路线及各元器件的控制状态，初步确定哪些元器件可能是故障产生的原因。

图13-2所示为压印装置的气动控制原理图，当踏下起动按钮后，由于延时阀1.6已有输出，所以双压阀1.8有压缩空气输出，使得主控阀1.1换向，压缩空气由主控阀的左位经单向节流阀1.02进入气缸1.0的左腔，使得气缸1.0伸出。

当踏下起动按钮气缸不动作时，有可能产生故障的元器件有气缸1.0、单向节流阀1.02、主控阀1.1、压力控制阀0.3、双压阀1.8、延时阀1.6、行程阀1.4及起动按钮1.2。

2. 对系统进行故障诊断

气缸不动作的故障诊断逻辑推理图如图13-3所示。

首先查看单向节流阀1.02是否有压缩空气输出。若有，则说明气缸没有故障。若没有，则分两种情况：一种是单向节流阀1.02有故障；另一种是主控阀1.1有故障。

在判断主控阀时，首先检查主控阀是否换向。若换向，则可能是主控阀1.1有故障或压力调节阀1.02有故障。若不换向，则应当是控制信号没有输出或主控阀有故障。

若主控阀不换向的原因是没有控制信号输出，则可确定双压阀1.8没有压缩空气输出。双压阀1.8没有信号输出有三种情况：一种是双压阀1.8有故障；第二种是起动按钮有故障或延时阀没有信号输出；第三种是在延时阀没有信号输出。此时又存在两种情况：一种是延时阀存在故障；另一种是行程阀存在故障。

在检查过程中，还要注意管子的堵塞和管子的连接状况，有时可能是管子堵塞或管接头没有正确连接所引起的故障。还要注意输出压缩空气的压力，有时可能有压缩空气输出，但

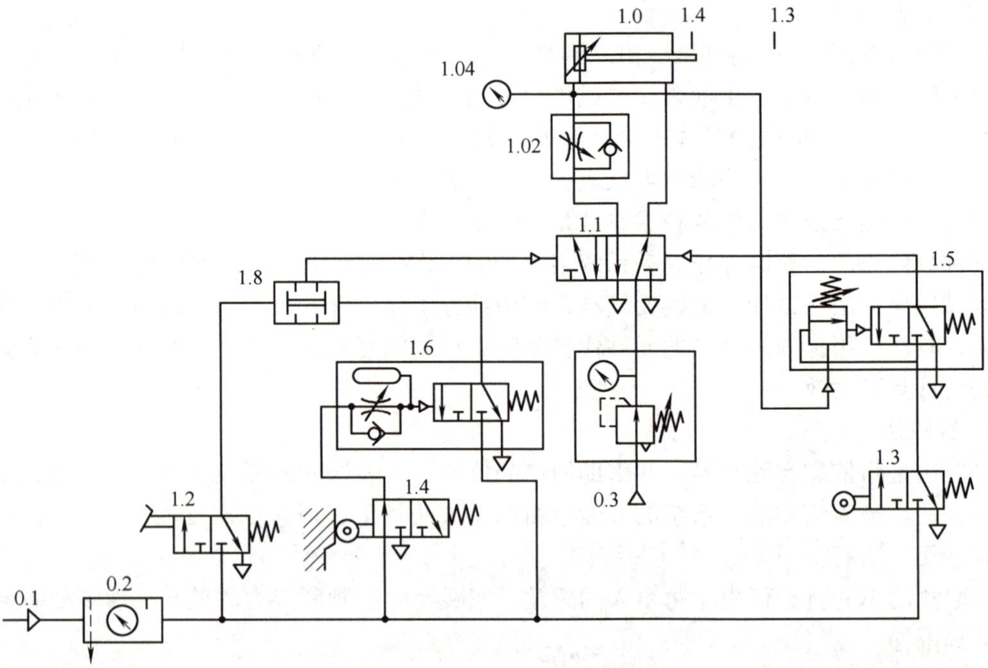

图 13-2　压印装置的气动控制原理图

压力较小，这主要是泄漏引起的。检查漏气时常采用的方法是在各检查点涂抹皂液。

在系统中有延时阀时，还要注意延时阀的节流口是否关闭，或节流调节是否太小而使延时阀延时过长而没有输出。

3. 工作任务单

工作任务单

<table>
<tr><th>姓名</th><th colspan="2"></th><th>班级</th><th></th><th>组别</th><th></th><th>日期</th><th></th></tr>
<tr><td>工作任务</td><td colspan="8">压印装置控制系统的使用与维护</td></tr>
<tr><td>任务描述</td><td colspan="8">完成压印装置动作状态分析；在实训室连接完成压印装置的气动回路；完成故障分析</td></tr>
<tr><td>任务要求</td><td colspan="8">1）正确分析压印装置动作状态
2）正确在试验台上连接压印装置的气动回路，检查其动作
3）对压印装置产生气缸伸出后不缩回的故障进行故障分析和排除，对照逻辑推理图分析产生故障的可能原因
4）实训结束后对气动装置试验台、试验工具进行整理并放回原处</td></tr>
<tr><td>提交成果</td><td colspan="8">故障诊断与分析报告</td></tr>
<tr><td rowspan="6">考核评价</td><td>序号</td><td colspan="2">考核内容</td><td>评分</td><td colspan="3">评分标准</td><td>得分</td></tr>
<tr><td>1</td><td colspan="2">安全意识</td><td>10</td><td colspan="3">遵守安全规章、制度</td><td></td></tr>
<tr><td>2</td><td colspan="2">工具的使用</td><td>10</td><td colspan="3">工具使用正确</td><td></td></tr>
<tr><td>3</td><td colspan="2">回路连接及验证</td><td>30</td><td colspan="3">回路连接正确、动作正确</td><td></td></tr>
<tr><td>4</td><td colspan="2">动作状态、故障分析排除</td><td>40</td><td colspan="3">动作状态及故障分析、排除正确</td><td></td></tr>
<tr><td>5</td><td colspan="2">团队协作</td><td>10</td><td colspan="3">与他人合作有效</td><td></td></tr>
<tr><td>指导教师</td><td colspan="3"></td><td colspan="4">总分</td><td></td></tr>
</table>

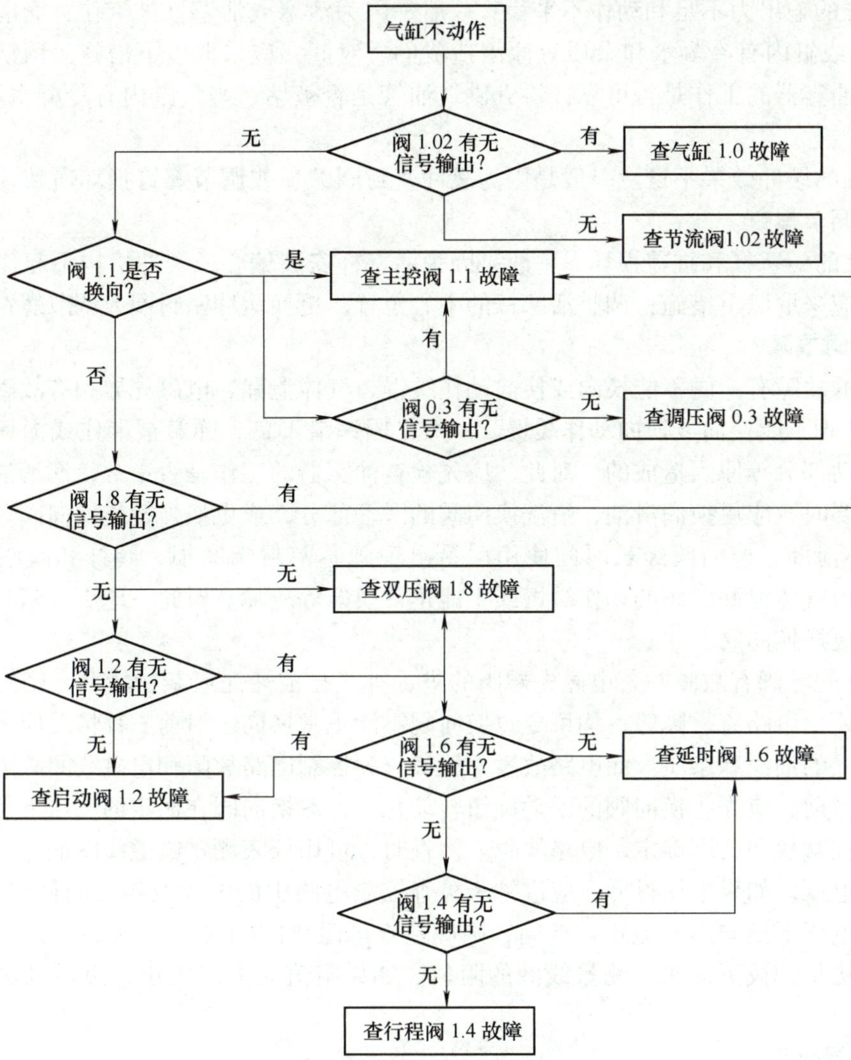

图 13-3　气缸不动作的故障诊断逻辑推理图

知识拓展 13　气动系统常见故障解决办法

1. 气缸故障

由于装配不当和长期使用，气缸易发生内外泄漏、输出力不足和动作不平稳、缓冲效果不良、活塞杆和缸盖损坏等故障现象。

1）气缸出现内外泄漏。一般是因为活塞杆安装偏心、润滑油供应不足、密封圈和密封环磨损或损坏、气缸内有杂质及活塞杆有伤痕等造成的。所以，当气缸出现内外泄漏时，应采取以下措施：重新调整活塞杆的中心，以保证活塞杆与缸筒的同轴度；经常检查油雾器工作是否可靠，以保证执行元件润滑良好；当密封圈和密封环出现磨损或损坏时，应及时更换；若气缸内存在杂质，应及时清除；活塞杆上有伤痕时，应更换。

2）气缸的输出力不足和动作不平稳。一般是因为活塞或活塞杆被卡住、润滑不良、供气量不足，或缸内有冷凝水和杂质等原因造成的。对此，应采取以下措施：调整活塞杆的中心；检查油雾器的工作是否可靠；检查供气油管是否被堵；当气缸内有冷凝水和杂质时，应及时清除。

3）气缸的缓冲效果不良。一般是因为缓冲密封圈磨损或调节螺钉损坏所致，此时应更换密封圈和调节螺钉。

4）气缸的活塞杆和缸盖损坏。一般是因为活塞杆安装偏心或缓冲机构不起作用而造成的。对此，应采取以下措施：调整活塞杆的中心位置；更换缓冲密封圈或调节螺钉。

2. 换向阀故障

换向阀的故障有：阀不能换向或换向动作缓慢、气体泄漏、电磁先导阀有故障等。

1）换向阀不能换向或换向动作缓慢。一般是因润滑不良、弹簧被卡住或损坏、油污或杂质卡住滑动部分等原因造成的。对此，应先检查油雾器的工作是否正常，润滑油的黏度是否合适；必要时，应更换润滑油，清洗换向阀的滑动部分，或更换弹簧或换向阀。

2）气体泄漏。换向阀经长时间使用后易出现阀芯密封圈磨损、阀杆和阀座损伤的现象，导致阀内气体泄漏、阀的动作缓慢或不能正常换向等故障。对此，应更换密封圈、阀杆和阀座，或更换换向阀。

3）电磁先导阀有故障。若电磁先导阀的进、排气孔被油泥或杂物堵塞，密封不严，活动铁心被卡死，电路有故障等，均可导致换向阀不能正常换向。对前三种情况应清洗先导阀及活动铁心上的油泥和杂质。而电路故障一般又分为控制电路故障和电磁线圈故障两类。在检查电路故障前，应先将换向阀的手动旋钮转动几下，看换向阀在额定的气压下是否能正常换向。若能正常换向，则确定是电路故障。检查时，可用仪表测量电磁线圈的电压，看是否达到了额定电压。如果电压过低，应进一步检查控制电路中的电源及相关的行程开关电路。如果在额定电压下换向阀不能正常换向，则应检查电磁线圈的接头（插头）是否松动或接触不实。方法是，拔下插头，测量线圈的阻值。如果阻值太大或太小，说明电磁线圈已损坏，应更换。

3. 调压阀故障

调压阀的故障有：压力调不高、压力上升缓慢平衡状态下空气从溢流口溢流和出口压力剧烈波动等。

1）压力调不高，往往是因为调压弹簧断裂或膜片破裂而造成的，必须更换。

2）压力上升缓慢，一般是因过滤网被堵塞或下部密封圈阻力过大引起的，应拆下清洗或更换密封圈。

3）平衡状态下空气从溢流口溢流。故障原因可能是膜片破裂、阀杆顶端和溢流阀座之间密封漏气或研配质量不好、进气阀和溢流阀座有尘埃。应相应更换膜片、更换密封圈或重新研配、取下清洗等。

4）出口压力发生剧烈波动或不均匀变化。其原因为阀杆或进气阀芯上的 O 形密封圈表面损伤、进气阀芯与阀座之间导向接触不好。需更换 O 形密封圈、整修或更换阀芯。

4. 气动辅助元件故障

气动辅助元件的故障主要有：油雾器故障、自动排污器故障和消声器故障等。

1）油雾器故障。包括调节针的调节量太小、油路堵塞、管路漏气等都会使液态油滴不能雾化。对此应及时处理堵塞和漏气的地方，调整滴油量使其达到 5 滴/min 左右。正常使用时，油杯内的油面要保持在上、下限范围之内。对油杯底部沉积的水分应及时排除。

2）自动排污器内的油污和水分有时不能自动排出，特别是在冬季温度较低的情况下尤为严重。此时，应将其拆下并进行检查和清洗。

3）当换向阀上安装的消声器太脏或被堵塞时，也会影响换向阀的灵敏度和换向时间，故要经常清洗消声器。

5. 气动调节阀的常见故障和排除方法

气动调节阀的常见故障及其排除方法见表 13-1。

表 13-1 气动调节阀的常见故障及其排除方法

故障现象	产生原因	简要的处理方法
阀门不动作	无气源或气源压力不足	检查并处理气源故障
	执行机构故障	修复故障部件
	阀杆或阀轴卡住	修复或更换
	阀芯在阀座内卡死	修复或更换
	阀内件损坏而卡住	更换新件或修复后重装
	流向错误，使阀芯受力过大脱落	改回正确安装方向
	供气管路断裂或变形	更换
	供气接头损坏或泄漏	更换或修复
	调节器无输出信号	修复故障元件
	阀门定位器或电气切换阀故障	修复或更换
阀内件磨损	流体流速过高	增大阀门或阀内件尺寸
	流体中有颗粒	增大阀内件材料的硬度
	产生空化和内蒸作用	改用低压力恢复阀门，避免空化
阀芯与阀座件泄漏	阀芯和阀座结合面有磨损或腐蚀	修复结合面
	执行机构作用力太小	检查并调整执行机构
	阀座螺纹受到腐蚀或松动	拧紧或更换螺栓、阀座
阀座环与阀体间泄漏	阀座环未拧紧	拧紧或修复、更换阀座
	结合面间有杂物或加工准确度不够	清理干净或重新加工
	结合面间的密封垫选用不合适	修整或更换合适的密封垫
	阀体上有微孔	按规定进行补焊或更换
填料泄漏	阀杆弯曲	校直
	阀杆表面粗糙度增大	将阀杆抛光
	填料压盖未压紧	重新紧固压紧
	填料压盖变形或损坏	修复或更换
	填料类型或尺寸选用不当	重新选取并更换填料
	填料受腐蚀或产生变形	重新选用性能适当的填料
	填料层堆积或填充方法不当	加装填料环并重新装填

（续）

故障现象	产生原因	简要的处理方法
上下阀盖与阀体间泄漏	结合面缝隙未紧固严密	重新紧固
	结合面之间混入杂物或不光洁	清洁、修正结合面和密封垫
	阀盖裂纹或紧固螺钉出泄漏	查找泄漏点并消除
气缸活塞密封处泄漏	活塞环安装不到位，未密封好	重新正确安装
	密封环的选用类型不当	按要求重新选取
	密封环材料的使用温度偏低	根据使用温度重新选取
	气缸表面粗糙度差或内径偏差大	研磨气缸修复内径
	使用周期到，密封件损坏	更换密封件

◇◇◇ 自我评价 13

1. 填空题

1）压缩空气的质量对气动系统性能的影响极大，它若被污染将使管道和元件锈蚀、密封件变形、堵塞，使系统不能正常工作。压缩空气的污染度主要来自＿＿＿＿＿＿＿三方面。

2）清除压缩空气中油分的方法有：较大的油分颗粒，通过＿＿＿＿的分离作用同空气分开，再经设备底部排污阀排出；较小的油分颗粒，则可通过＿＿＿＿吸附作用清除。

3）气动系统日常维护的主要内容是＿＿＿＿的管理和＿＿＿＿的管理。

4）要注意油雾器的工作是否正常，如果发现油量没有减少，需及时＿＿＿＿油雾器。

5）气动系统的大修时间间隔为＿＿＿＿。其主要内容是检查系统＿＿＿＿，判定其性能和寿命，并对平时产生故障的部位进行＿＿＿＿元件，排除修理间隔期内一切可能产生故障的因素。

2. 简答题

1）压缩空气污染的主要来源是什么？

2）气动系统的大修时间间隔多长？其主要内容是什么？

3）气动系统的故障诊断方法有哪些？

附录　常用液压与气动元件图形符号新旧标准对照

元件名称	新标准（GB/T 786.1—2021）	旧标准（GB/T 786.1—1993）	元件名称	新标准（GB/T 786.1—2021）	旧标准（GB/T 786.1—1993）
定量泵	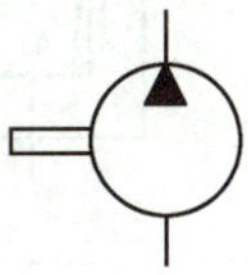		单活塞杆缸	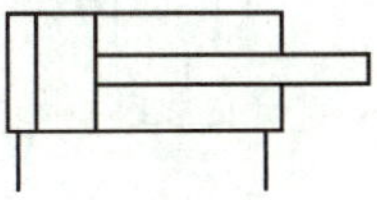	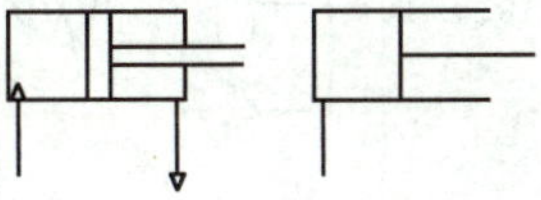
单向变量泵	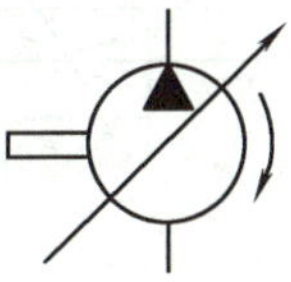		双杆活塞缸	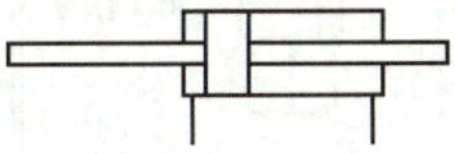	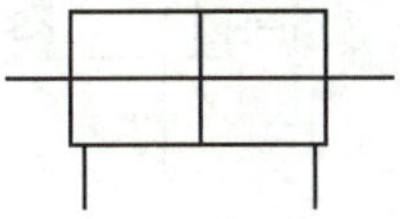
双向流动单向旋转变量泵	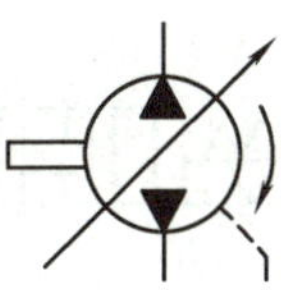	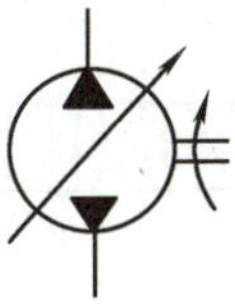	单作用单杆缸	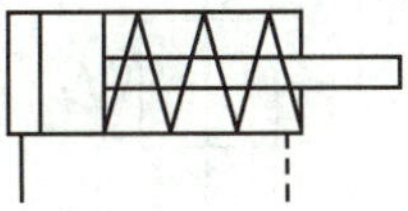	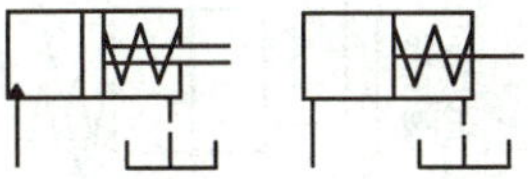
双作用马达	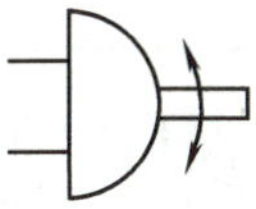	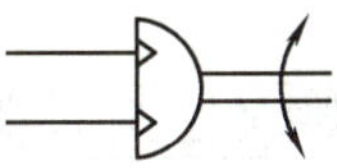	液控单向阀	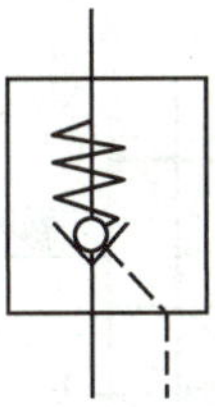	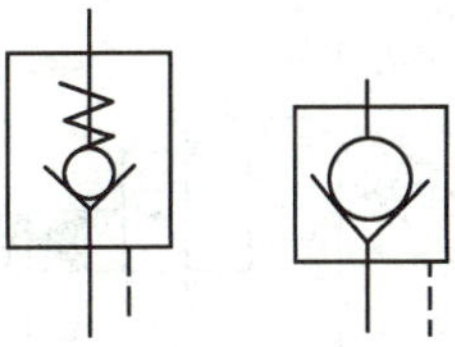
单向定量马达	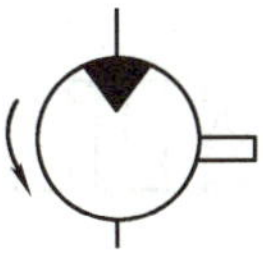	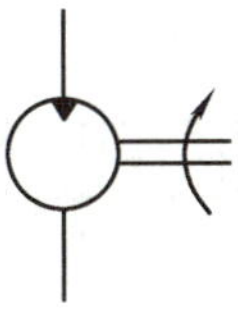	双单向阀（液压锁）	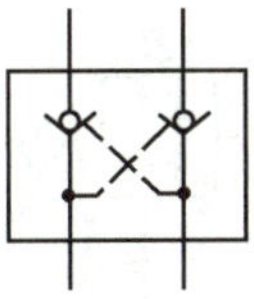	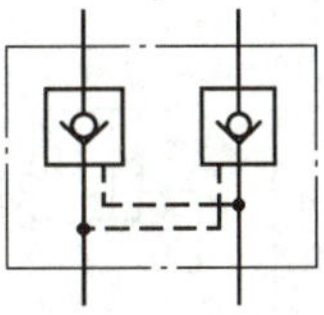

（续）

元件名称	新标准（GB/T 786.1—2021）	旧标准（GB/T 786.1—1993）	元件名称	新标准（GB/T 786.1—2021）	旧标准（GB/T786.1—1993）
双向变量马达	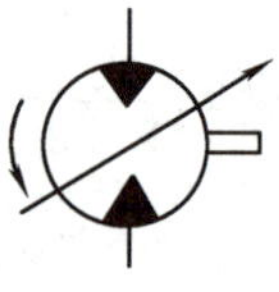	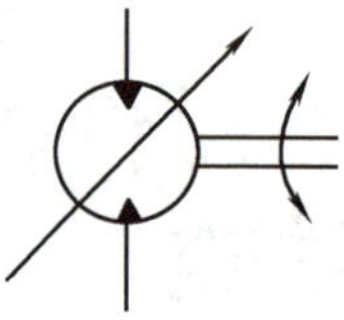	单向调速阀	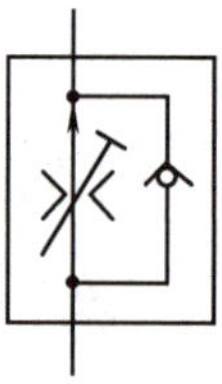	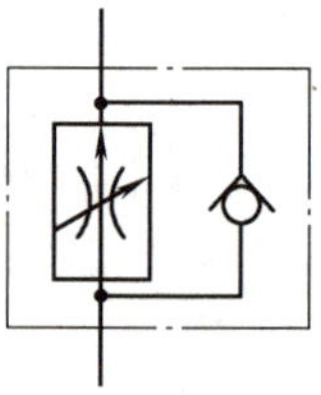
直动式溢流阀	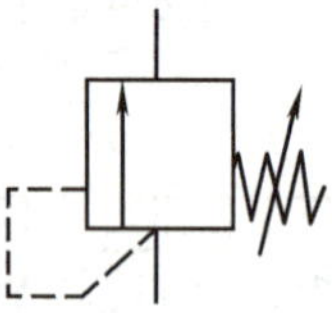	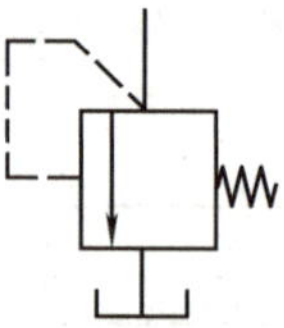	分流阀	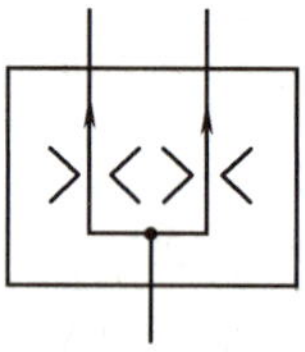	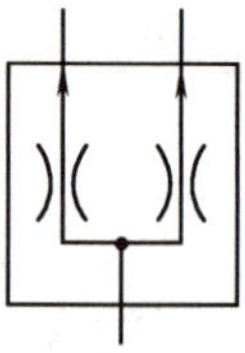
先导式溢流阀	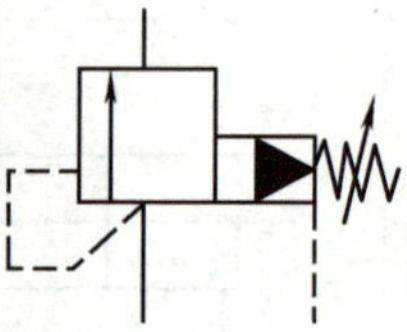	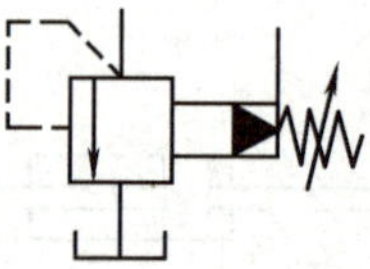	调速阀	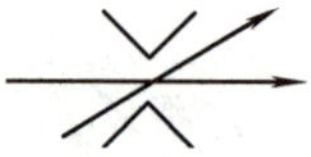	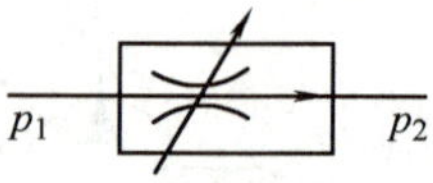
直动式减压阀	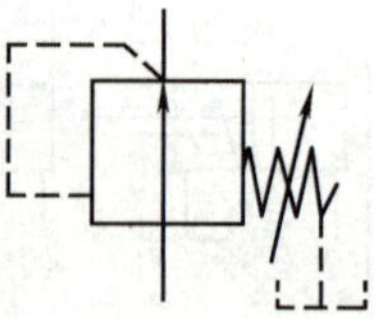	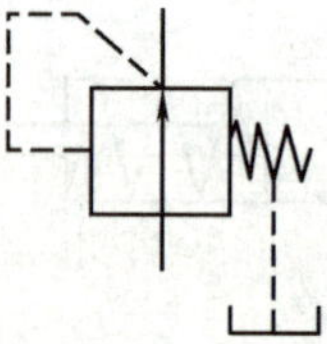	电磁阀	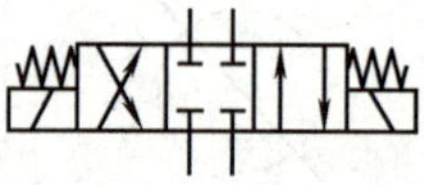	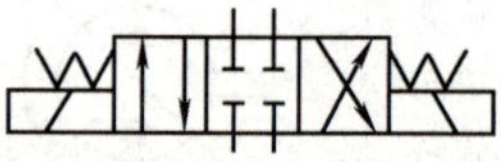
先导式减压阀	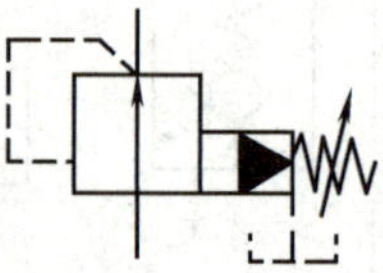	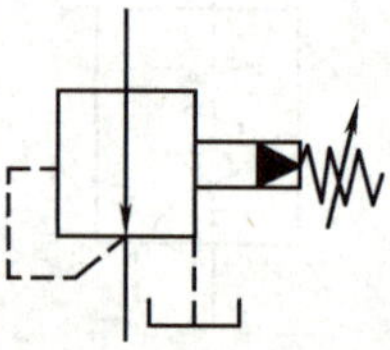	电液阀	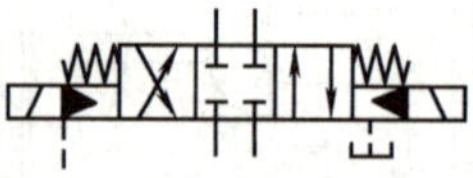	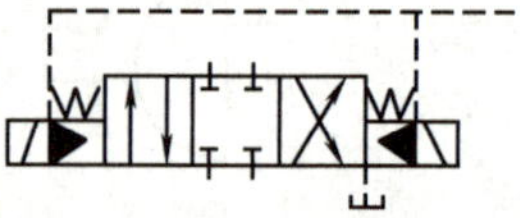
直动式顺序阀	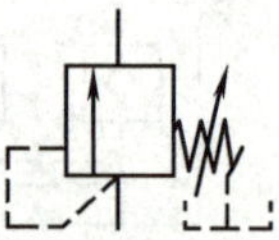	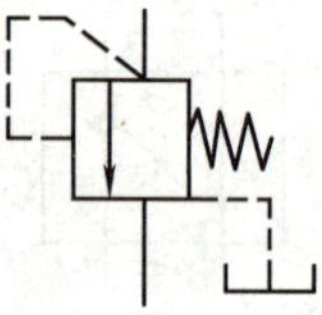	液动阀	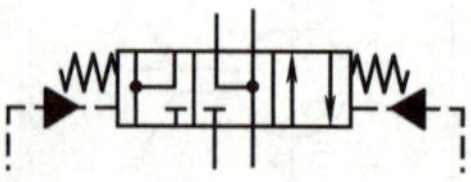	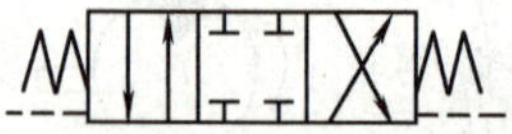

（续）

元件名称	新标准（GB/T 786. 1—2021）	旧标准（GB/T 786. 1—1993）	元件名称	新标准（GB/T 786. 1—2021）	旧标准（GB/T786. 1—1993）
溢流减压阀	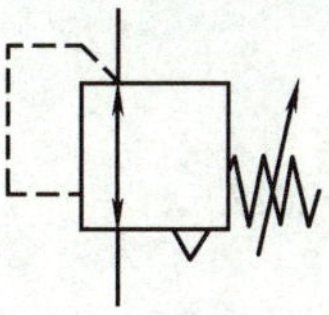	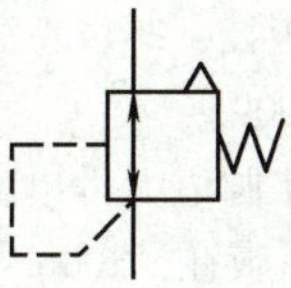	不带单向阀的快换接头	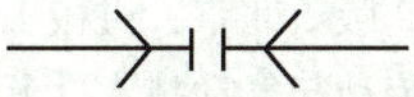	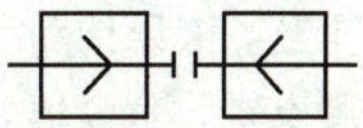
直动式比例溢流阀	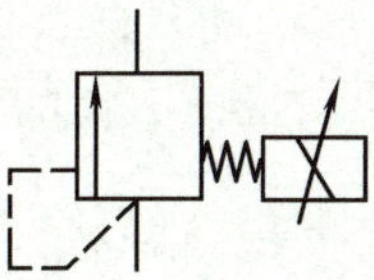	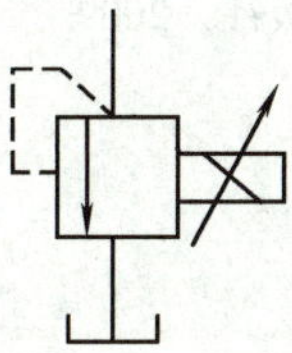	带单向阀的快换接头	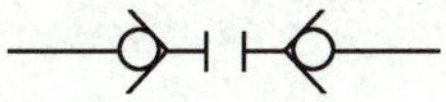	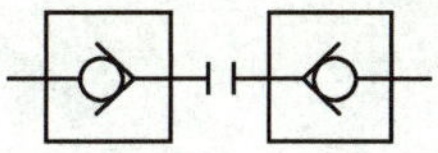
压力继电器	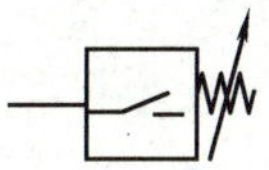	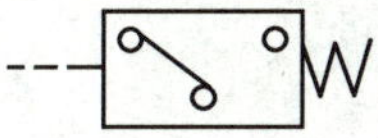	弹簧	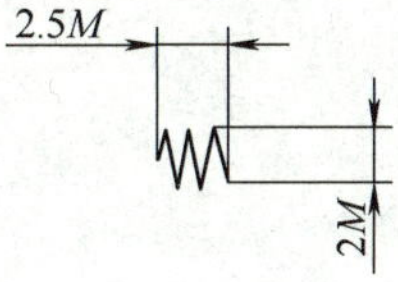	

参 考 文 献

[1] 韩景海．液压与气动应用技术［M］．北京：电子工业出版社，2014.
[2] 李芝．液压传动［M］．2版．北京：机械工业出版社，2009.
[3] 廖友军，余金伟．液压传动与气动技术［M］．北京：北京邮电大学出版社，2012.
[4] 左建民．液压与气动技术［M］．3版．北京：机械工业出版社，2006.
[5] 赵静一，曾辉，李侃．液压气动系统常见故障分析与处理［M］．北京：化学工业出版社，2009.
[6] 张忠远，韩玉勇．液压传动与气动技术［M］．天津：南开大学出版社，2010.
[7] 周进民．液压与气动技术［M］．成都：西南交通大学出版社，2009.